U0799545

普通高等教育"十三五"规划教材

机械制造基础

赵时璐　主编

扫描二维码获取
本书数字资源

北　京
冶　金　工　业　出　版　社
2023

内 容 提 要

本书包括机械工程材料及热处理、材料成型和机械加工成型三大部分。其中，机械工程材料及热处理部分主要包括工程材料的力学性能、铁碳合金相图、钢的热处理和常用非金属材料的性能及应用；材料成型以介绍零件毛坯的成型方法为主，主要内容有铸造成型、锻压成型、焊接成型、非金属材料成型及毛坯的选择，强化工艺设计，培养学生分析问题和解决问题的能力，以适应创新应用型人才培养的要求；机械加工成型包括金属切削加工基础知识、零件典型表面加工方法及常用设备、零件结构工艺性，以及机械加工工艺过程的制定。每章均附有复习思考题。

本书为高等院校机械类、材料类以及近机类专业教材，也可供高职工科院校师生及机械工程技术人员学习和参考。

图书在版编目(CIP)数据

机械制造基础/赵时璐主编. —北京：冶金工业出版社，2020. 10 (2023. 1 重印)

普通高等教育“十三五”规划教材

ISBN 978-7-5024-8645-7

Ⅰ. ①机…　Ⅱ. ①赵…　Ⅲ. ①机械制造—高等学校—教材　Ⅳ. ①TH

中国版本图书馆 CIP 数据核字（2020）第 217666 号

机械制造基础

出版发行	冶金工业出版社	**电　话**	(010)64027926
地　址	北京市东城区嵩祝院北巷 39 号	**邮　编**	100009
网　址	www. mip1953. com	**电子信箱**	service@ mip1953. com

责任编辑　杨盈园　美术编辑　彭子赫　版式设计　禹　蕊

责任校对　王永欣　责任印制　窦　唯

北京建宏印刷有限公司印刷

2020 年 10 月第 1 版，2023 年 1 月第 2 次印刷

787mm×1092mm　1/16；16. 25 印张；389 千字；247 页

定价 45. 00 元

投稿电话　(010)64027932　投稿信箱　tougao@cnmip. com. cn

营销中心电话　(010)64044283

冶金工业出版社天猫旗舰店　yjgycbs. tmall. com

(本书如有印装质量问题，本社营销中心负责退换)

前　言

目前，深化教育教学改革、提高教育质量和创新应用型人才的培养水平是高等教育面临的重要而紧迫的任务。本教材是按照高等学校机械类各学科本科专业规范、培养方案以及课程教学大纲的要求，结合有关学校教学改革、课程改革的经验，为适应人才培养模式改革的需要而编写的普通高等教育规划教材。

机械制造基础是高等工科院校机械类、材料类以及近机类专业的一门重要的技术基础课程，是联系基础课、实践教学和专业课之间的纽带。

本教材是根据全国高等院校“机械制造基础”课程教学大纲要求，按照近几年全国高等学校教学改革的相关精神，同时结合编者多年教学实践，并参照国内外有关资料和书籍编写而成的。全书突出体现了以下特点：

（1）紧密结合教学大纲，在内容上注重加强理论基础，突出能力培养，做到系统性强、内容精炼。

（2）体现了机械制造理论与实践相结合的特点，以金属材料的成分、结构、组织、性能、选用，以及零件（毛坯）主要成型方法的基本原理和工艺特点为主线，全面讲述了金属材料、热处理、毛坯成型、切削加工原理及机床、刀具、夹具等内容。既有传统机械制造的基础知识，又有新材料、新技术、新工艺在机械制造领域的应用与发展，特色明显。

（3）为适应机械制造学科的进步与发展需要，各章节内容贯穿了制造系统的思想，同时考虑到扩大知识面，适当加入了反映国内外先进制造技术的新材料、新成果、新技术的理论内容。

（4）全书采用最新国家标准及法定计量单位。

（5）为方便学生自学和进一步理解课程的主要内容，在各章后均编写了一定数量的复习思考题，做到理论联系实际、学以致用。

本书由赵时璐主编，在编写过程中得到了许多专家、同仁的大力支持和帮助，参考了诸多教授、专家的有关文献，在此向他们表示衷心的感谢。

由于编者水平所限，书中存在疏漏和不当之处，恳请广大读者批评指正。

作　者

2020 年 3 月于沈阳大学

目　　录

1 金属材料与热处理

扫描二维码获取
本章数字资源

1.1 金属材料概述及其性能

1.1.1 金属材料概述

人类文明的发展和社会的进步同金属材料关系十分密切。继石器时代之后出现的铜器时代、铁器时代，均以金属材料的应用为时代的显著标志；而在现代，种类繁多的金属材料已成为人类社会发展的重要物质基础。

金属材料是由金属元素或以金属元素为主构成的、具有金属特性的材料的统称，包括纯金属、合金、金属间化合物和特种金属材料等。金属材料通常分为钢铁材料、非铁合金材料和特种金属材料。

(1) 钢铁材料。包括工业纯铁、铸铁、碳钢，以及各种用途的结构钢、不锈钢、耐热钢、高温合金、精密合金等。广义的钢铁材料还包括铬、锰及其合金。

(2) 非铁合金材料。指除铁、铬、锰以外的所有金属及其合金，通常分为轻金属、重金属、贵金属、半金属、稀有金属和稀土金属等。非铁合金材料的强度和硬度一般比纯金属高，并且电阻大、热导率低。

(3) 特种金属材料。包括不同用途的结构金属材料和功能金属材料。其中有通过快速冷凝工艺获得的非晶态金属材料，以及准晶、微晶、纳米晶金属材料等；还有隐身、抗氢、超导、形状记忆、耐磨、减振阻尼等特殊功能合金，以及金属基复合材料等。

金属材料按生产成型工艺又分为铸造金属、变形金属、喷射成型金属，以及粉末冶金材料。

(1) 铸造金属。通过铸造工艺成型，主要有铸钢、铸铁和铸造非铁合金材料等。

(2) 变形金属。通过压力加工如锻造、轧制、冲压等成型，其化学成分与相应的铸造金属略有不同。

(3) 喷射成型金属。通过喷射成型工艺制成具有一定形状和组织性能的零件或毛坯。

1.1.2 金属的力学性能

金属材料的性能分为物理化学性能、使用性能和工艺性能。材料在使用过程中适应或抵抗各种外界作用如机械力、化学作用、辐射、温度、电磁场等的能力叫使用性能。使用性能包括力学性能、物理性能和化学性能。材料适应实际生产工艺要求的能力叫工艺性能，也称加工性能。其中，金属的力学性能最为重要。它是指金属在力的作用下显示的与弹性和非弹性反应相关或涉及应力-应变关系的性能，表现为金属的变形和断裂。因此，金属的力学性能可以理解为金属材料抵抗外加载荷引起的变形和断裂的能力。金属的力学性能包括弹性、刚度、塑性、强度、硬度、韧性等，这是设计零件时选用金属材料的主要依据。

（1）弹性。物体在外力作用下改变其形状和尺寸，当外力卸除后物体又恢复到其原始形状和尺寸的特性称为弹性。其大小用弹性极限 σ_e 表示，单位为 MPa。弹性极限是金属材料不产生变形时所能承受的最大应力。对于在工作中不允许产生任何塑性变形的零件，设计时弹性极限将成为该类零件选材的重要依据，如弹簧需选用弹性极限高的材料。

（2）刚度。大多数机械零件在工作过程中处于弹性状态，为了防止发生弹性变形失效，零件不允许有过多的弹性变形。零件抵抗弹性变形的能力，称为刚度。工程上常用弹性模量 E 作为衡量材料刚度的指标。弹性模量 E 越大，其刚度越好。当材料选定，即 E 一定后，提高零件刚度的方法是增加零件的横截面积。

（3）塑性。材料在断裂前发生不可逆永久变形的能力称为塑性，常用指标是断后伸长率 δ 和断面收缩率 ψ。断后伸长率和断面收缩率越大，材料的塑性越好。塑性好的金属材料容易实施锻压、焊接等工艺；塑性好的金属材料能够采用冷变形，如冷冲压等；塑性好的金属材料也可避免机器零件在使用中因超载产生突然断裂。

（4）强度。金属抵抗永久变形和断裂的能力，称为强度，包括抗拉强度 σ_b、屈服点（屈服强度）σ_s、抗压强度 σ_{bc}、抗弯强度 σ_{bb}、抗剪强度 τ_b，单位均为 MPa。其中，抗拉强度和屈服点是选材的重要依据。机械设计时，必须保证零（构）件的最大工作应力不超过材料的抗拉强度，以免断裂。在发动机缸盖螺栓选材时，为保证气缸体与缸盖间的气密性，螺栓不允许产生塑性变形，所选材料的屈服点应不小于其最大的工作应力。

（5）硬度。材料抵抗局部变形，特别是塑性变形压痕或划痕的能力，称为硬度，其是衡量金属软硬程度的判据。在通常情况下，金属材料的硬度越高，其耐磨性能也越好。而且，金属材料的硬度与强度之间有一定的关系，根据硬度的大小可以大致估算材料的抗拉强度。因此，硬度是金属材料最重要的性能之一。

金属材料的硬度指标是在硬度仪上测定的，生产中硬度测定方法有压入硬度试验法（如布氏硬度、洛氏硬度、维氏硬度）、划痕硬度试验法（如莫氏硬度）、回跳硬度法（肖氏硬度）等。其中，布氏硬度（HBW）、洛氏硬度（HR）、维氏硬度（HV）最为常用。

（6）冲击吸收功。许多机械零件，例如活塞销、连杆、锤杆、冲模等，在工作中往往会承受冲击载荷的作用。因此在选材时，还必须考虑材料抵抗冲击载荷的能力。冲击试样缺口底部单位横截面积上抵抗冲击载荷破坏的能力，称为冲击吸收功，目前是以大能量一次冲击值 α_{KU}、α_{KV} 作为指标。

冲击吸收功是相对指标，其值越大，材料的韧度越好，许多国家直接用冲击吸收功 A_K 作为指标，我国也将逐步用 A_K 取代。

工程上承受冲击载荷的机械零件，极少是由于一次大能量冲击而遭受破坏，大多数材料均是经过千百万次小能量多次重复冲击而破坏。因此，用冲击吸收功来表示材料的冲击抗力是不符合实际的，一般只作为选材的参考，而不用于强度的计算。

（7）疲劳强度。金属材料在无数次重复交变载荷的作用下不发生断裂的最大应力，称为疲劳强度。对称弯曲应力的疲劳强度以 σ_{-1} 表示。

在实际应用中，不可能进行无数次试验，故工程上采用的疲劳强度是指材料在一定的应力循环次数下不发生断裂的最大应力。对于钢材而言，如应力循环次数达 10^7 次仍不发生疲劳断裂，就认为其不会再发生疲劳断裂。非铁合金材料和某些超高强度钢的应力循环基数则常取10^8次。

为了提高零件的疲劳强度，一方面在设计零件时应使零件具有合理的结构形状，避免产生应力集中；另一方面要设法提高零件表面的加工质量或采用表面强化的方法，如表面淬火、化学热处理、喷丸及滚压等，以减小产生微裂纹的倾向。

1.1.3 金属的物理性能和化学性能

在机械制造中，绝大多数机械零件都是以力学性能作为设计计算和选材的主要依据。但是，有些机械设备除了要求应具备一定的力学性能外，还要求具备某些特殊的物理性能或化学性能。例如，飞机零件要选用密度小的铝合金，导电元器件要采用导电性好的铜或铜合金，内燃机的排气门应选用耐热性好的材料，某些化工设备零件则要求耐腐蚀性好的材料等。

金属材料的主要物理性能有密度、熔点、热膨胀系数、导热性和导电性等；化学性能指金属材料在常温或高温时抵抗各种化学介质作用的能力，如耐蚀性和耐热性等。

金属材料的物理性能、化学性能对热加工工艺也有一定的影响。例如，高速钢的导热性能较差，锻造和热处理时必须用较低的加热速度，否则会产生裂纹等缺陷；又如铸钢和铸铁因熔点不同，其熔炼和浇注工艺也不同。

1.1.4 金属材料的工艺性能

金属材料的工艺性能是保证易于高速地、经济地获得优质制件的必要条件，其是金属力学性能、物理性能和化学性能的综合。按工艺方法的不同可分为铸造性、锻造性、冲压性、弯曲性、焊接性、切削加工性等。

1.2 铁 碳 合 金

铁碳合金是以铁和碳为组元的二元合金，是机械制造中应用最广泛的金属材料。铁碳合金中铁和碳的结合方式为固溶体、化合物、固溶体和化合物形成的机械混合物。铁碳合金的基本组织见表 1-1。

表 1-1 铁碳合金基本组织

组织名称	符号	组织特点	碳的最大溶解度/%	力学性质
铁素体 Ferrite	F	碳溶解于体心立方晶格 α-Fe 中形成的固溶体	0.0218	塑性和韧性较好，δ = 30% ~ 50%，σ_b = 180 ~ 280MPa，硬度HBW 为 50~80
奥氏体 Austenite	A	碳溶解于面心立方晶格 γ-Fe 中形成的固溶体	2.11	质软、塑性好，δ = 40% ~ 50%，σ_b = 400MPa，硬度 HBW 为 170~220
渗碳体 Cementite	Fe_3C	具有复杂斜方结构的铁与碳的间隙化合物	6.69	塑性、韧性几乎为零；脆、硬，硬度 HBW 为 800

续表 1-1

组织名称	符号	组织特点	碳的最大溶解度/%	力学性质
珠光体 Pearlite	P	w_C = 0.77%的奥氏体同时析出 F 与 Fe_3C 的机械混合物（共析反应）		δ = 20% ~ 25%，σ_b = 750 ~ 900MPa，硬度 HBW 为 180~280
莱氏体 Ledeburite	Ld Ld′	w_C = 4.3%的金属液体同时结晶出 A 与 Fe_3C 的机械混合物（共晶反应），该混合物在低温时共析出 P 与 Fe_3C 的机械混合物		硬度高，塑性很差，硬度 HBW 为 560

1.2.1 铁碳相图

铁碳相图实际上是 Fe-Fe_3C 相图，其表示处于平衡状态下不同成分的铁碳合金在不同温度下的状态与组织的关系。铁碳相图是研究碳素钢和铸铁的相变过程，以及制订铸造、热加工和热处理等工艺的重要依据。

图 1-1 所示为简化的铁碳相图。由于当 w_C = 6.69%时，铁与碳全部形成硬而脆的 Fe_3C，所以实际使用的铁碳合金一般 w_C ≤5%，因此铁碳相图只研究 Fe-Fe_3C。

铁碳相图中的各特征点、线见表 1-2。

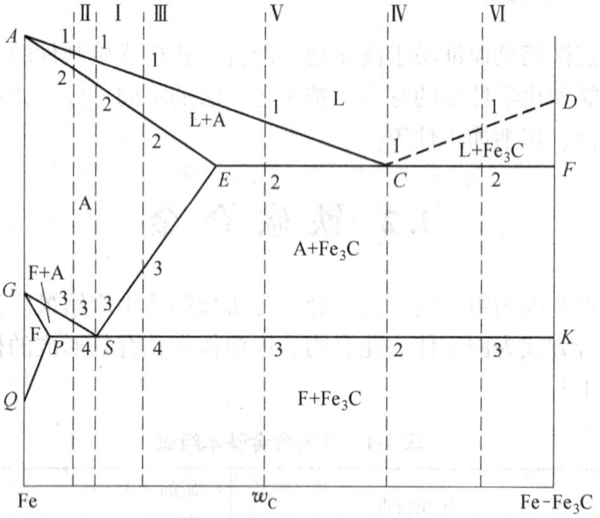

图 1-1 简化的铁碳相图

表 1-2 简化的铁碳相图中的特征点、线

特征点	温度/℃	w_C/%	含 义	特征线	含 义
A	1538	0	纯铁的熔点	*AC*	液相线，液态合金开始结晶出奥氏体
C	1148	4.3	共晶点	*CD*	液相脱溶线，液相开始脱溶出 Fe_3C
D	约 1227	6.69	渗碳体的熔点	*AE*	固相线，即奥氏体结晶终了线

续表 1-2

特征点	温度/℃	w_C/%	含　义	特征线	含　义
E	1148	2.11	碳在奥氏体中最大溶解度	*GS*	奥氏体转变为铁素体开始线，即 A_3 线
F	1148	6.69	渗碳体的成分	*GP*	奥氏体转变为铁素体终了线
G	912	0	α-Fe ═γ-Fe 转变点	*ES*	脱溶线，奥氏体脱溶出 Fe_3C_{II}，即 A_{c1}线
K	727	6.69	渗碳体的成分	*PQ*	脱溶线，铁素体开始脱溶出 Fe_3C_{III}
P	727	0.0218	碳在铁素体中最大溶解度	*ECF*	共晶转变线，$L_c \rightleftharpoons \gamma_E + Fe_3C$
S	727	0.77	共析点	*PSK*	共析转变线，$\gamma_s \rightleftharpoons \alpha_p + Fe_3C$，即 A_1 线
Q	600	0.0057	碳在铁素体中的溶解度		

1.2.2 铁碳合金的平衡结晶过程与组织转变

铁碳合金成分不同，室温下的组织也不同。根据铁碳合金碳的质量分数及组织的不同，可将铁碳合金分为工业纯铁、钢和白口铸铁三大类。

工业纯铁 w_C<0.0218%，钢 0.0218% <w_C<2.11%。根据室温组织的不同，钢又可分为亚共析钢 0.0218% <w_C<0.77%，共析钢 w_C =0.77%，过共析钢 0.77%<w_C<2.11%。白口铸铁 2.11% <w_C<6.69%。白口铸铁又可分为三种，亚共晶白口铸铁 2.11% <w_C< 4.3%，共晶白口铸铁 w_C =4.3%，过共晶白口铸铁 4.3% <w_C<6.69%。

下面以图 1-2 和图 1-3 所示的 6 种典型铁碳合金为例，分析钢和白口铸铁的结晶过程及其室温下的平衡组织。

（1）共析钢。如图 1-2 所示的合金Ⅰ，在温度 1 点以上全部为液体；当温度降至 1 点以下，在金属液体中开始结晶出奥氏体，直到 2 点结晶完毕，全部形成奥氏体；当冷至 3 点，奥氏体发生共析反应，转变成铁素体和渗碳体的机械混合物即珠光体。

（2）亚共析钢。如图 1-2 所示的合金Ⅱ，在 3 点温度以上的结晶过程与共析钢相同；当温度降到 3 点以下，奥氏体开始析出铁素体；直到降到 4 点时，奥氏体的成分变为 w_C =0.77%，此时发生共析转变，形成珠光体，原先析出的铁素体保持不变。转变结束后（室温时），合金的组织为铁素体和珠光体。

（3）过共析钢。如图 1-2 所示的合金Ⅲ，在 3 点温度以上的结晶过程也与共析钢相同；当合金冷至 3 点温度时，奥氏体中的碳量达到饱和，便开始析出二次渗碳体；随着温度的下降，二次渗碳体不断析出，使奥氏体碳的质量分数逐渐减少，奥氏体碳的质量分数沿 *ES* 线变化；当缓冷到 4 点温度时，奥氏体碳的质量分数减到 0.77%而发生共析转变，生成珠光体。室温组织为珠光体和二次渗碳体。二次渗碳体一般沿奥氏体晶界析出呈网状分布，网状的二次渗碳体对钢的力学性能会产生不良的影响。

（4）共晶白口铸铁。如图 1-3 所示的合金Ⅳ，当液态合金缓冷至 1 点温度时，将发生共晶转变，生成由共晶奥氏体和共晶渗碳体组成的（高温）莱氏体；由 1 点继续冷却，莱氏体中的奥氏体将不断析出二次渗碳体，奥氏体的成分沿 *ES* 线变化；温度降到 2 点时，奥氏体中碳的质量分数降到 0.77%而发生共析转变生成珠光体。共晶白口铸铁室温下的组织由珠光体、二次渗碳体和共晶渗碳体组成，这种组织称为低温莱氏体（又称变态莱

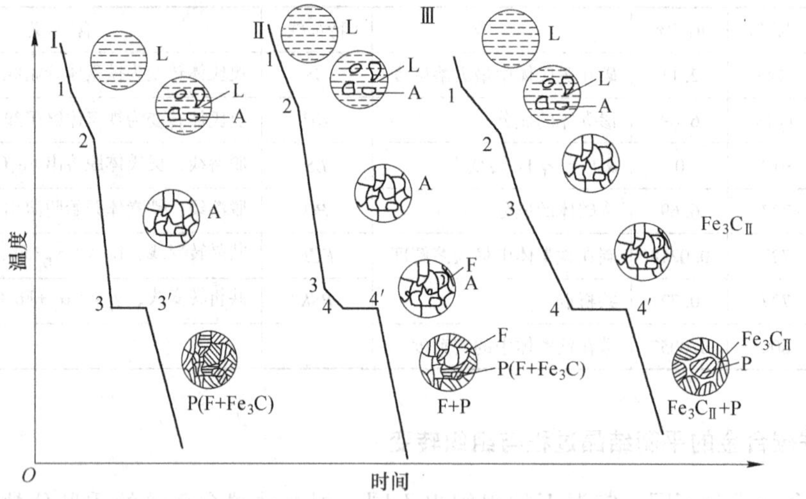

图 1-2 共析钢、亚共析钢、过共析钢的结晶过程示意图

氏体)，用符号 Ld′表示。低温莱氏体仍保留了共晶转变后的形态特征。

（5）亚共晶白口铸铁。如图 1-3 所示的合金Ⅴ，当液态合金缓冷到 1 点温度时，开始结晶出奥氏体；随着温度的下降，结晶出的奥氏体量不断增多，其成分沿 *AE* 线变化，液相的成分沿 *AC* 线变化；冷至 2 点温度时，奥氏体碳的质量分数 $w_C = 2.11\%$，液相碳的质量分数达到共晶点成分（$w_C = 4.3\%$），发生共晶转变，生成莱氏体，在随后的冷却过程中初生奥氏体和共晶奥氏体均析出二次渗碳体，其成分沿 *ES* 线变化；当温度降至 3 点时，奥氏体的 w_C 达到 0.77%，全部奥氏体将发生共析转变而生成珠光体。室温下亚共晶白口铸铁的组织由珠光体、二次渗碳体和低温莱氏体构成。

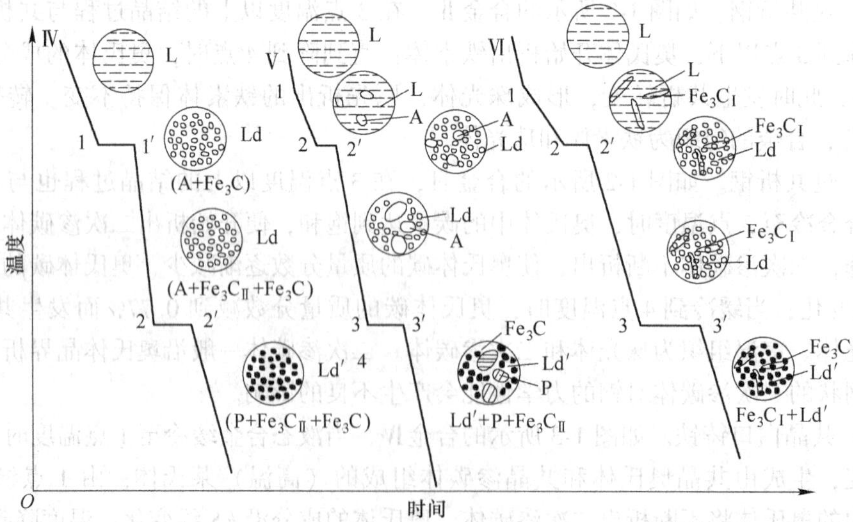

图 1-3 共晶白口铸铁、亚共晶白口铸铁、过共晶白口铸铁的结晶过程示意图

（6）过共晶白口铸铁。如图 1-3 所示的合金Ⅵ，其结晶过程与亚共晶白口铸铁类似，区别是在共晶转变前，液相先结晶出一次渗碳体。当冷却至 2 点温度时，液相成分 w_C = 4.3%而发生共晶转变，形成莱氏体；在随后的冷却中，一次渗碳体不发生转变，莱氏体转变为低温莱氏体。

铁碳合金室温下的组织都是由铁素体和渗碳体两个基本相组成。随着碳的质量分数增加，组织中两个相的相对数量、分布及形态不同，因此不同成分的铁碳合金的性能有很大差异。

1.2.3　铁碳合金室温性能变化规律

图 1-4 所示为室温下铁碳合金的成分与平衡组织组成物、相组成物以及力学性能间的变化规律。

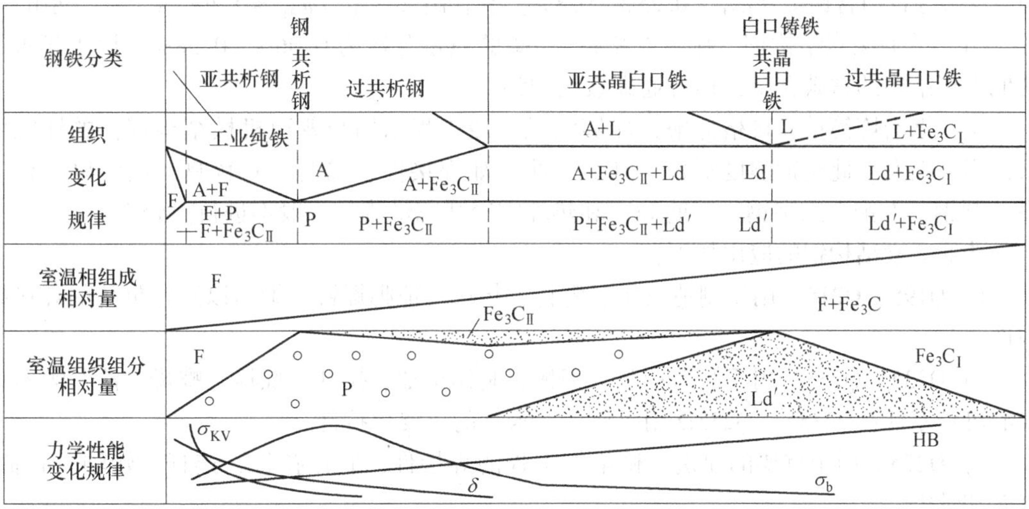

图 1-4　铁碳合金的组织及性能变化规律

1.3　常用金属材料

1.3.1　常用钢铁材料

1.3.1.1　碳钢

碳钢也称碳素钢，是碳的质量分数低于 2.11%（一般低于 1.35%）的铁碳合金的总称，常含有锰、硅、磷、硫、氢、氧等。碳钢按碳的质量分数分为低碳钢、中碳钢和高碳钢；按用途可分为碳素结构钢（包括普通碳素结构钢、碳素渗碳钢、碳素调质钢和碳素弹簧钢）、碳素工具钢和铸钢；按硫、磷等有害杂质的含量可分为普通碳素钢、优质碳素钢和高级优质碳素钢；按退火组织可分为亚共析钢、共析钢和过共析钢。随着碳的质量分数增加，碳素钢的强度、硬度、耐磨性升高，塑性、韧性和焊接性降低。碳素钢在工业上用途极广，产量占钢总产量的 80%左右，具有生产工艺简单、生产成本低等优点。

A 碳素结构钢

碳素结构钢是用于工程结构和机器零件的碳素钢，可分为普通碳素结构钢（也叫碳素结构钢）和优质碳素结构钢。前者对碳的质量分数、性能范围以及硫、磷等有害杂质含量限制较宽。根据交货的保证条件，又分为甲类钢（A类钢，保证力学性能）、乙类钢（B类钢，保证化学成分）和特类钢（C类钢，既保证力学性能又保证化学成分）。目前使用较多的是碳的平均质量分数为0.20%的Q235钢，主要用于工程结构材料。为适应专业用钢的特殊要求，对这类钢的成分和性能作适当调整，发展了桥梁、建筑、钢筋、压力容器等专门用钢。优质碳素结构钢的硫、磷和其他非金属夹杂物含量较低。

碳素结构钢中，碳的质量分数小于0.25%为低碳钢，主要用于冲压件、渗碳钢、锅炉等；碳的质量分数在0.25%~0.6%的为中碳钢，多在调质状态下使用，制造各种机械零件；碳的质量分数大于0.6%为高碳钢，多用于制造弹簧、齿轮、轧辊等。根据含锰量不同，又分为普通含锰量（w_{Mn}=0.25%~0.8%）和较高含锰量（w_{Mn}=0.7%~1.2%）两组。

（1）普通碳素结构钢（碳素结构钢）。碳的质量分数为0.06%~0.38%，用于建筑及其他工程结构的铁碳合金，称普通碳素结构钢。

这类钢冶炼简单、价格低廉，能够满足一般工程结构与普通机械结构零件的性能要求，用量很大。此类钢强度不高，但工艺性（如焊接性、成型性）优良，通常以各种规格（圆钢、方钢、工字钢、钢筋等）和热轧空冷状态供货，一般不进行热处理。

普通碳素结构钢的应用如下：

1）Q195、Q215。用于制造钉子、铆钉、垫块、地脚螺钉、烟筒以及轻负荷的焊接结构件。

2）Q235、Q255。用于制造钢筋、钢板，制作小轴、拉杆、螺栓、螺母、法兰等不重要的机械零件；Q235C、Q235D用于质量要求高的重要焊接件。

3）Q275。用于重要的建筑、桥梁等工程的焊接件，制作拉杆、连杆、转轴、心轴、齿轮和键等。

（2）优质碳素结构钢。优质碳素结构钢是碳和锰（w_C=0.05%~0.9%、w_{Mn}=0.25%~1.2%）的铁碳合金。主要用于机械结构中的零件与构件，因此也称机械结构的非合金钢。该类钢均要进行热处理后才能使用。优质碳素结构钢的主要成分、牌号、性能及用途见表1-3。

表1-3 优质碳素结构钢牌号、成分、性能及用途

牌号		碳的质量分数/%	σ_s	σ_b	δ	ψ	A_{KU}（α_{KU}）/J·cm^{-2}	硬度HBW 热轧	硬度HBW 退火	用途举例
			MPa		%					
			不大于					不大于		
碳素渗碳钢	15	0.12~0.19	225	275	27	55	—	143	—	塑性高、焊接性好，宜制造冲压件、焊接件及一般螺钉、铆钉、垫圈、渗碳件等
	20	0.17~0.24	245	410	25	55		156		
碳素调质钢	40	0.37~0.45	335	570	19	45	47	217	187	综合力学性能优良，宜制造承载力较大的零件，如连杆、曲轴、主轴、活塞杆等
	45	0.42~0.5	355	600	16	40	39	229	197	
	40Mn	0.37~0.45	355	590	17	45	47	229	207	

续表 1-3

牌号		碳的质量分数/%	σ_s	σ_b	δ	ψ	A_{KU} (α_{KU}) /J·cm^{-2}	硬度 HBW		用途举例
			MPa		%			热轧	退火	
			不大于					不大于		
碳素弹簧钢	65	0.62~0.7	410	695	10	30	—	225	229	屈服极限高，宜制造弹性元件（如各种螺旋弹簧、板簧等）及耐磨零件
	85	0.82~0.9	980	1130	6	30		302	255	
	65Mn	0.62~0.7	430	735	9	30	—	285	229	宜制造渗碳零件、受磨损零件及较大尺寸的各种弹性元件等

B 碳素工具钢

碳素工具钢碳的质量分数为 w_C=0.65%~1.35%，是用于制造工具的碳素钢。它的性能特点是硬度高、耐磨性好、切削工艺性优、淬透性低、易变形、价格便宜。碳素工具钢中的S、P含量较少，属于优质或高级优质钢（后面加“A”符号）。它的预先热处理为球化退火，最终热处理为淬火、低温回火。碳素工具钢的常用钢种见表1-4。

表 1-4 碳素工具钢的牌号、主要成分、用途

钢号	主要成分（质量分数）/%			最终热处理		用途
	C	Mn	Si	淬火温度/℃ 冷却剂	硬度 HRC	
		不大于				
T7 T7A	0.65~0.74	0.4	0.35	800~820 水	56~62	冲头、凿子、钳工工具、木工工具等
T8 T8Mn T8A	0.75~0.8	0.4	0.4	780~880 水	—	钻头、圆锯片、木工用铣刀、钳工工具、铆钉冲模等
T9 T9A	0.85~0.94	0.4~0.6	0.4~0.6	760~780 水	56~62	切削软金属的刀具，具有一定硬度、韧性的冲模、冲头等
T10 T10A	0.95~1.04	0.4	0.4	730~780 水	56~64	刨刀、拉丝模、冷锻模等
T11 T11A	1.05~1.24	0.4	0.4	760~780 水	56~64	刮刀、丝锥，尺寸不大而截面急剧变化的冲模、木工工具等
T12 T12A	1.15~1.24	0.4	0.4	760~780 水	56~64	丝锥、刮刀、板牙、钻头、铰刀、锯条、冷冲模、量规等

C 铸钢

用钢液直接浇注成零件毛坯的钢称为铸钢，一般用于制造形状复杂或大型的，难以锻造而又要求具有较高强度和塑性，并承受冲击载荷的零件。铸钢的牌号用字母“ZG”和两组数字表示，第一组数字代表屈服点的值，第二组数字代表抗拉强度值。铸钢牌号及其应用见表 1-5。

表 1-5 碳素铸钢的成分、力学性能及应用

牌号	化学成分（质量分数）/%			力学性能					应用举例
	碳	锰	硅	σ_s /MPa	σ_b /MPa	δ_s /%	ψ /%	$A_{KU}(\alpha_{KU})$ /J·cm^{-2}	
ZG200-400	0.12~0.22	0.35~0.65	0.2~0.45	200	400	25	40	30	机座、变速箱壳
ZG230-450	0.22~0.32	0.5~0.8	0.2~0.45	240	450	20	32	25	机座、锤轮、箱体
ZG270-500	0.32~0.42	0.5~0.8	0.2~0.45	280	500	16	25	22	飞轮、机架、蒸汽锤、水压机工作缸、横梁
ZG310-570	0.42~0.52	0.5~0.8	0.2~0.45	320	580	12	20	15	联轴器、气缸、齿轮、齿轮圈
ZG340-640	0.52~0.62	0.5~0.8	0.2~0.45	350	650	10	18	10	起重运输机中齿轮、联轴器及重要的机件

1.3.1.2 合金钢

合金钢是为了得到或改善某些性能，在碳素钢基础上加入一种或多种合金元素得到的钢材。常用的合金元素有硅、锰、铬、镍、钼、钨、钒、钛、铌、钴、锆、铜、硼、稀土等。磷、硫、氮等在某些情况下也可起到合金元素的作用。合金钢中由于含有不同数量和种类的合金元素，再采取适当的工艺措施，就可以分别具有较高的强度、韧性、淬透性、耐磨性、耐热性、耐蚀性、耐低温性、红硬性、磁性等特殊性能。

合金钢按用途可分为合金结构钢、合金工具钢和特殊性能钢；按合金元素总含量可分为低合金钢（$w_{Me}<5\%$）、中合金钢（$w_{Me}=5\%\sim10\%$）和高合金钢（$w_{Me}>10\%$）；按主要合金元素可分为铬钢、镍钢、锰钢、铬镍钢、铬镍铝钢等；按合金的金相组织可分为铁素体钢、珠光体钢、贝氏体钢、马氏体钢、奥氏体钢以及亚共析钢、过共析钢等。与碳素钢相比，其生产工艺较复杂，价格也较贵，但由于性能优异，故应用广泛，并能节约金属并减轻机器或结构的重量。

A 合金结构钢

合金结构钢包括低合金高强度结构钢、合金渗碳钢、合金调质钢、合金弹簧钢、滚动轴承钢。

（1）低合金高强度结构钢是在碳素结构钢的基础上加入少量合金元素（$w_{Me}\leqslant3\%$）制成的。合金元素的主要作用是固溶强化和细晶强化。这种钢承载大、自重轻、强度高，大多经过塑性变形与焊接加工，可长期在一定的腐蚀介质中工作。其主要用于房屋构架、桥梁、船舶、车辆、铁道、高压容器、石油天然气管线等工程结构件。

常用的低合金高强度结构钢的应用如下：

1）Q295。用于制造车辆冲压件、建筑结构容器、低压锅炉汽包、中低压化工容器、薄板冲压件、储油罐、输油管、车辆、油船以及有低温要求的工程构件等。

2）Q345。用于制造车辆、机械零件、船舶、桥梁、管道、锅炉、压力容器及矿山设备、电厂设备、厂房钢架等承受动载荷的各种合金件等。

3）Q390。用于制造中高压锅炉汽包、中高压化工容器、大型船舶、桥梁、车辆、起重机及其他较高载荷各种炉件等。

4）Q420。用于制造大型焊接结构、大型桥梁、管道、液氨罐车、高压容器以及电站设备、大型船舶等。

5）Q460。可淬火回火处理，用于制造大型挖掘机、起重运输机械、钻井平台等。

（2）合金渗碳钢。其碳的质量分数低于 0.25%，以确保零件的心部有足够的塑性和韧性，同时也是为了能够进行表面渗碳。加入的合金元素有 Cr、Ni、Mn、B、W、Mo、V、Ti 等，可提高钢的淬透性并起到细化晶粒的作用。经渗碳、淬火与低温回火，钢的表面具有高的硬度和耐磨性，心部具有足够的强度、塑性和韧性。其适用于要求承受交变应力和摩擦作用，同时也能承受一定的冲击载荷条件工作的机械零件，如齿轮、凸轮、活塞销等。常见钢种见表 1-6。

表 1-6　常用合金渗碳钢的牌号、热处理、力学性能

种类	钢号	热处理工艺				力学性能（≥）					用途举例
		渗碳/℃	第一次淬火温度/℃	第二次淬火温度/℃	回火温度/℃	σ_s/MPa	σ_b/MPa	δ_s/%	ψ/%	A_{KU}/J·cm^{-2}	
低淬透性合金渗碳钢	15Cr	500~950	880 水 油	780~820 水 油	200 水 空气	490	735	11	45	55	船舶主机螺钉、活塞销、凸轮、机车小零件及心部韧性高的渗碳零件
	20Cr		880 水 油	780~820 水 油	200 水 空气	540	835	10	40	47	机床齿轮、齿轮轴、蜗杆、活塞销及气门顶杆等
中淬透性合金渗碳钢	20CrMnTi		880 油	870 油	200 水 空气	850	1080	10	45	55	工艺性优良，制作汽车、拖拉机的齿轮、凸轮，Cr-Ni 钢的替代品
	12CrNi3		860 油	780 油	200 水 空气	685	930	11	50	71	大齿轮、轴
	20CrMnMo		850 油	—	200 水 空气	885	1175	10	45	55	代替含 Ni 较高的渗碳钢制作大型拖拉机齿轮、活塞销等大截面渗碳件
高淬透性合金渗碳钢	12Cr2Ni4		860	780 油	200 水 空气	835	1080	10	50	71	大齿轮、轴
	20Cr2Ni4		880 油	780 油	200 水 空气	1080	1180	10	45	63	大型渗碳齿轮、轴及飞机发动机齿轮

（3）合金调质钢。主要用于制造在重载和冲击载荷作用下的一些重要受力件，要求高强度的同时，还要求高的塑性和韧性等综合力学性能。只有中碳合金结构钢经调质处理后才能达到上述要求，因此称为合金调质钢。

合金调质钢碳的质量分数为 0.25%～0.45%，Cr、Ni、B、V、Mo、W 等的主要作用是提高淬透性，强化铁素体和细化晶粒，W、Mo 可防止产生高温回火脆性，并具有良好的综合力学性能和合适的淬透性。原始组织为珠光体时，预先热处理可采用正火（或退火）处理；当原始组织为马氏体时，预先热处理可采用高温回火处理。该类钢最终热处理均采用淬火后再 500～650℃的高温回火工艺，即调质处理工艺。常见钢种见表 1-7。

表 1-7　常用合金调质钢的牌号、力学性能及用途

种类	钢号	热处理工艺		力学性能（≥）					用途举例
		淬火温度/℃	回火温度/℃	σ_s/MPa	σ_b/MPa	δ_s/%	ψ/%	A_{KU}/J·cm^{-2}	
低淬透性合金调质钢	40Mn2	840 油	540 水 油	735	885	12	45	55	直径 60mm 以下时，性能与 40Cr 相当，制作万向接头、轴、涡轮、连杆、摩擦盘
	40Cr	850 油	520 水 油	785	980	9	45	47	重要调质零件，如齿轮、轴、曲轴、连杆螺栓
	35SiMn	900 水	570 水 油	735	885	15	45	47	除要求低温（-20℃以下）韧性很高的情况外，可全面代替 40Cr 作调质零件
	42SiMn	880 水	590 水 油	735	885	15	40	47	与 35SiMn 相同，并可作表面淬火零件
	40CrV	880 油	650 水 油	735	885	10	50	71	机车连杆、强力双头螺栓、高压锅炉给水泵轴
中淬透性合金调质钢	40CrMn	840 油	550 水 油	835	980	9	45	47	代替 40CrNi、42CrMo 作高速、高载荷而冲击载荷不大的零件
	40CrNi	820 油	500 水 油	785	980	10	45	55	汽车、拖拉机、机床、柴油机的轴、齿轮、连接机件螺栓、电动机轴
	42CrMo	850 油	560 水 油	930	1080	12	45	63	代替含 Ni 较高的调质钢制作重要大锻件用钢、机车牵引大齿轮

续表 1-7

种类	钢号	热处理工艺		力学性能（≥）					用途举例
		淬火温度 /℃	回火温度 /℃	σ_s /MPa	σ_b /MPa	δ_s /%	ψ /%	A_{KU} /J·cm^{-2}	
中淬透性合金调质钢	30CrMnSi	880 油	520 水 油	885	1080	10	45	39	高强度钢，高速载荷砂轮轴、齿轮、轴、联轴器、离合器等重要调质件
	35CrMo	850 油	550 水 油	835	980	12	45	63	代替 40CrNi 制作大断面齿轮用轴、汽轮发电机转子，480℃以下工作的紧固件
	38CrMoAlA	940 水 油	640 水 油	835	980	14	50	71	高级氮化钢，制作硬度大于 900HV 氮化件，如镗床镗杆、蜗杆、高压阀门
高淬透性合金调质钢	37Cr2Ni3	820 油	500 水 油	980	1130	10	50	47	高强度、高韧性的重要零件，如活塞销、凸轮轴、齿轮、重要螺栓、连杆
	40CrNiMoA	850 油	600 水 油	835	980	12	55	78	受冲击载荷的高强度零件，如锻压机床的传动偏心轴、压力机曲轴等大断面重要零件
	25Cr2Ni4WA	850 油	550 水 油	930	1080	11	45	71	制作断面 $200mm^2$ 以下、完全淬透的重要零件，与 12Cr2Ni4 相同，可制作高级渗碳零件

（4）合金弹簧钢。专门制造大断面的受到较大冲击、振动、周期性扭转、弯曲等交变载荷作用的一些重要弹性元件，它可以吸收振动能、冲击能或储存能，以驱动机件运动。

根据弹簧的工作条件，要求合金弹簧钢具有高的弹性极限、高的屈强比（σ_s/σ_b）、高的疲劳强度和足够的塑性、韧性，同时还要求良好的淬透性和表面质量。在一些特殊条件下，还要求有一定的耐热性和耐腐蚀性。所以合金弹簧钢碳的质量分数必须是中、高碳（$w_C = 0.45\% \sim 0.7\%$），以保证得到高的弹性。加入的合金元素有 Si、Mn、Cr、Mo、W、V 等，目的是为了提高合金弹簧结构钢的弹性极限和淬透性，并起到细化晶粒的作用，W、Mo 还可降低高温回火脆性，提高耐回火性。常用钢种见表 1-8。

（5）滚动轴承钢，也称轴承钢。滚动轴承运转时，内外套圈和滚动体之间为点接触或线接触，接触力很大，并承受周期性交变载荷，损坏的主要形式是表面小块疲劳剥落和磨损。因此，轴承钢应具有高的硬度和足够的耐磨性。为了保证轴承钢在淬火后能得到高的硬度和足够的耐磨碳化物，轴承钢碳的质量分数需为 1%左右。滚动轴承钢的合金元素以 Cr 为主，其主要作用是提高钢的淬透性、减少过热敏感性，并形成一定数量的细粒状碳化物。加入 Cr 的质量分数为 0.4%~1.65%，Cr 含量过高会增加残余奥氏体量，降低硬度。对于大型轴承，为进一步增大淬透性，还常加入 Si、Mn 等元素。

表 1-8 常用合金弹簧钢的牌号、力学性能及用途

种类	钢号	热处理工艺		力学性能（≥）					用途举例
		淬火温度 /℃	回火温度 /℃	σ_s /MPa	σ_b /MPa	δ /%	ψ /%	A_{KU} /J·cm^{-2}	
合金弹簧钢	55Si2MnB	870 油	480	1177	1275	6	30	47	用于 ϕ25 ~ 30mm 减振板簧与螺旋弹簧，工作温度低于 230℃
	60Si2Mn	870 油	480	1177	1275	5	25	47	
	50CrVA	850 油	500	1128	1275	10	40	47	用于 ϕ30 ~ 50mm 承受大应力的各种重要螺旋弹簧，也可制作大断面及温度低于 400℃ 的气阀弹簧、喷油嘴弹簧等
	60Si2CrVA	850 油	410	1667	1863	6	20	47	用于直径小于 50mm 弹簧、工作温度低于 250℃ 的重载下工作的板簧与螺旋弹簧
	30W4Cr2VA	1050~1100 油	600	1324	1471	7	40	71	用于高温下（小于 500℃）

常用滚动轴承钢的牌号、化学成分、热处理及用途见表 1-9。滚动轴承钢也可作为工具钢使用，用于制造丝锥、板牙、铰刀和量具等。

表 1-9 滚动轴承钢的牌号、成分、热处理及用途

钢号	主要元素的含量（质量分数）/%				典型的热处理		用途
	C	Mn	Si	Cr	淬火	回火	
GCr6	1.05~1.15	0.2~0.4	0.15~0.35	0.4~0.7	800~820℃ 水 油	150~160℃ 1~2h	小于 10mm 直径的滚珠、滚柱、滚锥以及滚针
GCr9	1~1.1	0.2~0.4	0.15~0.35	0.9~1.2	800~820℃ 水 油	150~160℃ 1~2h	直径约为 20mm 以内的各种滚动轴承
GCr9SiMn	1~1.1	0.9~1.1	0.4~0.7	0.9~1.2	810~830℃ 油	150~160℃ 2h	壁厚小于 14mm，外径小于 25mm 的轴承套，25~50mm 的钢球，直径 25mm 的滚柱等

续表 1-9

钢号	主要元素的含量（质量分数）/%				典型的热处理		用　途
	C	Mn	Si	Cr	淬火	回火	
GCr15	0.9~1.05	0.2~0.4	0.15~0.35	1.3~1.65	820~840℃ 油	150~160℃ 2h	与 GCr9SiMn 同
GCr15SiMn	0.95~1.05	0.9~1.2	0.4~0.65	1.3~1.65	810~830℃ 油	150~160℃ 2h	壁厚大于或等于 14mm，外径 250mm 的套圈，直径 50~200mm 的钢球，其他同 GCr15

B　合金工具钢

合金工具钢按用途分为合金刃具钢、合金模具钢和合金量具钢三类，但各类钢之间实际应用的界限并不严格。例如，有些低合金刃具钢除制作刀具外，也可制作冷冲模具或量具。

(1) 合金刃具钢。合金刃具钢用于制造各种切削刀具，其刃部不仅和切屑发生强烈摩擦而产生高热，而且还要承受较大的切削力、冲击和振动作用。因此，合金刃具钢除了具有高硬度和耐磨性、足够的强度和韧性外，还应具有在高温下仍可保持高硬度的能力，即热硬性，也称红硬性。常用合金刃具钢有低合金工具钢和高速钢两种。

1) 低合金工具钢。低合金工具钢的碳的质量分数为 0.9%~1.1%，加入的合金元素有 Cr、Mn、Si、W、V 等，合金元素含量不超过 5%。其主要作用是提高淬透性，增加回火稳定性和二次硬化，使钢在 300~400℃时硬度 HRC 仍能保持 60 以上，其切削速度可达到 10~15m/min。常用低合金工具钢的化学成分、热处理及用途见表 1-10。

表 1-10　常用低合金刃具钢的化学成分、热处理及用途

钢号	化学成分（质量分数）/%					淬火			回火		用途举例
	C	Mn	Si	Cr	其他	温度/℃	介质	硬度 HRC	温度/℃	硬度 HRC	
9SiCr	0.85~0.95	0.3~0.6	1.2~1.6	0.95~1.25		850~870	油	62	190~200	60~63	板牙、丝锥、铰刀、搓丝板、冷冲模等
CrWMn	0.9~1.05	0.8~1.1	0.15~0.35	0.9~1.2	1.2~1.6	820~840	油	62	140~160	62~65	长丝锥、长铰刀、板牙、拉刀量具、冷冲模等
CrMn	1.3~1.5	0.45~0.75	≤0.4	1.3~1.6		840~860	油	62	130~140	62~65	长丝锥、拉刀、量具等
9Mn2V	0.85~0.95	1.7~2	≤0.4		0.01~0.25	780~820	油	62	150~200	58~63	丝锥、板牙、样板、量规、中小型模具、磨床主轴、精密丝杠等

2）高速钢。用于高速切削（切削速度 $v=25\sim55m/s$），加入的合金元素总量大于10%的高合金刃具钢，称为高速工具钢，简称高速钢。高速钢碳的质量分数为0.75%～1.65%，合金总量在10%～25%，主要合金元素有W、Cr、V、Mo、Co、Al等，可以提高钢的淬透性；W、Mo、V等在钢中形成特殊碳化物，当加热后，这些元素溶入奥氏体，在淬火后560℃左右回火时，基体会析出大量弥散分布的特殊碳化物，使硬度不但不会降低反而升高，即所谓的二次硬化现象。Co元素可提高淬火温度，使更多的二次硬化元素溶入奥氏体，间接促使淬火回火后产生二次硬化。所以，该类钢具有较高的热硬性，在600℃时仍能保持高硬度（HRC大于58）。高速钢淬透性好，空冷可得到马氏体，耐磨性高，在铸态下有大量莱氏体存在，又称莱氏体钢。常用钢种举例见表1-11。

表1-11　常见高速钢的牌号、性能及用途

牌　号	w_C/%	硬度HRC			应用举例
		室温	500℃	600℃	
W18Cr4V	0.7～0.8	63～66	56	48.5	一般高速车刀、刨刀、钻头、铣刀等
W6Mo5Cr4V2	0.8～0.9	63～66	55～56	47～48	耐磨性、韧性好的丝锥、钻头等
W6Mo5Cr4V2Al	1.05～1.2	67～69	60	55	使用寿命比W18Cr4V高1～4倍，用于刀具、冷热模具零件

（2）合金模具钢。模具是在铸造、锻造和冷冲压等生产过程中常用的加工工具，模具材料及其热处理是保证模具使用性能和寿命的重要条件。合金模具钢分为冷模具钢和热模具钢两种。

1）冷模具钢。用于制造在冷态下使金属变形的模具材料，称为冷模具钢。常用的冷变形模具有冲裁模、弯曲模、拉伸模等，这类模具在工作中必须具有高硬度（HRC=55～62）、高耐磨性以及足够的韧性和疲劳强度。

常用的冷模具钢有T9、T10、9Mn2V、CrWMn、Cr12、Cr12MoV、6SiCr等。T9和T10为碳素工具钢，也可作为冷模具钢使用，适用于受力不大、形状简单、尺寸较小的模具；9Mn2V和CrWMn适用于受力不大、形状较复杂、尺寸较大的模具；Cr12和Cr12MoV适用于制造受力较大、技术要求较高的冷变形模具；6SiCr适用于制造冲击力较大而刃口又比较单薄的切边模具等。

2）热模具钢。常用的热变形模具有压铸模、热锻模、热挤压模等。这些模具工作表面温度可达600℃以上，在工作中不仅承受着巨大的机械应力，而且在冷热交替作用下又要承受很大的热应力。因此，对热模具钢要求有较高的红硬性、热疲劳抗力以及足够的韧性。热模具钢碳的质量分数一般为0.3%～0.6%，为了强化铁素体和提高淬透性，还加入了Cr、Mn、Si等元素，同时还需加入一定量的Mo、W等元素，以避免回火脆性。

常用的热模具钢有5CrMnMo、5CrNiMo、3CrW8V、5SiMn等。

（3）合金量具钢。合金量具钢用于制造各种测量工具，如千分尺、卡尺、块规、塞规等。对量具钢的要求是具有高的硬度与耐磨性、高的韧性以及尺寸稳定性。量具钢碳的质量分数较高（0.9%~1.5%），以保证足够的硬度（HRC 在62 以上）和耐磨性。钢中加入 Cr、W、Mn 等元素以提高淬透性，使残余奥氏体稳定性增加，在使用过程中不发生组织转变，保证尺寸的稳定；同时，这些元素形成大量合金碳化物，进一步提高了耐磨性。

形状简单、精度较低的量具，如量规、卡尺、塞规等可采用 T10A、T12A、9SiCr 制造，也常用 15Cr、20Cr 钢经渗碳热处理，或 50Mn、55Mn、60Mn、65Mn 钢经高频感应淬火热处理来制造精度不高、使用中常被碰撞的样板、卡规及大型量具。

精度要求高的量具（如量规、块规）及形状复杂的样板常采用热变形小的微变形金属工具钢制造，如 CrMn、CrWMn、GCr15 等。

C 特殊性能钢

有些机器零件，如拖拉机和坦克的履带板、挖掘机铲齿等，在工作时要承受强烈冲击和严重磨损，要求材料应具有较高的韧性和耐磨性；有些零件要求具有对腐蚀的高抗力；有的零件在高温下工作，应该具有抗高温氧化的能力，这就相应地产生了耐磨钢、不锈钢、耐热钢。

(1) 耐磨钢。目前广泛采用的耐磨钢是高锰钢铸件，其牌号有 ZGMn13 等，其碳的质量分数为 1%~1.3%，含锰量为 12%~14%。Mn 是扩大 $Fe\text{-}Fe_3C$ 相图中奥氏体区的元素，当钢中含 Mn 的质量分数不小于 12%时，可使其在常温下呈现单一的奥氏体组织，所以高锰钢也称为奥氏体钢。为了防止高锰钢在冷却过程中碳化物从奥氏体中析出，导致钢的脆性增大，必须通过水韧处理消除碳化物，使钢保持单一的奥氏体组织。所谓水韧处理就是将高锰钢加热到 1050~1100℃，保温一定时间，使碳化物完全溶入奥氏体中，然后在40℃左右的水中激冷，由于冷却很快，碳化物来不及析出，可使钢得到单一奥氏体组织，此时钢的硬度很低（HBW 为 190~220），但韧性却很高。水韧处理后获得的奥氏体钢是不稳定的，一经剧烈的冲击变形，就会产生显著的加工硬化，且随冲击变形程度的增加，硬度急剧上升。与此同时，还将发生马氏体转变并析出碳化物，硬度 HBW 迅速上升到 450~500，形成厚 7~20mm 的硬化层，而基体却仍然保持高韧性的奥氏体。高锰钢经水韧处理后，不可进行回火。如果加热温度超过 300℃，在极短时间内奥氏体便会析出大量碳化物，使钢变脆。高锰钢的切削加工性能很差，零件均是在铸造成型后，经水韧处理直接使用。

(2) 不锈钢。不锈钢是指对腐蚀具有很高抗力的钢材。金属腐蚀有两种形式：一种是由单纯的化学反应引起的化学腐蚀，如钢在高温下的氧化；另一种是由于电流作用引起的电化学腐蚀，金属在电解质溶液中可形成腐蚀原电池产生电流，使阳极金属被腐蚀。零件的腐蚀大部分属于电化学腐蚀。

具有两相组织结构的金属，由于不同相的电极电位不同，在有电解质溶液的环境中，金属内部将构成很多腐蚀原电池，使金属发生电化学腐蚀。

不锈钢的抗腐蚀原则是使金属尽可能保持均匀的单相组织，减少金属内部形成原电池的可能性；在形成了原电池的情况下，尽可能减少金属各相的电极电位差并通过合金化，尽可能提高合金本身的电极电位；加入合金元素，在钢的表面形成稳定的钝化膜，隔绝腐蚀介质。

常用的不锈钢分为以下几种类型：

1）马氏体型不锈钢。主要钢种有1Cr13、2Cr13、3Cr13、4Cr13，通常称为Cr13型不锈钢。钢号前的数字是该钢种的序号，代表平均碳的质量分数的千分之几，Cr的质量分数为12%~14%。钢中加入Cr，一方面能提高基体的电极电位（Cr的质量分数必须大于12%）；另一方面在氧化性介质中极易生成钝化膜，使钢的耐蚀性大大提高。

Cr13型不锈钢不是单相组织，可以进行热处理强化，其耐蚀性主要依靠钝化。故这类钢只在氧化性介质（水蒸气、大气、海水、氧化性酸）中具有较好的耐蚀性；而在非氧化性介质（盐酸、硫酸、碱溶液）中，因不能获得钝化状态，耐蚀性就较差。1Cr13、2Cr13主要用于制作耐蚀结构零件，如汽轮机叶片等；3Cr13、4Cr13耐蚀性较差，主要用于制作手术器械、量具、弹簧等。

2）铁素体型不锈钢。主要钢种是1Cr17。Cr是缩小相图奥氏体区的元素，当Cr的质量分数增大至17%时，钢中没有奥氏体—铁素体转变，始终保持单相铁素体。这类钢耐蚀性优于Cr13型不锈钢，主要用作吸收塔、热交换器、酸槽、管道等。

3）奥氏体型不锈钢。当钢的质量分数中含Cr量为18%、Ni量为8%时，钢中便有稳定的奥氏体组织产生。这类钢还常加入Mo、Ti、Nb等元素，以进一步提高其抗蚀能力。常用牌号有0Cr18Ni9、1Cr18Ni9、2Cr18Ni9、0Cr18Ni9Ti、1Cr18Ni9Ti等，简称为18-8型不锈钢。

铬镍奥氏体不锈钢在氧化性介质和还原性介质中均具有良好的耐蚀性，应用广泛。而且这类钢在常温和低温下还具有较高的塑性和韧性，在550℃以下可作为耐热钢来使用。

（3）耐热钢。耐热钢是指在高温下能抗氧化，并具有一定高温强度的钢材。所谓抗氧化，是在钢中加入足够的Cr、Si、Al等元素，使钢在高温下迅速氧化生成致密的高熔点氧化膜，阻止高温气体的继续氧化。所谓高温强度，是指金属对蠕变的抵抗能力。当金属的工作温度高于再结晶温度，工作应力超过金属在该温度下的弹性极限时，随着时间的延长金属发生极其缓慢的变形，这种现象称为蠕变（creep）。金属对蠕变抗力越大，表示金属高温强度越高。在钢中加入W、Mo、V等合金元素能明显提高钢的高温强度。耐热钢常用牌号如下：

1）15CrMo和12Cr13MoV是典型的锅炉钢，分别用来制造温度小于或等于510℃和540℃的蒸汽导管等。

2）4Cr9Si2和4Cr10Si2Mo又称阀门钢，分别用来制造小于或等于700℃和750℃的汽车发动机和柴油机的排气阀门等。

3）1Cr11MoV和1Cr12WMoV具有较高的高温强度，而且组织稳定工艺性能好，分别用来制造在540℃和580℃以下工作的汽轮机和燃气轮机叶片等。

4）1Cr18Ni9Ti。不锈钢的抗氧化性可达700~900℃，在600℃左右具有足够的热强度，在锅炉及汽轮机制造方面用来制造610℃以下的过热管道及构件等。

5）Cr9Mn12SiN和Cr22Ni4N。可用于制造温度在900~1200℃的热处理炉底板、坩埚等。

1.3.1.3 铸铁

铸铁是碳的质量分数大于2.11%的铁碳合金，此外它还含有硅、锰、硫、磷、铬、铝等化学元素。铸铁与钢的主要区别，一是铸铁中碳的质量分数及硅含量高，并且碳多以石墨形式存在；二是硫、磷杂质多。

铸铁作为工程材料历史悠久，并被广泛应用于各个工业部门，这是因为铸铁制造成本低，又具有良好的减振性、耐磨性及加工工艺性。

铸铁的种类很多，目前工业中通常是按照铸铁中碳的存在形式和石墨的形态进行划分，有白口铸铁、灰铸铁、可锻铸铁、球墨铸铁和蠕墨铸铁。白口铸铁中的碳全部或部分以渗碳体形式存在，断口呈银白色；灰铸铁中的碳除了少量溶于基体外，其余的全部以石墨形式存在于铸铁中；可锻铸铁中的碳全部或大部分以团絮状石墨存在；球墨铸铁中的碳大部分以球状石墨形式存在；蠕墨铸铁中的碳大部分以蠕虫状石墨形式存在。

A　灰铸铁

灰铸铁在铸铁的总产量中占80%以上。常用来制造各种机器的底座、机架、工作台、机身、齿轮箱箱体、阀体及内燃机的气缸盖、气缸体等。

(1) 灰铸铁的化学成分与显微组织。灰铸铁的基体组织分为三种类型，铁素体灰铸铁，组织为铁素体+片状石墨；铁素体-珠光体灰铸铁，组织为铁素体+珠光体+片状石墨；珠光体灰铸铁，组织为珠光体+片状石墨。其显微组织如图 1-5 所示。

(a)　　(b)　　(c)

图 1-5　灰铸铁显微组织示意图

(a) 铁素体灰铸铁；(b) 铁素体-珠光体灰铸铁；(c) 珠光体灰铸铁

灰铸铁中石墨的形态、数量、分布及基体组织状态主要取决于石墨化程度，即取决于铸铁的化学成分和铸件的冷却速度。

(2) 灰铸铁的牌号、性能及应用。灰铸铁的牌号由“灰铁”两字的拼音字母的首字母（HT）后面加一组表示铸铁的最低抗拉强度，单位为（MPa）的数字组成。灰铸铁的牌号、性能及应用见表 1-12。

表 1-12　灰铸铁的牌号、性能及应用

分类	牌号	铸件主要厚度/mm	试样毛坯直径/mm	抗拉强度/MPa	挤压应力/MPa	硬度 HBW	显微组织		应用举例
							基体	石墨形状	
铁素体灰铸铁	HT100	所有尺寸	30	≥100	500	143~229	F + P（少）	粗片	盖、外罩、油盘、手轮、支架、底板、重锤等
铁素体-珠光体灰铸铁	HT150	4~8	13	≥280	650	170~241	F + P	较粗片	端盖、汽轮机壳体、轴承座、阀壳、管子及管路附件、手轮，一般机床底座、床身及其他复杂零件、滑座、工作台等
		>8~15	20	≥200		170~241			
		>15~30	30	≥150		163~229			
		>30~50	45	≥120		163~229			
		约 50	60	≥100		143~229			

续表 1-12

分类	牌号	铸件主要厚度/mm	试样毛坯直径/mm	抗拉强度/MPa	挤压应力/MPa	硬度 HBW	显微组织		应用举例
							基体	石墨形状	
珠光体灰铸铁	HT200	6~8	13	≥320	750	187~225	P	中等片	气缸、齿轮、底架、机件、飞轮、齿条、衬筒，一般机床床身及中等压力液压筒、液压泵和滑阀的机壳等
		>8~15	20	≥250		170~241			
		>15~30	30	≥200		170~241			
		>30~50	45	≥180		170~241			
		约 50	60	≥160		163~229			
珠光体灰铸铁	HT250	>8~15	20	≥290	1000	187~255	细 P	较细片	阀壳、液压缸、气缸、联轴器、机体、齿轮、齿轮箱外壳、飞轮、衬筒、凸轮、轴承座等
		>15~30	30	≥250		170~241			
		>30~50	45	≥220		170~241			
		约 50	60	≥200		163~229			
孕育（变质）灰铸铁	HT300	>15~30	30	300	1100	187~255	S 或 T	细小片	齿轮、凸轮、车床卡盘、剪床、压力机的机身、导轨、转塔车床及其他重载荷机床的床身、高压液压筒、液压泵和滑阀的机壳等
		>30~50	45	270		170~241			
		约 50	60	260		170~241			
	HT350	>15~30	30	350	1200	197~269			
		>30~50	45	320		187~255			
		约 50	60	310		170~241			

B　可锻铸铁

可锻铸铁是由白口铸铁经高温、长时间的石墨化，使渗碳体在固态下分解获得的团絮状石墨铸铁。

（1）可锻铸铁的化学成分和组织。可锻铸铁中的碳和硅的含量不能太高，由于它们都是强烈促进石墨化的元素，故铸铁的铸态组织中就有片状石墨形成，并在随后的退火过程中，从渗碳体分解的石墨将附在片状石墨上，得不到团絮状石墨。而且石墨数量增多，力学性能也下降。同时，碳和硅的质量分数也不能太低，否则不仅使退火时石墨化困难，增长退火周期，而且使熔炼困难，铸造性能也变差。

目前生产中可锻铸铁的化学成分 $w_C = 2.2\% \sim 2.8\%$、$w_{Si} = 1.2\% \sim 2.0\%$、$w_{Mn} = 0.4\% \sim 1.2\%$、$w_P \leq 0.1\%$、$w_S \leq 0.2\%$。现在常见的可锻铸铁的显微组织是铁素体+石墨及珠光体+石墨，如图 1-6 所示。

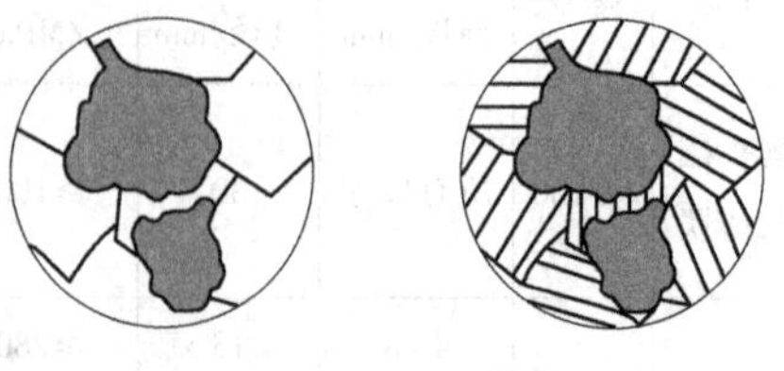

(a)　(b)

图 1-6　可锻铸铁的显微组织示意图

（a）铁素体可锻铸铁；（b）珠光体可锻铸铁

（2）可锻铸铁的牌号性能及应用。表 1-13 为可锻铸铁的牌号、性能及应用。牌号中“KT”是“可铁”二字汉语拼音的第一个字母，其后的符号“H”表示黑心可锻铸铁；“Z”表示珠光体可锻铸铁（白心可锻铸铁用“B”表示）。符号后面的两组数字分别表示其抗拉强度和断后伸长率。

表 1-13 可锻铸铁的牌号、性能及应用

分类	牌号	铸件壁厚 /mm	试棒直径 /mm	抗拉强度 /MPa	伸长率 /%	硬度 HBW	应用举例
铁素体可锻铸铁	KTH300-06	>12	16	300	6	130~163	弯头、三通管件
	KTH300-08	>12	16	330	8	120~163	扳手等，犁刀、犁柱、车轮壳等
	KTH350-10	>12	16	350	10	120~163	汽车、拖拉机前后轮壳、减速器壳、转向节壳、制动器等
	KTH370-12	>12	16	370	12	120~163	
珠光体可锻铸铁	KTZ450-06	—	16	450	6	152~219	曲轴、凸轮轴、连杆、齿轮、活塞环、可锻轴套、耙片、万向接头、棘轮、扳手、铸铁传动链条
	KTZ550-04	—	16	500	4	179~241	
	KTZ650-02	—	16	600	2	201~269	
	KTZ700-02	—	16	700	2	240~270	

C 球墨铸铁

球墨铸铁的球状石墨对基体的割裂影响最小，因而具有很高的强度、良好的韧性、塑性和切削加工性，焊接性也较好。它可以在一定范围内代替钢，所以发展很快。

（1）球墨铸铁的化学成分和组织。球墨铸铁的主要成分为 $w_C=3.6\%\sim3.9\%$、$w_{Si}=2.0\%$、$w_{Mn}=0.6\%\sim0.8\%$、$w_S\leqslant0.04\%$、$w_P\leqslant0.1\%$、$w_{Mg}=0.03\%\sim0.05\%$、$w_{RE}=0.03\%\sim0.05\%$（稀土）。球墨铸铁的生产过程是在一定成分的铁液中加入一定量的孕育剂和球化剂（稀土镁等），使石墨变成球状。在生产中，球墨铸铁的显微组织有铁素体+石墨、铁素体+珠光体+石墨、珠光体+石墨，如图 1-7 所示。

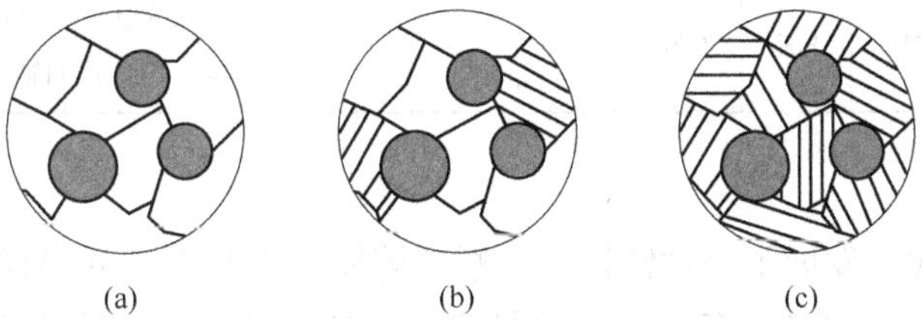

(a) (b) (c)

图 1-7 球墨铸铁显微组织示意图

（a）铁素体+石墨；（b）铁素体+珠光体+石墨；（c）珠光体+石墨

（2）球墨铸铁的牌号、性能及应用。球墨铸铁的牌号是以汉语拼音字头“QT”为标志符号，其后的两组数字分别是最小抗拉强度和断后伸长率。由于球墨铸铁中的石墨呈球状，因此球墨铸铁的基体强度利用率可高达 70%~90%，而灰铸铁的基体强度利用率仅为 30%~50%。所以，球墨铸铁的抗拉强度、塑性、韧性不仅高于其他铸铁，而且可与相应组织的铸钢相媲美。例如疲劳极限接近一般中碳钢，冲击疲劳强度高于中碳钢，特别是球墨铸铁的屈服强度比钢提高 1 倍。在一般机械设计中，材料的许用应力是按屈服强度确定的，因此对于承受静载荷的零件，用球墨铸铁代替铸钢，就可以减少机器重量，但球墨铸

铁的塑性和韧性却低于钢。

球墨铸铁的牌号、力学性能和用途见表1-14。由于球墨铸铁通过热处理可获得不同的基体组织，其性能在较大范围内变化，加上球墨铸铁的生产周期短，生产成本低（接近灰铸铁），因此球墨铸铁在机械制造业中得到了广泛的应用，它成功地替代了碳钢、合金钢和可锻铸铁，可以用来制造一些受力复杂，强度、韧性和耐磨性要求高的零件。

表1-14 球墨铸铁的牌号、力学性能和用途

牌号	基体	机械性能					应用举例
		σ_b /MPa	$\sigma_{0.2}$ /MPa	δ /%	α_K /J·cm^{-2}	硬度 HBW	
QT400-18	F	400	850	18	60	130~180	犁柱、收割及割草机的导架、差速器壳、护刃器、拖拉机的轮毂、驱动桥壳体、离合器壳、拨叉等
QT400-15	F	400	250	15	30	130~180	
QT450-10	F	450	310	10	—	160~210	内燃机的油泵齿轮、汽轮机中气缸隔板、铁路机车车辆轴瓦、机器座架、传动轴、飞轮、电动机架等
QT500-7	F+P	500	320	7	—	170~230	16~64MPa阀门的阀体、阀盖、压缩机上高低气缸、铁路垫板、电机机壳、齿轮箱、飞轮壳等
QT600-3	F+P	600	370	3	—	190~270	内燃机4~3000kW柴油机和汽油机的曲轴、部分轻型柴油机和汽油机的凸轮、气缸套、连杆等。农机机床主轴，空压机、气压机的曲轴、缸体、缸套等
QT700-2	P	700	420	2	—	225~335	
QT800-2	P	800	480	2	—	245~335	
QT900-2	B或M	900	600	2	—	280~360	汽车上的弧齿锥齿轮、转向节、传动轴，内燃机曲轴、凸轮轴

D 蠕墨铸铁

20世纪80年代，发展了一种铸铁——蠕墨铸铁，因其石墨外形像蠕虫从而命名为蠕墨铸铁。其强度高于灰铸铁，韧性和耐磨性良好，铸造性能与灰铸铁相当。蠕墨铸铁的化学成分要求与球墨铸铁相似，即要求高碳、高硅、低硫、低磷，并含有一定量的稀土与镁。蠕墨铸铁的显微组织如图1-8所示。其牌号、力学性能和用途见表1-15。

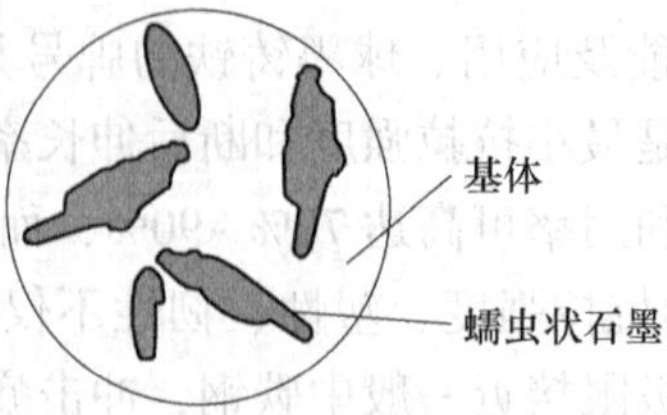

图1-8 蠕墨铸铁显微组织

表 1-15 铸铁牌号、力学性能及用途

牌 号	抗拉强度 /MPa	屈服极限 /MPa	伸长率 /%	蠕化率 /%	硬度 HBW	主要基体组织
RuT420	≥420	≥335	≥0.75	50	200~280	P
RuT380	≥380	≥330	≥0.75		193~274	P
RuT340	≥340	≥270	≥1		170~249	F+P
RuT300	≥300	≥240	≥1.5		140~217	F+P
RuT260	≥260	≥195	≥3		121~197	F

牌 号	性 能 特 点	应用举例
RuT420 RuT380	强度、硬度高，具有高的耐磨性和较高的热导率，铸件材质中需加入合金元素或经正火处理，可制造强度和耐磨性高的零件	活塞环、制动盘、钢珠研磨盘、吸淤泵体等
RuT340	强度和硬度较高，具有较高的耐磨性和热导率，适用于制造要求较高强度、刚度及耐磨性的零件	重型机床件、大型齿轮箱体、飞轮、起重机卷筒等
RuT300	强度和硬度适中，有一定塑韧性，热导率较高，致密性好，用于制造较高强度及较好耐热疲劳强度的零件	排气管、变速箱体、气缸盖、液压件、烧结机篦条等
RuT260	强度一般，硬度较低，塑韧性和热导率较高，一般需退火热处理，用于承受冲击负荷及热疲劳的零件	增压器废气进气壳体、汽车底盘零件等

注：蠕墨铸铁的力学性能可经过热处理工艺达到。

E 合金铸铁

在铸铁中加入一定量的合金元素，生成的特殊性能铸铁，称为合金铸铁。

a 耐磨铸铁

在工业生产中针对铸件的耐磨性，主要有两种工作条件：一种是在有润滑的条件下，另一种是在无润滑即干摩擦的条件下。前者如机床的导轨、轴承、活塞环与缸套等，后者如球磨机的衬板、磨球、轧辊等，它们均要求铸件抗磨性好。

高碳共晶或过共晶的合金白口铸铁具有抗磨性高的优势，但是其脆性大，冲击吸收功差。常用的抗磨铸铁有 KmTBCr2Mo1Cu 及 KmTBCr20Mo 等。另外，铸铁在有润滑条件下提高耐磨性能主要是通过减摩方式来实现。

普通铸铁本身具有减摩耐磨功能，若再加入一些合金元素效果更好，如 MTCuTiP15 等。

球墨铸铁中的锰元素加大到 $w_{Mn}=5\%\sim9.5\%$，硅元素控制在 $w_{Si}=3.3\%\sim5\%$ 范围内，经球化和孕育处理，可得到衬马氏体、大量残余奥氏体、碳化物和球墨组织，可达到高耐磨性能。常见耐磨铸铁的成分及性能见表 1-16。

表 1-16 常见耐磨铸铁的成分及性能

铸铁名称	化学成分（质量分数）/%	应用举例
高磷铸铁	P：0.4~0.6	汽车、拖拉机或柴油机的气缸套、机床导轨、活塞环等
铜铬铝铸铁	Cu：0.7~1.2，Cr：0.1~0.25，Mo：0.2~0.5	精密机床铸件、发动机上的汽门座圈、缸套、活塞环等

续表 1-16

铸铁名称	化学成分（质量分数）/%	应用举例
磷铜钛铸铁	P：0.35~0.6，Cu：0.6~1.2，Ti：0.09~0.15	普通机床及精密机床床身
钒钛铸铁	V：0.1~0.3，Ti：0.06~0.2	机床导轨
硼铸铁	B：0.02~0.2	汽车发电机的气缸套

b 耐热铸铁

工业生产中有不少铸件是在高温下工作的，如炉底板、换热器、坩埚、炉条等。普通铸铁在高温下工作寿命很低，加入 Al、Si、Cr 等合金元素生成相应的氧化膜，可保护内部不继续氧化。我国应用较多的耐热铸铁是硅系和铝硅系。耐热铸铁的成分、牌号及性能见表 1-17。

表 1-17 耐热铸铁牌号、成分及性能

铸铁名称	化学成分（质量分数）/%						使用温度/℃	应用举例
	C	Si	Mn	P	S	其他		
中硅耐热铸铁	2.2~3	5~6	<1	<0.2	<0.12	Cr：0.5~0.9	≤350	烟道挡板、换热器等
中硅球墨铸铁	2.4~3	5~6	<0.7	<0.1	<0.03	Mg：0.04~0.07（RE：0.035~0.15）	900~950	加热炉底板、高铝电阻炉、坩埚等
高铝球墨铸铁	1.7~2.2	1~2	0.4~0.8	<0.2	<0.01	Al：21~24	1000~1100	加热炉底板、渗碳罐、炉子传递链构件等
铝硅球墨铸铁	2.4~2.9	4.4~5.4	<0.5	<0.1	<0.02	Al：4~5	950~1050	
高铬耐热铸铁	1.5~2.2	1.3~1.7	0.5~0.8	≤0.1	≤0.1	Cr：32~36	1100~1200	加热炉底板、炉子传递链构件等

c 耐蚀铸铁

耐蚀铸铁被广泛地应用于化工、制药、采矿部门的阀门、管道、储罐等。普通铸铁耐蚀性能差是由于石墨、渗碳体和铁素体等相在电解质中的电极电位不同，从而形成微电池效应被腐蚀。加入 Si、Cr、Al、Mo、Cu、Ni 等合金元素，铸件表面可形成致密的保护膜，而且也能降低基体的电极电位，使耐蚀性提高，常见的有高硅、高硅铝、高铝、高铬等耐蚀铸铁可供选用。

1.3.2 常用非铁合金

1.3.2.1 铝合金

铝合金是应用了 100 多年的传统材料，目前世界原铝产量达 1900 万吨，其中 50%用来制备加工材料与深加工产品。传统的铝合金有铸造铝合金和变形铝合金两大类。20 世纪 70 年代以来，铝合金的发展体现在如下几方面：

（1）Al-Li 系合金。锂是最轻的金属元素，铝合金中添加百分之几的锂后，可获得时效强化。铝合金进行热处理强化后，铝的质量分数可降低 10%，比模量可提高 10%。但锂的熔点很低，故铝锂合金冶炼很困难。波音 747 的外壳应用铝锂合金后，质量大大减轻。降低飞机单位质量，其经济效益是按几何级数递增的，因此铝锂合金的应用是意义深远的。

（2）超塑铝合金。超塑成型的变形可达百分之几百，复杂的构件可一次成型，飞机机身隔框、电器外壳等都可采用铝合金超塑成型工艺，以节约生产成本。

（3）粉末冶金铝合金。采用快速凝固制粉或机械合金化制粉技术，可获得晶粒细化且成分均匀的过饱和微合金粉，其比熔铸法制备的合金成分更均匀。

（4）铝合金功能膜。铝合金功能膜是利用氧化膜内孔洞，充填其他材料以获得所要求的功能，其也是近年来的研究热点，应用推广较快。

1.3.2.2　铜合金

铜合金按化学成分可分为黄铜、青铜和白铜三大类。

A　黄铜

以锌为主要合金元素的铜基合金，称为黄铜。黄铜具有良好的力学性能、加工成型性能、导电性能和导热性能。而且其色泽美丽、价格较低，是非铁合金材料中应用最广的金属材料之一。

黄铜可以分为普通黄铜和特殊黄铜两大类，按其生产方式又可分为压力加工黄铜和铸造黄铜。

（1）普通黄铜。也叫二元黄铜，是 Cu-Zn 二元合金。黄铜的力学性能与锌的质量分数有极大关系。当 $w_{Zn}<30\%\sim32\%$时，强度和塑性均随锌的质量分数增加而提高；当$w_{Zn}>32\%$时，因组织中 β′相的出现，塑性开始下降，但强度仍在提高；当 $w_{Zn}=45\%$时，强度可达到最大值。因此工业用黄铜，锌的质量分数均在 46%以下。其组织为 α 或 α +β′，分别称 α 黄铜及 α+β′黄铜。

α 黄铜又称单相黄铜，具有较高的强度和优良的冷变形性能，适用于在常温下压力加工形状复杂的零件。常用代号有 H90、H80、H70、H68，其中 H70、H68 又称三七黄铜，由于其强度较高、塑性特别好，大量用作枪弹壳和炮弹筒，故有“弹壳黄铜”之称。

α+β′黄铜又称两相黄铜，适宜热压力加工，具有较高的强度和耐蚀性，常用代号有 H62、H59，常用于制造散热器、水管、油管、弹簧等。

（2）特殊黄铜。为了提高普通黄铜的耐蚀性、切削加工性及力学性能，在铜锌二元合金的基础上加入其他合金元素组成的多元合金，称为特殊黄铜。常加入铅、铝、锰、镍、锡、硅等，分别称为铅黄铜、铝黄铜、锰黄铜……

合金元素加入黄铜后，一般都能提高其强度。加入铝、锰、锡、硅可提高抗蚀性；加硅可改善铸造性能；加入铅能改善切削加工性能。

B　青铜

除黄铜、白铜以外的铜合金均称为青铜。工业上常用的青铜有锡青铜、铝青铜、铍青铜等。

（1）锡青铜。以锡为主要添加元素的铜基合金称为锡青铜。锡青铜的主要特点是耐蚀性、耐磨性、强度及弹性等性能优良。

由于锡青铜表面会生成由 Cu_2O、Cu_2CO_3 以及 $Cu(OH)_2$ 构成的致密薄膜，因此锡青铜在大气、海水、碱性溶液和其他无机盐类溶液中有极高的耐蚀性，但在酸性溶液中抗蚀性较差。

锡青铜结晶温度区间较大，合金流动性差，铸件的缩孔较严重，但线收缩小，热裂倾向小，故锡青铜适宜铸造形状复杂、壁厚变化较大且致密性要求不高的零件。

为了改善锡青铜的铸造性能、力学性能、耐磨性能、弹性性能以及切削加工性能，常加入 Zn、P、Ni 等元素形成多元锡青铜。

锡青铜常用牌号或代号有 QSn4-3、QSn4-4-4、ZCuSn10Zn2 等，用于制作弹簧、轴瓦、衬套等耐磨零件。

(2) 铝青铜。以铝为主要合金元素的铜基合金称为铝青铜。一般铝的质量分数为 8.5%~10.5%。铝青铜具有良好的力学性能、耐蚀性能和耐磨性能，并能进行热处理强化工艺。铝青铜有良好的铸造性能，在大气、海水、碳酸及大多数有机酸中具有比黄铜和锡青铜更高的抗蚀性，此外还有冲击时不发生火花等特性。常用牌号或代号有 QA15、QA19-4、ZCuAl11Fe3Mn2 等，适宜制作机械、化工、造船及汽车工业中的轴套、齿轮、涡轮、管路配件等零件。

(3) 铍青铜。以铍为主要合金元素的铜基合金称为铍青铜。一般铍的质量分数为 1.7%~2.5%。铍青铜具有很高的强度、硬度、疲劳极限和弹性极限，而且耐蚀、耐磨、无磁性、导电和导热性好，具有受冲击无火花等优势。在工艺方面，它承受冷、热压力加工的能力很强，铸造性能也非常好。常用代号有 QBe2、QBe1.7 等，主要用于制作高级精密的弹性元件，如弹簧、膜片、膜盘等；特殊要求的耐磨零件，如钟表的齿轮和发条、压力表游丝；高速、高温及高压下工作的轴承、衬套及矿山、炼油厂用的冲击时无火花的工具，铍青铜价格较贵。

C 白铜

以镍为主要合金元素的铜基合金称为白铜（white copper）。工业上应用的白铜有普通白铜和特殊白铜。普通白铜是铜-镍二元合金；特殊白铜是在铜-镍合金基础上加入 Zn、Mn、Al 等合金元素，分别称锌白铜、锰白铜、铝白铜等。

白铜具有高的耐蚀性，优良的冷、热加工工艺性。因此，广泛用于制造精密仪器、仪表、化工机械及医疗器械中的关键零件。

1.3.2.3 钛合金

钛合金是近年来快速发展的材料。钛及钛合金密度小（$4.5 g/cm^3$），强度大大高于钢，比强度和比模量性能突出。波音 777 的起落架采用钛合金制造，大大减轻了重量，经济效益极为显著。钛的耐腐蚀性能优异，是目前耐海水腐蚀的最好材料；钛是制造工作温度在 500℃以下，如火箭低温液氮燃料箱、导弹燃料罐、核潜艇船壳、化工厂反应釜等构件的重要材料。我国钛产量居世界第一，TiO_2 储量约 8 亿吨。特别在攀枝花、海南岛资源非常丰富。

但是钛合金高温强度差，不宜在高温中使用。尽管钛的熔点高于 1700℃，比镍等金属材料高好几百度，但其使用温度较低，工业纯钛的最高工作温度只有 425℃，如当前使用的飞机涡轮叶片材料是镍铝高温合金，若能采用耐高温钛合金，材料的比强度、耐蚀性和寿命将大大提高。为解决钛合金的高温强度，世界各国正积极研究采用中间化合物，即金属和金属之间的化合物作为高温材料。中间化合物熔点较高、结合力强，特别是 TiAl,

重量轻，作为航空的高温材料有较大的优越性和发展前途。目前研制的有序化中间化合物可使钛合金使用温度达到600℃以上，Ti_3Al 达到750℃，TiAl 达到800℃左右。

1.3.2.4 镍及镍合金

镍是重要的战略性资源。镍基高温合金（nickel base super alloy）用于制造喷气发动机涡轮盘及叶片，其使用温度可接近 $0.757t_{熔}$；镍铜系耐蚀合金可制造高压充油电缆、油槽、医疗器材；镍锰系是电真空材料；镍中添加硅、钙、锆和钡可做阴极材料等。我国金川镍矿的开发，为镍基合金（nickel alloy）发展提供了必要的条件。

1.3.2.5 镁及镁合金

镁在地壳中含量为2.77%，仅次于铝和铁，世界年产量约40万吨。镁及镁合金的主要优点是重量轻，比强度、比模量高，抗振能力强，可承受较大的冲击载荷。同时，切削加工和抛光性能好，因而是航空航天、仪器仪表、交通运输等工业部门的重要结构材料。但是，镁的化学性质活泼，抗腐蚀性能差，熔炼技术复杂，冷变形困难，缺口敏感性大，阻碍了其发展，目前以铸造镁合金的应用为主。但近年来研究出的 Mg-Li 合金的密度为 $1.3 \sim 1.65g/cm^3$，有超合金之称，且强度高、塑性韧性好、易焊接、缺口敏感性小，是很有发展前途的变形镁合金。

复习思考题

1-1 解释概念

调质处理，淬透性，红硬性，二次硬化，马氏体，退火，正火，淬火，回火，回火脆性，热塑性塑料，热固性塑料，比强度，比模量，结构材料，功能材料，复合材料。

1-2 指出下列材料的主要应用，并说明其最终热处理方法（或使用状态）。

Q235A、T10、16Mn、20Cr、65Mn、GCr15、W18Cr4V、45、HT200、QT600-3、KTH300-06、KTZ450-06、RuT340. ZG200-400、T8A

1-3 铁素体、珠光体、莱氏体中，哪个塑性最好？哪个抗拉强度最大？哪个硬度最高？

1-4 强化金属的方法有哪些？请举例说明。

1-5 铜合金分哪几类？举例说明黄铜的代号、化学成分、力学性能及用途。

1-6 比较铅青铜、锡青铜和铍青铜的性能特点。

1-7 举例说明粉末冶金材料的特点和应用。

1-8 与工具钢相比，硬质合金的性能有何优缺点？

1-9 零件常见的失效形式有哪几种？主要原因是什么？它们要求材料的主要性能指标分别是哪些？如何提高零件抵抗失效的能力？

1-10 简述失效分析的一般步骤，选材应遵循的原则和一般步骤是什么？

1-11 对下列零件选材，说明选材的理由，制订其工艺路线，说明各热处理工序的作用。

（1）汽车齿轮；（2）机床主轴；（3）受力较大的弹簧。

1-12 指出下列工件各应采用所给材料中哪一种材料？并选定其热处理方法。

工件：车辆缓冲弹簧、发动机排气阀门弹簧、自来水管弯头、机床床身、发动机杆螺栓、机用大钻头、车床尾架顶针、螺钉旋具、镗床镗杆、自行车车架、车床丝杆螺母、水泵机壳、普通机床地脚螺栓、高速粗车铸铁的车刀。

材料：38CrMoAl、40Cr、65、Q235、T7、T10、50CrVA、Q345、W18Cr4V、KTH300-06、60Si2Mn、ZL102、ZCuSn10Pb1、YT15、HT200。

2 常用非金属材料

扫描二维码获取
本章数字资源

非金属材料指除金属材料以外的几乎所有材料，它主要包括各类高分子材料、陶瓷材料和复合材料等。

2.1 高分子材料

高分子材料是以相对分子质量大于5000的高分子化合物为主要组分的材料，分有机高分子材料和无机高分子材料。有机高分子材料是由相对分子质量大于10^4，并以碳、氢元素为主的有机化合物组成；无机高分子材料指其分子组成中无碳元素，如硅酸盐材料、玻璃及陶瓷（指其中的长分子链）等。一些常见的高分子材料的相对分子质量是很大的，如橡胶的相对分子质量为十万左右，聚乙烯的相对分子质量在几万至几百万之间。

2.1.1 高分子材料的基本概念

2.1.1.1 单体、链节和聚合度

虽然高分子化合物的相对分子质量很大，微观结构复杂多变，但组成高分子材料的每个大分子都是由一种或几种简单的、结构相同的、低分子有机化合物通过聚合而重复连接成大分子链状结构。因此，高分子化合物又称高聚物或聚合物。将聚合形成高分子化合物的低分子化合物称为单体，它是人工合成高分子材料的原料。大分子链中的重复结构单元称链节，链节的重复数目称聚合度。

2.1.1.2 聚合反应的类型

将低分子化合物合成高分子化合物的基本方法有加成聚合（简称加聚）和缩合聚合（简称缩聚）两种。

（1）加聚反应是单体经多次相互加成，生成聚合高分子化合物的化学反应。加聚的低分子化合物是含双键的有机化合物，如烯烃和二烯烃等在加热、光照或化学处理的引发作用下产生游离基，双键打开互相连接形成加聚反应，如此持续下去，则连成一条大分子链。例如，聚乙烯是由乙烯打开双键，彼此连接起来形成的大分子链。

（2）缩聚反应是由含两种或两种以上官能团的单体互相缩合聚合生成高聚物的反应。包括可以发生化学反应的官能团，如羟基（OH）、羧基（COOH）及氨基（NH_2）等；由一种单体合成的高聚物称均聚物（或称均缩聚物），如聚乙烯、聚氯乙烯及尼龙等；由两种或两种以上单体合成的高聚物称共聚物（或称共缩聚物），如ABS塑料等。表2-1为常见高聚物的单体与链节。

2.1.1.3 高分子材料的分类

高分子材料一般可分为有机高分子和无机高分子两类。本节只讨论人工合成无机高分

表 2-1 几种常见的高聚物的单体与链节

单体名称	单体结构式	链　节	高聚物名称
乙烯	$CH_2=CH_2$	$-[CH_2-CH_2]-$	聚乙烯
氯乙烯	$CH_2=CHCl$	$-[CH_2-CHCl]-$	聚氯乙烯
苯乙烯	$CH_2=CH(C_6H_5)$	$-[CH_2-CH(C_6H_5)]-$	聚苯乙烯
四氟乙烯	$CF_2=CF_2$	$-[CF_2-CF_2]-$	聚四氟乙烯

子材料，按不同原则有如下分类方法：

（1）按高分子主链上的化学组分可分为碳链高分子、杂链高分子和元素链高分子。碳链高分子指高分子主链全部是由碳原子以共价链相连接，即—C—C—C—，如聚乙烯、聚丙烯、聚苯乙烯和聚二烯烃等。这类聚合物可塑性好、容易加工成形，其缺点是易燃、耐热性差和易老化等。

杂链高分子指高分子主链除有碳原子外，还有 O、N、S 和 P 等原子，它们以共价键连接，即—C—C—O—C—C—和—C—C—N—N—等，如聚甲醛、聚碳酸酯和聚酰胺等。这类聚合物耐热性好、强度较高。元素链高分子指高分子主链不含碳原子，而是由 Si、O、B、N、S 和 P 等元素组成，即—Si—O—、—Si—Si—Si—等，如二甲基硅橡胶和氟硅橡胶等。这类聚合物耐高温、绝缘性好。

（2）按分子链的几何形状分类，通常有线型高分子（图 2-1（a））、支链型高分子（图 2-1（b））和体型网状高分子（图 2-1（c））。其中，线型高分子又有伸直链和蜷曲链等。

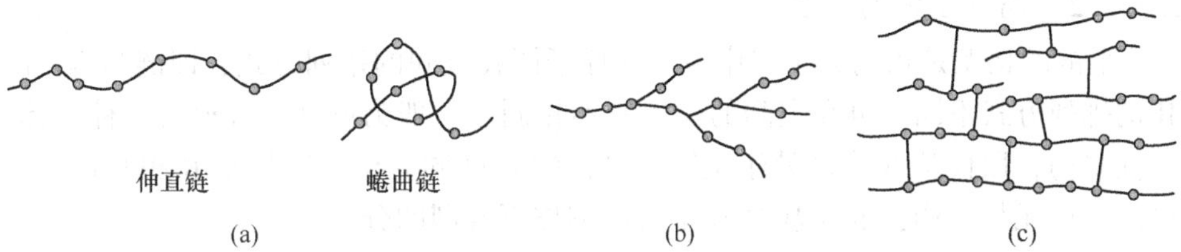

图 2-1　高分子链的空间几何形态
（a）线型；（b）支链型；（c）体型（交联型）

线型分子链的各链节以共价键连接成线型长链分子，其直径为几个埃，而长度可达几千甚至几万埃，像一根长线。但通常不是直线，而是卷曲状或线团状。支链型分子链在主链的两侧以共价键连接着相当数量的长短不一的支链，其形状有树枝形、梳形、线团支链形。分子链的形态对聚合物性能有显著影响。线型和支链型分子链构成的聚合物称线型聚合物，一般具有高弹性和热塑性；体型分子链构成的聚合物称体型聚合物，一般具有较高的强度和热固性。另外，交联使聚合物老化，使聚合物丧失弹性、变硬和变脆。

（3）按合成反应分类，有加聚聚合物和缩聚聚合物两类。前者又有均聚物和共聚物之分。共聚物和均聚物类似于金属材料中合金及纯金属的关系。许多常用的高分子材料均是共聚物，如 ABS 工程塑料等。

（4）按高聚物的热行为及成型工艺特点分类，可分为热塑性高聚物和热固性高聚物两类。所谓热塑性高聚物是指那些加热软化（或熔融）和冷却固化的过程可反复进行的高聚物，它们是线型高分子，如聚乙烯、聚氯乙烯和聚酰胺等。热固性高聚物是指那些经加热和加压成型后，不能再熔或再成型的高聚物，若再热熔融或再成型将导致大分子链断裂，如酚醛树脂和环氧树脂等。

2.1.2 高分子材料的构象

2.1.2.1 高分子链的链节键接顺序

只由一种单体聚合成的均聚物，如聚乙烯塑料等高分子链，其链节的键接顺序一般可随意改变，因为分子中由共价键固定的几何排列是相同的。但是，当单体中某个氢原子被其他原子或原子团取代，形成不对称取代基，那么链节的键接就不止一种，如乙烯类单体（$CH_2=CHR$）形成的聚合物，其链节$\mathrm{-\!\!\left[CH_2-CHR\right]\!\!-}$的键接顺序与方式在一般情况下至少有两种，如图 2-2 所示。

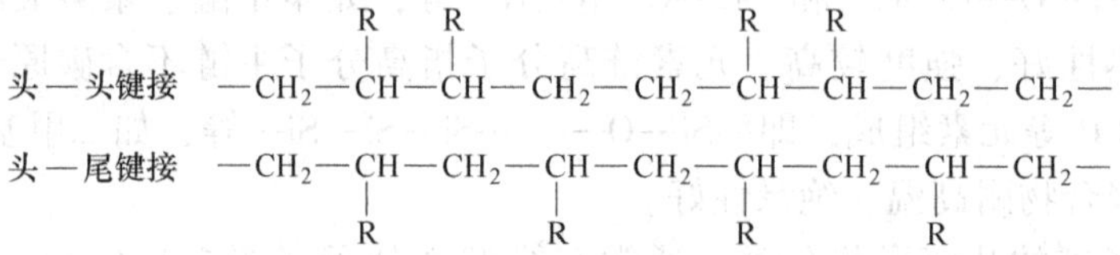

图 2-2 链节$\mathrm{-\!\!\left[CH_2-CHR\right]\!\!-}$的两种顺序与键接方式

2.1.2.2 高分子链的构型

高分子链的构型是指高分子链中原子或原子团在空间的排列方式，即链结构。随着取代基 R 的排列方式不同，链在空间的构型亦不相同。一般为图 2-3 所示的 3 种立体异构：（1）全同立构，取代基 R 全部处于主链一侧；（2）间同立构，取代基 R 相间地分布在主链两侧；（3）无规立构，取代基 R 在主链两侧作不规则的分布。

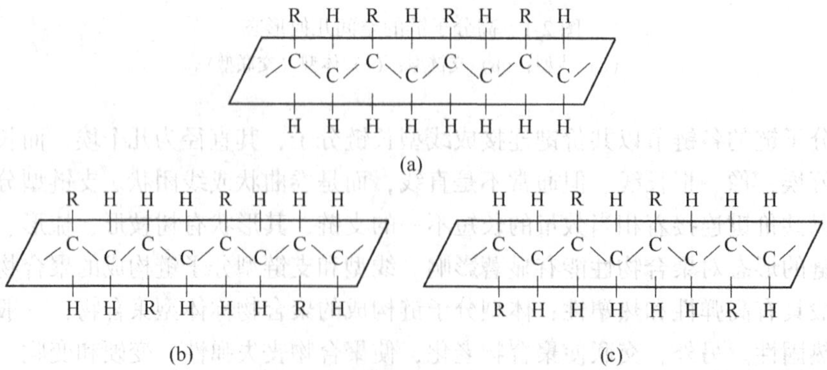

图 2-3 乙烯类聚合物的立体构型

（a）全同立构；（b）间同立构；（c）无规立构

如果高聚物是由几种单体合成的共聚物，则高分子链中的键接方式有如下几种（A、B 表示两种单体），如图 2-4 所示。

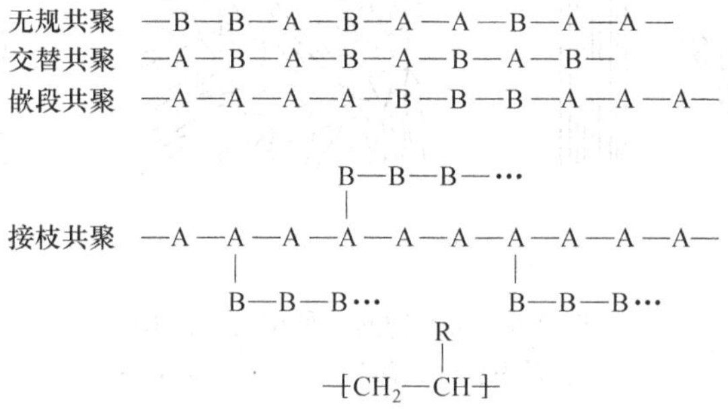

图 2-4 高聚物分子链的键接方式

2.1.2.3 高分子链的构象及柔性

聚合物高分子链和其他物质分子一样在不停地热运动，是单键内旋转引起的。构象是指由于单键内旋转引起的分子不同空间形状，即大分子链的空间形象。图 2-5 所示为碳链高分子链的内旋转示意图，图中 $C_1—C_2—C_3—C_4$ 为碳键高分子中的一段，b_1、b_2 和 b_3 表示键长，其键角均为 109°28′。

这种极高频率的单键内旋转可随时改变大分子链的形态，使线型高分子链很容易呈卷曲状或线团状。在拉力作用下，可将其伸展拉直，外力去除后，又缩回到原来的卷曲状或线团状。通常把大分子链的这种特性称为高分子链的柔性。分子链内旋转越容易，其柔性就越好。分子链的柔性好坏对聚合物的性能影响很大，一般柔性分子链聚合物的强度、硬度和熔点较低，但弹性和韧性较好。

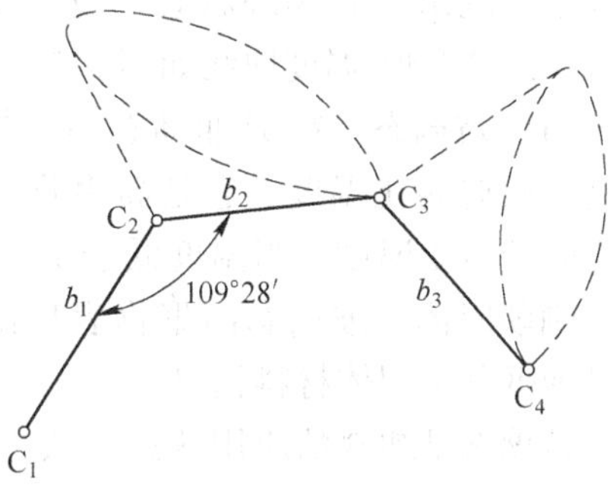

图 2-5 大分子链内旋转示意图

2.1.3 高聚物的聚集态和物理状态

2.1.3.1 高聚物的结合力

高聚物的大分子中各原子是由共价键结合起来的，这种共价键力称为主价力。大量高分子链通过分子间相互引力聚集在一起组成高分子材料。高分子链间的引力主要有范德华力和氢键力，统称为次价力。虽然相邻两个高分子链间每对链节产生的次价力很小，只为分子链内主价力的 1/10～1/100，但大量链节的次价力之和却比主价力大得多。因此，高聚物在拉伸时常先发生分子链的断裂，而不是分子链之间的滑脱。

2.1.3.2 高聚物的聚集态

高聚物中大分子的排列和堆砌方式称为高聚物的聚集态。分子链在空间有规则排列，称为晶态；分子链在空间无规则排列，称为非晶态，亦称无定型态或玻璃态；还有部分分子链在空间规则排列，称为部分晶态。图 2-6 所示为高聚物的 3 种聚集态结构。

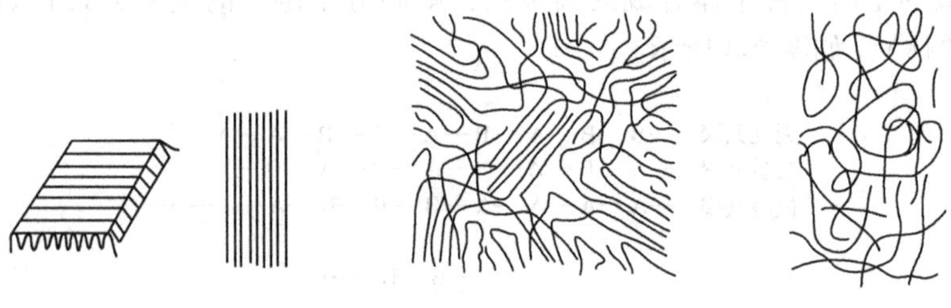

图 2-6 高聚物的 3 种聚集态结构

(a) 晶态；(b) 部分晶态；(c) 非晶态

高聚物的结晶度对其性能也有重要影响。晶态高聚物由于结晶使大分子链规则而紧密，分子间引力大，分子链运动困难，故熔化温度、密度、强度、刚度、耐热性和抗溶性高；非晶态高聚物，由于分子链无规则排列，分子链的活动能力大，故弹性、伸长率和韧性等性能好；部分晶态高聚物性能介于上述两者之间，且随结晶度增加，熔化温度、强度、密度、刚度、耐热性和抗溶性均提高，而弹性、伸长率和韧性降低。

2.1.3.3 高聚物的物理状态

非晶态高聚物与低分子物质不同，其在不同温度下呈现出 3 种物理状态：玻璃态、高弹态及黏流态，其变形-温度曲线如图 2-7 所示。

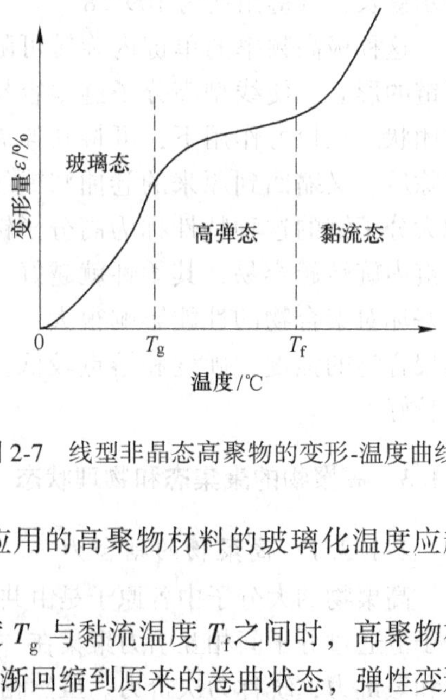

图 2-7 线型非晶态高聚物的变形-温度曲线

(1) 玻璃态。T_g 是非晶态高聚物的重要特征温度，叫玻璃化温度。它是高聚物玻璃态与高弹态之间的转变温度。当温度低于 T_g 时，高聚物呈现为刚硬固体。玻璃态高聚物表现出的宏观特性与其他低分子固体材料相似。

玻璃态是塑料的应用状态。从广义上可认为，所有在室温下处于玻璃态的高聚物均为塑料。显然，塑料的玻璃化温度 T_g 均高于室温。如聚乙烯的 $T_g = 87$℃；聚苯乙烯的 $T_g = 80$℃；有机玻璃的 $T_g = 100$℃；尼龙的 $T_g = 40 \sim 50$℃。可见，作为塑料应用的高聚物材料的玻璃化温度应越高越好。

(2) 高弹态。非晶态高聚物温度处于玻璃化温度 T_g 与黏流温度 T_f 之间时，高聚物在外力作用下就会产生较大的弹性变形，外力去除后逐渐回缩到原来的卷曲状态，弹性变形逐渐消失，这是一种难得的物理态称为高弹态。高弹态高聚物受力时，卷曲链沿外力方向逐渐伸展拉直，产生很大的弹性变形，其宏观弹性变形量可高达 100%～1000%。高弹态是橡胶的应用状态，橡胶的玻璃化温度 T_g 均低于室温。对于作为橡胶使用的高分子材料，它的玻璃化温度 T_g 应越低越好，一般橡胶的 $T_g = -40 \sim 120$℃。

(3) 黏流态。当温度继续升高到大于黏流温度 T_f 时，高聚物处于黏流态，稍加外力就会产生明显的塑性变形。这是由于温度高，分子热运动加剧，不仅使链段运动，而且能使整个分子链运动，高聚物成为流动的黏液。黏流态是高聚物加工成型的状态，将高聚物原料加热到黏流态后，通过喷丝、吹塑、注塑、挤压和模铸等方法，可制成各种形状的零件、型材、纤维和薄膜等。

综上所述，高聚物在室温下处于玻璃态的称为塑料，处于高弹态的称为橡胶，处于黏流态的称为流动树脂。作为橡胶使用的高聚物，其 T_g 越低越好，这样可以在较低温度时仍不失去弹性；作为塑料使用的高聚物，则 T_g 越高越好，这样在较高温度下仍可保持玻璃态。

2.1.4 高分子材料的性能

2.1.4.1 力学性能

高分子材料的力学性能与金属材料相比，有如下特点：

（1）低强度和较高的比强度。高分子材料的抗拉强度平均为 100MPa 左右，但是高分子材料的密度小，只有钢的 1/4~1/6，所以其比强度并不比某些金属低。

（2）高弹性和低弹性模量。橡胶是典型的高弹性材料，其弹性变形量为 100%~1000%，弹性模量仅为 10^5~10^7Pa 左右。为了防止橡胶产生塑性变形，可采用硫化处理，使分子链交联成网状结构。随着硫化程度的增加，橡胶的弹性降低，弹性模量增大。

（3）黏弹性高聚物在外力作用下，同时发生高弹性变形和黏性流动，其变形与时间有关，此现象称为黏弹性。高聚物的黏弹性表现为蠕变、应力松弛和内耗 3 种现象。

（4）高耐磨性高聚物的硬度比金属低，但耐磨性一般比金属高，尤其塑料更为突出。塑料的摩擦因数小，有些塑料具有自润滑性能，可在干摩擦条件下使用，所以广泛使用塑料制造轴承、轴套和凸轮等摩擦磨损零件。但橡胶则相反，其摩擦因数大，适宜制造要求较大摩擦因数的耐磨零件，如汽车轮胎等。

2.1.4.2 物理化学性能

高分子材料与金属相比，其物理化学性能有以下特点：高绝缘性、低耐热性、低导热性、高热膨胀性及高化学稳定性。

2.1.4.3 老化及其防止

高聚物的老化是一个复杂的化学变化过程，它涉及高分子化合物本身结构和使用条件等原因。目前认为，大分子的交联和裂解是引起老化的根本原因。大分子之间的交联反应使大分子链从线型结构变为体型结构，表现为高分子材料变硬、变脆及出现龟裂等。大分子链裂解是发生分子链断裂使相对分子质量下降的反应，有化学裂解、热裂解、机械裂解和光裂解等，使高聚物变为低分子物质，其老化表现为变软、变黏、失去刚性及出现蠕变等。

目前主要有以下 3 种措施可以防止老化：（1）进行结构改性提高其稳定性，如采用共聚方法制得共聚物，可提高抗老化能力，ABS 就是典型的例子；（2）添加防老化剂，抑制老化过程，如在高聚物中加入水杨酸酯、二甲苯酮类有机化合物和炭黑，可吸收紫外线防止光老化；（3）表面处理，即在高分子材料表面镀金属（如银、铜、镍等）和喷涂耐老化涂料（如漆、石蜡等）作为保护层，可使材料与空气、光、水分及其他引起老化的介质隔离，以防止老化。

2.1.5 常用高分子材料

高聚物材料按照其力学性能及使用状态，可分为塑料、橡胶、合成纤维及胶黏剂等。

2.1.5.1 塑料

塑料主要指强度、韧性和耐磨性较好，而且有一定的耐高温、耐辐射及抗腐蚀性能，可制造机械零件或构件的工程塑料。根据树脂在加热和冷却时表现的性质，可将塑料分为热塑性塑料和热固性塑料两类。

（1）热塑性塑料。热塑性塑料也称热熔性塑料，主要由聚合树脂制成，树脂的大分子链具有线型结构。它在加热时软化并熔融，冷却后硬化成型并可多次反复，因此可用热塑性塑料的碎屑进行再生和再加工。这类塑料包括聚乙烯、聚氯乙烯、聚丙烯、聚酰胺（尼龙）、ABS、聚甲醛、聚碳酸酯、聚苯乙烯、聚四氟乙烯、聚苯醚、聚氯醚等。

（2）热固性塑料。热固性塑料大多是以缩聚树脂为基础加入各种添加剂制成，树脂的分子链为体型结构。这类塑料在一定条件（如加热和加压）下会发生化学反应，经过一定时间即固化为坚硬的制品。固化后的热固性塑料既不溶于任何溶剂，也不会再熔融（温度过高时则发生分解）。常用的热固性塑料有酚醛树脂、环氧树脂、呋喃树脂和有机硅树脂等。

随着高分子材料的发展，许多塑料通过各种措施加以改性和增强，得到特种塑料，如具有高耐蚀性的氟塑料，以及导磁塑料、导电塑料、医用塑料等。表 2-2 为常用工程塑料的性能特点和应用。

表 2-2 常用工程塑料的性能特点和应用

名 称（代号）	密 度 /g·cm^{-3}	抗拉强度 /MPa	缺口冲击韧度 /J·cm^{-2}	特 点	应 用 举 例
聚酰胺（尼龙）（PA）	1.14~1.15	55.9~81.4	0.38	坚韧、耐磨、耐疲劳、耐油、耐水、抗霉菌、无毒、吸水性大	轴承、齿轮、凸轮、导板、轮胎帘布等
聚甲醛（POM）	1.43	58.8	0.75	良好的综合性能，强度、刚度、冲击、疲劳、蠕变等性能均较高，耐磨性好，吸水性小，尺寸稳定性好	轴承、衬套、齿轮、叶轮、阀、管道、化工容器等
聚砜（PSF）	1.24	84	0.69~0.79	优良的耐热、耐寒、抗蠕变及尺寸稳定性，耐酸、碱及高温蒸汽，良好的可电镀性	精密齿轮、凸轮、真空泵叶片、仪表壳、仪表盘、印刷电路板
聚碳酸酯（PC）	1.2	58.5~68.6	6.3~7.4	突出的冲击韧性，良好的力学性能，尺寸稳定性好，吸水性小，耐热性好，不耐碱、酮，有应力开裂倾向	齿轮、齿条、蜗轮、蜗杆、防弹玻璃、电容器等
共聚丙烯腈-丁二烯-苯乙烯（ABS）	1.02~1.08	34.3~61.8	0.6~5.2	较好的综合性能，耐冲击，尺寸稳定性好	齿轮、泵、叶轮、轴承、仪表盘、仪表壳、管道、容器、飞机隔音板等

续表 2-2

名称（代号）	密度 /g·cm^{-3}	抗拉强度 /MPa	缺口冲击韧度 /J·cm^{-2}	特点	应用举例
聚四氟乙烯（F-4）	1.02～2.19	15.7～30.9	1.6	优异的耐腐蚀、耐老化及电绝缘性，吸水性小，可在-180～250℃长期使用。但加热后黏度大，不能注射成型	化工管道泵、内衬、电气设备隔离防护屏等
聚甲基丙烯酸甲酯（有机玻璃）（PM-MA）	1.19	60～70	1.2～1.3	透明度高、密度小、高强度、韧性好，耐紫外线和防大气老化，但硬度低，耐热性差，易溶于极性有机溶剂	光学镜片、飞机座舱盖、窗玻璃、汽车风挡、电视屏幕等
酚醛（PF）	1.24～2.0	35～140	0.06～2.17	力学性能变化范围宽，耐热性、耐磨性、耐腐蚀性能好，良好的绝缘性	齿轮、耐酸泵、刹车片、仪表外壳、雷达罩等
环氧树脂（EP）	1∶1	69	0.44	比强度高，耐热性、耐腐蚀性、绝缘性能好，易于加工成型，但价格昂贵	模具、精密量具、电气和电子元件等

2.1.5.2 橡胶

橡胶是具有高弹性轻度交联的线型高聚物材料，它们在很宽的温度范围内受力后可产生很大的弹性变形。除此之外，还具有良好的耐磨性、绝缘性、抗蚀性及极高的可挠曲性等特性，广泛用于制作密封件、减振件、传动件、轮胎和电线等制品。橡胶过去主要靠天然橡胶，合成橡胶的出现为橡胶工业的发展和应用开辟了新天地。目前，人工合成橡胶制品产量已超过天然橡胶。常用橡胶的种类、用途和性能见表 2-3。

表 2-3 橡胶的种类、性能和用途

性能	通用橡胶						特种橡胶				
	天然橡胶 NR	丁苯橡胶 SBR	顺丁橡胶 BR	丁基橡胶 HR	氯丁橡胶 CR	乙丙橡胶 PDM	聚氨酯 UR	丁腈橡胶 NBR	氟橡胶 FPM	硅橡胶	聚硫橡胶
抗拉强度 /MPa	25～30	15～20	18～25	17～21	25～27	10～25	20～35	15～30	20～22	4～10	9～15
伸长率/%	650～900	500～800	450～800	650～800	800～1000	400～800	300～800	300～800	100～500	50～500	100～700
抗撕性	好	中	中	中	好	好	中	中	中	差	差
使用温度上限/℃	<100	80～120	120	120～170	120～150	150	80	120～170	300	-100～300	80～130
耐磨性	中	好	好	中	中	中	好	中	中	差	差
回弹性	好	中	好	中	中	中	中	中	中	差	差
耐油性	—	—	—	中	好	—	好	好	好	—	好
耐碱性	—	—	—	好	好	—	差	—	好	—	好

续表 2-3

性　能	通用橡胶						特种橡胶				
	天然橡胶 NR	丁苯橡胶 SBR	顺丁橡胶 BR	丁基橡胶 HR	氯丁橡胶 CR	乙丙橡胶 PDM	聚氨酯 UR	丁腈橡胶 NBR	氟橡胶 FPM	硅橡胶	聚硫橡胶
耐老化	—	—	—	好	—	好	—	—	好	—	好
成　本	—	高	—	—	高	—	—	—	高	高	—
使用性能	高强、绝缘、防震	耐磨	耐磨、耐寒	耐酸碱、气密、防震、绝缘	耐酸、耐碱、耐燃	耐水、绝缘	高强、耐磨	耐油、耐水、气密	耐油、耐酸碱、耐热、真空	耐热、绝缘	耐油、耐酸碱
工业应用举例	通用制品、轮胎	通用制品、胶布、胶板、轮胎	轮胎、耐寒运输带	内胎、水胎、化工衬里、防震品	管道、胶带	汽车配件、散热管、电绝缘件	实心胎胶辊、耐磨件	耐油垫圈、油管	化工衬里、高级密封件、高真空胶件	耐高低温零件、绝缘件	丁腈改性用

2.1.5.3　合成纤维

凡能保持长度比本身直径大 100 倍的均匀条状或丝状的高分子材料称为纤维。合成纤维通常是由单体聚合而成且强度很高的聚合物，具有密度小、耐磨、抗蚀及抗霉菌等特点。自然界的纤维可分为天然纤维和化学纤维，化学纤维又可分为人造纤维和合成纤维。人造纤维是用自然界的纤维加工制造成的，如“人造丝”“人造棉”等黏胶纤维和硝化纤维、醋酸纤维等；合成纤维是以石油、煤、天然气为原料制成的，其发展速度很快，产量最多的有六大品种（占 90%），分别为涤纶、尼龙、腈纶、维纶、丙纶和氯纶。

2.1.5.4　胶黏剂

胶黏剂（黏合剂）是以黏性物质为基础，加入各种添加剂制成。它能将各种零部件牢固地交接在一起，有时可部分代替铆接或焊接。胶黏剂分为天然和人工两种，如糨糊、虫胶、骨胶和猪胶等属于天然胶黏剂。而人工合成胶黏剂的出现，开拓了胶黏技术的新天地。常用合成树脂型胶黏剂，一般由黏结剂（如酚醛树脂、聚苯乙烯和聚醋酸乙烯酯等）、固化剂、填料及各种附加剂（如增塑剂、抗氧化剂和防霉防腐剂）组成。

2.2 陶瓷材料

2.2.1 陶瓷材料的概述

陶瓷是无机非金属材料，是用天然的或人工合成的粉状化合物，通过成型和高温烧结制成的多晶固体材料，特殊性能是由其化学成分、晶体结构和显微组织决定的。

2.2.1.1　陶瓷材料的分类

陶瓷材料的分类方法很多，按原料来源可分为普通陶瓷（传统陶瓷）和特种陶瓷（近代陶瓷）。普通陶瓷是以天然的硅酸盐矿物，如黏土、石英和长石等为原料；特种陶瓷是以纯度较高的人工合成化合物，如 Al_2O_3、ZrO_2、SiC 和 BN 等为原料。陶瓷按照用途可分为日用陶瓷和工业陶瓷，工业陶瓷又可分为工程结构陶瓷和功能陶瓷。此外，还可按性能分为高强度陶瓷、高温陶瓷、压电陶瓷、磁性陶瓷、半导体陶瓷和生物陶瓷等。特种陶瓷也可按化学组成分为氧化物陶瓷、氮化物陶瓷、碳化物陶瓷和金属陶瓷（硬质合金）等。

2.2.1.2　陶瓷制品的生产

陶瓷制品类别繁多，生产工艺过程各有不同，但一般都要经过3个阶段，即坯料制备—成型—烧结。

(1) 坯料制备。坯料制备是通过机械或物理化学方法制备粉料，由于粉料制备的质量直接影响成型加工性能和陶瓷制品的使用性能，因此需要控制坯料粉的粒度、形状、纯度及脱水脱气，以及配料比例和混料均匀等质量要求。按不同的成型工艺要求，坯料可以是粉料、浆料或可塑泥团。

(2) 成型。成型是将坯料用一定工具和模具制成一定形状和尺寸的制品坯型，并要求有一定的密度和强度，此坯型称为生坯。

(3) 烧结。陶瓷的生坯经过初步干燥之后，就要进行涂釉烧结，或直接送去烧结。在高温下烧结时，陶瓷内部要发生一系列的物理化学变化及相变，如体积减小、密度增加、强度硬度提高及晶粒发生相变等，使陶瓷制品达到一定的物理性能和力学性能。

2.2.2　陶瓷材料的结构特点

陶瓷材料是多相多晶材料，各组成相的结构、数量、形态、大小和分布均对陶瓷性能有明显影响。图2-8所示为陶瓷显微组织示意图。陶瓷材料的组织结构非常复杂，一般由晶相、玻璃相和气相组成。

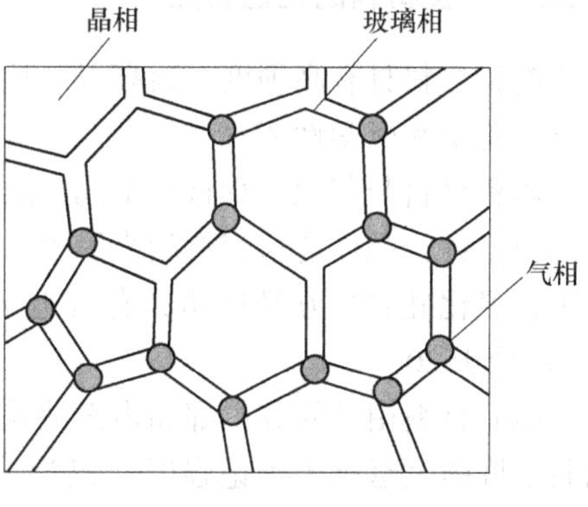

图2-8　陶瓷显微组织

2.2.2.1　晶相

晶相是陶瓷材料的主要组成相，对陶瓷的性能起决定性作用。晶相一般由离子键和共价键结合而成，通常是两种键的混合键。有些晶相，如CaO、MgO、Al_2O_3和ZrO_2等以离子键为主，属于离子晶体；有些晶相如Si_3N_4、SiC和BN等以共价键为主，属于共价晶体。不论哪种晶相都具有各自的晶体结构，最常见的是氧化物结构和硅酸盐结构。

与某些金属一样，陶瓷晶相中的化合物也存在同素异构转变，如SiO_2的同素异构转变，如图2-9所示。

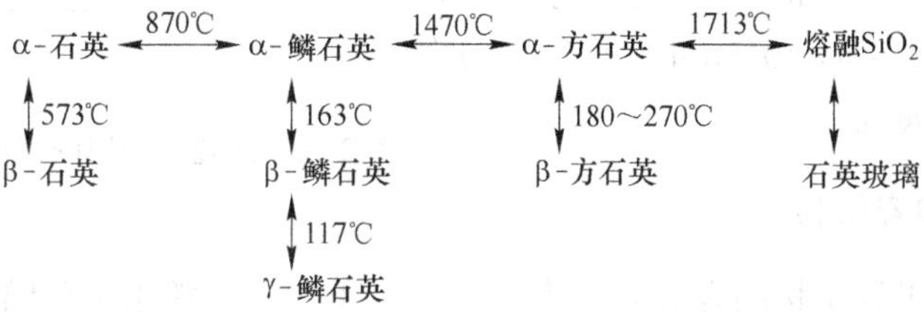

图2-9　SiO_2的同素异构转变

因为不同结构晶体的密度不同，所以在同素异构转变过程中总伴随着体积变化，引起很大的内应力，这常常导致陶瓷产品在烧结过程中开裂。但有时可利用这种体积变化来粉碎石英岩石。大多数陶瓷是多相多晶体，这时将晶相分为主晶相、次晶相和第三晶相等。例如，长石陶瓷的主晶相是莫来石晶体（$3Al_2O_3 \cdot 2SiO_2$），次晶相是石英晶体（SiO_2）。应该指出，陶瓷材料的物理、化学及力学性能主要由主晶相决定。

2.2.2.2　玻璃相

玻璃相是一种非晶态固体，它是在陶瓷烧结时，各组成相与杂质产生一系列物理化学反应后形成的液相，其在冷却后可凝固成非晶态玻璃相。玻璃相是陶瓷材料中不可缺少的组成相，其作用是将分散的晶相黏结在一起，降低烧结温度，抑制晶相的晶粒长大和填充气孔。

2.2.2.3　气相

气相是指陶瓷孔隙中的气体，即气孔，它在陶瓷生产过程中不可避免。陶瓷中的气孔率通常为5%~10%，气孔应细小、呈球形且均匀分布。气孔对陶瓷性能有显著影响，不利影响是使陶瓷强度降低、介电损耗增大、电击穿强度下降、绝缘性降低；有利影响是使陶瓷密度减小，并能吸收振动。

2.2.3　陶瓷材料的性能特点

陶瓷材料具有高硬度、耐高温、抗氧化、耐腐蚀，以及其他优良的物理化学性能，如光学、磁学和电学性能等。

陶瓷材料与其他工程材料不同，结构中多为离子键和共价键结合，且晶体结构具有明显的方向性，晶体滑移变形相当困难。因此，陶瓷材料具有极高的硬度，大多在HV1500以上，氮化硅和立方氮化硼具有接近金刚石的硬度，而淬火钢HV为500~800，高聚物HV都低于20。

陶瓷材料由于受其内部和表面缺陷，如气孔、微裂纹和位错等的影响，抗拉强度低，而且实际强度远低于理论强度（仅为1/100~1/200）。但抗压强度较高，约为抗拉强度的10~40倍。减少陶瓷中的杂质和气孔、细化晶粒、提高致密度和均匀度，可提高陶瓷的抗拉强度。

陶瓷具有高弹性模量和高脆性，图2-10所示为陶瓷与金属的室温拉伸应力-应变曲线。由图可知，陶瓷在拉伸时几乎没有塑性变形，在拉应力作用下产生一定弹性变形后直接脆断。其弹性模量为$1\times10^2 \sim 4\times10^5$ MPa，大多数陶瓷的弹性模量都比金属高。

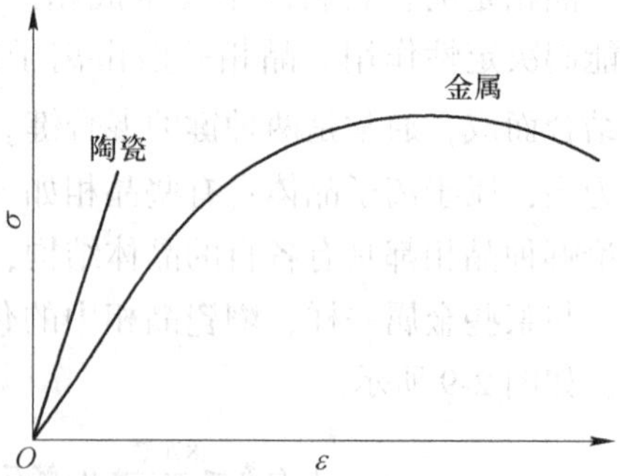

图2-10　陶瓷与金属的室温拉伸应力-应变曲线

2.2.4　常用工程陶瓷材料

工业陶瓷包括工程结构陶瓷和功能陶瓷，这里重点介绍常用工程结构陶瓷的种类、性能及应用，见表2-4。

表 2-4 常用工程结构陶瓷的种类、性能和应用

名称		密度 /g·cm^{-3}	抗弯强度 /MPa	抗拉强度 /MPa	抗压强度 /MPa	膨胀系数 /×10^{-6}·℃$^{-1}$	应用举例
普通陶瓷	普通工业陶瓷	2.3~2.4	65~85	26~36	460~680	3~6	绝缘子，绝缘的机械支撑件，静电纺织导纱器
	化工陶瓷	2.1~2.3	30~60	7~12	80~140	4.5~6	受力不大、工作温度低的酸碱容器、反应塔、管道
特种陶瓷	氧化铝陶瓷	3.2~3.9	250~450	140~250	1200~2500	5.0~6.7	内燃机火花塞，轴承，化工、石油用泵的密封环，火箭、导弹导流罩，坩埚，热电偶套管，刀具等
	氮化硅陶瓷 反应烧结	2.4~2.6	166~206	141	1200	2.99	耐磨、耐腐蚀、耐高温零件，如石油、化工泵的密封环，电磁泵管道，阀门，热电偶套管，转子发动机刮片，高温轴承，刀具等
	氮化硅陶瓷 热压烧结	3.10~3.18	490~590	150~275	—	3.28	
	氮化硼陶瓷	2.15~2.20	53~109	25（1000℃）	233~315	1.5~3	坩埚，绝缘零件，高温轴承，玻璃制品成型模等
	氧化镁陶瓷	3.0~3.6	160~280	60~80	780	13.5	熔炼 Fe、Cu、Mo、Mg 等金属的坩埚及熔化高纯度 U、Th 及其合金的坩埚
	氧化铍陶瓷	2.9	150~200	97~130	800~1620	9.5	高温绝缘电子元件，核反应堆中子减速剂和反射材料，高频电炉坩埚等
	氧化锆陶瓷	5.5~6.0	1000~1500	140~500	144~2100	4.5~11	熔炼 Pt、Pd、Rh 等金属的坩埚、电极等

2.2.4.1 普通陶瓷

普通陶瓷是指黏土类陶瓷，它以黏土、长石和石英为原料配制烧结而成。在显微结构中，主晶相为莫来石晶体，占 25%~30%，次晶相为 SiO_2；玻璃相约为 35%~60%；气相一般为 1%~3%。这类陶瓷质地坚硬，不会发生氧化生锈，不导电，能耐 1200℃高温，加工成型性好且成本低廉。缺点是因含有较多的玻璃相，强度较低，而且在较高温度下玻璃相易软化，故耐高温及绝缘性不及其他陶瓷。

2.2.4.2 特种陶瓷

（1）氧化铝陶瓷。氧化铝陶瓷是以 Al_2O_3 为主要成分，含有少量 SiO_2。Al_2O_3 为主晶相，根据 Al_2O_3 含量不同，可分为 75 瓷（含 $Al_2O_3$75%，又称刚玉-莫来石瓷）、95 瓷和 99 瓷，后两者称刚玉瓷。

（2）氮化硅陶瓷。氮化硅陶瓷是以 Si_3N_4 为主要成分的陶瓷，共价键化合物 Si_3N_4 为主晶相。按其生产工艺不同，可分为热压烧结氮化硅陶瓷和反应烧结氮化硅陶瓷。氮化硅陶瓷的硬度高，摩擦因数小（0.1~0.2），并有自润滑性，是极优的耐磨材料；蠕变抗力高，热膨胀系数小，抗热振性能在陶瓷中最好；化学稳定性好，除氢氟酸外，能耐各种酸、王水和碱溶液的腐蚀，也能抗熔融金属的侵蚀；此外，由于氮化硅是共价键晶体，既无自由电子也无离子，因此具有优异的电绝缘性能。

（3）碳化硅陶瓷。碳化硅陶瓷中主晶相是 SiC，也是共价晶体。与氮化硅陶瓷一样，分为反应烧结碳化硅陶瓷和热压烧结碳化硅陶瓷两种。碳化硅陶瓷的最大优点是高温强度高，在 1400℃时抗弯强度仍保持在 500~600MPa，工作温度可达到 1600~1700℃，导热性好。其热稳定性、抗蠕变能力、耐磨性、耐蚀性都很好，而且耐放射元素的辐射。

（4）氮化硼陶瓷。氮化硼陶瓷的主晶相是 BN，也是共价晶体。其晶体结构与石墨相似，为六方结构，故有白石墨之称。氮化硼陶瓷具有良好的耐热性和导热性，其热导率与不锈钢相当，膨胀系数比金属和其他陶瓷低得多，故其抗热震性和热稳定性好；高温绝缘性好，在 2000℃时仍是绝缘体，是理想的高温绝缘材料和散热材料；化学稳定性高，能抗铁、铝和镍等熔融金属的侵蚀；其硬度较其他陶瓷低，可进行切削加工；有自润滑性，耐磨性好。

2.3 复合材料

2.3.1 复合材料的概述

凡是由两种或两种以上不同化学性质或不同组织结构的物质，通过不同的工艺方法以微观或宏观的形式人工合成的多相材料，称为复合材料。

2.3.1.1 复合材料的分类

复合材料是一种多相材料，其种类繁多。复合材料按性能不同可分为结构复合材料和功能复合材料；按增强相材料的种类和形状不同，可分为颗粒、晶须、层状及纤维增强复合材料；按增强基体不同，可分为金属基复合材料和非金属基复合材料，如铝（铝合金）基复合材料、钛（钛合金）基复合材料、铜（铜合金）基复合材料、钢（铁）基复合材料、塑料（树脂）基复合材料、橡胶基复合材料、陶瓷基复合材料等。目前常见的几种分类方法见表 2-5。

2.3.1.2 复合材料的性能特点

（1）比强度和比模量高。比强度（强度/密度）和比模量（弹性模量/密度）是材料承载能力的重要指标。表 2-6 为传统金属材料与纤维增强复合材料的性能比较。由表可见，复合材料具有较高的比强度和比模量，尤以碳纤维-环氧树脂复合材料最为突出，其比强度约为钢的 8 倍，比模量约为钢的 4 倍；即使是轻的铝合金材料，有机纤维 PRD/环氧树脂复合材料的抗拉强度约为铝的 3 倍，比强度约为铝的 5 倍，比模量约为铝的 2 倍。

表 2-5 复合材料的种类

增强体		基体							
		金属	无机非金属				有机材料		
			陶瓷	玻璃	水泥	碳	木材	塑料	橡胶
金属		金属基复合材料	陶瓷基复合材料	金属网嵌玻璃	钢筋水泥	无	无	金属丝增强塑料	金属丝增强橡胶
无机非金属	陶瓷纤维粒料	金属基超硬合金	增强陶瓷	陶瓷增强玻璃	增强水泥	无	无	陶瓷纤维增强塑料	陶瓷纤维增强橡胶
	碳素纤维粒料	碳纤维增强金属	增强陶瓷	碳纤维增强玻璃	增强水泥	碳纤维增强碳复合材料	无	碳纤维增强塑料	碳纤维、炭黑增强橡胶
	玻璃纤维粒料	无	无	无	增强水泥	无	无	玻璃纤维增强塑料	玻璃纤维增强橡胶
有机材料	木材	无	无	无	水泥木丝板	无	无	纤维板	无
	高聚物纤维	无	无	无	增强水泥	无	塑料合板	高聚物纤维增强塑料	高聚物纤维增强橡胶
	橡胶胶粒	无	无	无	无	无	橡胶合板	高聚物合金	高聚物合金

表 2-6 传统金属材料与纤维增强复合材料性能比较

材料名称	密度 $/g \cdot cm^{-3}$	抗拉强度 $/\times10^3 MPa$	拉伸模量 $/\times10^5 MPa$	比强度 $/\times10^6 N \cdot m \cdot kg^{-1}$	比模量 $/\times10^6 N \cdot m \cdot kg^{-1}$
钢	7.8	1.03	2.1	0.13	27
铝	2.8	0.47	0.75	0.17	27
钛	4.5	0.96	1.14	0.21	25
玻璃钢	2	1.06	0.4	0.53	20
高强度碳纤维/环氧树脂	1.45	1.5	1.4	1.03	97
高模量碳纤维/环氧树脂	1.6	1.07	2.4	0.67	150
硼纤维/环氧树脂	2.1	1.38	2.1	0.66	100
有机纤维 PRD/环氧树脂	1.4	1.4	0.8	1	57
SiC 纤维/环氧树脂	2.2	1.09	1.02	0.5	46
硼纤维/铝	2.65	1	2	0.38	75

（2）疲劳强度高。在疲劳载荷作用下的断裂是材料内部裂纹扩展的结果，疲劳破坏就是裂纹不断扩展产生的突然断裂。对于纤维增强复合材料，由于纤维复合材料特别是纤维-树脂复合材料对缺口和应力集中敏感性小，而且纤维与基体界面能阻止疲劳裂纹扩展或改变裂纹扩展方向，因此复合材料有较高的疲劳强度。图 2-11 所示为铝合金、玻璃钢、

碳纤维增强树脂复合材料的疲劳性能比较。碳纤维增强复合材料的疲劳强度可达到抗拉强度的70%～80%，而金属材料的疲劳强度只有抗拉强度的40%～50%。

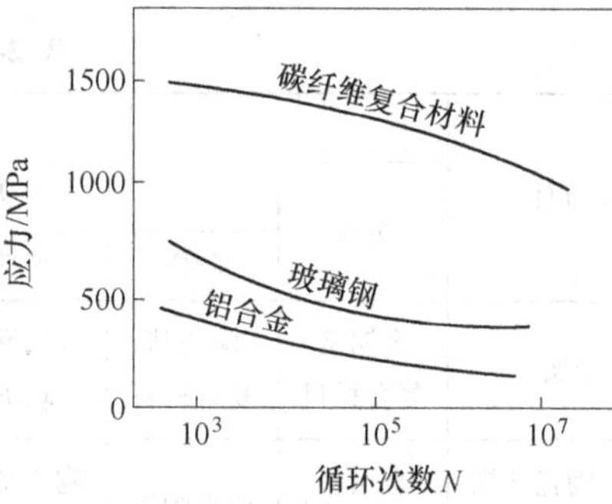

图 2-11　三种材料的疲劳强度对比

（3）断裂安全性较好。纤维增强复合材料中有大量独立的纤维，每平方厘米面积上平均有几千到几万根。当零件由于超载或其他原因使部分纤维断裂时，其他未断纤维会继续起承载作用，使零件不会在短期内发生突然破坏，故其抗断裂安全性能较好。

（4）高温性能好。由于增强纤维的熔点均很高，一般在2000℃以上，而且在高温条件下仍然可保持较高的高温强度（图2-12），因此，由它们增强的复合材料具有较高的高温强度和弹性模量。大多数增强纤维在高温下仍保持高强度，用其增强金属和树脂时能显著提高耐高温性能。例如，铝合金在400℃时弹性模量已降至接近于零，强度也显著降低；而用碳纤维增强后，在此温度下强度和弹性模量基本未变。

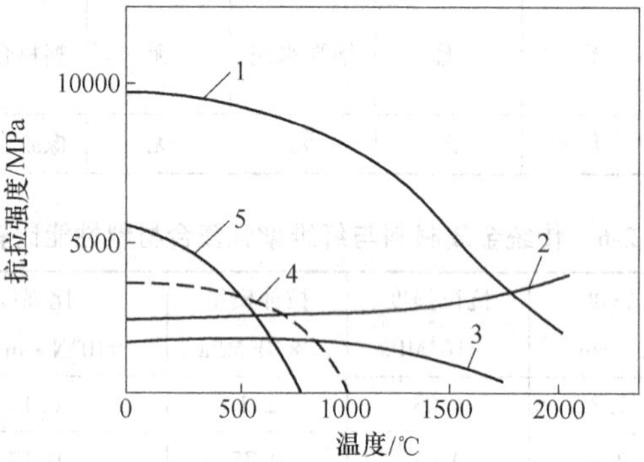

图 2-12　几种纤维的高温强度

1—Al_2O_3 晶须；2—碳纤维；3—SiC 纤维；4—玻璃纤维；5—钨纤维

（5）减振性能好。结构的自振频率除与结构本身的质量、形状有关外，还与材料比模量的平方根成正比。而复合材料的比模量高，故其自振频率也高，可以避免构件在工作状态下产生共振。另外，纤维与基体界面有吸收振动能量的作用，即使产生了振动也会很快衰减下来，所以纤维增强复合材料具有很好的减振性能。例如，用同样尺寸和形状的结构梁进行试验，金属材料的结构梁需 9s 才能停止振动，而碳纤维复合材料则只需 2. 5s。图2-13所示为钢与碳纤维复合材料的振动衰减特性比较。

（6）成型工艺好。对于形状复杂的零部件，根据受力情况可以一次整体成型。减少了零件、紧固件和接头数目，材料利用率也较高。例如用碳纤维增强复合材料，100kg 的原料可获得 80kg 的零件。

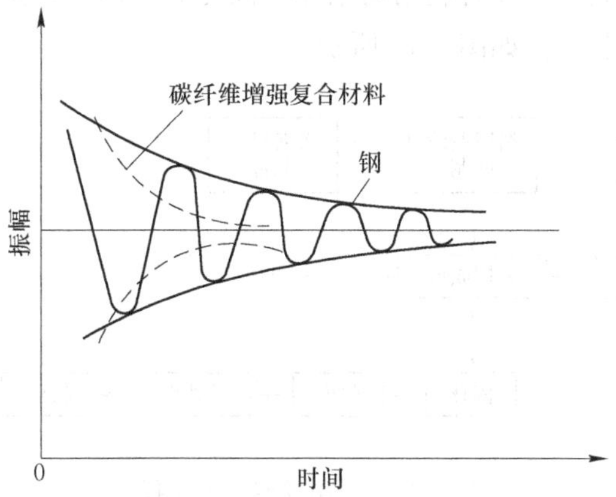

图 2-13 碳纤维复合材料与钢的振动衰减特性比较

2.3.2 纤维增强复合材料

纤维增强复合材料是由各种基体与纤维增强体复合而成。一般按基体材料分类，如聚合物基体、金属基体和陶瓷基体。

2.3.2.1 纤维增强聚合物基复合材料

A 常用的纤维/聚合物基复合材料

(1) 玻璃纤维/聚合物基复合材料。玻璃纤维/聚合物基复合材料主要以玻璃纤维作为增强体，以热固性树脂或热塑性树脂为基体复合而成。其具有强度高、价格低、来源丰富及工艺性能好等特点。常用的树脂是酚醛树脂、环氧树脂、聚酯树脂以及有机硅树脂。玻璃纤维与热固性树脂的复合材料通常叫做玻璃钢。它集中了其组成材料的优点，即质量轻、比强度高、耐腐蚀性能好、介电性能优越及成型性能良好，其比强度比铜合金和铝合金高，甚至比合金钢还高。不足之处主要是弹性模量较低，仅为钢的 1/5～1/10，刚性较差，不耐高温，容易老化和蠕变等，通常只能在 300℃以下使用。

(2) 碳纤维/聚合物基复合材料。碳纤维/聚合物基复合材料的性能同样与聚合物的性能、含量、纤维排列方向及界面结合强度等因素有关。碳纤维通常与环氧树脂、酚醛树脂及聚四氟乙烯等组成复合材料。这类材料不仅保持了玻璃钢的诸多优点，而且许多性能优于玻璃钢，其密度比铝轻，强度与钢接近，弹性模量比铝合金大，疲劳强度高，冲击韧性高，耐水和湿气，化学稳定性高，导热性好，受 X 射线辐射时强度和模量不变化等。同时，它还具有优良的耐磨减摩性、自润滑性、耐腐蚀及耐热等优点。

B 纤维/聚合物基复合材料的制造技术

(1) 手糊成型工艺。也称接触低压成型工艺，是聚合物基复合材料制造中最早采用的方法。其工艺过程是先在模具上涂刷含有固化剂的树脂混合物，再在其上铺贴一层按要求剪裁好的纤维织物，用刷子、压辊或刮刀压挤织物，使其均匀浸胶并排除气泡后，再涂刷树脂混合物和铺贴第二层纤维织物，反复上述过程直至达到所需厚度为止。然后，在一定压力作用下加热固化成型，或者利用树脂体系固化时放出的热量固化成型，最后脱模得到复合材料制品，其工艺流程如图 2-14 所示。

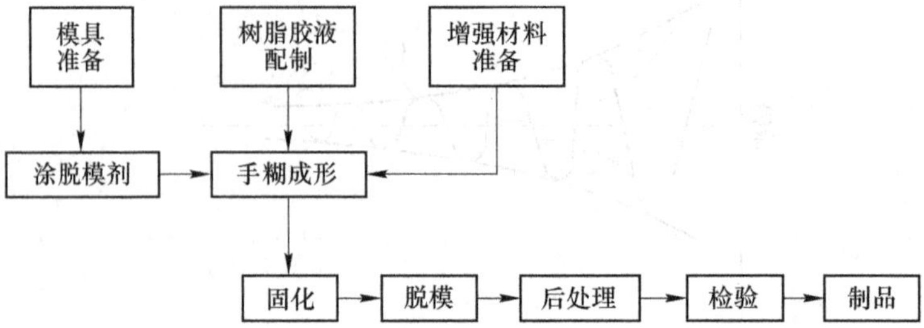

图 2-14 手糊成型工艺流程

（2）模压成型工艺。该方法是一种既古老又新颖的复合材料成型方法。其工艺过程是将一定量的模压料（预混料或预浸料）置于金属对模模具型腔内，以一定温度和压力使型腔内的模压料熔融并充满型腔，进而发生固化反应定型，其工艺流程如图 2-15 所示。

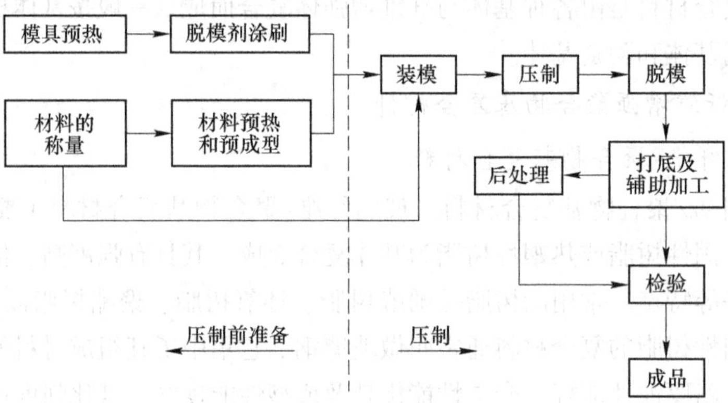

图 2-15 模压成型工艺流程

2.3.2.2 纤维增强金属基复合材料

纤维增强金属基复合材料是由具有高强度、高模量的增强纤维与具有较好韧性、低屈服强度的金属合金组合而成的一种复合材料。该类复合材料具有比纤维/聚合物复合材料高的横向力学性能，具有良好的层间抗剪强度、冲击韧性、高温强度，耐热性、耐磨性、导电性、导热性，而且具有不吸湿、尺寸稳定性好、不老化等优点。但由于其工艺复杂，价格也较贵。

A 常用的纤维/金属基复合材料

（1）纤维/铝基复合材料。纤维/铝基复合材料包括长纤维和短纤维增强铝基复合材料。长纤维主要有硼纤维、碳纤维、SiC 纤维、Al_2O_3 纤维等。通常短纤维增强铝基复合材料的力学性能不如连续纤维增强铝基复合材料，但其具有来源广、价格便宜及成型性好等优点。可作为铝基复合材料的短纤维增强体主要有氧化铝、硅酸铝和碳化硅等。

硼纤维/铝基复合材料由硼纤维与纯铝、变形铝合金（硬铝、超硬铝合金等）、铸造铝合金（铝铜合金等）组成。由于硼和铝在高温时易形成 AlB_2，与氧易形成 B_2O_3，故在硼纤维表面需涂一层 SiC，以提高其化学稳定性，这种硼纤维称为 SiC 改性硼纤维。硼纤维/铝基复合材料的性能具有高拉伸模量、高横向模量、高抗压强度、高剪切强度和高疲劳强度，主要用于飞机和航天器的蒙皮、大型壁板、长梁、加强肋及航空发动机叶片等。

碳纤维/铝基复合材料由碳（石墨）纤维与纯铝或形变铝合金、铸造铝合金制成。由于碳（石墨）纤维与铝（或铝合金）熔液间的润湿性很差，而且在高温下碳与铝易形成 Al_4C_3，降低复合材料的强度，故最好在碳（石墨）纤维表面蒸镀一层 Ti-B 薄膜，以改善润湿性并防止形成 Al_4C_3。这种复合材料具有高的比强度和高温强度，在 500℃ 时其比强度为钛合金的 1.5 倍，减摩性和导电性好。主要用于制造航天飞机外壳，运载火箭的大直径圆锥段和级间段、接合器、油箱，飞机蒙皮，螺旋桨，涡轮发动机的压气机叶片及重返大气层运载工具的防护罩等，也可用于制造汽车发动机零件（如活塞、气缸头等）和滑动轴承等。

碳化硅纤维/铝基复合材料是由碳化硅纤维与纯铝、铸造铝合金（铝铜合金等）组成，具有高的比强度、比模量和硬度，可用于制造飞机机身结构件及汽车发动机的活塞、连杆等零件。

（2）纤维/钛基复合材料。这类复合材料由硼纤维或改性硼纤维、碳化硅纤维及钛合金组成，其具有低密度、高强度、高弹性模量、高耐热性和低热膨胀系数等优点，是理想的航天结构材料。

（3）纤维/铜基复合材料。纤维/铜基复合材料主要由碳（石墨）纤维与铜或铜镍合金组成。为了增强碳（石墨）纤维与基体的结合强度，常在纤维表面镀铜或镀镍后再镀铜。这类复合材料具有高强度、高导电率、低摩擦因数和高耐磨性，以及在一定温度范围内的尺寸稳定性，常用于制造高负荷的滑动轴承、集成电路的电刷及滑块等。

B　纤维/金属基复合材料的制造技术

（1）固态法，即基体处于固态下制造金属基复合材料的方法。在整个制造过程中，温度控制在基体合金液相线和固相线之间。整个反应控制在较低温度，尽量避免金属基体和增强材料之间的界面反应。固态法包括粉末冶金法、热压法、轧制法、挤压法、拉拔法和爆炸焊接法等。

（2）液态法，即基体处于熔融状态下制造金属基复合材料的方法。为了减少高温下基体和增强材料之间的界面反应，提高基体对增强材料的浸润性，通常采用加压渗透、增强材料表面处理及基体中添加合金元素等方法。液态法包括真空压力浸渍法、挤压铸造法、搅拌铸造法、液态金属浸渍法、共喷沉淀法及热喷涂法等。表 2-7 为金属基复合材料的主要制造方法及适用范围。

2.3.2.3　纤维增强陶瓷基复合材料

在陶瓷材料中加入纤维制成纤维/陶瓷基复合材料是改善陶瓷材料韧性的重要手段，其具有高强度、高韧性、优异的热稳定性和化学稳定性。

常用的纤维/陶瓷基复合材料包括碳纤维/陶瓷复合材料和晶须陶瓷基复合材料。

表 2-7 金属基复合材料主要制造方法及适用范围

类别	制造方法	适用体系		典型的复合材料及产品
		增强材料	金属基体	
固态法	粉末冶金法	SiC_p、Al_2O_3、SiC_w、B_4C_p等	Al、Cu、Ti	SiC_p/Al、SiC/Al、TiB_2/Ti、Al_2O_3/Al 等材料
	热压固结法	B、SiC、C、W	Al、Ti、Cu、耐热合金	B/Al、SiC/Al、SiC/TiC/Al 等零件、管、板等
	热轧法、热拉法	C、Al_2O_3	Al	C/Al、Al_2O_3/Al 等棒、管
液态法	挤压铸造法	C、Al_2O_3、SiC_p等纤维、晶须、短纤维	Al、Zn、Mg、Cu	SiC_p/Al、SiC/Al、C/Al、C/Mg、SiC_p/Al、SiC_w+SiC_p/Al 等零件、板、锭
	真空压力浸渍法	各种纤维、晶须、颗粒增强材料	Al、Mg、Cu、Ni 合金	C/Al、C/Cu、C/Mg、SiC_p/Al、SiC/Al、C/Mg等零件、板、锭、坯等
	搅拌法	Al_2O_3、SiC_p、短纤维	Al、Mg、Zn	铸件、铸坯
其他方法	共喷沉积法	SiC_p、Al_2O_3、B_4C、TiC 等颗粒	Al、Ni、Fe	SiC_p/Al、Al_2O_3/Al 等板坯、管坯、锭坯零件
	反应自生成法		Al、Ti	铸件

A 碳纤维/陶瓷复合材料

碳纤维（carbon fiber，CF）是一种含碳量在90%以上的纤维状碳材料，是由一些含碳的有机纤维（原丝，如腈纶丝、沥青及黏胶纤维等）经过预氧化、碳化或石墨化制成的新型纤维材料。由于碳纤维的密度很低，因此它具有很高的比强度和比刚度。此外，高性能的碳纤维还具有耐高温、耐疲劳、抗蠕变及导电等一系列优异性能。对强度、刚度、重量和疲劳特性等要求严格的场合，采用碳纤维增强的复合材料是非常合适的；对要求高温、化学稳定性好和高阻尼等场合，碳纤维复合材料也应用很广。

用碳纤维与陶瓷组成复合材料能大幅度提高抗断裂性和抗热震性，改善陶瓷的脆性，而陶瓷又可保护碳纤维，使它在高温下不受氧化，因而具有很高的高温强度和弹性模量。如碳纤维增强的氮化硅陶瓷可在1400℃的温度下长期使用，可用作喷气飞机的涡轮叶片。

a 碳纤维的分类

按制造工艺和原料不同，碳纤维可分为有机前驱体法和气相生长法碳（石墨）纤维两大类。前者按采用的原纤维不同又可分为黏胶基、聚丙烯腈基、沥青基和酚醛基的碳（石墨）纤维；按热处理温度和气氛介质不同，可分为碳纤维（800~1500℃，N_2 和 H_2 气氛）、石墨纤维（2000~3000℃，N_2 或 Ar 气氛）和活性碳纤维（700~1000℃，水蒸气或 CO_2+N_2，水蒸气+CO_2 或水蒸气+O_2 气氛）；按制品形态可分为长丝纤维（含不同孔数的束丝和单纱）、束丝短切纤维、超细短纤维（气相法含晶须）、织物（布、带、绳）等；按力学性能不同，可分为通用级碳纤维（GP）和高性能碳纤维（HP）两大类。GP 级通常指拉伸强度小于 1.2GPa、拉伸模量小于 50GPa 的碳纤维产品；HP 又可分为标准型（如日本东丽 T300 牌号，拉伸强度为 3.53GPa、拉伸模量为 230GPa）、高强型（拉伸强度大于 4GPa）、高模型（拉伸模量大于 390GPa）和高强高模型（如日本 MJ 系列品种，拉伸强度为 3.92~4.41GPa、拉伸模量为 377~588GPa）等品种。

b 碳纤维的性能

碳纤维具有高拉伸强度、高拉伸模量、低密度、耐高温、抗烧蚀、耐化学腐蚀、高电导和热导、极低的热膨胀系数、自润滑和生物体相容性好等优良性能，是理想的耐烧蚀、结构性和功能性复合材料组元，已成为开发各种复合材料不可缺少的原材料，成为各工业发达国家梦寐以求的第四代工业原材料。

c 碳纤维的主要制备方法

下面以应用最广泛的聚丙烯腈碳纤维为例，介绍碳纤维的制备方法。聚丙烯腈碳纤维的生产主要分为聚丙烯腈原丝的制备、原丝的预氧化、碳化及石墨化。

（1）聚丙烯腈原丝的制备。将不含杂质的原料（包括丙烯腈、共聚单体、引发剂、溶剂和其他助剂的水溶液等）聚合制成纺丝原液，经充分洗涤，除去残余引发剂、金属等杂质、低聚物和胶粒，然后纺丝成形。

（2）原丝的预氧化。将原丝在 200~300℃ 的空气介质中进行预氧化处理，其目的是使线性分子链转化为耐热的梯形结构，使其在高温碳化时不熔不燃，保持纤维形态。

（3）预氧化丝碳化。预氧化丝在惰性气体（一般采用 99.990%~99.999% 高纯度氮气）保护下，在 800~1500℃ 范围内发生碳化反应。纤维中的非碳原子如 N、H、O 等元素被裂解出去，预氧化时形成的梯形大分子发生交联，转变为稠环状结构，纤维的含碳量从 60% 左右提高到 92% 以上。

（4）碳纤维的石墨化。为了得到更高模量的碳纤维，将碳纤维放入 2500~3000℃ 的高温下，进行石墨化处理，保护气体为氩气或氦气，可得到含碳量在 99% 以上的石墨纤维。石墨化处理过程中，纤维结构得到完善，非碳原子几乎全部排除，C—C 键重新排列，结晶碳的比例增多，纤维取向度增加，纤维内部由紊乱的乱层石墨结构转变为类似石墨的层状结晶结构，碳纤维分子结构与石墨相类似，为层状六方晶体结构，同一层的碳原子之间结合力较大，而层与层之间结合力小。因此，碳纤维中碳原子沿纤维轴方向有着很强的结合力，强度和模量都很高，而垂直于纤维方向的强度和模量都很低。

d 碳纤维的应用及发展前景

碳纤维首先在航空航天工业获得应用，然后推广到体育休闲用品、风力发电叶片及汽车零部件等各种民用和工业品中。碳纤维在电子、土木建筑和能源等领域也有广泛的应用前景。碳纤维一般不单独使用，而是以多种形式（或长丝或短纤维等）与各种基体材料（热固型树脂、热塑性塑料、金属、陶瓷、玻璃及水泥）构成复合材料，从而发挥其高强度、高模量等优势。

（1）航空航天领域。航空航天领域要求材料具有低密度、高比强度和比刚度；此外，宇宙空间温度变化剧烈，要求材料耐高温、耐低温及尺寸稳定。碳纤维增强复合材料和 C—C 复合材料可以作为比较理想的结构材料和热防护材料，因此，其在人造卫星的主结构、天线、太阳能电池帆板及航天飞机等方面广泛应用。

（2）交通运输领域。碳纤维复合材料可用于汽车不直接承受高温的部件上，例如传动轴、支架、底盘、保险杠、弹簧片及车体等，以减轻汽车自重，节省大量燃油；还可使振动和噪声大大减少。

（3）文体用品领域。碳纤维增强树脂基复合材料（CFRP）首先应用于钓鱼竿和高尔夫球棒，近年来还在高尔夫球棒棒头、网球拍、羽毛球拍、乒乓球拍、滑雪板、弓箭、棒球棒、汽车赛车、小艇、乐器以及音响设备等方面得到广泛应用。用 CFRP 制作的钓鱼竿、高尔夫球杆、网球拍等不但重量轻、刚度大，而且振动衰减迅速。

（4）土木建筑领域。鉴于轻量性、强度、刚性、耐腐蚀性、疲劳强度、电磁波穿透性等特性，碳纤维被先后应用于因交通量和载重量增加造成的道路和桥梁质量下降后的补强或补修，以及建筑物的梁、框架、烟囱等的弯曲补强。碳纤维增强水泥复合材料（CFRC）可改善水泥的脆性，使抗拉强度、弯曲强度、弯曲韧性及疲劳强度等提高数倍以上，且重量轻、耐腐蚀、不生锈，因而广泛应用于土木建筑领域，是新一代的建筑材料。

B 晶须陶瓷基复合材料

晶须增强陶瓷基复合材料是利用晶须的高强度和高弹性模量特性，作为第二相来提高陶瓷的强度和韧性。常用的晶须材料有碳化硅、氧化铝、氮化硅及碳化硼等。目前，已有的晶须增强陶瓷基复合材料有碳化硅晶须增强氧化铝陶瓷、碳化硅晶须增强莫来石陶瓷。

2.3.3 层状复合材料

层状复合材料由两层或两层以上不同材料结合而成，目的是为了有效发挥各分层材料的最佳性能，以得到性能更为优良的材料。该复合材料可使材料的强度、刚度、耐磨、耐蚀、绝热、隔音和自重等性能得到改善。常用的层状复合材料有双层金属或三层金属、塑料-金属多层材料及夹层结构复合材料等。

2.3.3.1 双金属复合材料

最典型的双金属复合材料有双金属轴承，它常用离心浇铸方法在钢管或薄钢板上浇上轴承合金，例如锡基轴承合金等，制成双金属轴承，既可节省有色金属，又可增加滑动轴承的强度。目前在我国已生产了多种普通钢-合金钢复合钢板和多种钢-有色金属双金属片。

2.3.3.2 塑料-金属多层复合材料

塑料-金属多层复合材料的典型代表是 SF 型三层复合材料，其结构如图 2-16 所示。它是以钢为基体，烧结铜网或铜球为中间层，塑料为表面层的一种自润滑材料。其整体性能取决于基体，摩擦磨损性能取决于塑料。中间层系多孔性青铜，其作用是使三层之间有较强的结合力，一旦塑料磨损也不致磨伤轴。

表面层的常用塑料为聚四氟乙烯（如 SF-1 型）和聚甲醛（如 SF-2 型）。这种复合材料比用单一的塑料可提高承载能力 20 倍，热导率提高 50 倍，热膨胀系数降低 75%，因而提高了尺寸稳定性和耐磨性。它适于制作高应力（140MPa）、高温（270℃）及低温（-195℃）和无油润滑条件下的各种滑动轴承。

2.3.3.3 夹层结构复合材料

夹层结构复合材料由两层薄且硬的面板（或称蒙皮），中间夹着一层轻且软的芯子组

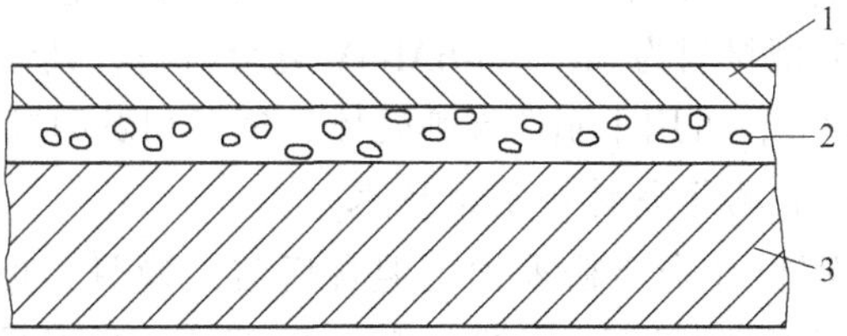

图 2-16 塑料-金属三层复合材料
1—表面层（塑料）；2—中间层（多孔性青铜）；3—钢基体

成。用金属、玻璃钢或增强塑料等制成的面板在夹层中主要起抗拉和抗压作用。用实心芯子或蜂窝格子制成的夹层结构起到支撑面板和传递剪力的作用。常用的实心芯子为泡沫塑料和木屑等，蜂窝格子为金属箔和玻璃钢等。面板和芯子一般采用胶黏剂和焊接方法连接。夹层结构的特点是相对密度小、比强度高、刚度和抗压稳定性好以及可根据需要选择面板和芯子的材料，以获得所需要的绝热、隔音和绝缘等性能。这种材料已用于飞机上的天线罩、隔板、火车车厢和运输容器等。

2.3.4 颗粒增强复合材料

颗粒复合材料是由一种或多种颗粒均匀分散在基体材料中组成的材料。增强粒子有的采用特殊方式人工加入，有的是由热处理过程中析出第二相形成的。

2.3.4.1 常用颗粒增强金属复合材料

颗粒增强金属基复合材料包括粒子增强金属基复合材料和弥散强化金属基复合材料两类。常用的粒子增强金属基复合材料增强颗粒有碳化硅、氧化铝及碳化钛等，基体金属有铝、钛、镁及其合金以及金属间化合物等。常用的弥散强化金属基复合材料增强体有Al_2O_3、MgO 和 BeO 等氧化物微粒，基体金属主要是铝、铜、钛、铬和镍等。通常采用表面氧化法、内氧化法、机械合金化法及共沉淀法等特殊工艺，使增强微粒弥散分布于基体中。

（1）弥散强化铝基复合材料。弥散强化铝基复合材料也称烧结铝，通常采用表面氧化法制备Al_2O_3。其突出的优点是高温强度好，具有优良的高温屈服强度和蠕变抗力，在300~500℃之间其强度远远超过其他变形铝合金。在核电工业和航空工业中有广泛应用，可用于制造飞机机身和机翼，发动机的压气机叶轮、高温活塞，冷却反应堆中核燃料元件的包套材料等。

（2）弥散强化铜基复合材料。弥散强化铜基复合材料是在粉末冶金铜粉中加入约1%的金属 Al，烧结时形成内氧化极细小的弥散Al_2O_3，强化效果十分明显。该材料在500℃时长期工作屈服强度仍可达500MPa，且对纯铜的导电性能影响甚小。主要用于高温导电和导热体，如高功率电子管的电极、焊接机的电极、白炽灯引线及微波管等。

（3）碳化硅颗粒增强铝基复合材料。碳化硅颗粒增强铝基复合材料是一种性能优异的材料，其比强度与钛合金相近，比模量略高于钛合金，具有良好的耐磨性。该材料可用来制造汽车零部件，如发动机缸套、衬套、活塞、活塞环、连杆及刹车片驱动轴，航空航天用结构件（如卫星支架及结构连接件等），还可用来制造火箭和导弹构件等。

（4）颗粒增强高温合金基复合材料。颗粒增强高温合金基复合材料的基体材料有钛基和金属间化合物基。典型材料为 SiC_p/Ti-6Al-4V 复合材料，其强度、弹性及抗蠕变性都较高，使用温度高达 500℃，可用于制造导弹壳体、尾翼和发动机零部件等。

2.3.4.2　颗粒增强金属复合材料制造技术

（1）粉末冶金法。颗粒和合金粉末均匀混合后装入模具，根据要求加热到固相区、固-液相区或液相区，在真空或非真空条件下热压成锭坯，再经压力加工制成各种型材，即常规粉末冶金法。该方法工艺较简单，有利于降低成本。但有时颗粒的分布不够理想，因此无法满足材料的高性能要求。反应球磨粉末冶金法（又称机械合金冶金法）可显著提高颗粒分布的均匀性，其工艺流程如图 2-17 所示。颗粒与合金粉末经高能球磨机充分球磨后冷压成生坯，进行热处理后挤压成材。该方法能使颗粒的尺寸细小弥散，达到高性能要求。

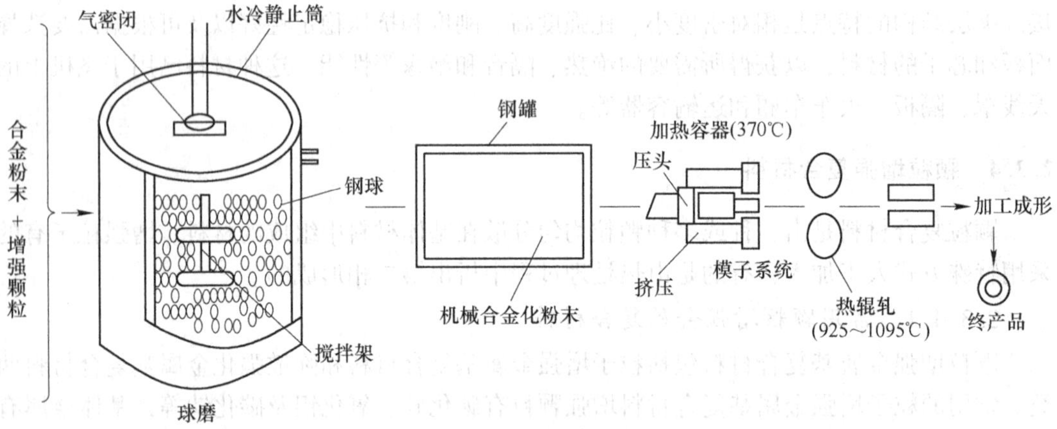

图 2-17　反应球磨粉末冶金法工艺流程

（2）铸造法。颗粒加入熔化的合金后不断搅拌，随温度降低材料呈半固态后再浇铸成锭，经压力加工成型。它是目前采用较多的颗粒增强金属复合材料的制造方法。该方法由于成型发生在两相区，液固共存时固相能有效地阻止强化颗粒因密度差异产生的偏析，故可使颗粒分布均匀；另外，由于浇铸的温度较低，故能很好地防止金属和陶瓷界面间的化学反应，降低反应层的厚度，提高材料的性能。

2.3.4.3　颗粒增韧陶瓷复合材料

（1）常见的颗粒增韧陶瓷复合材料。当所用的颗粒为 SiC 和 TiC 时，基体材料主要采用 Al_2O_3 和 Si_3N_4。目前，这些复合材料已广泛用来制造刀具。图 2-18 所示为 SiC_p/Si_3N_4 复合材料的性能随 SiC_p 含量的变化关系。可以看出，在 5% SiC_p 时韧性和强度出现峰值，即颗粒对陶瓷材料具有一定的增韧作用，但增强增韧效果并不明显。由于晶须增强增韧陶瓷时会使致密度下降，而颗粒可克服晶须的这一弱点，但其增强增韧效果不如晶须，故可将两者共同使用以取长补短。

（2）颗粒增韧陶瓷复合材料制造技术。由于颗粒的尺寸很小，制备增强增韧陶瓷基复合材料的工艺比长纤维复合材料简单得多，故所用设备也不像长纤维复合材料采用纤维

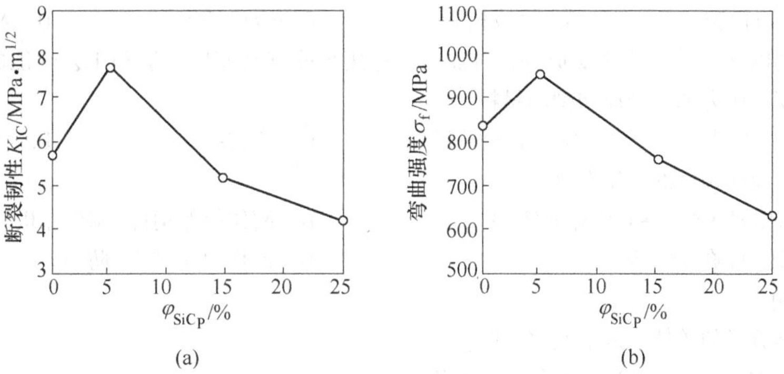

图 2-18 SiC_p含量对SiC_p/Si_3N_4复合材料的性能影响
(a) 断裂韧性；(b) 弯曲强度

缠绕或编织用的复杂专用设备。该技术只需将颗粒分散后，并与基体粉末混合均匀，再用热压烧结的方法，即可制得高性能的复合材料。

复习思考题

2-1 名词解释

单体、链节、分子链、加聚、缩聚、构型、构象、玻璃态、高弹态、黏流态、老化、热塑性、热固性、陶瓷、玻璃相、普通陶瓷、氧化铝陶瓷、复合材料、纤维复合材料、增强相、基体相。

2-2 填空题

(1) 常见的非金属材料包括（　　）、（　　）和（　　）。

(2) 高分子材料是最重要的一类非金属材料。按用途分为（　　）、（　　）和（　　）等。

(3) （　　）材料是除金属和高聚物以外的无机非金属材料的通称。

(4) （　　）材料是由两种或两种以上化学性质或组织结构不同的材料组合而成的材料，主要由基体相和增强相组成。

2-3 判断题

(1) 玻璃钢可用于生产叶片泵、阀体和螺旋桨。（　　）

(2) 合成橡胶的性能特点是高弹性、弹性模量小、储能性小、耐磨性好。（　　）

(3) 常用的有机胶黏剂是复合材料。（　　）

(4) 关于合成胶黏剂的应用，可用于修理磨损、腐蚀和断裂零件，可用于安装柴油机的机座、机架、缸体，可用于安装小型螺旋桨。（　　）

(5) 关于复合材料，增强材料强度高、韧性好、脆性小，基体材料强度低、韧性差、脆性大。（　　）

2-4 单项选择题

(1) 高分子材料主要有（　　）。

A 陶瓷、塑料、无机玻璃　　B 塑料、橡胶、合成纤维

C 陶瓷、合成纤维、无机玻璃　　D 塑料、橡胶、无机玻璃、陶瓷、合成纤维

(2) 工程非金属材料在船舶领域的应用有（　　）。

A 制作船舶构件　　B 制作船机零件　　C 防腐　　D A+B+C

（3）塑料的主要组成材料是（　　）。

A　合成橡胶　　B　合成树脂　　C　合成纤维　　D　A+B+C

（4）塑料是以（　　）为主要成分，再加入一些用来改善其使用性能和工艺性能的添加剂，在一定温度、压力加工制成塑型的材料。

A　合成树脂　　B　合成橡胶　　C　合成纤维　　D. 合成乙烯

（5）塑料在船舶领域的应用有（　　）。

A　制作船舶构件+制作船机零件　　B　制作船舶构件+制作船机零件+防腐

C　制作船舶构件+防腐　　D　制作船机零件+防腐

2-5　综合分析题

（1）何谓高分子的单体、链节及聚合度？

（2）什么叫陶瓷材料？简述陶瓷的制备工艺。

（3）简述常用工程结构陶瓷的种类、性能、特点及应用。

3　铸　　造

扫描二维码获取
本章数字资源

铸造过程是熔炼金属，制造铸型，并将熔融金属在重力、压力、离心力、电磁力等外力场的作用下充满铸型，凝固后获得一定形状与性能铸件的生产过程，是生产金属零件和毛坯的主要形式之一。其实质是液态金属逐步冷却凝固成型，也称金属液态成型。

铸造能够制成形状复杂，特别是具有复杂内腔的毛坯，而且铸件的大小几乎不受限制，重量可从几克到数百吨，壁厚可由0.3mm到1m以上。铸造常用的原材料来源广泛，价格低廉，所以铸件的成本也较低。因此，铸造在机器制造业中应用极为广泛。铸件在一般机器中占总质量的40%~80%，但其制造成本只占机器总成本的25%~30%。铸造生产也存在不足，液态成型会给铸造带来某些缺点，铸造组织疏松、晶粒粗大，内部易产生缩孔、缩松、气孔等缺陷，因此，铸件的力学性能，特别是冲击韧性，比同样材料的锻件力学性能低；铸造工序多，且难以精确控制，使得铸件质量不够稳定，铸件的废品率较高；劳动强度较大。

随着铸造技术的发展，铸造工艺的不足之处正不断得到克服。各种铸造新工艺及铸造机械化、自动化使铸件的质量、成品率提高，工人的劳动强度降低，劳动条件改善；某些新研制的铸造金属使铸件的力学性能大为提高。精密铸造工艺使铸件的尺寸精度及表面质量提高，已成为“少切削、无切削工艺”的重要方法之一。

3.1　铸造工艺基础

3.1.1　液态合金的充型

3.1.1.1　液态金属的结构与性质及充型

（1）液态金属的结构与性质。液态金属是通过加热将金属由固态熔化为熔融状态得到的。由于铸造生产中得到的液体金属过热度不高（一般高于熔点100~300℃），因此这种液态金属接近固态而远离气态。

试验表明，金属的熔化是从晶界开始的，是原子间结合的局部破坏。熔化后得到的液态金属由许多呈有序排列的游动原子集团组成，集团中原子的排列和原有的固体相似，但存在很大的能量起伏和剧烈热运动，温度越高，原子集团的尺寸越小，游动越快。

这些结构特点决定了液态金属具有黏度和表面张力等特性。黏度表征了介质中一部分质点对另一部分质点做相对运动时受到的阻力。与气体不同，液体（与固体相似）分子处于连续的相互作用之中，并且作用力很大。液体在外力作用下，其形状的改变只需很小的作用力。与固体受力变形不同，这种小作用力下的变形是非弹性的、不可逆的。表面张力是在液体表面上平行于表面方向，且在各个方向均相等的张力。液体表面最显著的特点之一就是，液面在表面张力的作用下，在靠近器壁处产生弧形弯曲。

(2) 液态合金的充型。熔化合金填充铸型的过程，简称充型。熔融合金充满铸型型腔，获得形状完整、轮廓清晰铸件的能力，称为合金的充型能力。充型能力首先取决于熔融金属本身的流动能力（即流动性），同时又受外界条件，如铸型性质、浇注条件、铸件结构等因素影响。因此，充型能力是上述各种因素的综合反映。这些因素通过两个途径发生作用：影响金属与铸型之间的热交换条件，从而改变金属液的流动时间；影响金属液在铸型中的流动力学条件，从而改变金属液的流动速度。因此，延长金属液的流动时间、加快流动速度，都可以改善充型能力。

3.1.1.2 影响合金充型能力的主要因素

(1) 合金的流动性。流动性是熔融金属的流动能力，是影响充型能力的主要因素之一，是液态金属固有的属性。流动性仅与金属本身的化学成分、温度、杂质量及物理性质有关。合金的流动性好，充填铸型的能力就强，易于获得尺寸准确、外形完整和轮廓清晰的铸件，可避免产生铸造缺陷。合金的流动性用浇注流动性试样的方法来衡量。流动性试样的种类很多，如螺旋形、球形、真空试样等，应用最多的是螺旋形试样，如图 3-1 所示。

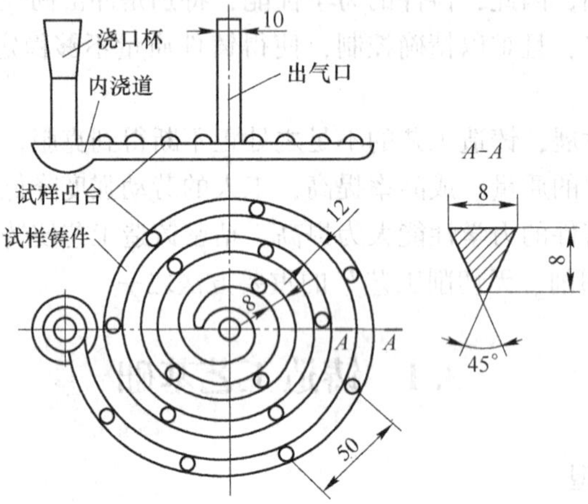

图 3-1 螺旋形标准试样

决定合金流动性的因素主要有：

1) 合金的种类。合金的流动性与合金的熔点、热导率、合金液的黏度等物理性能有关。如铸钢熔点高，在铸型中散热快、凝固快，故流动性差。

2) 合金的成分。同种合金中，成分不同的铸造金属具有不同的结晶特点，对流动性的影响也不相同。图 3-2 所示为铅锡合金的流动性与相图的关系曲线。纯金属和共晶合金是在恒温下进行结晶的，结晶时从表面向中心逐层凝固，凝固层的表面比较光滑，对尚未凝固的金属的流动阻力小，故流动性好，特别是共晶合金，熔点最低，因而流动性最好，如图 3-3 (a) 所示。

在一定温度范围内结晶的亚共晶合金，其结晶过程是在铸件断面上一定的宽度区域内同时进行的。在结晶区域中，既有形状复杂的枝晶，又有未结晶的液体。复杂的枝晶不仅阻碍熔融金属的流动，而且使熔融金属的冷却速度加快，所以流动性差。结晶区间越大，流动性越差，如图 3-3 (b) 所示。

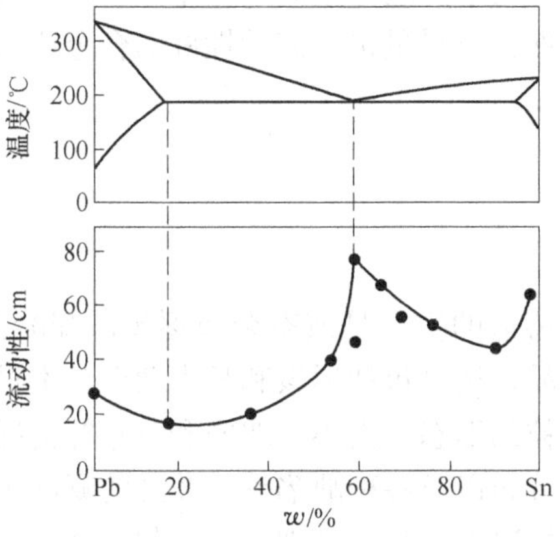

图 3-2 铅锡合金流动性与相图的关系

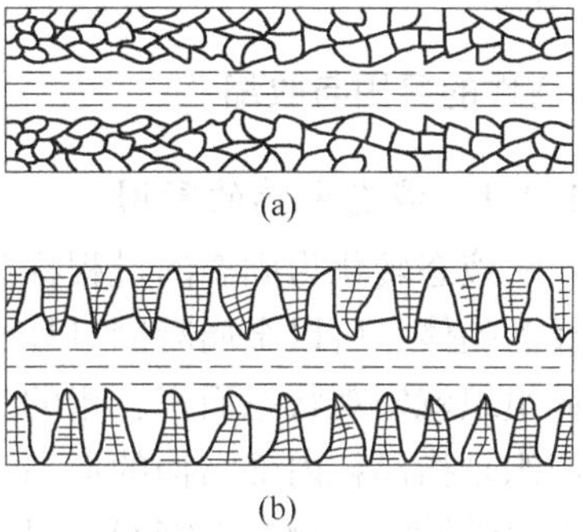

图 3-3 结晶特性对流动性的影响

（a）恒温；（b）一定温度范围

3）杂质与含气量。熔融金属中出现的固态夹杂物，将使液体的黏度增加，合金的流动性下降。如灰铸铁中锰和硫，多以 MnS（熔点 1650℃）的形式悬浮在铁液中，阻碍铁液的流动，使流动性下降。熔融金属中的含气量越少，合金的流动性越好。

（2）浇注条件。浇注条件对合金的充型能力有重要的影响，主要因素有：

1）浇注温度。浇注温度对合金的充型能力有决定性影响。浇注温度高，液态金属所含的热量多，在同样冷却条件下，保持液态的时间长，所以流动性好；浇注温度越高，合金的黏度越低，传给铸型的热量多，保持液态的时间延长，流动性好，充型能力强。因此，提高浇注温度是改善合金充型能力的重要措施。但浇注温度过高，会使金属的吸气量和总收缩量增大，从而增加铸件产生其他缺陷的可能性，如缩孔、缩松、黏砂、晶粒粗大等。因此，在保证流动性足够的条件下，浇注温度应尽可能低些。

2）充型压力。熔融合金在流动方向上所受的压力越大，充型能力就越好。砂型铸造时，充型压力是由直浇道的静压力产生的，适当提高直浇道的高度，可提高充型能力。但过高的砂型浇注压力，会使铸件易产生砂眼、气孔等缺陷。在低压铸造、压力铸造和离心铸造时，因人为加大了充型压力，故充型能力较强。

（3）铸型条件。熔融合金充型时，铸型的阻力及铸型对合金的冷却作用都将影响合金的充型能力。

1）铸型的蓄热能力。是指铸型从熔融合金中吸收并传出热量的能力。铸型材料的比热容和热导率越大，对熔融金属的冷却作用越强；合金在型腔中保持流动的时间越短，合金的充型能力越差。

2）铸型温度。浇注前将铸型预热到一定温度，可减少铸型与熔融金属的温度差，减缓合金的冷却速度，延长合金在铸型中的流动时间，使合金充型能力提高。

3）铸型中的气体。浇注时熔融金属在型腔中的热作用会产生大量气体，如果铸型的排气能力差，则型腔中气体的压力增大，阻碍熔融金属的充型。铸造时，除应尽量减少气体的来源外，应增加铸型的透气性，并开设出气口，使型腔及铸型中的气体顺利排出。

4）铸件结构。当铸件壁厚过小，壁厚急剧变化，结构复杂或有大的水平面时，都会使充型困难。因此在进行铸件结构设计时，铸件的形状应尽量简单，壁厚应大于规定的最小壁厚。对于形状复杂、薄壁、散热面大的铸件，应尽量选择流动性好的合金或采取其他相应的措施。

3.1.2 铸件的凝固与收缩

3.1.2.1 液态金属的凝固

物质从液态转化为固态的过程称为凝固。铸造的实质是液态金属逐步冷却凝固成型。固态金属为晶体，所以金属凝固过程又称为结晶。结晶包括形核和长大两个基本过程。

凝固组织就宏观状态而言，指的是固态晶粒的形态、大小、取向和分布等情况；铸件的微观组织是指晶粒内部结构的形态、大小和分布以及各种缺陷等。铸件的凝固组织对金属材料的力学性能、物理性能影响很大。一般情况下，晶粒越细小、均匀，金属材料的强度和硬度越高，塑性和韧性越好。影响铸件凝固组织的因素有成分、冷却速度和形核条件等。

(1) 凝固方式。在铸件凝固过程中，其断面上一般存在 3 个区域，即固相区、凝固区和液相区。其中，对铸件质量影响较大的主要是液相和固相并存的凝固区的宽窄。铸件的“凝固方式”就是依据凝固区的宽窄来划分的，如图 3-4 所示。

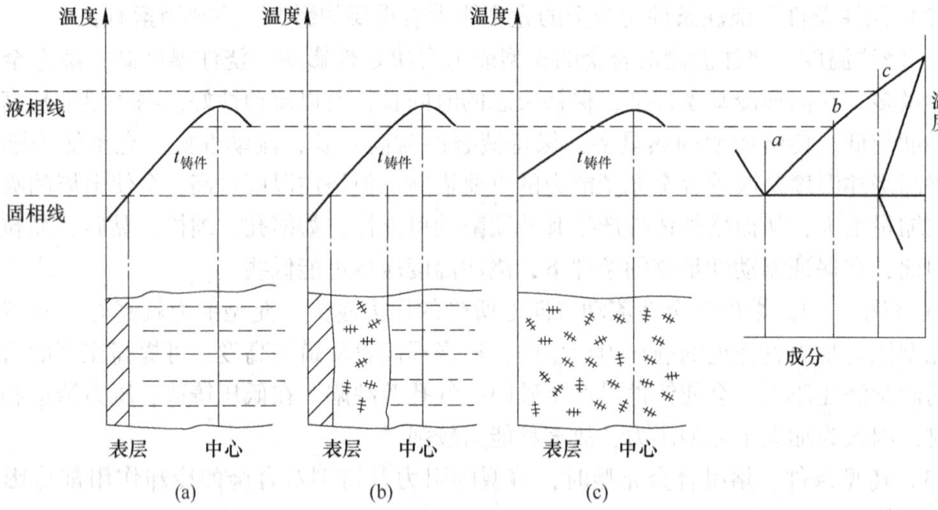

图 3-4 铸件的凝固方式

(a) 逐层凝固；(b) 中间凝固；(c) 糊状凝固

1) 逐层凝固。纯金属或共晶成分合金在凝固过程中因不存在液、固并存凝固区（图 3-4（a)），故断面上外层的固体和内层的液体由一条界线（凝固前沿）清楚地分开。随着温度的下降，固体层不断加厚、液体层不断减少，直达铸件的中心，这种凝固方式称为逐层凝固。

2) 糊状凝固。如果合金的结晶温度范围很宽，且铸件的温度分布较为平坦，则在凝固的某段时间内，铸件表面并不存在固体层，而液、固并存的凝固区贯穿整个断面（图

3-4 (c))。由于这种凝固方式与水泥类似，即先呈糊状而后固化，故称糊状凝固。

3）中间凝固。大多数合金的凝固介于逐层凝固和糊状凝固之间（图3-4（b）），称为中间凝固方式。

铸件质量与凝固方式密切相关。一般说来，逐层凝固时，合金的充型能力强，便于防止缩孔和缩松；糊状凝固时，难以获得结晶紧实的铸件。

铸件的凝固方式决定了铸件的组织结构形式，是影响铸件质量的内在因素。

（2）影响凝固方式的因素。影响铸件凝固方式的主要因素有合金的结晶温度范围和铸件的温度梯度。

1）合金的结晶温度范围。如前所述，合金的结晶温度范围越小，凝固区域越窄，越倾向于逐层凝固。如砂型铸造时，低碳钢为逐层凝固；高碳钢结晶范围甚宽，为糊状凝固。

2）铸件的温度梯度。在合金结晶温度范围已定的前提下，凝固区域的宽窄取决于铸件内外层间的温度梯度。若铸件的温度梯度由小变大，则其对应的凝固区域由宽变窄。铸件的温度梯度主要取决于：

①合金的性质。合金的凝固温度越低，热导率越高，结晶潜热越大，铸件内部温度均化能力越大，而铸型的激冷作用变小，故温度梯度小（如多数铝合金）。

②铸型的蓄热能力。铸型蓄热能力越强，激冷能力越强，铸件温度梯度越大。

③浇注温度。浇注温度越高，因带入铸型中热量增多，铸件的温度梯度减小。

3.1.2.2 合金的收缩

A 收缩的概念

合金从浇注、凝固直至冷却到室温的过程中，其体积或尺寸缩减的现象，称为收缩。收缩是合金的物理本性，是影响铸件几何形状、尺寸、致密性，甚至造成某些缺陷的重要铸造性能之一。

合金的收缩量常用体收缩率和线收缩率来表示。金属从液态到常温的体积改变量，称为体收缩；金属在固态由高温到常温的线尺寸改变量，称为线收缩。体收缩率和线收缩率分别以单位体积和单位长度的变化量来表示。

体收缩率为 $$\varepsilon_V = \frac{V_0 - V_1}{V_0} \times 100\% = \alpha_V(t_0 - t_1) \times 100\%$$

线收缩率为 $$\varepsilon_L = \frac{L_0 - L_1}{L_0} \times 100\% = \alpha_L(t_0 - t_1) \times 100\%$$

式中 V_0，V_1——金属在温度 t_0、t_1 时的体积，m^3；

L_0，L_1——金属在温度 t_0、t_1 时的长度，m；

α_V，α_L——金属在 t_0、t_1 温度范围内的体积收缩系数和线收缩系数，1/℃。

合金的收缩可以分为3个阶段，如图3-5所示。

（1）液态收缩。从浇注温度冷却到凝固开始温度（液相线温度）的收缩，即金属在液态时由于温度降低而发生的体积收缩。

（2）凝固收缩。从凝固开始温度冷却到凝固终止温度（固相线温度）的收缩，即熔融金属在凝固阶段的体积收缩。

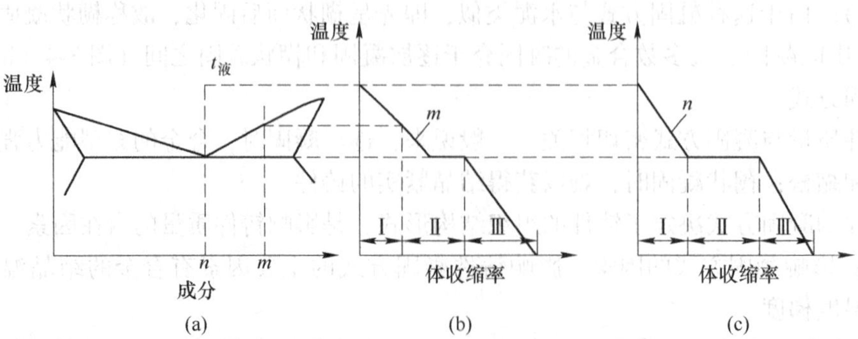

图 3-5 铸造合金收缩过程示意图

（a）合金状态图；（b）一定温度的合金；（c）共晶合金

Ⅰ—液态收缩；Ⅱ—凝固收缩；Ⅲ—固态收缩

（3）固态收缩。从凝固终止温度冷却到室温的收缩，即金属在固态由于室温降低而发生的体积收缩。

合金的总体收缩为上述 3 个阶段收缩之和。它与合金的成分、温度和相变有关，不同合金收缩率是不同的。例如，碳的质量分数 3.5%的灰铸铁，在 1400℃下，液态收缩率为 3%，凝固收缩率为 0.1%，固态收缩率为 3.3%~4%，总体收缩率为 6.9%~7.8%。

B 影响收缩的因素

（1）化学成分。碳素钢随碳的质量分数的增加，凝固收缩增加、固态收缩略减。灰铸铁中，碳是形成石墨化的元素，硅是促进石墨化的元素，所以硅碳的质量分数增加，收缩率减小。硫阻碍石墨的析出，使铸铁的收缩率增加。适量的锰可与硫合成 MnS，抵消对石墨的阻碍作用，使收缩率减小。但含锰量过高，铸铁的收缩率又有增加。

（2）浇注温度。浇注温度越高，过热度越大，合金的液态收缩越大。

（3）铸件结构和铸型条件。铸型中的铸件冷却时，因形状和尺寸不同，各部分的冷却速度不同，结果对铸件收缩率产生阻碍。此外，铸型和型芯对铸件的收缩也将产生机械阻力，铸件的实际线收缩比自由线收缩率小。因此设计模样时，应根据合金的种类、铸型的形状、尺寸等因素，选取适合的收缩率。

3.1.3 铸造内应力

铸件在凝固、冷却过程中，由于各部分体积变化不一致，以及彼此制约而使其固态收缩受到阻碍而产生的内应力，称为铸造应力。铸造应力是液态成型件产生变形和裂纹的基本原因。按阻碍收缩原因的不同，铸造内应力分为热应力和机械应力。铸件各部分由于冷却速度不同、收缩量不同而产生的阻碍，称为热阻碍；铸型、型芯对铸件收缩的阻碍，称为机械阻碍。由热阻碍产生的应力，称为热应力；由机械阻碍产生的应力，称为机械应力。

3.1.3.1 热应力

热应力是由于铸件壁厚不均，各部分收缩受到热阻碍引起的。落砂后热应力仍存在于铸件内，属于残留应力。

现以图 3-6 所示的框形铸件来说明热应力的形成过程。它由一根粗杆Ⅰ和两根细杆Ⅱ组成（图 3-6（a）），图示上部表示杆Ⅰ和杆Ⅱ的冷却曲线，$t_{临}$表示金属弹塑性临界温度。当铸件处于高温阶段时，在 $t_0 \sim t_1$ 之间两杆均处于塑性状态。尽管杆Ⅰ和杆Ⅱ的冷却速度不同，收缩不一致，但两杆都是塑性变形，不产生内应力。继续冷却到 $t_1 \sim t_2$ 间，此时杆Ⅱ的温度较低，已进入弹性状态，但杆Ⅰ仍处于塑性状态。杆Ⅱ由于冷却快，收缩大于杆Ⅰ，在横杆的作用下将对杆Ⅰ产生压应力，而杆Ⅰ反过来给杆Ⅱ以拉应力（图 3-6（b））。处于塑性状态的杆Ⅰ受压应力作用产生压缩塑性变形，使杆Ⅰ、Ⅱ的收缩趋于一致，也不产生应力（图 3-6（c））。当进一步冷却至 $t_2 \sim t_3$ 之间时，杆Ⅰ和杆Ⅱ均进入弹性状态，此时杆Ⅰ温度较高，冷却时还将产生较大收缩；杆Ⅱ温度较低，收缩已趋停止，在最后阶段冷却时，杆Ⅰ收缩将受到杆Ⅱ强烈阻碍，因此杆Ⅰ受拉，杆Ⅱ受压，温度降到室温时形成残留应力（图 3-6（d））。

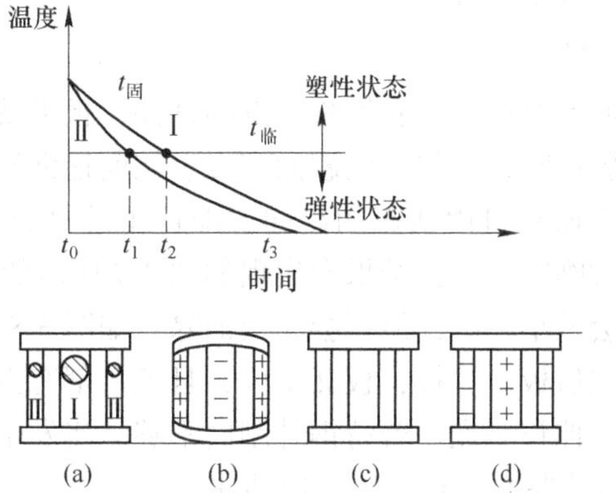

图 3-6　热应力的形成

（a）框形铸件；（b）变形中拉应力形成；（c）变形中无压力阶段；（d）残留应力形成

+ — 拉应力；- — 压应力

热应力使冷却较慢的厚壁处受拉伸，冷却较快的薄壁处或表面受压缩，铸件的壁厚差别越大，合金的线收缩率或弹性模量越大，热应力越大。定向凝固时，由于铸件各部分冷却速度不一致，产生的热应力较大，铸件易出现变形和裂纹，实际应用时应予以考虑。

3.1.3.2　机械应力

铸件在固态收缩时，因受铸型、型芯、浇冒口等外力的阻碍产生的应力称为机械应力。一般铸件冷却到弹性状态后，收缩受阻都会产生机械应力。机械应力常表现为拉应力，与铸件部位无关。形成原因一经消除（如铸件落砂或去除浇冒口后），机械应力也随之消失，因此机械应力是一种临时应力。但在落砂前，如果铸件的机械应力和热应力共同作用，其瞬间应力大于铸件的抗拉强度时，铸件会产生裂纹。

减小和消除铸造应力的措施如下：

（1）合理设计铸件的结构。铸件的形状越复杂，各部分壁厚相差越大，冷却时温度越不均匀，铸造应力越大。因此，在设计铸件时应尽量使铸件形状简单、对称、壁厚均匀。

（2）尽量选用线收缩率小、弹性模量小的合金。

(3) 采用同时凝固的工艺。即将浇口开在薄壁处，使薄壁处铸型在浇注过程中升温且较厚壁处高，这样可以补偿薄壁处冷却速度过快现象。有时为了加快厚壁处的冷却速度，还可在厚壁处安放冷铁。采用同时凝固时，因各部分温差小，不易产生热应力和热裂，铸件变形小。

(4) 设法改善铸型、型芯的退让性，合理设置浇冒口等。

(5) 对铸件进行时效处理是消除铸造应力的有效措施。

3.1.4 变形和裂纹

当铸造残留应力超过铸件材料的屈服点时，铸件将发生塑性变形；当铸造应力超过材料的抗拉强度时，铸件将产生裂纹。铸造产生变形以后，常因加工余量不够或铸件放不进夹具无法加工而报废。在铸件中存在任何形式的裂纹都会严重损害其力学性能，使用时会因裂纹扩展使铸件断裂，发生事故。

3.1.4.1 铸件的变形

对于厚薄不匀、界面不对称及具有细长特点的杆件、板类及轮类等铸件，当铸造残留应力超过铸件材料的屈服点时，往往产生翘曲变形。如前述框形铸件，粗杆Ⅰ受拉伸，细杆Ⅱ受压缩，但两杆都有恢复自由状态的趋向，即杆Ⅰ总是力图压缩，杆Ⅱ总是力图伸长，如果连接两杆的横梁刚度不够，结果会出现如图 3-7 所示的翘曲变形。变形使铸造应力重新分布，残留应力会减小一些，但不会完全消除。如图 3-8 所示的 T 形梁铸钢件，当板Ⅰ厚、板Ⅱ薄时，浇注后板Ⅰ受拉，板Ⅱ受压，且各自都有力图恢复原状的趋势，板Ⅰ力图缩短一点，板Ⅱ力图伸长一点。若铸钢件刚度不够，将发生板Ⅰ内凹、板Ⅱ外凸的变形；反之，当板Ⅰ薄，板Ⅱ厚时，将发生反向翘曲。

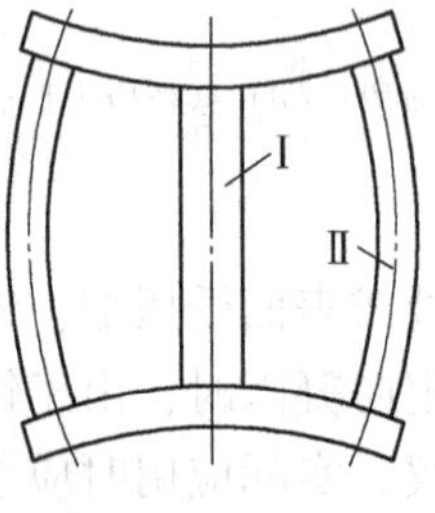

图 3-7 框架铸件的变形

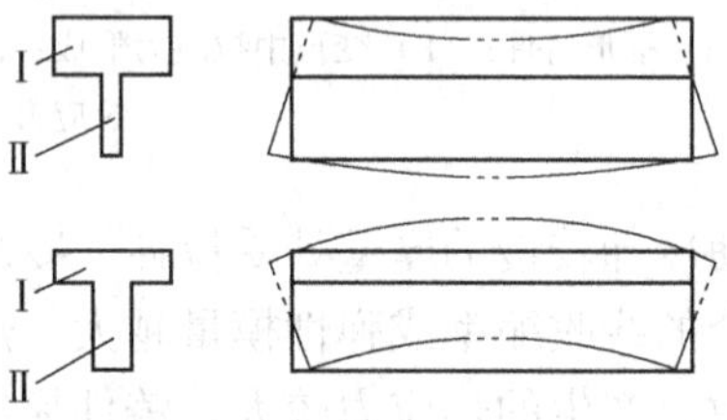

图 3-8 T 形梁的变形

前述防止铸造应力的方法，也是防止变形的根本方法。此外，工艺上还可以采取某些措施，如反变形法，即在模样上做出与变量相等，但方向相反的预变形量来消除床身导轨的变形，对某些重要的易变形铸件，可采取提早落砂，落砂后立即将铸件放入炉内退火的办法消除机械应力。另外，从工艺上防止铸件变形也可以采取以下措施：(1) 提高铸型刚度，加大压铁重量可以减小铸件的挠曲变形量。(2) 控制铸件开箱时间。(3) 设置防变形肋。(4) 改变铸件的结构，采用弯形轮辐代替直轮辐，减小阻力，防止变形。

3.1.4.2 铸件的裂纹

当铸造应力超过金属的强度极限时，铸件便产生裂纹，裂纹是严重的铸造缺陷，必须设法阻止。按照形成的温度范围，裂纹可分为热裂和冷裂两种。

（1）热裂。热裂是铸件在凝固后期，在接近固相线的高温下形成的。因为合金的线收缩并不是在完全凝固后开始的，在凝固后期，结晶出来的固态物质已经形成了完整的骨架，开始了线收缩，但是晶粒间还存有少量液体，故金属的高温强度很低，在高温下铸件的线收缩若受到了铸型、型芯及浇注系统的阻碍，机械应力超过了其高温强度，即发生热裂。热裂的形状特征是裂纹短、缝隙宽、形状弯曲、缝内呈氧化色。

防止热裂的措施有：1）尽量选择凝固温度范围小、热裂倾向小的合金。2）提高铸型和型芯的退让性，以减小机械应力。3）合理设计浇注系统。4）对于铸钢件和铸铁件，严格控制硫的含量，防止热脆性。

（2）冷裂。冷裂是在较低温度下，由于热应力和收缩应力的综合作用，铸件内应力超过合金的强度极限而产生的。冷裂多出现在铸件受拉应力的部位，尤其是具有应力集中处，如尖角、缩孔、气孔以及非金属夹杂物等的附近。冷裂的特征是裂纹细小、成连续直线状、缝内有金属光泽或金属氧化色。

凡是减小铸件内应力或降低合金脆性的因素均能防止冷裂。

3.1.5 铸件的质量控制

铸造性能对铸件质量有显著的影响。收缩是造成缩孔、缩松、应力、变形和裂纹的基本原因；充型能力不好，铸件易产生浇不到、冷隔、气孔、夹杂、缩孔、热裂等缺陷。

3.1.5.1 缩松和缩孔

铸型内的熔融合金在凝固过程中，当液态收缩和凝固收缩的缩减体积得不到补充时，在铸件最后凝固部位将形成孔洞。孔洞按大小和分布可分为缩孔和缩松。大而集中的孔洞称为缩孔；细小而分散的孔洞称为缩松。缩孔和缩松可使铸件的力学性能、气密性和物理化学性能大大降低，以至成为废品。缩孔和缩松是极其有害的铸造缺陷，必须设法防止。

（1）缩孔的形成。缩孔通常隐藏在铸件上部或最后凝固部位，有时在机械加工中可暴露出来。缩孔形状不规则，孔壁粗糙。缩孔产生的条件是金属在恒温或很小的温度范围内结晶，铸件壁以逐层凝固的方式进行凝固。缩孔的形成过程如图3-9所示。液态金属填满铸型（图3-9（a））后，因铸型吸热，靠近型腔表面的金属很快就降到凝固温度，凝固成一层外壳（图3-9（b）），温度下降，合金逐层凝固，凝固层加厚；内部剩余液体由于液体收缩和补充凝固层的体积缩减，液面下降，铸件内部出现空隙（图3-9（c）），直到内部完全凝固，在铸件上部形成缩孔（图3-9（d））；已经形成缩孔的铸件继续冷却到室温时，因固态收缩使铸件的外廓尺寸略有缩小，但缩孔已存在于铸件内部（图3-9（e））。

（2）缩松的形成。形成缩松的基本原因和形成缩孔相同，但形成的条件不同。缩松主要出现在结晶温度范围宽、以糊状凝固方式凝固的合金或厚壁铸件中。缩松形成过程如图3-10所示。一般合金在凝固过程中都存在液-固两相区，树枝状晶在其中不断扩大。枝晶长到一定程度（图3-10（a）），枝晶分叉间的熔融金属被分离成彼此孤立的状态，它们继续凝固时也将产生收缩（图3-10（b）），这种凝固方式为糊状凝固。这时铸件中心虽有液体存在，但由于树枝晶的阻碍使之无法补缩，在凝固后的枝晶分叉间就形成许多微小的孔洞（图3-10（c）），称为缩松。这些孔洞有时只有在显微镜下才能辨认出来，这种很微小的孔洞，称为显微缩松。

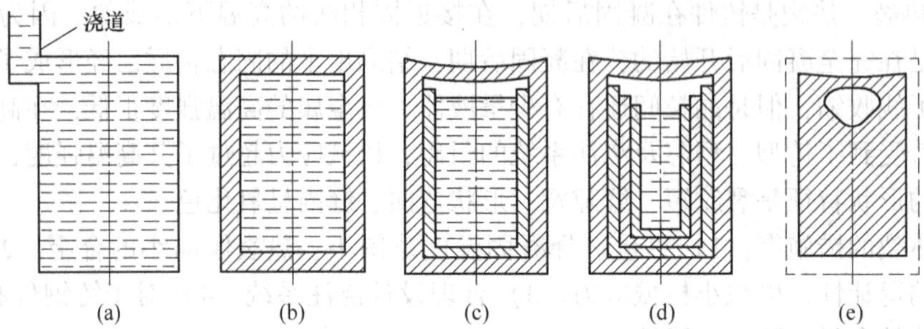

图 3-9　缩孔形成过程示意图

（a）填充铸型；（b）凝固；（c）收缩；（d）上部缩孔；（e）轮廓尺寸减小，内部形成缩孔

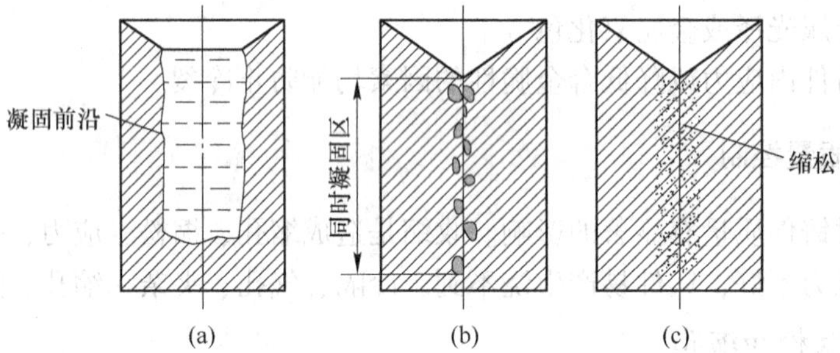

图 3-10　缩松形成过程示意图

（a）枝晶成长；（b）糊状凝固；（c）缩松形成

由以上缩孔和缩松的形成过程，可得到以下规律：

1）合金的液态收缩和凝固收缩越大，如铸钢、白口铸铁、铝青铜等，铸件越易形成缩孔。

2）合金的浇注温度越高，液态收缩越大，越容易形成缩孔。

3）结晶温度范围宽的合金，倾向于糊状凝固，易形成缩松；纯金属和共晶成分合金倾向于逐层凝固，易形成集中缩孔。

3.1.5.2　缩孔和缩松的防止

对一定成分的合金，缩孔和缩松的数量可以相互转化，但总容积基本一定。防止铸件中产生缩孔和缩松的基本原则就是针对合金的收缩和凝固特点制定正确的铸造工艺，使铸件在凝固过程中具有良好的补缩条件，尽可能使缩松转化为缩孔。可通过控制铸件的凝固过程使之符合顺序凝固的原则，并在铸件最后凝固的部位放置合理的冒口，使缩孔移至冒口中，以获得合格的铸件。其主要工艺措施有：

（1）按照顺序凝固原则进行凝固。顺序凝固原则是指采用各种工艺措施，使铸件从远离冒口的部分到冒口之间建立一个逐渐递增的温度梯度，从而实现由远离冒口的部分向冒口的方向顺序凝固，如图 3-11 所示。这样铸件上每一部分的收缩都得到稍后凝固部分的合金液的补充，缩孔转移到冒口部位，切除后便可得到无缩孔的致密铸件。

（2）合理确定内浇道位置及浇注工艺。内浇道的引入位置对铸件的温度分布有明显的影响，应按照顺序凝固的原则确定。例如，内浇道应从铸件厚实处引入，尽可能靠近冒口或由冒口引入。

(3) 合理应用冒口、冷铁和补铁等工艺措施。冒口、冷铁和补铁的综合运用是消除缩孔、缩松的有效措施，如图 3-12 所示。

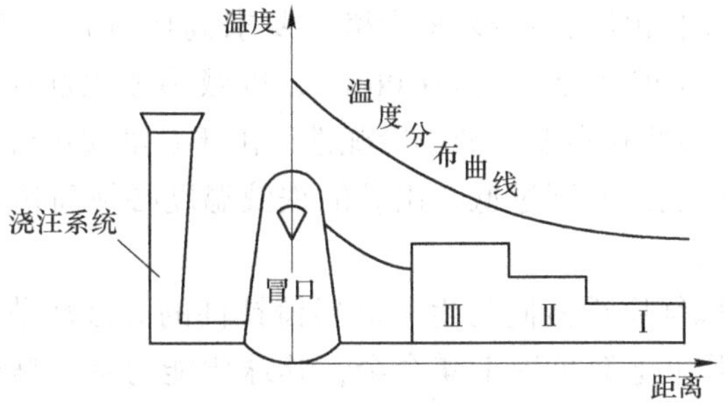

图 3-11 顺序凝固原则

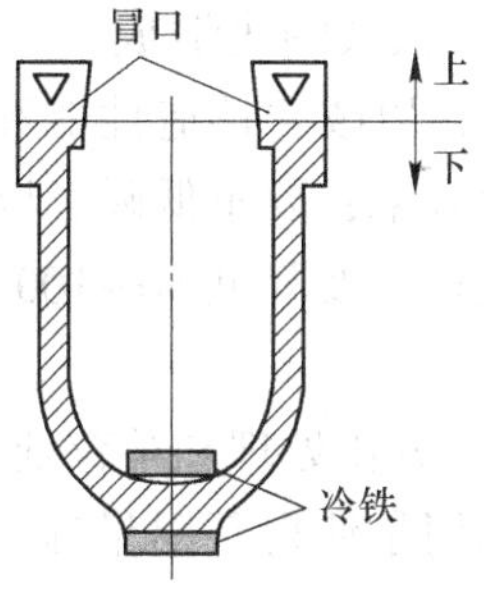

图 3-12 冒口、冷铁的作用

3.2 合金铸件的生产工艺

3.2.1 铸铁件生产

3.2.1.1 铸铁的分类和特点

铸铁是近代工业生产中应用最为广泛的一种铸造金属。铸铁可分为一般工程应用铸铁和特殊性能铸铁。在一般工程应用铸铁中，碳主要以石墨形态存在。按照石墨形貌的不同，这一类铸铁又可分为灰铸铁（片状石墨）、球墨铸铁（球状石墨）、可锻铸铁（团絮状石墨）和蠕墨铸铁（蠕虫状石墨）等 4 种。特殊性能铸铁既有含石墨的，也有不含石墨的（白口铸铁），这一类铸铁的合金元素含量较高，可应用于高温、腐蚀或磨料磨损的工况条件。

铸铁成本低，铸造性能良好，体积收缩不明显，其力学性能、可加工性、耐磨性、耐蚀性、热导率和减振性之间有良好的配合，由于先进的生产技术和检测手段的应用，铸铁件的可靠性有明显的提高。球墨铸铁在铸铁中力学性能最好，兼有灰铸铁的工艺优点，故其应用领域正在扩大。铸铁用于基座和箱体类零件，可充分发挥其减振性和抗压强度高的特点。在批量生产中，与钢材焊接相比，可以明显降低制造成本。

3.2.1.2 铸铁件生产工艺特点

(1) 灰铸铁。目前大多数灰铸铁采用冲天炉熔炼，冲天炉炉料由金属炉料、燃料（焦炭、天然气）和熔剂（石灰石、氟石）组成。金属炉料包括高炉铸造生铁、回炉铁（废旧铸件、浇冒口等）、废钢和铁合金（硅铁、锰铁等）。近年来已经有不少工厂采用工频感应炉来熔炼灰铸铁，可获得洁净、高温、成分准确的优质铁液。灰铸铁主要采用砂型铸造，因其铸造性能优良，便于制出薄而复杂的铸件。铸造时，一般不需要设置冒口和冷铁，使得铸造工艺简化；又因其浇注温度较低，故中小型铸件多采用经济简便的湿型铸造。湿型是黏土砂型的一种，是造好的砂型不经烘干，直接浇入高温金属液体。目前，湿型是使用最广泛的、最方便的造型方法，大约占所有砂型使用量的60%~70%，但是这种方法不适合大型或厚实的铸件。

（2）球墨铸铁。球墨铸铁是经球化、孕育处理后制成的石墨呈球状的铸铁，其生产特点如下：

1）铁液的化学成分。与灰铸铁基本相同，但要求严格。要求高碳（$w_C = 3.6\% \sim 4.0\%$），以改善铸造性能和球化效果；要求低硫（$w_S < 0.06\%$），以减小球化剂损耗，加强球化效果；要求低磷，以增加塑性、韧性和强度，减小冷脆性。由于铁液温度经球化和孕育处理后要降低50~100℃，为了防止浇注温度过低，出炉的铁液温度必须高达1400℃以上。

2）球化处理和孕育处理。它和熔炼优质铁液同为生产球墨铸铁件的关键环节。球化剂的作用是使得石墨呈球状析出。常用球化剂是稀土镁合金，其球化能力强，球化效果好，与铁液反应平稳，工艺过程简单。孕育剂的作用主要是进一步促进铸铁石墨球化，防止球化元素造成的白口倾向；同时，通过孕育还可使石墨圆整、细化，改善球墨铸铁的力学性能。常用的孕育剂是硅的质量分数为75%的硅铁，加入量为铁液质量的0.4%~1.0%。球化处理普遍采用冲入法，如图3-13所示。冲入法是在浇包底部修成“堤坝”，把球化剂置于坝内，盖以硅铁粉或铁屑，以防止球化剂上浮，延缓反应速度，使得处理过程充分进行。球化剂的加入量约为铁液质量的1.3%~1.8%（含硫量高时取上限）。处理时，先冲入铁液总量的1/3~1/2，待反应完毕后，加稻草灰，再加入其余铁液，经孕育处理，炉前检验合格后即可浇注。

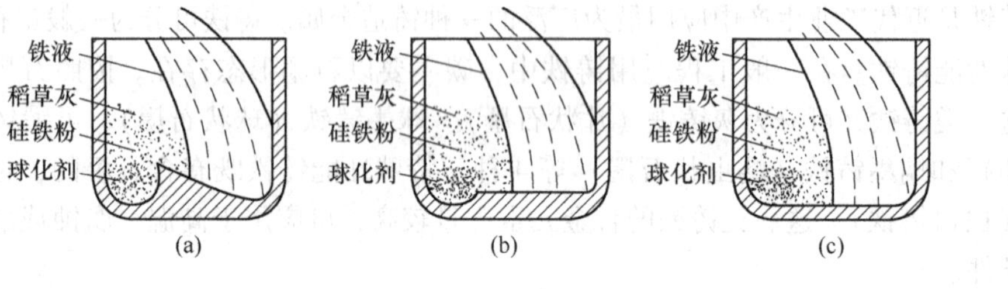

图3-13 冲入法球化处理
（a）堤坝包底；（b）带凹坑的平包底；（c）平包底

3）球墨铸铁的铸造工艺特点。球墨铸铁碳的质量分数高，接近共晶成分，其流动性与灰铸铁相近，可生产最小壁厚为3~4mm的铸件。球墨铸铁在浇注后的一个时期，内外壁与中心几乎同时凝固，造成凝固后期外壳强度低，同时球状石墨析出时膨胀力很大；若铸型刚度不够，则易造成铸件内部金属液的不足，易产生缩孔和缩松。因此，常增设冒口和冷铁，采用顺序凝固，同时使用干型或水玻璃快干型等措施增大铸型刚度，以防止上述缺陷的产生。另外，由于铁液中MgS与型砂中水分作用，生产H_2S气体，易产生皮下气孔，所以应严格控制型砂中水分和铁液中硫的含量。

（3）可锻铸铁。可锻铸铁是用低碳、低硅的铁液浇注出白口组织的铸件毛坯，然后经长时间高温（900~950℃）石墨化退火，使白口铸铁中的渗碳体分解为团絮状石墨，从而得到由絮状石墨和不同基体组成的铸铁。可锻铸铁由于碳、硅含量低，凝固时没有石墨析出，凝固收缩大，熔点比灰铸铁高。结晶温度范围较宽，故其流动性差，所以易产生浇不到、冷隔、缩孔、缩松和裂纹等缺陷。因此，在工艺设计时，应特别注意冒口和冷铁的位置，以增强补缩能力。同时要求铁液出炉温度要高，一般不低于1360℃。另外，由于白口铸铁液比灰铸铁的含气量要高，加上黏度大，易产生皮下气孔，为此要求型砂的含水量要低，并有足够的透气性。可锻铸铁主要用于制造形状复杂，承受冲击载荷的薄壁零件。

（4）蠕墨铸铁。蠕墨铸铁的工艺与球墨铸铁件较为相似，但也具有不同的特点。

1）蠕墨铸铁的铸造性能。在充分蠕化的条件下，其铸造性能与灰铸铁相近，具有比灰铸铁更高的流动性（除气和净化好），可浇注复杂铸件及薄壁铸件。它的收缩性介于灰铸铁和球墨铸铁之间，倾向于形成集中缩孔。因具有共晶成分或接近于共晶成分，因此热裂倾向小；有一定的韧性，不易产生冷裂纹。

2）蠕墨铸铁件的铸造工艺特点。蠕墨铸铁件的生产过程与球墨铸铁件相似，主要包括熔炼铁液、蠕化孕育处理和浇注等。但一般不进行热处理，而以铸态使用。为此，需特别重视其化学成分和蠕化孕育效果。蠕墨铸铁件的碳当量也较高，质量分数一般为4.3%~4.6%，但以低碳高硅为原则，利于形成蠕虫状石墨。一般碳的质量分数为3.6%~4.3%，铁素体蠕墨铸铁件硅的质量分数为2.6%~3.0%，珠光体蠕墨铸铁件硅的质量分数为2.4%~2.6%。原铁液硫的质量分数控制在0.02%~0.06%（感应电炉熔炼时的控制严格一些，冲天炉熔炼时可适当放宽），磷的质量分数控制在0.07%以下。蠕化孕育处理时，常用的蠕化剂是稀土硅铁蠕化剂（质量分数分别为RE为17%~20%，Si为40%，Mg为0.5%~1.0%，Ca为2%，其余为铁），镁钛铈蠕化剂和稀土硅钙合金等一般也采用冲入法，把蠕化剂埋入浇包底部凹坑内，用铁液冲熔和吸收。孕育剂采用75%硅铁，多用液流法进行孕育处理。必要时可采用两次孕育处理：第一次，在蠕化处理时把硅铁放于出铁槽内；第二次，把细粒度硅铁撒布于浇注的铁液流中。蠕墨铸铁件浇注时，也要注意防止蠕化孕育的衰退，并需特别注意铁液中保留适宜的残留稀土量（稀土质量分数为0.02%~0.03%），以保证蠕化效果。

3.2.2 铸钢件生产

3.2.2.1 概述

铸钢是一种重要的铸造金属。按照化学成分，铸钢可分为铸造碳钢和铸造合金钢两大类。铸造碳钢应用最广，占总产量的80%以上。

铸钢的综合力学性能高于各类铸铁，不仅强度高，而且具有优良的塑性和韧性。此外，铸钢的焊接性好，可实现铸焊联合，制造重型零件。

铸钢件晶粒粗大，组织不均匀，且常存在残余内应力，致使铸件的强度，特别是塑性和韧性不够高。因此，铸钢件必须进行热处理，一般采用正火或退火。正火后铸钢的力学性能较退火高，且成本低，所以一般采用正火。但正火较退火的内应力大，因此对易产生裂纹或易硬化的铸钢件，应进行退火。

3.2.2.2 铸钢的熔炼

目前在铸钢件生产中应用最普遍的炼钢设备是电弧炉。近年来，感应电炉炼钢发展很快，感应电炉炼钢的加热速度较快，氧化烧损较少。尤其采用酸性感应电炉不氧化法炼钢时，其熔炼过程基本就是炉料的重熔过程，操作简单。因此其广泛应用于精密铸造生产。用于炼钢的感应电炉多为中频炉（500~1000Hz），其容量多为0.25~30t。

在重型机械厂中，也有使用平炉作为炼钢设备的，通常容量在100t以下，适于浇注重型铸件。

3.2.2.3 铸钢的铸造工艺特点

铸钢的熔点高（约1500℃）、流动性差、收缩率高（达到2%）。在熔炼过程中，易吸气和氧化，在浇注过程中易产生黏砂、浇不到、冷隔、缩孔、变形、裂纹、夹渣和气孔等缺陷。因此，在工艺上必须采用相应措施来防止上述缺陷。

铸钢所用型砂（芯）需有良好的透气性、耐火性、强度和退让性。原砂要用颗粒大而均匀的硅砂，大型铸件用人造硅砂，为防止黏砂，型腔表面要涂以硅石粉或锆砂粉涂料。为减少气体来源、提高强度、改善填充条件，大件多采用干砂型或水玻璃砂快干型。

由于铸钢的流动性差、收缩率大，其浇注系统的形状较简单、截面积较大，故应遵守顺序凝固原则进行工艺设计，配置大量冒口和冷铁来防止缩孔的产生。对薄壁或易产生裂纹的铸钢件，还应采用同时凝固原则。

3.2.2.4 铸钢件的应用

铸钢主要用于一些形状复杂，用其他方法难以制造，而又要求有较高力学性能的零件，如高压阀门壳体、轧钢机的机架或某些齿轮等。某些有很高耐磨性要求的零件，如碎石机颚板、挖掘机铲齿、坦克履带等采用特种钢ZGMn13制造，由于材料切削性能极差，只能用铸造生产。许多特大型的零件，如大型发动机轴、轧辐或水压机缸体等零件也只能用铸钢件。航空发动机上的轴流转子、导风轮等零件，由于其零件形状复杂，切削性很差，因此采用熔模精密铸造生产，铸件只需经少量磨削就可以装配使用。其他一些高精度的无余量精密铸钢件，只需抛光加工就可以使用。有些钢件为了节省材料，减少切削加工量，降低生产成本，提高生产效率，也采用铸造方法生产，如齿轮、支架、联轴器或接头等。

3.2.3 铜、铝合金铸件生产

3.2.3.1 铜合金铸件

在金属材料中，铜及其合金的应用范围仅次于钢铁。铜之所以用途广泛是由于其具有优良的导电性和导热性、优良的冷热加工性能和良好的耐腐蚀性能。其导电性仅次于银，导热性在银和金之间。铜为面心立方结构，强度和硬度较低，而冷、热加工性能都十分优良，可以加工成极薄的箔和极细的丝（包括高纯高导电性能的丝），易于连接；铜还可与很多金属元素形成性能优良的合金。

铸造铜合金具有较高的力学性能，并具有良好的导电性、导热性和耐腐蚀性。因此，铜合金铸件可以承受高应力，且耐腐蚀、耐磨损，用于制造轴承、密封环、阀门和螺旋桨等。然而铸造铜合金熔铸比较困难，原因是吸气性大，易形成气孔、氢脆，易形成难以排除的夹杂物；另外体收缩和线收缩大，制造复杂铸件易产生热裂和偏析。

铸造铜合金按其成分和性能可分为青铜和黄铜两大类。青铜原为铜锡合金，后来出现了无锡青铜，所以分为锡青铜和无锡青铜。普通黄铜即铜锌合金，再加入其他元素构成的合金称为特殊黄铜，如铝黄铜、锰黄铜和硅黄铜等，所以铸造黄铜分为普通黄铜和特殊黄铜。

（1）锡青铜。锡青铜是最古老的一种铸造金属，在我国商代就已经广泛应用。锡青铜铸件的主要特点是具有优良的耐磨性能，在蒸汽、海水和碱溶液中具有很高的耐蚀性，还有足够的抗拉强度和一定的塑性。锡青铜的结晶温度范围大，具有糊状凝固特征，因而易产生缩松、偏析和致密性差等缺陷。另外由于锡的价格昂贵，所以锡青铜铸件的成本较高。当合金中锡的质量分数小于5%~7%时，由于锡的固溶强化作用，抗拉强度和断后伸长率都有所增加；当合金中锡的质量分数超过5%~7%时，断后伸长率急剧下降，强度继续升高；当合金中锡的质量分数达到20%左右，断后伸长率很低，强度很低，在工业上使用的价值不大，仅可以用来铸钟。工业青铜中锡的质量分数一般是7%~10%。锡青铜的结晶温度区间较大，约为150~250℃，故分散缩松倾向较大，即使冒口冷铁也难以消除，气密性较低。但锡青铜线收缩率小于其他铜合金，冷裂及应力均较小，不易氧化和形成夹杂物，因此，铸造工艺性好，浇注系统简单，适于铸造薄壁复杂零件。锡青铜有很强的枝晶偏析和反偏析现象，常在铸件表面渗出许多灰白色颗粒，使得铸件的致密性和力学性能恶化，生产中常用调整化学成分、提高冷却速度等方法改善。

（2）无锡青铜。锡的价格昂贵，所以锡青铜成本高，目前已经研制出许多性能优良而成本低廉的无锡青铜，如铝青铜、铅青铜和镍青铜等。铝青铜是工业上最常用的一种无锡青铜，有较高的强度、塑性和延伸性。铝青铜比锡青铜更耐酸和碱溶液的腐蚀，特别突出的是有很高的腐蚀疲劳强度，可用于制造大吨位船舶螺旋桨，还可以代替不锈钢制造耐腐蚀机器零件。铝青铜结晶范围小、流动性好，不易产生分散缩松和枝晶偏析，气密性良好。但铝青铜的体收缩很大，容易形成集中大缩孔，并产生变形，冷却较快时还会产生裂纹；由于易氧化，容易形成氧化夹渣和气孔。铝青铜的缓冷脆性在生产中可用提高冷却速度或合金化等措施加以解决。铅青铜耐磨性好，广泛用于制造轴承，可承受重负荷和高转速。铅青铜在浇注前应注意搅拌，浇注后采用水冷或金属型铸造，加快冷却，防止铅的偏析。

（3）普通黄铜。普通黄铜由铜和锌组成，比青铜有更好的固溶强化效果，有较高的力学性能。普通黄铜铸件广泛用在要求较高力学性能和耐压性能的工作场合，但普通黄铜铸件在耐磨性和抗腐蚀性方面不如青铜铸件。普通黄铜的结晶范围很小，且随含锌量增加，液相线温度下降很快，因此流动性好，偏析和缩松倾向也小。锌有较高的蒸汽压，熔化时易蒸发并带出铜液中的气体，所以普通黄铜铸件不易产生气孔，组织致密，铸造工艺简单，宜用压铸和离心铸造。

（4）特殊黄铜。为了改善普通黄铜的耐磨性能，进一步提高其力学性能、铸造性能和其他性能，如切削性、耐磨性和焊接性等，可在铜锌合金的基础上加入铅、铝、硅、铁、锡和镍等合金元素构成多元合金，即特殊黄铜，如铁黄铜、锡黄铜、铅黄铜、铝黄铜和硅黄铜等。铁黄铜铸件中晶粒细化，强度和硬度高，但含铁量过高，会造成强度、塑性、耐腐蚀性和切削性能下降，一般含铁的质量分数为1%~3%。锡能显著提高黄铜在海水和蒸汽中抗腐蚀性，并提高耐热性，所以锡黄铜铸件广泛用于在淡水或静止海水中工作的阀门。铅黄铜含锌量较高，在熔炼和浇注过程中易产生较多的氧化夹杂物，而且注入型腔后会产生大量锌蒸汽，阻碍合金流动，故需在工艺上采取措施。铝黄铜流动性、气密性好，可用于压铸，其铸件耐腐蚀性、强度和耐磨性较高，广泛用于重型机器上承受高摩擦和高负荷的重要零件，如大齿轮、压紧螺母和大型蜗杆等。硅黄铜结晶范围小，充型能力强，缩松倾向小，铸造性能好，适于砂型和金属型铸造，也可压铸，其铸件组织致密，耐腐蚀性、切削性和焊接性良好，可用于制造泵壳、叶轮、活塞和阀门等零件。

3.2.3.2 铝合金铸件

铝合金种类繁多，根据生产的方法不同，可以分成变形铝合金和铸造铝合金两大类。铸造铝合金合金元素含量高，有较多的共晶体，因而铸造性能好，但塑性低。常用的铸造铝合金分为铝硅合金、铝铜合金、铝镁合金和铝锌合金。

（1）铝硅合金。铝硅合金硅的质量分数为6%~25%，还加入铜、镁和锰等强化元素，使得合金铸件具有更好的强度、流动性、气密性和加工性能。铝硅合金有最小的结晶温度间隔，而且随着硅的增加，合金的结晶温度范围不断缩小，流动性提高，但由于硅的结晶潜热大，所以硅铝合金流动性最佳值位于硅的质量分数18%左右。生产上常用的铝硅合金ZL102有最佳的铸造性能、优良的致密性和小的热裂倾向，耐磨和抗腐蚀性强，可用来制造薄壁、形状复杂和强度要求不高的铸件。为了提高硅铝合金铸件的力学性能可采取变质处理、合金化、热处理、精炼和特种铸造方法。变质处理是通过加入变质元素来实现组织细化，当然也可以通过振动、激冷和高压结晶实现。合金化是加入Mg、Cu和Mn等其他合金元素组成多元硅铝合金，并配合适当的热处理工艺，使这些元素不同程度融入合金中，形成多种化合物，提高其力学性能。热处理主要有淬火和时效处理，可提高合金铸件的强度和硬度。

（2）铝铜合金。铝铜合金在工业上应用最早，应用范围和重要性仅次于铝硅合金。铝铜合金中铜的质量分数超过6.0%会使合金淬火效果降低，所以铜的质量分数超过7%仅在铸态下使用。铝铜合金，在铜为5%~6%时，抗拉强度达到最大值。工业应用中的铝铜合金铸件的铜的质量分数多在4%~5%。铝铜合金的铸造性能较差，是由于其结晶温度间隔较宽，液态下的黏度较大。因此其充型能力较低，缩松倾向也比硅铝合金大，同时这种合金的凝固收缩较大、塑性差，所以它的热裂倾向大。铝铜合金易引起电化学反应，所以抗蚀性也较差，需经过表面阳极化处理。为了改善铝铜合金的铸造性能，并进一步提高常温和高温下力学性能，常在铝铜合金中加入锰和钛等元素加以强化。

（3）铝镁合金。由于镁在铝合金中的固溶效果最好，所以铝镁合金铸件的强度极高，广泛用于航空工业。在铸造条件下，由于冷却速度较快，镁的质量分数大于12%时，使得力学性能下降，因此，实用的铝镁合金铸件镁的质量分数不超过11.5%。铝镁合金铸件表面有一层高抗腐蚀性的尖晶石型薄膜，故在海水等介质中有很高的抗腐蚀性。铝镁合金的结晶范围很大，因此合金的铸造性能很差。在铸造条件下，合金处于非平衡态，镁的质量分数为4%~6%时，结晶温度范围最大，所以形成热裂和缩松的倾向很大。当含镁量增加时，由于结晶温度范围不断变小，铸态组织中的共晶体量不断增加，所以铸造性能得到改善。当镁的质量分数达到9%~10%时，不仅流动性好，热裂倾向减少，而且缩松也大为减轻。为改善铝镁合金铸件的铸造性能和组织稳定性，常加入硅、锌和铍等构成多元合金，以防止合金熔炼的氧化和吸气，提高冶金质量，并大幅度提高力学性能。

（4）铝锌合金。铝锌合金是重要的压铸合金。在铸造冷却条件下，铝锌合金铸件能自动淬火，并在室温下能自然时效，大幅度提高力学性能，可以避免淬火变形和开裂。铝锌合金的抗腐蚀性和铸造性能很差。由于锌在高温下从固溶体中析出，热强度极低，所以铝锌合金铸件不适合在高温条件下使用。由于锌熔点低，熔化温度和浇注温度比常用铝合金低得多，流动性好，易于铸造；同时铸件的表面质量和尺寸精度都较高，价格也比铝低。因此，近年来以锌为主的 Al-Zn 合金得到开发和应用。

3.3 砂型铸造

砂型铸造是应用最广泛的铸造方法。目前，世界各国砂型铸件占铸件总产量的 80% 以上。掌握砂型铸造是合理选择铸造方法和正确设计铸件的基础。造型（芯）是砂型铸造最基本的工序，按型（芯）砂紧实和起模方法不同，造型方法分为手工造型和机器造型两大类。

全部用手工或手动工具完成的造型工序称为手工造型。手工造型操作灵活、工艺装备简单、适应性强，但劳动强度大、生产率低，常用于单件和小批量生产。手工造型适用于各种形状的铸件生产。

用机器全部完成或至少完成紧砂操作的造型工序称机器造型。机器造型生产效率高、劳动条件好、对环境污染小，机器造型铸件的尺寸精度和表面质量高、加工余量小；但设备和工装费用高，生产准备时间较长，适用于中、小型铸件成批大量生产。

3.3.1 造型方法的选择

（1）手工造型。手工造型的方法很多，各种手工造型方法的特点和应用见表 3-1。

表 3-1 常用手工造型方法的特点及应用

造型方法		主要特点	适用范围
按模样特征分类	整模造型	整体模，分型面是平面，型腔在一个砂箱内；造型简单，铸件精度和表面质量较好	最大截面位于一端并为平面的简单铸件的单件、小批量生产
	分模造型	模样沿最大截面分为两半，型腔位于上下两个砂箱内，造型简便，节约工时	最大截面在中部，一般为对称性铸件，如套、管和阀类零件的单件、小批量生产
	挖砂造型	模样为整体，但分型面不是平面。造型时手工挖去阻碍取模的型砂，生产率低，技术水平高	分型面不是平面的铸件的单件、小批量生产
	假箱造型	为省去挖砂操作，在造型前特制一个底胎，然后在底胎上造下箱；底胎可多次使用，不参与浇注	分型面不是平面的铸件成批生产
	活块造型	将铸件上妨碍起模部分做成活动部分，起模时先取出主体部分，再取出活动部分	用于妨碍起模部分的铸件的单件、小批量生产
	刮板造型	用刮板代替模样造型。节约木材，缩短生产周期，生产率低、技术水平高、精度较差	用于等截面或回转体大中型铸件的单件、小批量生产
按砂箱分类	两箱造型	铸型由上型和下型构成，操作方便	最基本的造型方法。用于各种铸型，各种批量
	三箱造型	铸件两端截面尺寸比中间大，必须有两个分型面	主要用于手工造型，具有两个分型面的铸件的单件、小批量生产
	脱箱造型	采用活动砂箱造型，合型后脱出砂箱	用于小铸件的生产
	地坑造型	在地面砂坑中造型，不用砂箱或只用上箱	用于要求不高的中、大型铸件的单件、小批量生产

（2）机器造型。目前机器造型绝大部分都是以压缩空气为动力来紧实砂型。机器造型的紧砂方法有压实、震实、震压和抛砂4种基本方式，其中以震压式应用最广，图3-14所示为震压紧砂机构原理。工作时首先将压缩空气自震实进气口引入震实气缸，使震实活塞带动工作台及砂箱上升，震实活塞上升使震实气缸的排气孔露出压气排出，工作台便下落，完成一次震动。如此反复多次，将型砂紧实。当压缩空气引入压实气缸时，工作台再次上升，压头压入砂箱，最后排除压实气缸的压缩空气，砂箱下降，完成全部紧实过程。

抛砂紧实如图3-15所示。它是利用抛砂机头的电动机驱动高速叶片（900~1500r/min），连续地将传送带运来的型砂在机头内初步紧实，在离心力作用下，型砂呈团状被高速（30~60m/s）抛到砂箱中，使型砂逐层紧实。抛砂紧实同时完成填砂与紧实两个工序，生产效率高，型砂紧实度均匀。抛砂机适应性强，可用于任何批量的大、中型铸型或大型型芯的生产。

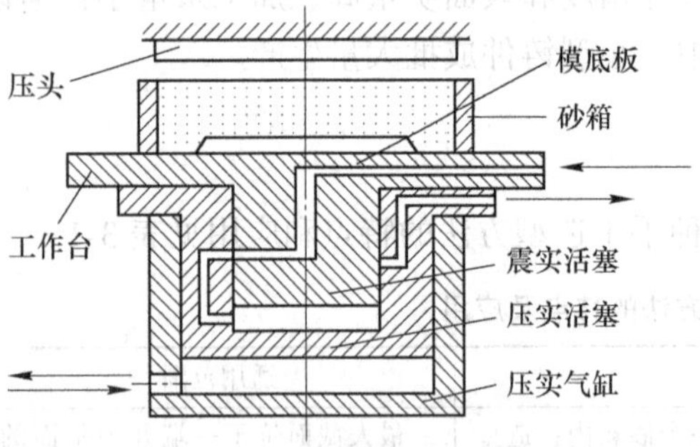

图3-14 震压紧砂机构原理

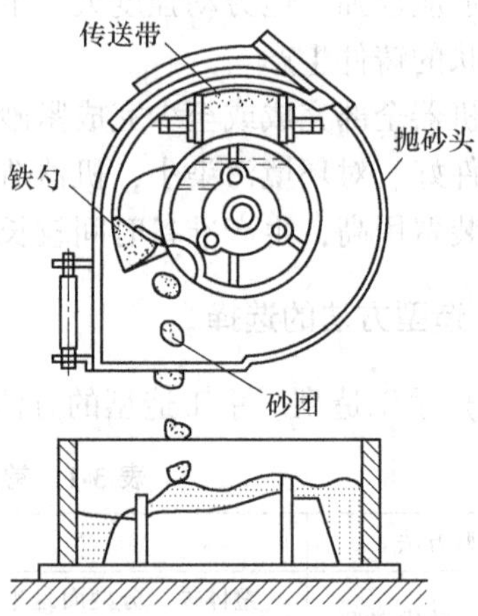

图3-15 抛砂紧实机构原理

型砂紧实以后，就要从砂型中正确地把模样起出，使砂箱内留下完整的型腔。造型机大多装有起模机构，其动力多是压缩空气。目前应用广泛的起模机构有顶箱、漏模和翻转3种，如图3-16所示。

1）顶箱起模。图3-16（a）所示为顶箱起模示意图。型砂紧实后，开动顶箱机构，使四根顶杆自模底板四角的孔（或缺口）中上升，把砂箱顶起，此时固定模样的模底板仍留在工作台上，这样就完成起模工序。顶箱起模的造型机构比较简单，但起模时易漏砂，因此，只适用于型腔简单且高度较小的铸型，多用于制造上型，以省去翻箱工序。

2）漏模起模。漏模起模方法如图3-16（b）所示。为了避免起模时掉砂，可将模底样上难以起模部分做成可以从漏板的孔中漏下，即将模样分成两部分，模样本身的平面部分固定在模底板上，模样上的各凸起部分可以向下抽出，在起模过程中由于模底板托住图中A处的型砂，因而可以避免掉砂。漏模起模机构一般用于形状复杂或高度较大的铸型。

3）翻转起模。如图3-16（c）所示，砂型紧实后，砂箱夹持器将砂箱夹持在造型机转板上，在翻转气缸推动下，砂箱随同模底板、模样一起翻转180°，然后承受台上升，接住砂箱后，夹持器打开，砂箱随承受台下降，与模底板脱离而起模。这种起模方法不易掉砂，适用于型腔较深、形状复杂的铸型。由于下型通常比较复杂，而且本身为了合箱的需要，也需翻转 180°，因此，翻转起模多用来制造下型。

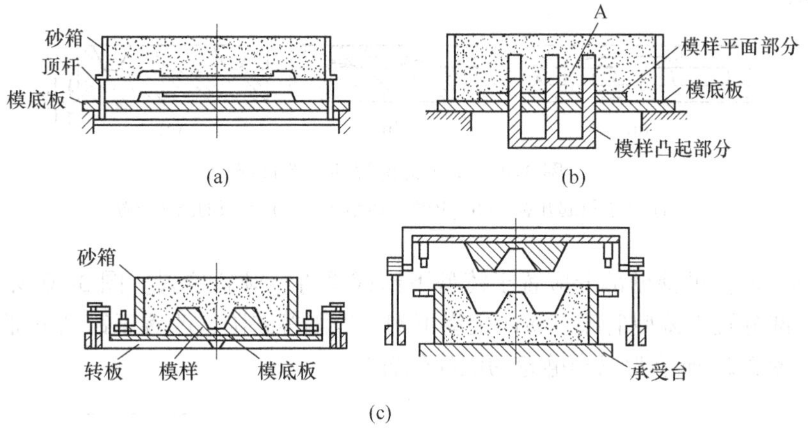

图 3-16　起模方法示意图

（a）顶箱起模；（b）漏模起模；（c）翻转起模

3.3.2　浇注位置和分型面的选择

3.3.2.1　浇注位置的选择

浇注位置是指浇注时铸件在铸型中所处的空间位置。浇注位置选择正确与否对铸件质量影响很大，选择时应考虑以下原则：

（1）铸件的重要加工面应朝下或位于侧面。这是因为铸件上部凝固速度慢，晶粒较粗大，易在铸件上部形成砂眼、气孔和渣孔等缺陷；铸件下部的晶粒细小、组织致密、缺陷少，质量优于上部。当铸件有几个重要加工面或重要面时，应将主要的和较大的加工面朝下或侧立。受力部位也应置于下部。无法避免在铸件上部出现加工面时，应适当加大加工余量，以保证加工后的铸件质量。图 3-17 所示为机床床身导轨面和铸造锥齿轮的锥面都是主要的工作面，浇注时应朝下；图 3-18 所示为起重机卷筒，主要加工面为外侧柱面，采用立浇，卷筒的全部圆周表面位于侧位，保证质量均匀一致。

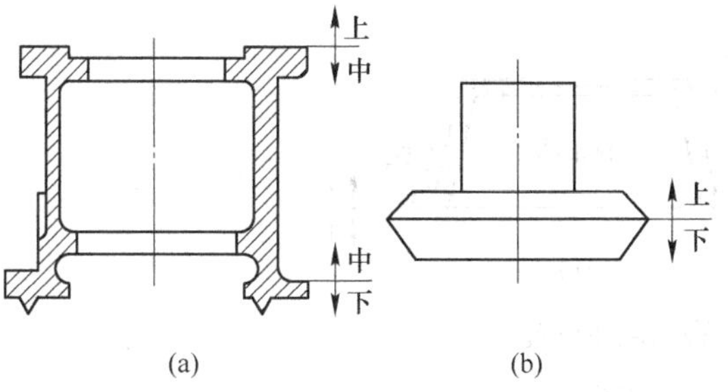

图 3-17　主要工作面朝下原则

（a）床身导轨；（b）锥齿轮

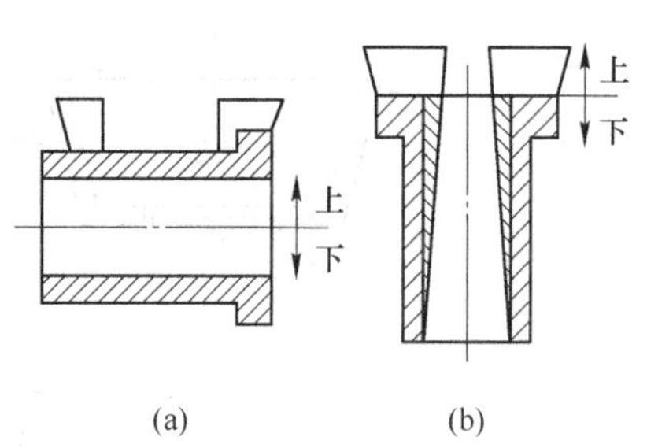

图 3-18　起重机卷筒浇注位置

（a）不合理；（b）合理

（2）铸件宽大平面应朝下。这是因为在浇注过程中，熔融金属对型腔上表面的强烈辐射，容易使上表面型砂急剧地膨胀而拱起或开裂，在铸件表面造成夹砂、结疤缺陷，如图3-19所示。

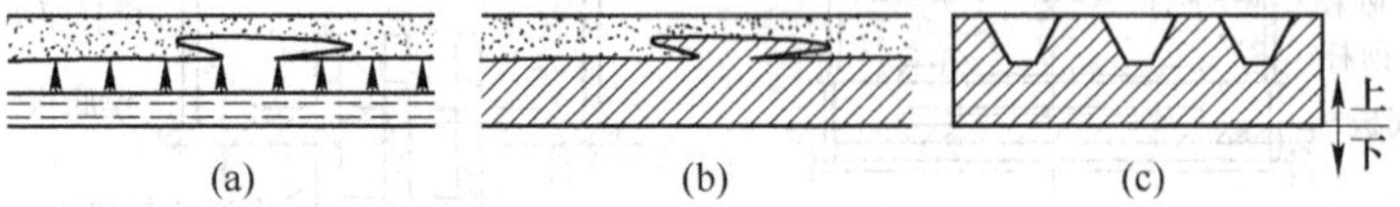

图3-19 大平面的浇注位置选择
（a）砂型拱起开裂；（b）铸件夹砂结疤；（c）平板的浇注位置

（3）面积较大的薄壁部分应置于铸型下部或垂直、倾斜位置。图3-20所示为箱盖铸件，将薄壁部分置于铸型上部，易产生浇不到、冷隔等缺陷，改置于铸型下部后，可避免出现缺陷。图3-21所示为双排链轮的浇注位置。

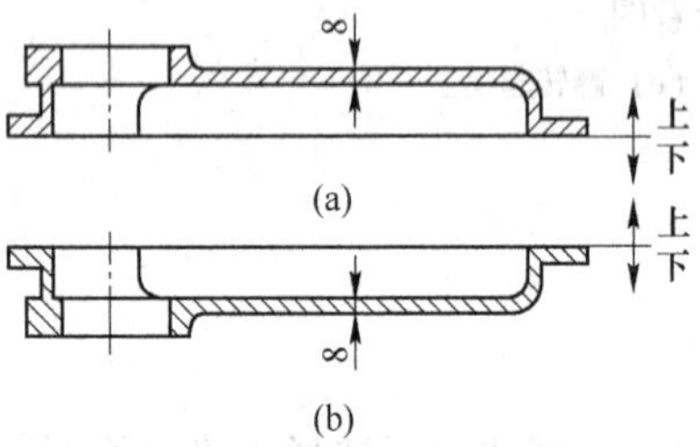

图3-20 箱盖的浇注位置
（a）不合理；（b）合理

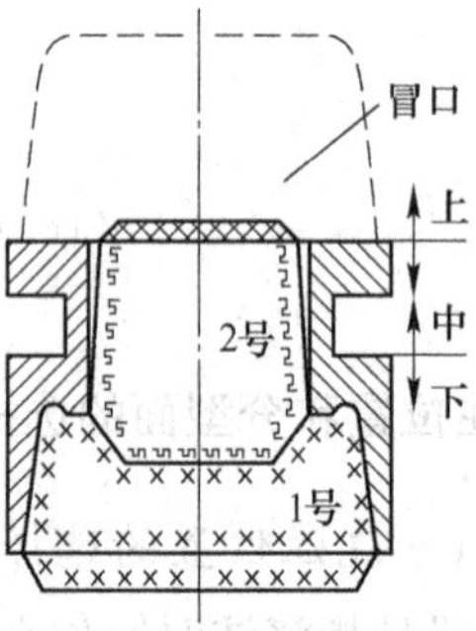

图3-21 双排链轮的浇注位置

（4）形成缩孔的铸件，应将断面较厚的部分置于上部或侧面，便于安放冒口，使铸件自下而上（朝冒口方向）顺序凝固。

（5）应尽量减小型芯的数量，且便于安放、固定和排气。图3-22所示为床脚铸件，采用图3-22（a）所示的方案时，中间空腔需一个很大的型芯，会增加制芯的工作量；采用图3-22（b）所示的方案，中间空腔由自带芯形成，可简化造型工艺，并便于合型和排气，安放型芯牢靠、合理。

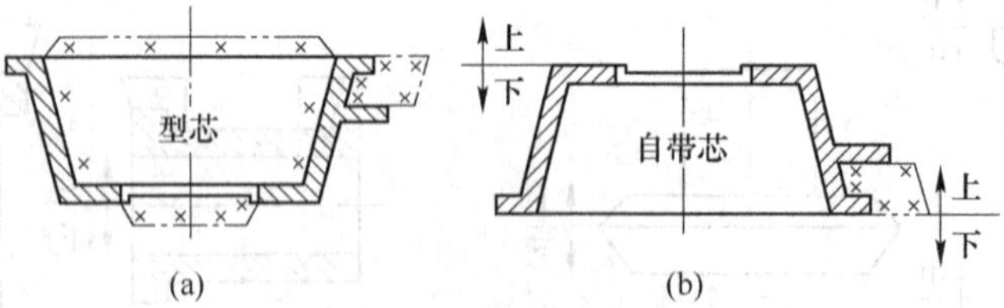

图3-22 机床床脚的浇注位置
（a）不合理；（b）合理

3.3.2.2 铸型分型面的选择

分型面为铸件之间的结合面。分型面选择是否合理，对铸件的质量影响很大。选择不当还将使制模、造型、合型，甚至切削加工等工序复杂化，分型面的选择应在保证铸件质量的前提下，使造型工艺尽量简化，节省人力、物力。分型面选择应遵循以下原则：

（1）便于起模，使造型工艺简化。

1）为了便于起模，分型面应选择在铸件的最大断面处。

2）分型面的选择应尽量减小型芯和活块的数量，以简化制模、造型、合型工序。

3）分型面应尽量平直。图 3-23 所示为起重臂分型面的选择，按图 3-23（a）所示的方案分型，必需采用挖砂或假箱造型，使造型工艺复杂化；按图 3-23（b）所示的方案分型，可采用分模造型，使造型工艺简化。

4）尽量减少分型面，特别是机器造型时，只能有一个分型面，如果铸件不得不采用两个或两个以上的分型面时，可以按图 3-24 所示方法，利用外芯等措施减少分型面。

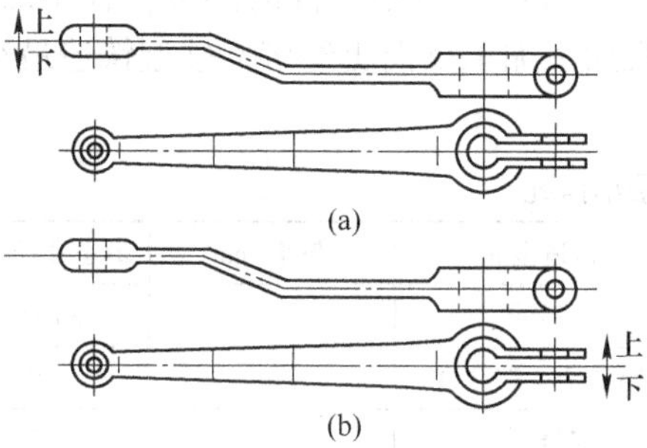

图 3-23 起重臂分型面的选择

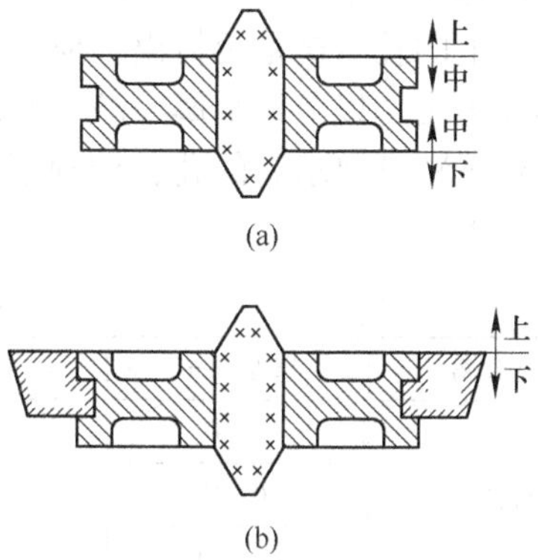

图 3-24 利用外芯减少分型面

（a）不合理；（b）合理

（2）尽量将铸件重要的加工面或大部分加工面、加工基准面放在一个砂箱中，这样可避免产生错箱、披缝和毛刺，降低铸件精度和减少清理工作量。图 3-25 所示的箱体，如采用Ⅰ分型面造型时，铸件两尺寸变动较大，以箱体底面为基准面加工 A、B 面时，凸台高度、铸件的壁厚难以保证；若采用Ⅱ分型面，整个铸件位于同一砂箱中，则不会出现上述问题。

（3）使型腔和主要型芯位于下箱，便于下芯、合型和检查型腔尺寸，如图 3-26 所示。

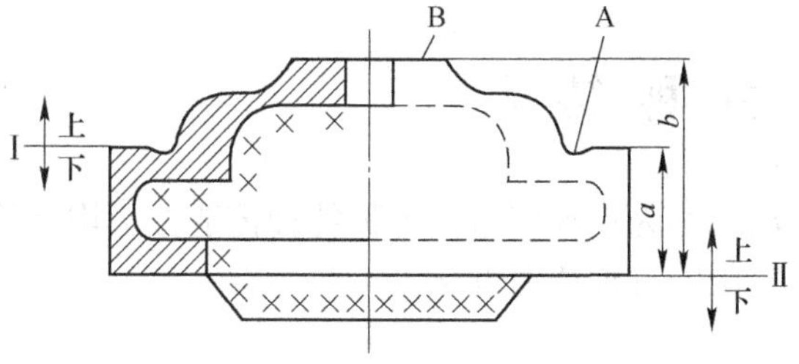

图 3-25 箱体分型面的选择

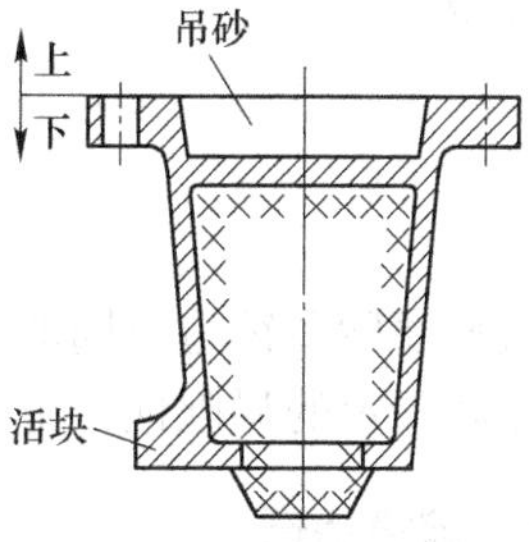

图 3-26 机床床脚的铸造工艺

3.3.3 工艺参数的选择

铸造工艺参数包括收缩余量、加工余量、起模斜度、铸造圆角及芯头、芯座等。

（1）收缩余量。为了补偿收缩，模样比铸件图样尺寸增大的数值，称为收缩余量。收缩余量的大小与铸件尺寸大小、结构的复杂程度和铸造金属的线收缩率有关，常常以铸件线收缩率表示。

（2）加工余量。铸件为进行机械加工而加大的尺寸，称为机械加工余量。在零件图上标有加工符号的地方，制模时必须留有加工余量。加工余量的大小要根据铸件的大小、生产批量、合金种类、铸件复杂程度及加工面在铸型中的位置来确定。灰铸铁件表面光滑平整、精度较高，加工余量小；铸钢件的表面粗糙、变形较大，其加工余量比铸铁件要大些；非铁合金材料件由于表面光洁、平整，其加工余量可以小些；机器造型比手工造型精度高，故加工余量可小一些。

零件上的孔与槽是否铸出，应考虑工艺的可行性和使用的必要性。一般来说，较大的孔与槽应铸出，以节约金属、减少切削加工工时，同时可以减小铸件的热节；较小的孔，尤其是位置精度要求高的孔、槽则不必铸出，用机加工加工反而更经济。砂型铸造最小铸孔见表 3-2。

表 3-2　砂型铸造最小铸孔

铸造金属	壁厚/mm	最小孔径/mm	铸造金属	壁厚/mm	最小孔径/mm
灰铸铁	3~10	6~10	铸钢	—	30~50
	20~25	10~15	铝合金、镁合金	—	20
	40~50	12~18	铜合金	—	25

（3）起模斜度。为使模样容易从铸型中取出或型芯自芯盒中起出，设计在模样或芯盒壁上平行于起模方向的斜度，称为起模斜度。起模斜度的大小根据立壁高度、造型方法和模样材料确定。立壁越高，斜度越小；外壁斜度比内壁小；机器造型一般比手工造型小；金属模斜度比木模小。

（4）芯头和芯座。芯头是指型芯的外伸部分，不形成铸件轮廓，只落入芯座内，用以定位和支持型芯。模样上用以在型腔内形成芯座并放置芯头的突出部分也称芯头。因此，芯头的作用是保证型芯能准确地固定在型腔中，并承受型芯本身所受的重力、熔融金属对型芯的浮力和冲击力等。此外，型芯还利用芯头向外排气。芯头可分为垂直芯头和水平芯头两大类。铸型中专为放置芯头的空腔称芯座。芯头和芯座都应有一定斜度，便于下芯和合型。

3.4 特种铸造

与普通砂型铸造不同的其他铸造方法统称为特种铸造。各种特种铸造方法均有其突出的特点和一定的局限性，下面简要介绍常用的特种铸造方法。

3.4.1 熔模铸造

在易熔模样（简称熔模）的表面包覆多层耐火材料，然后将模样熔去，制成无分型面的型壳，经焙烧、浇铸而获得铸件的方法，称为熔模铸造。

3.4.1.1 熔模铸造工艺过程

（1）制造压型。压型如图3-27（a）所示，是制造熔模的模具。压型尺寸精度和表面质量要求高，它决定了熔模和铸件的质量。批量大、精度高的铸件所用压型常用钢或铝合金加工制成，小批量生成可用易熔合金制成。

（2）制造熔模。熔模材料一般用蜡料、天然树脂和塑料（合成树脂）配制。生产中常把质量分数50%的石蜡和50%的硬脂酸配成的糊状蜡基模料压入压型，如图3-27（b）所示。待其冷凝后取出，然后将多个熔模焊在蜡制的浇注系统上制成熔模组，如图3-27（c）所示。

（3）制造型壳。在熔模组表面一般浸涂一层硅石粉水玻璃涂料，然后撒一层细硅砂并进入氯化铵溶液中硬化。重复挂涂料、撒砂、硬化4~8次，制成5~10mm厚的型壳。型壳内面层砂粒度细小，外表层（加固层）砂粒度粗大。制得的型壳如图3-27（d）所示。

（4）脱模、焙烧。通常脱模是把型壳浇道向上浸在80~90℃的热水中，模料熔化后从浇注系统溢出。焙烧是把脱模后的型壳在800~950℃焙烧，保温0.5~2h，以去除型壳内的残蜡和水分，并使型壳强度提高。

（5）浇铸、清理。型壳焙烧后可趁热浇铸，如图3-27（e）所示。去掉型壳，清理型壳型砂、毛刺便得到所需铸件，如图3-27（f）所示。

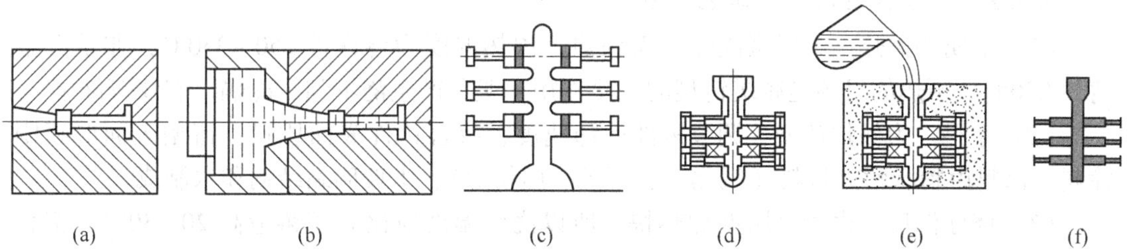

图3-27 熔模铸造工艺过程

（a）压型；（b）压制蜡模；（c）焊蜡模组；（d）结壳脱膜；（e）浇铸；（f）铸件

3.4.1.2 熔模铸造特点

熔模铸造方法由于其工艺过程的特殊性具有以下特点：

（1）由于铸型精密又无分型面，铸件精度高，表面质量好，尺寸公差等级为CT4~CT7，表面粗糙度Ra值可达12.5~1.6μm。

（2）可制造形状复杂的铸件，最小壁厚可达0.7mm，最小孔径可达1.5mm。

（3）能适用于各种铸造金属，尤其适于生产高熔点和难以加工的合金铸件。

（4）工序复杂、生产周期较长、铸件成本较高、铸件尺寸和质量受到限制，一般不超过25kg。

3.4.2 金属型铸造

金属型铸造是将液体金属自由浇入到金属铸型内获得铸件的方法。由于金属型可重复使用多次，故又称为永久型。

3.4.2.1 金属型的构造

按照分型面的位置，金属型分为整体式、垂直分型式、水平分型式和复合分型式。图3-28所示为水平分型式和垂直分型式结构简图。其中垂直分型式便于布置浇注系统，铸型开合方便，容易实现机械化，应用较广。

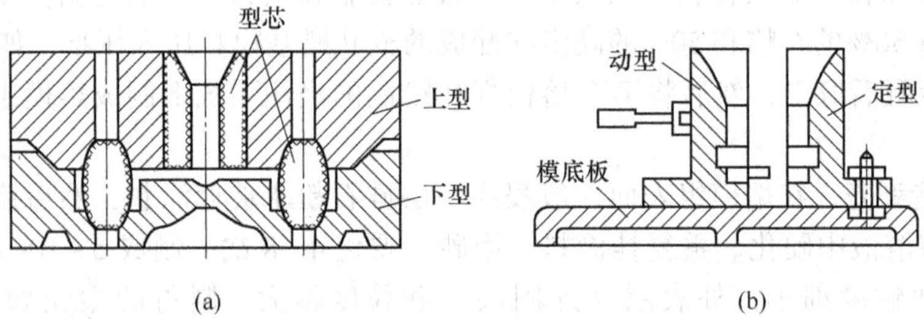

图3-28 金属型结构简图
(a) 水平分型式；(b) 垂直分型式

生产中常根据铸造金属的种类选择金属型的材质，浇注低熔点合金（锡、锌、镁等）可选用灰铸铁；浇注铝合金、铜合金可选用合金铸铁；浇注铸铁和钢可选用球墨铸铁、碳钢和合金钢等。

3.4.2.2 金属型铸造的工艺要点

（1）金属型预热。金属型浇注前需预热，预热温度为铸铁件250~350℃，非铁合金铸件250℃。预热的目的是减缓铸型的激冷作用，避免产生浇不到、冷隔、裂纹等缺陷。

（2）涂料。为保护铸型，调节铸件冷却速度，改善铸件表面质量，铸型表面应喷刷涂料。涂料由粉状耐火材料（氧化锌、石墨、硅粉等）、水玻璃黏结剂和水制成。

（3）浇注温度。由于金属型导热快，所以浇注温度应比砂型铸造高20~30℃，铝合金为680~740℃，铸铁为1300~1370℃。

（4）及时开型。因为金属型无退让性，铸件在金属型内停留时间过长，容易产生铸造应力而开裂，甚至会卡住铸型。因此，铸件凝固后应及时从铸型中取出。通常铸铁件出型温度为780~950℃，出型时间为10~60s。

3.4.2.3 金属型铸造的特点

金属型铸造与砂型铸造比较，在技术上与经济上有许多优点。

（1）金属型生产的铸件，其力学性能比砂型铸件高，其抗拉强度平均可提高约25%，屈服强度平均提高约20%，抗蚀性能和硬度也显著提高。

（2）和砂型铸件比较，铸件的精度高，表面粗糙度低而且质量和尺寸稳定，铸件尺寸公差等级为CT6~CT9，表面粗糙度 Ra 值可达12.5~6.3μm。

（3）铸件成品率高，液体金属耗量减少，一般可节约15%~30%。

（4）实现了“一型多铸”，提高了生产率，改善了劳动条件。

此外，金属型铸造的铸件缺陷少、工序简单，易实现机械化和自动化。金属型铸造虽有很多优点，但也有以下不足之处：

（1）金属型制造成本高。

（2）金属型不透气，而且无退让性，易造成铸件浇不到、开裂和铸铁件白口等缺陷。

（3）金属型铸造时，铸型的工作温度、合金的浇注温度和浇注速度，铸件在铸型中停留的时间，以及所用的涂料等，对铸件质量的影响较大，需要严格控制。

3.4.3 压力铸造

熔融金属在高压下高速充型并凝固而获得铸件的方法，称为压力铸造，简称压铸。常用压射比压 30~70MPa，压射速度 0.5~50m/s，有时高达 120m/s，充型时间 0.01~0.2s。高压、高速充填铸型是压铸的重要特性。

3.4.3.1 压铸设备及压铸工艺过程

压铸是通过压铸机完成的，压铸机分为热压室和冷压室两大类。热压室压铸机的压室与坩埚连成一体，适于压铸低熔点合金；冷压室压铸机的压室和坩埚分开，广泛用于压铸铝、镁、铜等合金铸件。卧式冷压室压铸机应用最广，其工作原理如图 3-29 所示。合型后，把金属液浇入压室，压射冲头将金属压入型腔，保压冷凝后开型，接着顶杆顶出铸件。

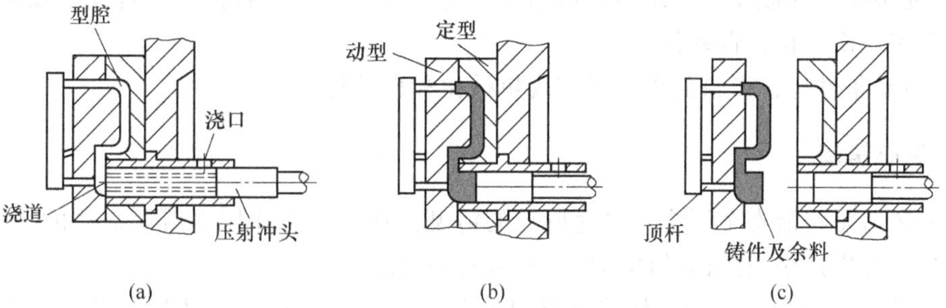

图 3-29 卧式冷压室式压铸机工作原理图
（a）合型；（b）压铸；（c）开型

3.4.3.2 压力铸造的特点

（1）铸件尺寸精度高，尺寸公差等级为 CT4~CT8，表面粗糙度 *Ra* 值可达 5~0.32μm。压铸件大多不需要机加工即可直接使用。

（2）可压铸形状复杂的薄壁精密铸件，铝合金铸件最小壁厚可达 0.4mm，最小孔径 ϕ0.7mm，在铸件表面可获得清晰的图案及文字，可直接铸出螺纹和齿形。

（3）铸件组织致密，力学性能好，其强度比砂型铸件提高 25%~40%。

（4）生产率高，冷压室压铸机的生产率 75~85 次/h，热压室压铸机高达 300~800 次/h，并容易实现机械化和自动化。

（5）由于压射速度高，型腔内气体来不及排除而形成针孔；铸件凝固快，补缩困难，易产生缩松，这些都影响铸件的内在质量。

（6）设备投资大，铸型制造费用高，周期长，故适于大批量生产。

3.4.4 低压铸造

用较低的压力（0.02~0.06MPa），使金属液自下而上充填型腔，并在压力下结晶以获得铸件的方法，称为低压铸造。

（1）低压铸造的工艺过程。低压铸造如图3-30所示。把熔炼好的金属液倒入保温坩埚，装上密封盖，升液导管使金属液与铸型相通，锁紧铸型。将干燥的压缩空气通入坩埚内，金属液便经升液导管自下而上平稳地压入铸型并在压力下结晶，直至全部凝固。撤除液面压力，升液导管内金属液流回坩埚，开启铸型，取出铸件。

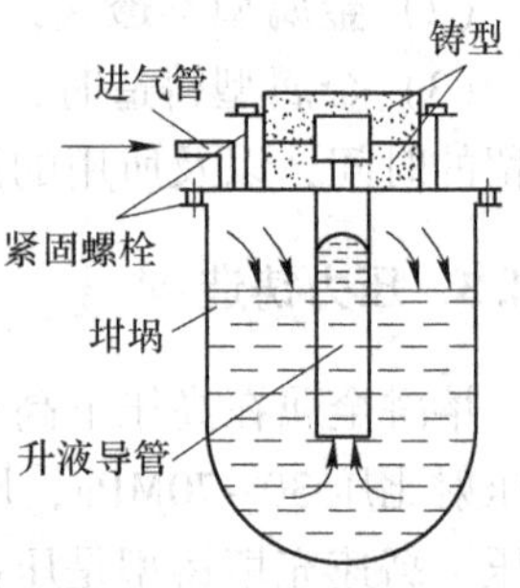

图3-30 低压铸造示意图

（2）低压铸造的特点和应用范围：

1）液体金属充型平稳，无冲击、飞溅现象，不易产生夹渣、砂眼、气孔等缺陷。

2）借助压力充型和凝固，铸件轮廓清晰，对于大型薄壁、耐压、防渗漏、气密性好的铸件尤为有利。

3）铸件组织致密，力学性能高。

4）浇注系统简单，浇口兼冒口，金属利用率高，通常可达90%以上。

5）充型压力和速度便于调节，可适用于金属型、砂型、石膏型、陶瓷型及熔模型壳等，容易实现机械化、自动化生产。

6）劳动条件好，设备简单，易实现机械化和自动化。

3.4.5 离心铸造

离心铸造是将液态金属浇入高速旋转的铸型，在离心力作用下凝固成型的铸造方法。离心铸造适合生产中空的回转体铸件，并可省去型芯。

（1）离心铸造分类。根据铸型旋转轴空间位置不同，离心铸造机可分为立式和卧式两大类。

1）立式离心铸造机的铸型绕垂直轴旋转，如图3-31（a）所示。由于离心力和液态金属本身重力的共同作用，使铸件的内表面为一回转抛物面，造成铸件上薄下厚，而且铸件越高，壁厚差越大。因此，它主要用于生产高度小于直径的圆环类铸件，也能浇注成型铸件，如图3-31（b）所示。

2）卧式离心铸造机的铸型绕水平轴旋转，如图3-31（c）所示。由于铸件各部分冷却条件相近，故铸件壁厚均匀，适于生产长度较大的管、套类铸件。

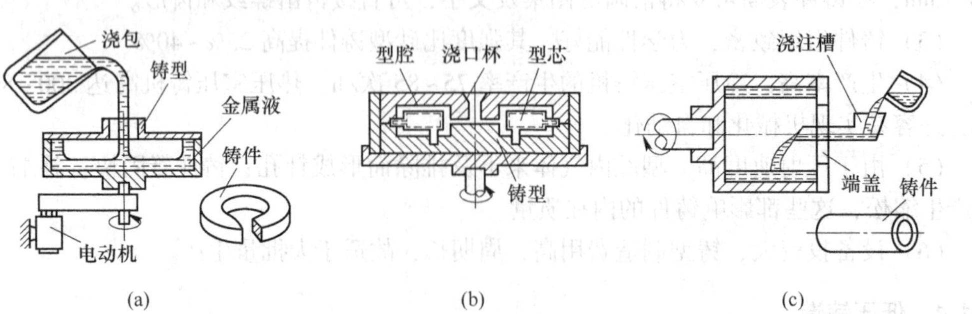

图3-31 离心铸造示意图
（a）立式离心铸造；（b）立式离心浇注成型铸件；（c）卧式离心铸造

（2）离心铸造的特点：

1）铸件在离心力作用下结晶，组织致密，无缩孔、缩松、气孔、夹渣等缺陷，力学性能好。

2）铸造圆形中空铸件时，可省去型芯和浇注系统，简化工艺，节约金属。

3）便于铸造双金属铸件，如钢套镶铸铜衬，不仅表面强度高、内部耐磨性好，还可节约贵重金属。

4）离心铸件内表面粗糙，尺寸不易控制，需增大加工余量来保证铸件质量，且不适宜铸造易产生偏析的合金。

3.4.6 其他特种铸造方法

除了上述5种特种铸造方法外，还有很多特种铸造方法，如挤压铸造、实型铸造等。

3.4.6.1 挤压铸造

挤压铸造，又称液态模锻，是用铸型的一部分直接挤压金属液，使金属在压力作用下成型、凝固而获得零件或毛坯的方法。

最简单的挤压铸造法工作原理是在铸型中浇入一定量的液态金属，动型随即转动闭合，使液态金属自下而上充型。挤压铸造的压力和速度较低，无涡流飞溅现象，因此铸件致密而无气孔。

（1）挤压铸造工艺过程。挤压铸造采用的铸型大多是金属型。铸型由两扇半型组成，一扇固定，另一扇活动。挤压铸造工艺过程如图3-32所示。

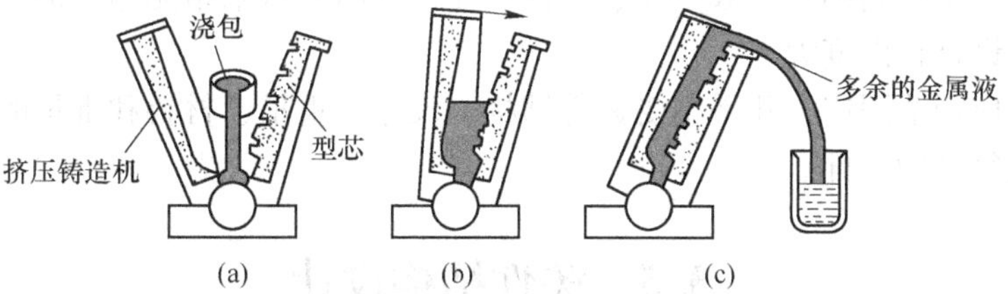

图3-32 挤压铸造工艺过程
（a）浇注；（b）挤压；（c）去除多余的金属

1）铸型准备。清理铸型，型腔内喷涂料，预热等，使铸型处于待浇注状态。

2）浇注。向敞开的铸型底部浇入定量的金属液。

3）合型加压。逐渐合拢铸型，液态金属被挤压上升，并充满铸型，而多余的金属液由顶部挤出。同时，金属液中所含的气体和杂质也随同一起挤出，进而升压并在预定的压力下保持一定时间，使金属液凝固。

4）完成。卸压，开型，取出铸件。

（2）挤压铸造特点。挤压铸造与压力铸造、低压铸造具有共同点，即利用比压的作用使铸件成型并予以“压实”，获得致密铸件。其特点是：

1）挤压铸件的尺寸精度和表面质量高，尺寸精度达IT11~IT13。表面粗糙度 *Ra* 值达6.3~1.6μm。

2）无需开设浇冒口，金属利用率高。

3）适用性强，大多数合金都可采用挤压铸造。

4）工艺简单，节省能源和劳力，容易实现机械化和自动化。生产率比金属型铸造高1倍。

3.4.6.2 实型铸造

实型铸造又称为气化模铸造和消失模铸造，其原理是用泡沫塑料（包括浇注系统）代替木模或金属模进行造型，造型后模样不取出，铸型呈实体，浇入液态金属后模样燃烧气化消失，金属液充填模样的位置，冷却凝固成铸件。图3-33所示为实型铸造工艺过程。

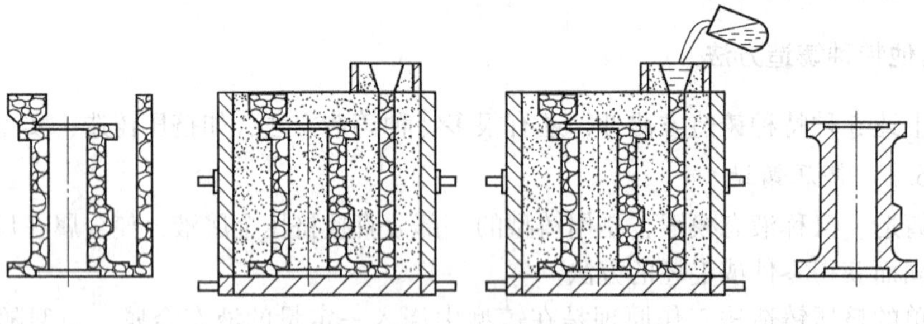

图3-33 实型铸造工艺过程

（a）模样；（b）浇注前的铸型；（c）浇注；（d）铸件

实型铸造由于铸型没有型腔和分型面，不必起模和修型，与普通铸造相比有以下优点：工序简单、生产周期短、效率高、铸件尺寸精度高，可采用无黏结剂型砂，劳动强度低，而且零件设计自由度大。

实型铸造应用范围广，几乎不受铸件结构、尺寸、重量、材料和批量的限制，特别适用于生产形状复杂的铸件。

3.5 铸件结构设计

3.5.1 铸件结构与铸造工艺的关系

合理的铸件结构设计，除了满足零件的使用性能要求外，还应使其铸造工艺过程尽量简化，以提高生产效率，降低废品率，为生产过程的机械化创造条件。铸件结构工艺性是指铸件结构应符合铸造生产要求，即满足铸造性能和铸造工艺对铸件结构的要求。合理的铸件结构不仅能保证铸件质量，满足使用要求，而且工艺简单、生产率高、成本低。

3.5.1.1 铸件外形设计

细长形状或平板类铸件在收缩时易产生翘曲变形。如图3-34所示，改不对称结构为对称结构或采用加强肋，提高其刚度，均可有效地防止铸件变形。避免侧凹、窄槽和不必要的曲面，以简化外形便于操作。如图3-35（a）所示的端盖存在侧凹，需三箱造型或增加环状型芯，若改为如图3-35（b）所示的结构，就可采用简单的两箱造型，造型过程大为简化。图3-36（a）所示的箱体具有窄小沟槽，操作困难且容易掉砂，若改为图3-36（b）所示的结构，既便于操作，又能保证铸件质量。

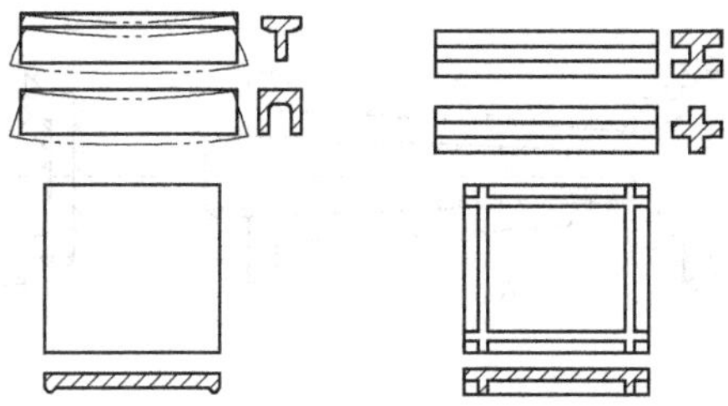

(a) (b)

图 3-34 防止变形的铸件结构设计

（a）不合理；（b）合理

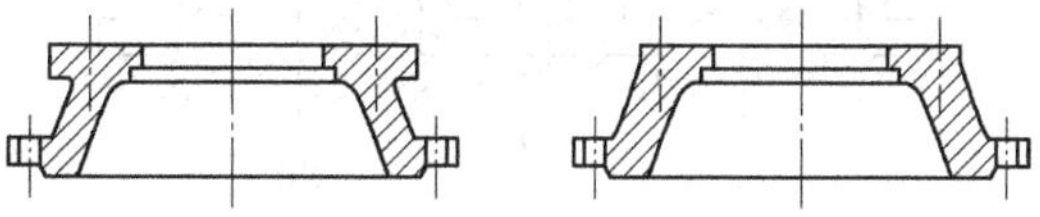

(a) (b)

图 3-35 端盖铸件

（a）不合理；（b）合理

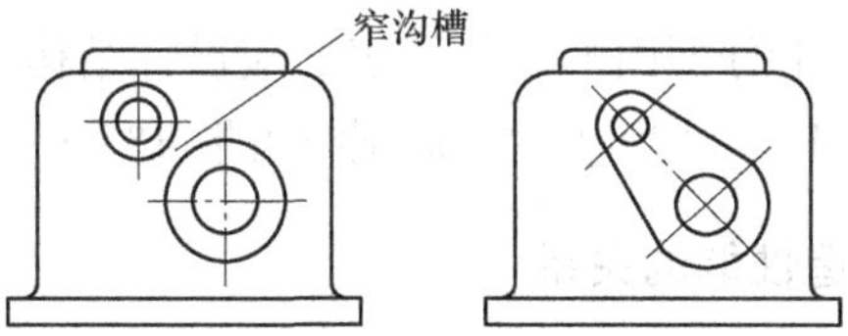

(a) (b)

图 3-36 箱体的结构

（a）不合理；（b）合理

如图 3-37（a）所示，托架 A、B 为曲面，制造模样和芯盒费工、费料，若改为图 3-37（b）所示的直线结构，可降低制模费用 30%。凸台和肋条的设计应便于起模，图3-38（a）所示的凸台和肋条的设计均阻碍起模，需采用活块或型芯，而图 3-38（b）所示的结构避免了活块或型芯，造型简单。

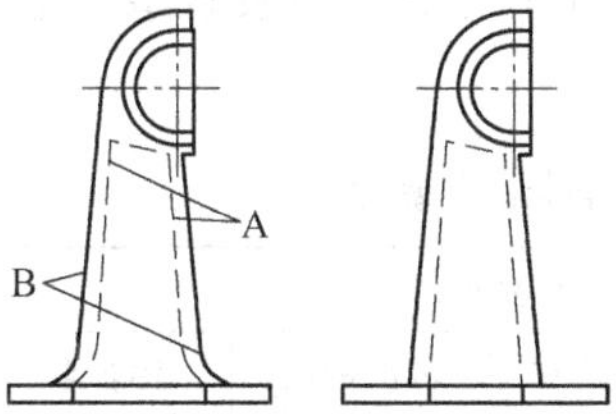

(a) (b)

图 3-37 托架结构

（a）曲线结构；（b）直线结构

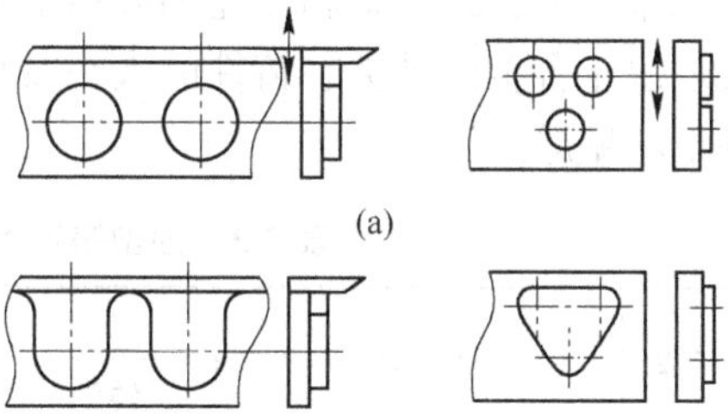

(b)

图 3-38 凸台的设计

（a）改进前；（b）改进后

3.5.1.2 铸件内腔设计

由于型芯增加材料消耗且工艺复杂，成本提高，并容易产生铸造缺陷，因此，设计铸件内腔时应尽量少用或不用型芯。图 3-39（a）所示的铸件，其内腔只能用型芯成型，若改为图 3-39（b）所示的结构，可自带型芯成型。图 3-40（a）所示的结构，为便于型芯固定、排气和清理，铸件有 2 个型芯，其中水平芯呈悬臂状态，需用芯撑 A 支撑，若采用图 3-40（b）所示的结构，改为整体芯，支撑稳固，排气畅通，清砂方便。薄壁或进行耐压试验的铸件尽量不用芯撑，可在铸件上设计工艺孔，增加芯头支持点，也便于排气和清理。

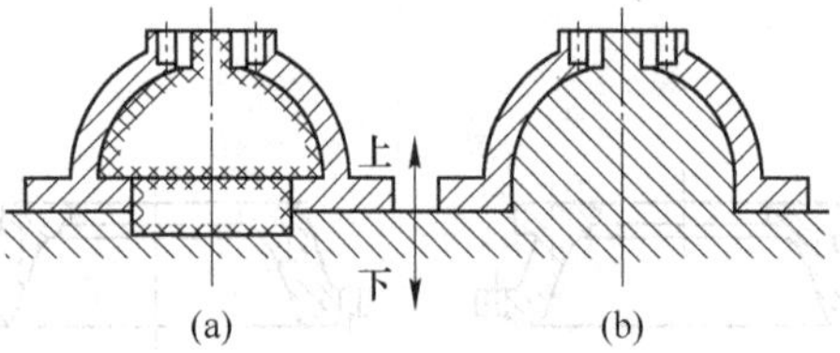

图 3-39 内腔的设计
（a）改进前；（b）改进后

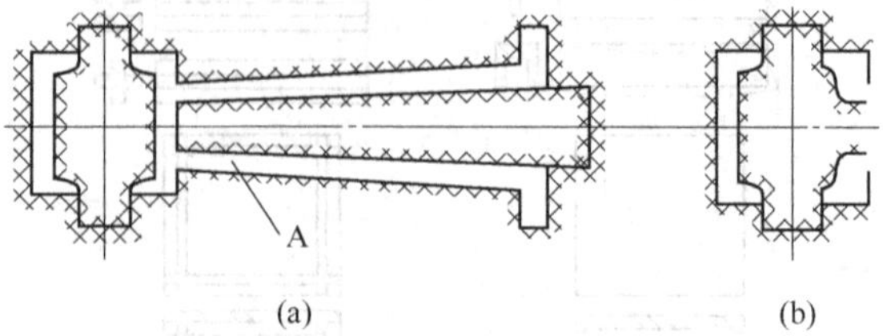

图 3-40 轴承架的结构
（a）改进前；（b）改进后

3.5.1.3 结构斜度

为了起模方便，凡垂直于分型面的非加工表面应设计结构斜度，一般金属型或机器造型时，结构斜度可取 0.5°~1°，砂型和手工造型时可取 1°~3°。

3.5.2 铸件结构与合金铸造性能的关系

铸件的结构如果不能满足合金铸造性能的要求，将可能产生浇不到、冷隔、缩松、气孔、裂纹和变形等缺陷。

3.5.2.1 铸件壁厚的设计

（1）铸件的最小壁厚。在确定铸件壁厚时，首先要保证铸件达到要求的强度和刚度，同时还必须从合金的铸造性能的可行性来考虑，以避免铸件产生某些铸造缺陷。由于每种铸造金属的流动性不同，在相同的铸造条件下，所能浇注出的铸件最小允许壁厚也不同，如果设计的铸件壁厚小于允许的“最小壁厚”，铸件就易产生浇不到、冷隔等缺陷。在各种工艺条件下，铸造金属能充满腔型的最小厚度，称为铸件的最小壁厚。铸件的最小壁厚主要取决于合金的种类、铸件的大小及形状等因素。表 3-3 列出了一般砂型铸造条件下的铸件最小壁厚。

表 3-3 砂型铸造条件下几种合金的铸件最小壁厚 （mm）

铸造方法	铸件尺寸	合金种类					
		铸钢	灰铸铁	球墨铸铁	可锻铸铁	铝合金	铜合金
砂型铸造	<200×200	8	5~6	6	5	3	3~5
	200×200~500×500	10~12	6~10	12	8	4	6~8
	>500×500	15~20	15~20	15~20	10~12	6	10~12

（2）铸件的临界壁厚。在浇注厚壁铸件时，容易产生缩孔、缩松、结晶组织粗大等缺陷，从而使铸件的力学性能下降。因此，在设计铸件时，如果一味地采取增加壁厚的方法来提高铸件的强度，其结果可能适得其反。因为各种铸造金属都存在一个临界壁厚，在最小壁厚和临界壁厚之间即是适宜的铸件壁厚。在砂型铸造条件下，各种铸造金属的临界壁厚约等于其最小壁厚的 3 倍。

（3）铸件壁厚应均匀、避免厚大断面。铸件壁过厚容易使铸件内部晶粒粗大，并产生缩孔、缩松等缺陷。图 3-41（a）所示的圆柱座铸件，因壁厚过大而出现缩孔，若采用如图 3-41（b）所示的挖空结构，或如图 3-41（c）所示设置加强肋板，则其壁厚呈均匀分布，在保证使用性能的前提下，既可消除缩孔缺陷，又能节约金属材料。当铸件各部分的壁厚难以做到均匀一致，甚至存在有很大差别时，为减小应力集中可采用逐步过渡的方法，防止壁厚突变，如图 3-42 所示。

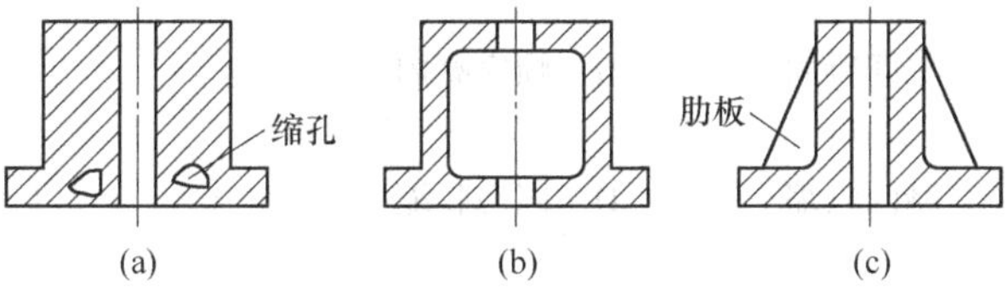

图 3-41　壁厚对铸件的影响

（a）圆柱座铸件；（b）挖空结构；（c）加强肋板结构

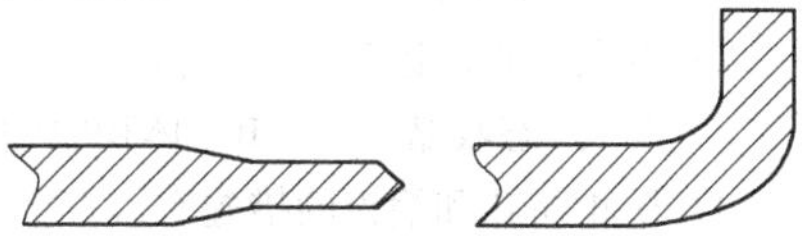

图 3-42　壁厚逐步过渡

3.5.2.2　铸件壁间连接的设计

为减少热节，防止缩孔，减少应力，防止裂纹，壁间连接应有圆角连接并逐步过渡，避免十字交叉和锐角连接，如图 3-43 所示。

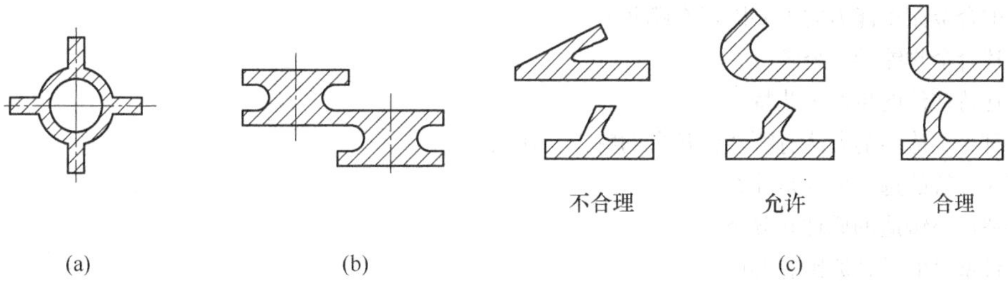

图 3-43　铸件接头结构

（a）交错接头；（b）环状接头；（c）锐角连接过渡形式

另外，还要避免铸件收缩受阻和铸件翘曲变形。当铸件收缩受到阻碍，产生的内应力超过材料的抗拉强度时将产生裂纹。对于轮形铸件，借助弯曲轮辐的微量变化自行减缓内应力，或采用奇数轮辐数可以防止开裂；对于细长形状或平板类铸件，改不对称结构为对称结构或采用加强肋，提高其刚度，以防止这类铸件在收缩时易产生的翘曲变形。

复习思考题

3-1　选择题

（1）单选题

1）在铸造领域，螺旋形试样用来测试合金的（　　），它反映了合金的充型能力。

A　流动性　　B　黏度　　C　散热速度　　D　凝固速度

2）影响合金充型能力的主要因素有合金的流动性、（　　）和铸型条件。

A　浇注温度　　B　浇注速度　　C　浇注条件　　D　充型条件

3）合金的（　　）常用线收缩率表示。

A　凝固收缩　　B　固态收缩　　C　液态收缩　　D　体积收缩

4）(　　) 主要出现在结晶温度范围宽，并以糊状凝固方式凝固的合金或厚壁铸件中。

A　缩孔　　B　缩松　　C　气孔　　D　热裂

5）(　　) 是铸件在固态收缩时，因受铸型、型芯、浇冒口等外力的阻碍而产生的应力。

A　机械应力　　B　热应力　　C　临时应力　　D　残余应力

（2）多选题

1）铸件的凝固方式有（　　）。

A　逐层凝固　　B　糊状凝固　　C　中间凝固　　D　顺序凝固

2）合金的收缩包括（　　）。

A　液态收缩　　B　体积收缩　　C　凝固收缩　　D　固态收缩

3）防止缩孔和缩松的措施有（　　）。

A　采用顺序凝固原则　　B　改善浇注工艺

C　采用冷铁和补铁　　D　严格控制开箱时间

4）防止热裂的措施有（　　）。

A　合理选择合金　　B　提高铸型和型芯的退让性

C　采用反变形法　　D　合理设计浇注系统

5）机器造型中的起模方法包括（　　）。

A　抛砂起模　　B　漏模起模　　C　顶箱起模　　D　翻转起模

3-2　影响合金充型能力的主要因素有哪些？

3-3　简述合金收缩的 3 个阶段。

3-4　简述铸铁件的生产工艺特点。

3-5　各种手工造型的方法有哪些？各自的特点是什么？

3-6　浇注位置的选择原则是什么？

3-7　简述离心铸造的原理和分类。

3-8　铸件壁厚的设计原则有哪些？

4 金属的塑性变形与再结晶

扫描二维码获取
本章数字资源

金属材料经冶炼浇注成铸锭后，大多数还要经过轧制、挤压、锻压、拉丝和冲压等压力加工（图 4-1），才能获得具有一定形状、尺寸及力学性能的型材、管材、线材以及零件毛坯或零件。

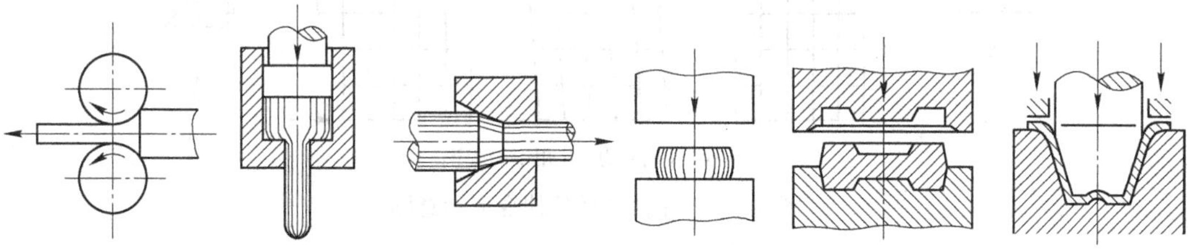

(a)　(b)　(c)　(d)　(e)　(f)

图 4-1　常见塑性加工方式
（a）轧制；（b）挤压；（c）拉拔；（d）锻压；（e）模锻；（f）冲压

在压力加工过程中，金属材料将发生塑性变形，其外形尺寸、内部结构、组织及性能都会发生很大变化。因此，在压力加工之后，还要进行热处理工艺，使其内部组织发生回复与再结晶，消除塑性变形带来的不利影响。

4.1　金属的塑性变形

4.1.1　单晶体的塑性变形

实际工程上应用的金属材料大多为多晶体，多晶体的塑性变形与各个晶粒的变形密切相关。为了便于分析，首先通过单晶体的塑性变形了解金属塑性变形的基本规律。常温下，单晶体金属塑性变形的主要方式有滑移和孪生两种，其中滑移是最重要的变形方式。

4.1.1.1　滑移

滑移是指在切应力作用下，晶体的一部分沿一定晶面和一定晶向发生相对的整体滑动，在晶体中产生片层之间的相对位移，该位移在应力去除后不能恢复，大量片层间滑移的积累就构成金属的宏观塑性变形。

滑移的主要特征有：

（1）滑动只能在切应力的作用下发生。单晶体试样受拉时，外力 p 将在晶内一定的晶面上分解为两种应力，一种是垂直于晶面的正应力 σ，另一种是平行于晶面的切应力 τ，如图 4-2 所示。

（2）滑移的结果使晶体表面形成台阶，产生滑移线和滑移带。由于发生滑移时，晶体的一部分相对于另一部分发生了相对移动，因此滑移的结果会在晶体的表面上造成台

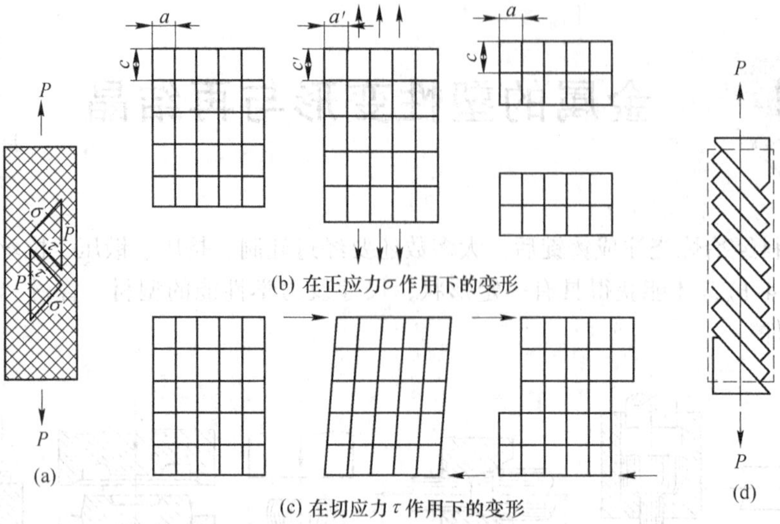

图 4-2 单晶体试样拉伸变形示意图

阶。将一个表面经过抛光的铜单晶体试样进行拉伸，当产生一定的塑性变形后，在光学显微镜下可以观察到其表面有许多互相平行的线条，称为滑移带，如图 4-3 所示。每条滑移带都由许多密集且相互平行的细滑移线组成，每条滑移线对应一个滑移台阶，如图 4-4 所示。

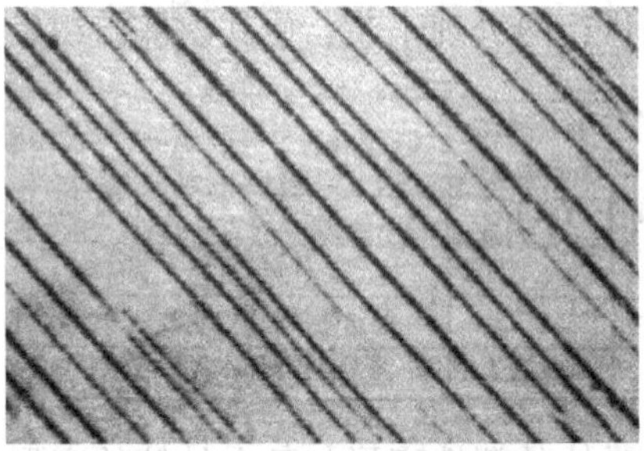

图 4-3 铜的滑移带（500 倍）

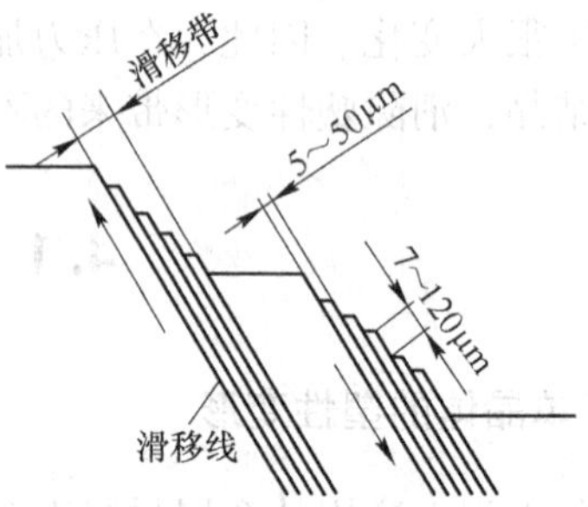

图 4-4 滑移带和滑移线示意图

（3）滑移通常沿晶体中原子密度最大的晶面和晶向进行。这是因为在晶体的原子密度最大的晶面上，原子间结合力最强，而面与面间的距离最大，即密排晶面之间的原子结合力最弱，滑移的阻力最小，在较小的切应力作用下就能引起其相对滑动。同样沿原子密度最大的晶向滑动时，阻力也最小。晶体中的一个滑移面和该面上的一个滑移方向组成一个滑移系。晶体结构不同，滑移面、滑移方向及滑移系数目也不相同（表 4-1）。晶体中滑移系越多，金属发生滑移的可能性就越大，塑性就越好。其中，滑移方向对滑移的作用比滑移面大。表 4-1 中的面心立方晶格和体心立方晶格的滑移系数目均为 12，但面心立方晶格有 3 个滑移方向，体心立方晶格只有 2 个滑移方向，因而面心立方晶格金属的塑性优于体心立方晶格金属。另外，密排六方晶格金属滑移系只有 3 个，其塑性较差。

表 4-1 常见金属晶体结构的滑移系

晶体结构	体心立方结构		面心立方结构		密排六方结构	
滑移面	{110}	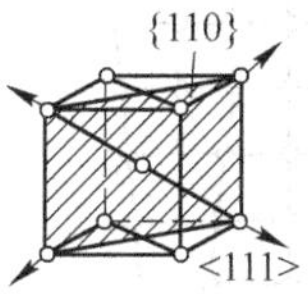	{111}	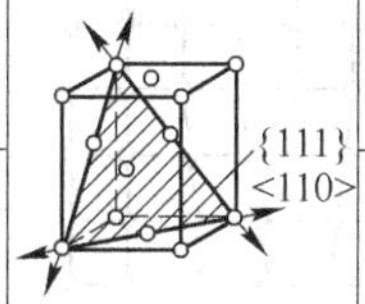	{0001}	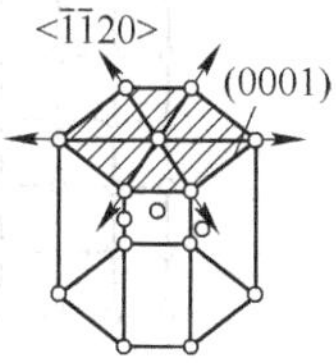
滑移方向	<111>		<110>		<1120>	
滑移系数目	6×2=12		4×3=12		1×3=3	

（4）滑移时伴随晶体的转动。晶体两部分沿滑移面移动后，会使滑移面上下的正应力和切应力分别错开而不在同一轴线上，从而组成两对力偶，使晶体在滑移的同时产生向外力方向的转动。由于与拉力成45°角的截面上分切应力最大，因此与拉力成45°角位向的滑移系最有利于滑移。但是，由于滑移过程中晶体的转动，使原来有利于滑移的晶面，滑移成不利于滑移的晶面而停止滑移，而原来处于不利于滑移的晶面可能转到有利于滑移的方向上参与滑移。所以，不同位向的滑移系交替进行，从而使晶体均匀变形。

（5）滑移的实质是位错运动造成的。晶体发生滑移时，若滑移面上每个原子都同时移到与其相邻的另一个平衡位置上，这种滑移称为刚性滑移。根据理论计算，发生刚性滑移所需的最小切应力数值要比实测的数值大得多，见表 4-2。

表 4-2 临界切应力的理论值与实测值

金属	理论值/MPa	实测值/MPa	理论值与实测值之比
Cu	6400	1	6400
Ag	450	0.5	9000
Au	4500	0.92	4900
Ni	11000	5.8	1900
Mg	3000	0.83	3600
Zn	4800	0.94	5100

大量的理论与实验证明，由于实际晶体中存在位错，滑移不是按刚性滑移进行的，而是滑移面上位错运动的结果。图 4-5 所示为刃型位错运动示意图，在滑移过程中，位错中心上面两列原子（实际为两个半层原子面）向右做微量位移，进入到虚线位置；位错中心下面两列原子向左做微量位移，也进入到虚线位置，位错中心便向右移动一个原子间距。位错线沿滑移面从一端运动到另一端，造成了一个原子间距的滑移量，大量位错移出晶体表面就形成了显微镜下观察到的滑移台阶，从而形成宏观塑性变形。

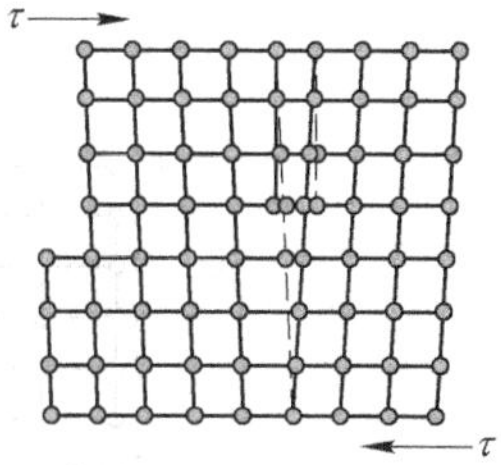

图 4-5 位错移动示意图

图 4-6 所示为晶体刃型位错在切应力作用下沿滑移面的运动过程。由图 4-6 可见，通过位错运动方式产生滑移时，并不需要整个滑移面上的原子全部同时移动。当位错中心前进一个原子间距时，需要移动的只是位错中心附近的少数原子，而且它们的位移量也较

小。故滑移的实质是切应力作用下位错沿滑移面运动的结果。

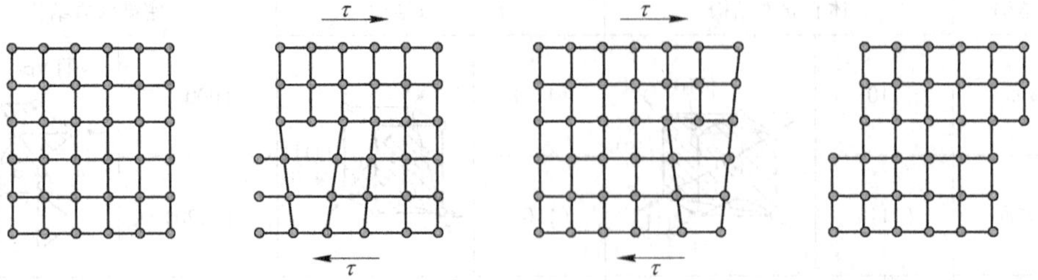

图 4-6 刃型位错移动产生的滑移

4.1.1.2 孪生

孪生是金属进行塑性变形的另一种基本方式。它是在切应力作用下，晶体的一部分相对于另一部分沿一定晶面（孪生面）和晶向（孪生晶向）产生的剪切变形。这种变形不会改变晶体的点阵类型，但可以使变形部分的位向发生变化，并与未变形部分的晶体以孪生面为分界面，构成镜面对称的位向关系。通常把对称的两部分晶体称为孪晶，形成孪晶的过程称为孪生。由于变形部分与未变形部分的位向不同，因此经磨光、抛光和浸蚀之后，在显微镜下形态一般为条带状或凸透镜状，如图 4-7 所示。

图 4-7 锌的形变孪晶

孪生与滑移的区别是：

（1）孪生需要的临界切应力比滑移大得多，如镁的孪生临界应力为 5~35MPa，而滑移时临界切应力仅为 0.5MPa。孪生变形速度极快，接近声速。

（2）孪晶与未变形部分晶体的原子以孪生面为对称面形成对称分布，而滑移不引起晶格位向变化。

（3）孪晶中每层原子沿孪生方向的相对位移距离是原子间距的非整数倍，如图 4-8 所示，而滑移时滑移面两侧晶体的相对位移是原子间距的整数倍。

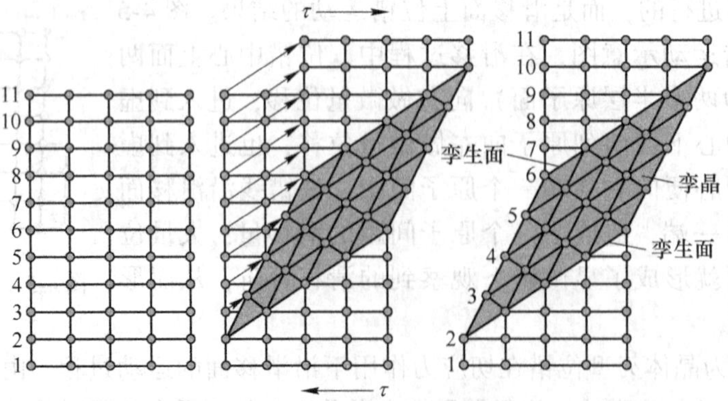

图 4-8 立方晶体孪生切变示意图

孪生对塑性变形的贡献比滑移小得多，但孪生后由于变形部分的晶体位向发生变化，因而产生有利于滑移位向的新滑移系。这样孪生和滑移交替进行，即可获得较大的变形量，提高晶体的塑性变形能力。

4.1.2 多晶体的塑性变形

多晶体存在大量的晶粒和晶界，各晶粒位向不同，每个晶粒变形还要受到周围晶粒和晶界的制约，每个晶粒都不是处于独立的自由变形状态。因此，多晶体的塑性变形要比单晶体困难和复杂得多。尽管如此，多晶体金属的塑性变形与单晶体金属的变形方式基本相同，仍为滑移和孪生。

4.1.2.1 晶界和晶粒位向对塑性变形的影响

（1）晶界的影响。多晶体存在大量晶界，晶界是相邻晶粒的过渡区域，原子排列较紊乱，点阵畸变严重，杂质原子和各种缺陷聚集，且晶界两侧的晶粒取向也不同。因此，当位错运动到此区域附近时就会受到阻碍而难以继续。要使变形继续进行，必须要增加外力，即晶界是滑移的主要障碍，能使变形的抗力增大。因此，多晶体的拉伸曲线比单晶体高，如图 4-9 所示。以最简单的情况为例，对只有两个晶粒的试样进行拉伸试验时，由于晶界抗力较高，结果试样往往呈竹节状，晶界处变形量小，晶粒内部变形量大（图 4-10）。材料的晶粒越小，单位体积材料的晶界越多，每个晶粒周围不同取向的晶粒数也越多，塑性变形的抗力就越大。

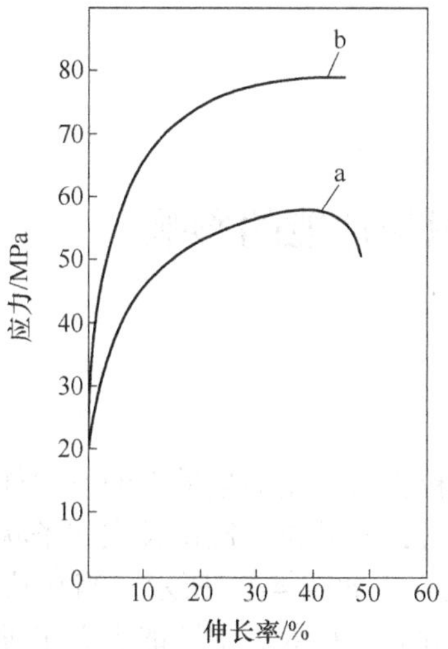

图 4-9 纯铝单晶体 a 与多晶体 b 的拉伸曲线

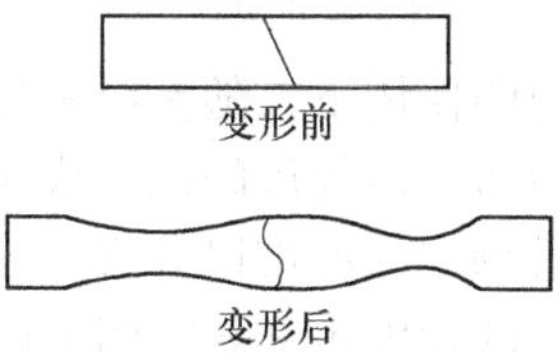

图 4-10 仅两个晶粒的试样拉伸变形的示意图

（2）晶粒取向的影响。在外力作用于多晶体时，各晶粒因位向不同受到的外力并不一致，处于有利位向的晶粒先滑移。滑移面和滑移方向与外力成或接近成 45°方位的晶粒（图 4-11 中 A 和 B 晶粒）受到的分切应力最大，即处于有利位向，最先发生滑移，称为“软位向”晶粒；滑移面和滑移方向处于接近与外力平行或垂直方位的晶粒（图 4-11 中 C 晶粒）受到的分切应力最小，即处于不利位向最难发生滑移，称为“硬位向”晶粒。

实践证明，多晶体的强度随着晶粒的细化而提高，如图 4-12 所示。这种细化晶粒增加晶界以提高金属强度的方法称为晶界强化或细晶强化。晶界强化还可以改善材料的塑性和韧性，得到较大的伸长率、断面收缩率，并具有较高的冲击载荷抗力。

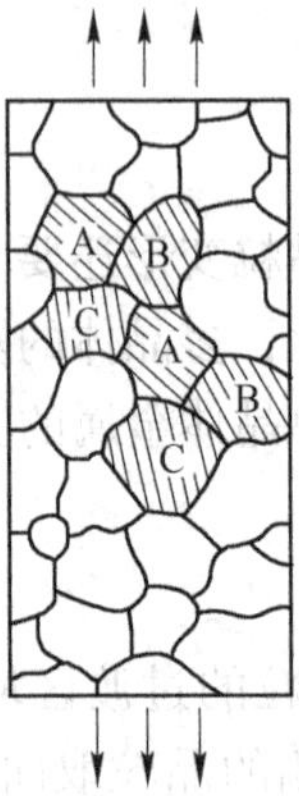

图 4-11 多晶体金属塑性变形不均匀性

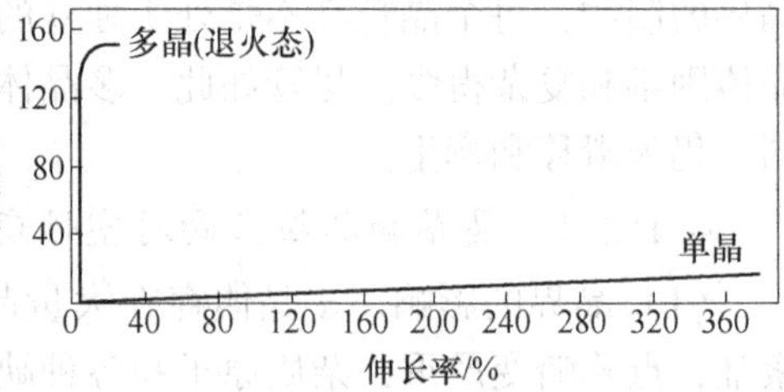

图 4-12 单晶体与多晶体应力-应变曲线

4.1.2.2 多晶体塑性变形的特点

和单晶体相比，多晶体塑性变形有如下特点：

(1) 各晶粒的滑移是不等时的；

(2) 塑性变形时晶粒间相互协调和配合；

(3) 只有多个滑移系才能保证变形的连续性；

(4) 多晶体变形是不均匀的；

(5) 多晶体比单晶体有较高的塑性变形抗力。

4.2 冷塑性变形对金属组织与性能的影响

4.2.1 塑性变形对显微组织和结构的影响

4.2.1.1 晶粒变形

在外力的作用下，随着金属外形的变化，内部晶粒会沿着变形量最大的方向伸长成扁平状，一般与金属外形的改变成比例。当变形量很大时，各晶粒会被拉长成细条状或纤维状，晶界模糊，晶粒难以分辨，这种组织称为纤维组织，如图 4-13 所示。当形成纤维组织时，金属的性能也会具有明显的方向性，如沿纤维方向材料的力学性能远大于垂直于纤维方向等。

4.2.1.2 亚结构细化

金属材料经过塑性变形后，大量位错发生聚积并产生交互作用，形成不均匀的分布，使原来的等轴晶粒碎化成许多位向略有差异的小晶块，即亚晶粒，如图 4-14 所示。形变越大，晶粒细化程度越大。在塑性变形的同时，细碎的亚晶粒也会随着晶粒的伸长而伸长。

4.2.1.3 形变织构的产生

当变形量较大时，由于塑性变形过程中晶粒转动，各个晶粒的滑移面和滑移方向都会

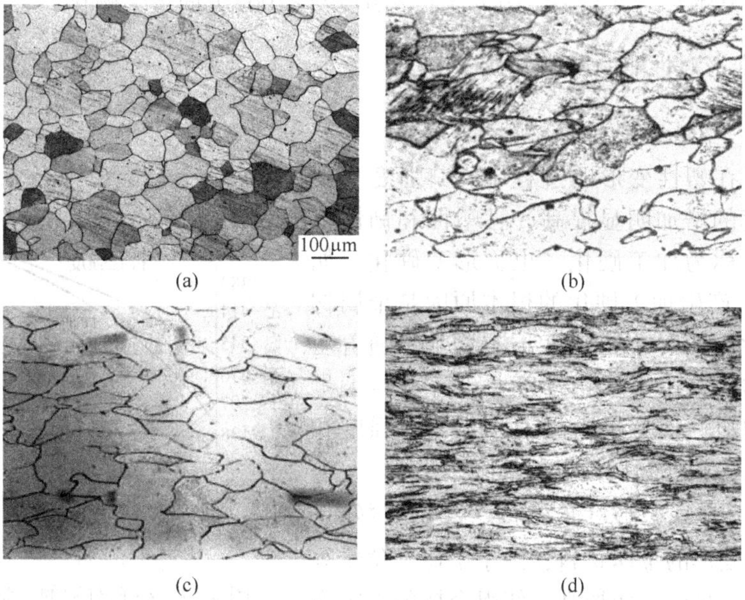

图 4-13　工业纯铁不同变形度时的显微组织（200 倍）

（a）未变形；（b）变形度 20%；（c）变形度 40%；（d）变形度 70%

朝着形变方向趋于一致，使原来取向互不相同的各个晶粒在空间上呈现一定规律性，此现象称为择优取向，具有择优取向的结构称为织构。

形变织构随加工方式的不同主要分为两种：(1) 拉拔变形时，每个晶粒的某一晶向大致与变形方向平行，形成的织构为丝织构。(2) 轧制板材时形成的织构为板织构，即各晶粒的某一晶面都与轧制面平行，某一晶向与轧制时的主要形变方向平行，如图 4-15 所示。

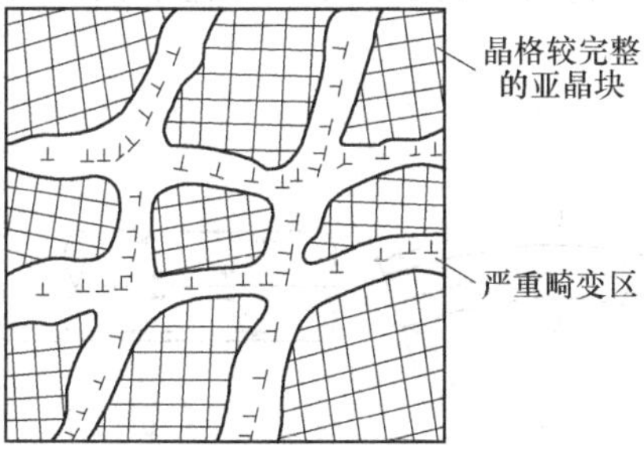

图 4-14　金属变形后的亚结构

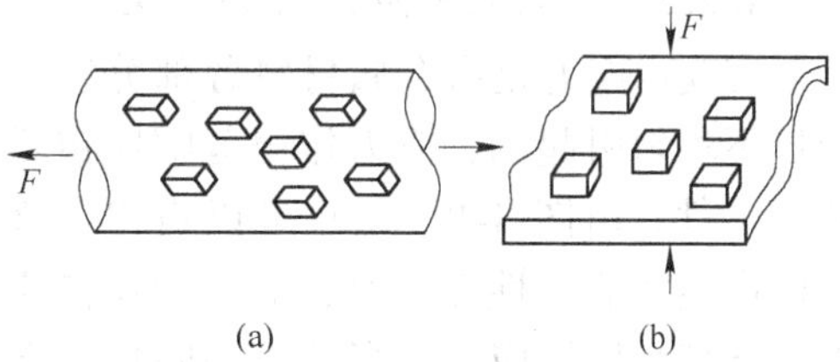

图 4-15　形变织构示意图

（a）丝织构；（b）板织构

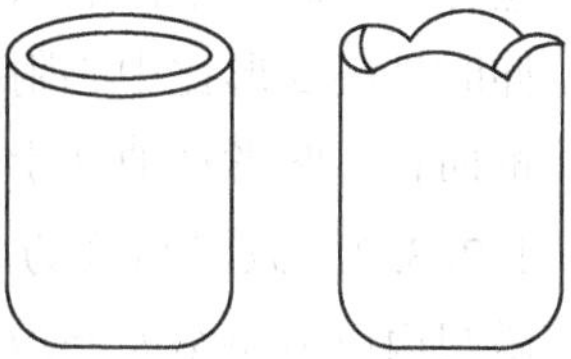

图 4-16　因形变织构造成的制耳

形变织构会使金属性能呈现明显的各向异性，这对金属材料的加工和使用性能将带来不利的影响。例如，具有形变织构的金属板材冷冲制成筒形工件时，由于材料的各向异性，各个方向变形的能力不同，冲出的产品壁厚不均匀，边缘不整齐，形成所谓“制耳”现象，如图 4-16 所示。但是在某些情况下，织构的存在也是有利的，例如制作变压器铁芯硅钢片，其晶格结构为体心立方，沿<100>方向最易磁化。

4.2.2 塑性变形对性能的影响

4.2.2.1 塑性变形对力学性能的影响

金属材料在塑性变形的过程中，其强度与硬度随变形程度的增加明显提高，且塑性和韧性不断下降的现象称为加工硬化，也称形变硬化，如图 4-17 所示。产生加工硬化的根本原因是金属材料在发生塑性变形时位错密度不断增加。随着变形量的不断增大，由于位错密度及破碎晶粒大量增加，金属的塑性变形抗力迅速增大，即强度和硬度显著升高，塑性和韧性显著下降。

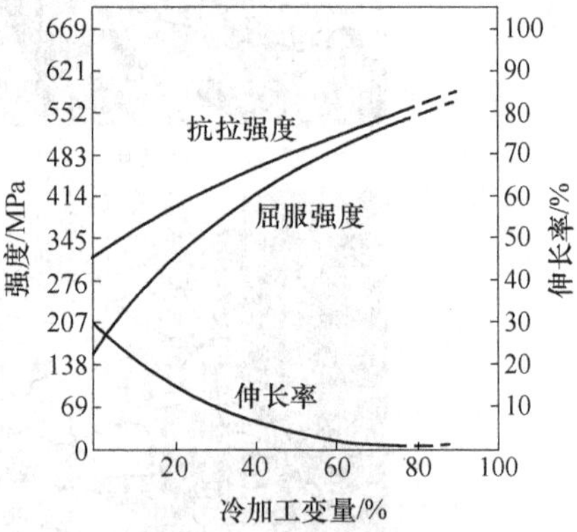

图 4-17 冷轧对铜的力学性能影响

4.2.2.2 塑性变形对物理化学性能的影响

经冷塑性变形的金属材料，由于空位和位错等缺陷密度增加，晶格畸变加剧，使得金属的电阻率增加，导电性能和电阻温度系数下降，导热系数也略微下降，磁导率下降，密度减小。此外，由于金属中的晶体缺陷增加，提高金属的内能，可使原子活动能力增大，容易扩散，因而加速金属中的扩散过程。金属的化学活性增加，腐蚀速度加快，耐腐蚀性能下降。

4.2.3 残余应力

金属材料塑性变形后，外力所做的功大部分转化为内能，使金属温度升高，还有部分（约 10%）残存在金属材料内部，称为残余应力。残余应力是一种弹性应力，主要是由于金属材料在外力作用下内部变形不均匀所致，在整个材料中处于相平衡状态。按照残余应力作用范围的不同，通常可将其分为三类。

4.2.3.1 宏观内应力（第一类内应力）

宏观内应力是由金属材料各部分宏观变形不均匀引起的，应力作用范围应包括整个工件。由图 4-18（a）可以看出，金属棒产生弯曲塑性变形时，上部受拉伸应力，下部受压缩应力。当外力去除后为保持材料的整体性，伸长一边即上部产生了附加压应力，而压缩一边即下部产生了附加拉应力，从而使整体的内应力处于一种平衡状态。由图 4-18（b）可以看出，冷拉圆钢在拉伸时外层变形比中心附近小，因此外力去除后，外层受拉应力，心部受压应力，就整个圆钢而言，两者抵消处于平衡。宏观残余应力在全部残余应力中占有量不超过 1%。

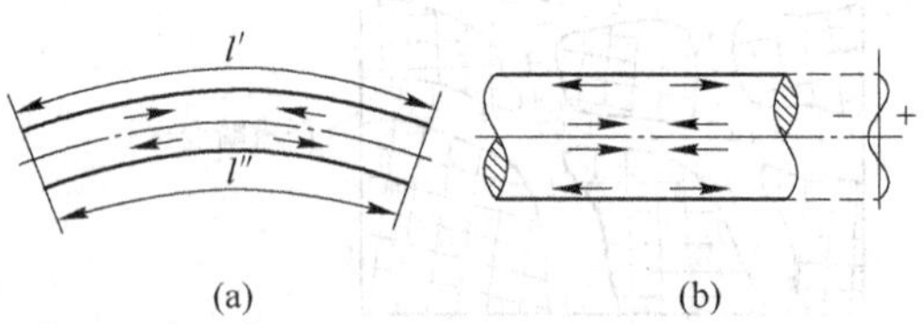

图 4-18 金属棒变形后的残余应力

（a）弯曲变形；（b）拉伸变形

4.2.3.2 微观内应力（第二类内应力）

微观内应力是金属经冷塑性变形后，由晶粒或亚晶粒之间的变形不均匀引起的。该内应力作用范围与晶粒尺寸相当，即是在晶粒或亚晶粒之间保持平衡的内应力。这类应力在材料中所占比例不大，但在某些局部地区可达到很大数值，致使工件在不大的外力作用下，容易产生微裂纹甚至断裂。同时，微观内应力使晶体处于高能量状态，导致金属材料容易与周围介质发生化学反应，降低耐蚀性，因此它也是金属材料产生应力腐蚀的重要原因。微观残余应力在全部残余应力中的占有量不超过10%。

4.2.3.3 晶格畸变内应力（第三类内应力）

晶格畸变内应力是由金属材料在塑性变形中形成的位错、空位和间隙原子等点阵缺陷引起的。其作用范围更小，只在晶界和滑移面等附近约几百到几千原子范围内保持平衡。这类应力占变形金属全部残余应力的90%左右。晶格畸变使金属材料的硬度和强度升高，而塑性、韧性及耐腐蚀性能下降，但是晶格畸变会提高变形金属材料内部的能量，使之处于热力学不稳定的状态。因此，变形金属会自发地向变形前稳定的状态变化。

4.3 回复与再结晶

金属塑性变形后，组织处于不稳定状态，有自发恢复到变形前组织状态的倾向。在常温下，这种转变一般不易进行。但进行退火处理，即对金属进行一定温度的加热，原子活动能力增强，可使其组织从不稳定状态趋于稳定状态，性能可得到一定的恢复。在退火过程中，随着加热温度的提高，变形金属将相继发生回复、再结晶和晶粒长大三个阶段的变化，如图4-19所示。

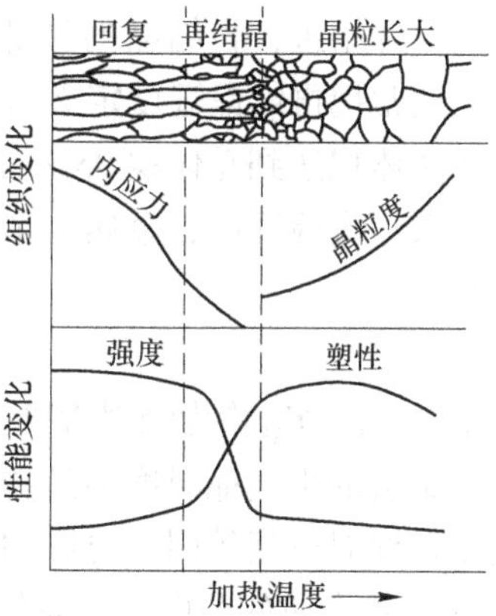

图4-19 变形金属加热时组织和性能的变化

4.3.1 回复

冷变形后的金属在加热温度较低时，显微组织和力学性能无明显变化，但残余应力将显著降低，物理和化学性能也部分恢复到变形前状态，这一阶段称为回复。在此阶段，原子发生短距离扩散，使空位和间隙原子合并，空位与位错发生交互作用而消失，晶体内的点缺陷明显减少，晶格畸变减轻。但因亚组织尺寸并未明显改变，纤维状外形的晶粒仍然存在，位错密度也未显著减少，故金属强度、硬度、塑性和韧性等力学性能变化不大，仍保持加工硬化，而某些物理化学性能则恢复，如电阻降低、抗应力腐蚀性提高等。

4.3.2 再结晶

4.3.2.1 再结晶过程

再结晶实质是新晶粒重新形核和长大的过程，如图4-20所示。通常在变形金属中位错密度高，晶格畸变严重，能量状态高，加热时原子和位错移动比较容易。在继续加热过程中，首先是那些经回复阶段之后已经存在、尺寸较大、较稳定、无畸变且晶格位向基本相近的亚晶粒之间彼此合并，形成较大的亚晶粒。随着这类亚晶粒长大到一定的稳定尺寸之后，便可成为再结晶晶核，并向四周破碎的晶粒中长大，形成新的等轴晶粒。当旧的畸变晶粒完全消失并全部被新的无畸变的再结晶晶粒取代时，再结晶过程结束。

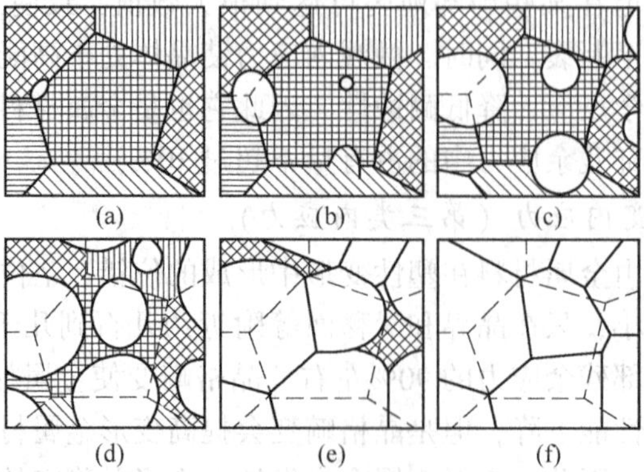

图 4-20 再结晶过程

4.3.2.2 再结晶温度及其影响因素

再结晶不是在恒定温度下进行，而是在一个相当宽的温度下均可进行。因此，把冷变形金属开始进行再结晶的最低温度称为再结晶温度。为了便于比较和使用，在实际生产中，通常把再结晶温度定义为：经过较大冷塑性变形（变形度>70%），加热 1h，而再结晶转变体积达到总体积 95%的温度。

大量实验证明，金属的最低再结晶温度（$T_{再}$）与其熔点（$T_{熔}$）之间存在如下近似关系：

$$T_{再} = (0.35 \sim 0.45) T_{熔}$$

式中，$T_{再}$、$T_{熔}$均为绝对温度。

金属的再结晶温度不是物理常数，除金属的熔点外，金属的纯度、变形程度、加热速度以及保温时间等因素也影响再结晶温度。

（1）金属的纯度。金属的纯度越低，再结晶温度越高。这是因为金属中微量杂质或合金元素溶入基体后，趋向于在位错和晶界处偏聚，阻碍原子的扩散，对位错的运动和晶界的迁移也起阻碍作用，不利于再结晶形核和长大。杂质或合金元素的作用在低含量时表现最为明显，而当其含量增至某一浓度后，往往不再继续提高再结晶温度，有时反而会降低再结晶温度。表 4-3 列出了一些微量原子对光谱纯铜（w_{Cu}为 99.999%）50%再结晶温度的影响。

表 4-3 微量溶质元素对光谱纯铜（w_{Cu}为 99.999%）50%再结晶温度的影响

材 料	50%再结晶温度/℃	材 料	50%再结晶温度/℃
光谱纯铜	140	光谱纯铜（w_{Sn}为 0.01%）	315
光谱纯铜（w_{Ag}为 0.01%）	205	光谱纯铜（w_{Sb}为 0.01%）	320
光谱纯铜（w_{Cd}为 0.01%）	305	光谱纯铜（w_{Te}为 0.01%）	370

（2）预先变形程度。如图4-21所示，金属的预先变形程度越大，晶体缺陷就越多，金属的储存能越多，组织就越不稳定，再结晶的驱动力也就越大。因此，在较低的温度下就可以发生再结晶。但当变形度增加到一定数值后，再结晶温度趋于稳定值；当变形度小到一定程度时，再结晶温度则趋于金属的熔点，即不会有再结晶发生。

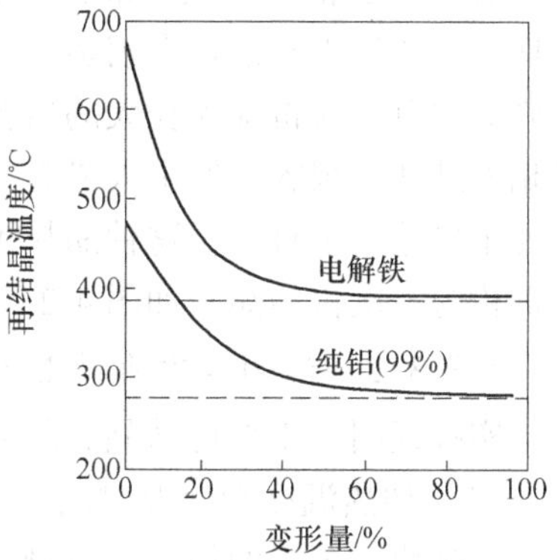

图4-21　铁和铝开始再结晶温度与预先变形程度的关系

（3）其他工艺参数。加热速度过缓或过快都能使再结晶温度升高。加热速度缓慢时，变形金属在加热过程中有足够的时间进行回复，使储存能减少，从而减少再结晶的驱动力，再结晶温度升高；而加热速度过快，因在各温度下的停留时间过短，再结晶的形核和长大来不及充分进行，所以推迟到较高温度时才发生再结晶。在一定温度范围内延长保温时间，因原子的扩散充分而会降低再结晶温度。同样原因，在其他条件一定时，退火温度愈高，再结晶速度会愈快，但结晶后的晶粒也会愈粗大。

4.3.2.3　再结晶退火

把冷变形的金属加热到再结晶温度以上，使其发生再结晶的热处理工艺，称为再结晶退火。生产中，经常采用再结晶退火来消除冷变形加工产品的加工硬化，提高其塑性。再结晶退火也常作为冷变形加工过程中的中间退火，恢复金属材料的塑性，以便于继续加工。实际生产中，考虑到再结晶温度受以上各种因素的影响，同时也为了缩短退火周期，采用的再结晶退火加热温度经常定为最低再结晶温度以上100~200℃。

4.3.3　晶粒长大

4.3.3.1　二次再结晶

再结晶完成后，金属获得均匀、细小及无畸变的等轴细晶粒。如果继续升高加热温度或延长保温时间，晶粒之间就会相互“吞并”长大，这一现象称为晶粒长大。晶粒长大是一个自发过程，因为它可以使晶界减少、晶界表面能降低，使组织处于更为稳定的状态，其实质是通过晶界的迁移使晶粒相互“吞并”。晶粒长大示意图如图4-22所示。

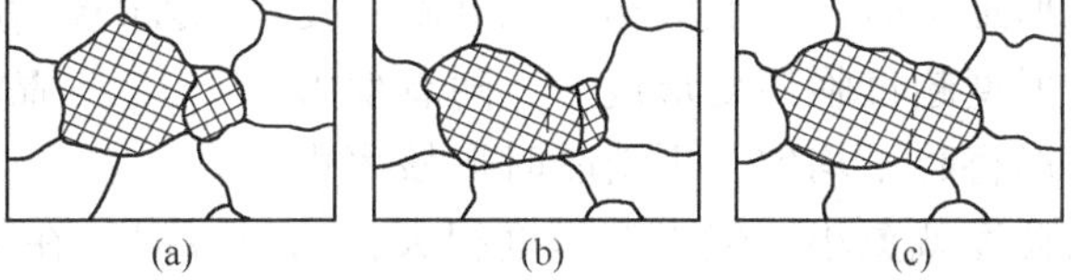

图4-22　晶粒长大

根据再结晶后晶粒长大过程的特征，可将晶粒长大分为两种类型：正常长大和二次再结晶。如果通过晶界的推进，使大晶粒将小晶粒的晶格逐渐改成与其相同的位向，然后逐渐“吞并”小晶粒，使大部分晶粒很快均匀长大，称为正常长大。如果金属原来的变形不均匀、产生织构或含有较多的杂质，大多数晶界的迁移将受到阻碍，只有少数晶粒脱离杂质等约束，获得优先长大的机会，使再结晶后得到的晶粒大小不均匀；由于晶粒之间能量相差悬殊，很容易发生大晶粒“吞并”小晶粒愈长愈大的现象，其尺寸超过原始晶粒的几十倍甚至上百倍，这种晶粒不均匀急剧长大现象，因类似于再结晶的形核和长大过程而被称为二次再结晶，如图 4-23 所示。

4.3.3.2 影响二次再结晶后晶粒大小的因素

实践证明，影响再结晶后晶粒大小的因素主要有以下几个方面：

（1）加热温度和保温时间。加热温度越高，保温时间越长，原子扩散能力越大，晶界迁移越快，金属的晶粒度就越大，如图 4-24 所示。通常在一定温度下，晶粒长大到一定尺寸后就不再长大，但温度升高后，晶粒又会继续长大。

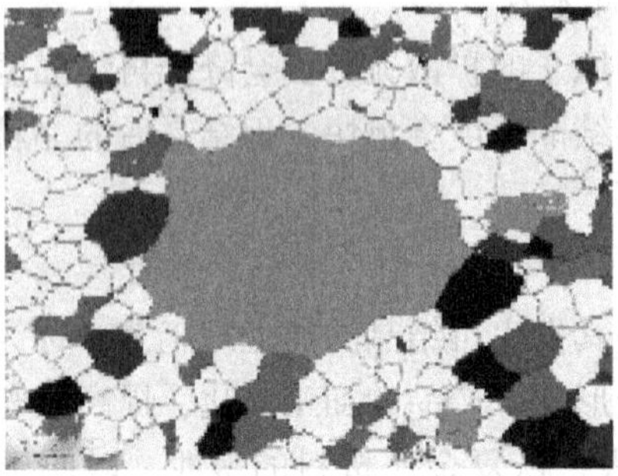

图 4-23 硅钢二次再结晶的反常晶粒

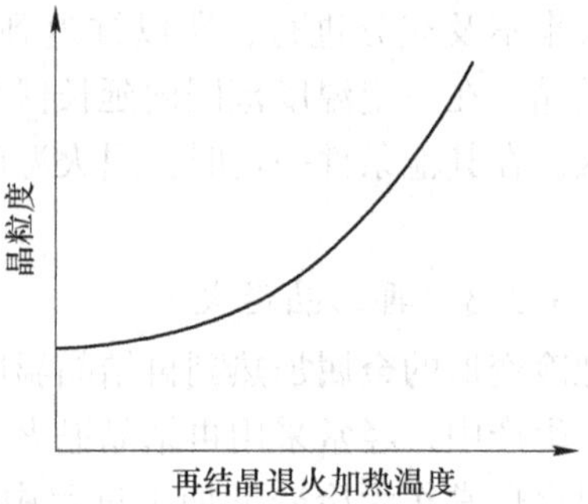

图 4-24 再结晶退火加热温度对晶粒度的影响

（2）预先变形程度。预先变形程度对再结晶后晶粒大小的影响特别显著，实际上是一个变形均匀度的问题。通常变形愈均匀，晶粒度愈小，如图 4-25 所示。

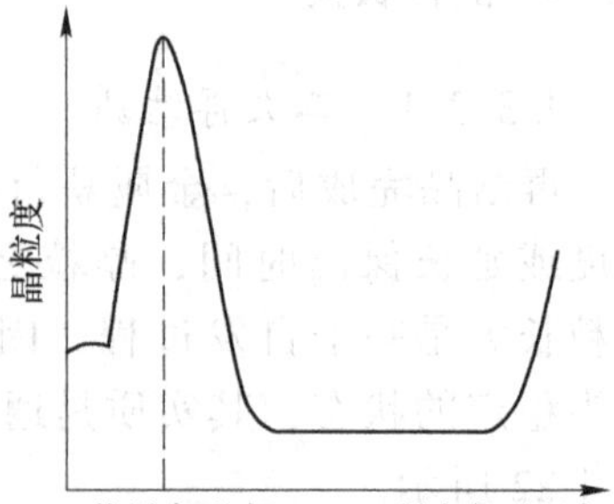

图 4-25 预先变形度对再结晶晶粒度的影响

当变形度很小时，由于金属晶格畸变很小，不足以引起再结晶，故晶粒保持原来的大小。当变形度达到 2%～10%时，由于金属变形度不大且变形不均匀，再结晶时形核数目少且晶粒大小极不均匀，非常有利于晶粒发生相互“吞并”而长大，最终形成异常粗大的晶粒。工业生产中进行冷变形加工时，一般应尽量避开临界变形度这一范围。当变形度超过临界变形度后，随着变形度的增加，各晶粒变形将趋于均匀，再结晶时形核率也愈大，最终形成的晶粒度就愈小。但当变形度很大，约 90%时，在某些金属如铁中，又会出现再结晶后晶粒再次粗化的现象，一般认为这与金属中形成的织构有关，各晶粒大致相同的晶格位向为它们沿一定方向迅速长大提供了优越的条件。

为了生产上的方便，通常综合加热温度和变形度两个因素对再结晶晶粒度的影响，将三者的关系综合表达在一个立体坐标图中，即再结晶全图，如图 4-26 所示。

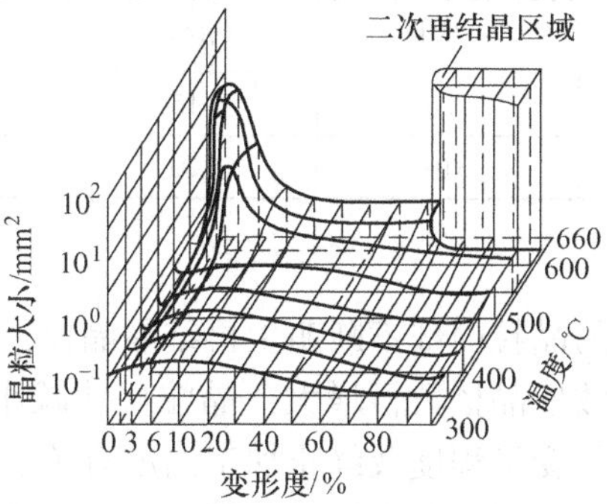

图 4-26　工业纯铝的再结晶全图

4.4　金属的热塑性变形

4.4.1　热加工与冷加工的区别

从金属学角度看，金属的热加工和冷加工是以再结晶温度划分的。热加工是指在再结晶温度以上的加工过程；在再结晶温度以下的加工过程称为冷加工。例如低熔点金属铅、锡等的再结晶温度在 0℃以下，因此对它们在室温下进行的加工变形也是热加工；而高熔点的金属，如钨，再结晶温度为 1200℃，则在 1000℃拉制钨丝也属于冷加工。

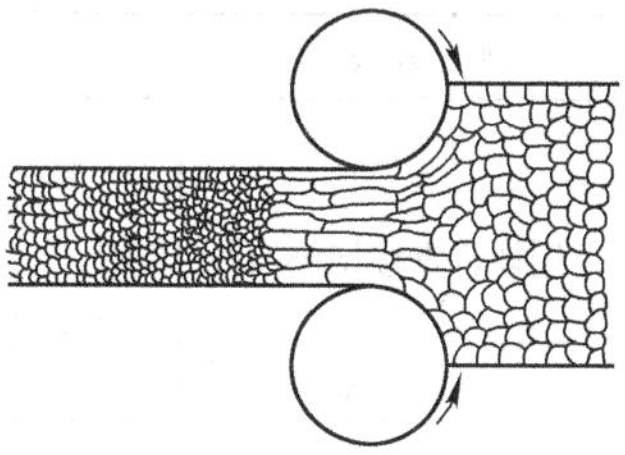

图 4-27　热加工时动态再结晶

研究表明，热加工过程实质上包括变形中的加工硬化与动态软化两个同时进行的过程，如图 4-27 所示。其中加工硬化被动态软化抵消，因而热加工通常不会产生明显的加工硬化现象。

4.4.2　热加工对组织和性能的影响

金属材料热加工后，其组织和性能发生了明显的变化，主要表现为以下几点。

4.4.2.1　消除铸态组织缺陷

高温下的热加工变形量大，可使铸态组织中的缺陷得到明显改善，如使钢锭中的气孔、缩孔大部分焊合，铸态的缩松被消除，从而提高其致密度；铸态组织中的粗大柱状晶和枝晶通过热加工后一般都能变为细小的等轴晶粒，某些合金钢（如高速钢）中的大块碳化物初晶可被打碎并较均匀分布；在温度和压力作用下，原子扩散速度加快，可消除部分偏析，使金属的力学性能得到提高。

如钢经热加工后，其强度、塑性和冲击韧性均比铸态高（表 4-4）。因此，工程上受力复杂、载荷较大的工件如齿轮、轴、刃具和模具等要通过热加工来制造。

表 4-4 碳钢（w_C=0.30%）铸态与锻态力学性能的比较

状态	σ_b/MPa	σ_s/MPa	δ/%	ψ/%	A_k/J·cm^{-2}
铸造	500	280	15	27	28
锻造	530	310	20	45	56

4.4.2.2 细化晶粒

在热加工过程中，变形的晶粒内部不断萌生再结晶晶核，已经发生再结晶的区域又不断发生变形，再重新形核，致使晶核数目增大，晶粒尺寸减小，提高了材料的力学性能。但热加工后金属的晶粒大小与变形程度及终止加工温度有关。变形度小，终止加工温度过高，加工后得到的晶粒粗大；相反则得到细小的晶粒。但终止加热温度不能过低，否则会造成形变强化及残余应力，影响金属材料的性能。

4.4.2.3 形成纤维组织

热加工过程中，铸态金属中的粗大枝晶偏析、非金属夹杂物及第二相都将随组织变形方向伸长，在宏观试样上呈现一条条细线，这种由一条条细线构成的组织叫做纤维组织，通常也称为流线。纤维组织的出现，使得金属的力学性能具有明显的各向异性，沿流线方向的强度、塑性和韧性要显著大于垂直流线方向上的相应性能。表 4-5 为用锻造方法和型材切削加工得到的工件流线分布，两者相比显然锻造工件流线分布更合理。

表 4-5 用不同加工方法生产的工件流线分布

加工方法	曲轴	螺栓	齿轮
用轧材直接切削	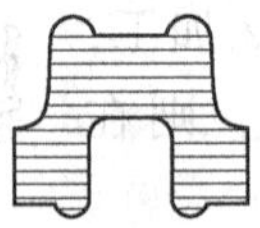	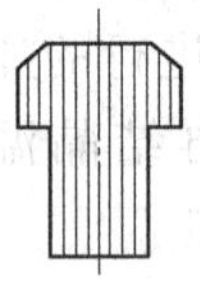	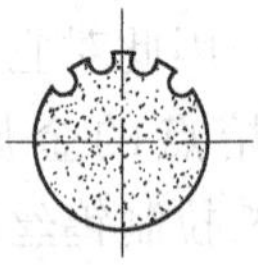
用锻造毛坯切削	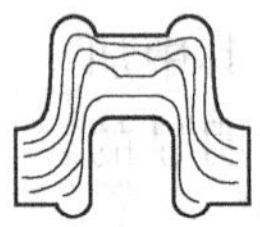	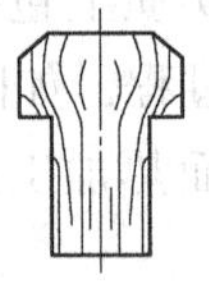	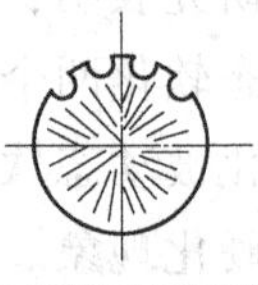

4.4.2.4 形成带状组织

热加工常会使复相合金中的各个相沿着加工变形方向交替地呈带状分布，称为带状组织，不同材料的带状组织产生的原因也不完全一样。例如在亚共析钢中，由于铸态时存在的夹杂物或偏析在加工过程中沿变形方向被延伸拉长，当热加工后冷却时，先析出的铁素体往往依附在被拉长的杂质带上优先析出，形成铁素体带，而铁素体两侧的富碳奥氏体则随后转变为珠光体带，从而形成带状组织，如图 4-28 所示。铁素体（白亮浸蚀区）+珠光体，两相组织均呈带状分布。

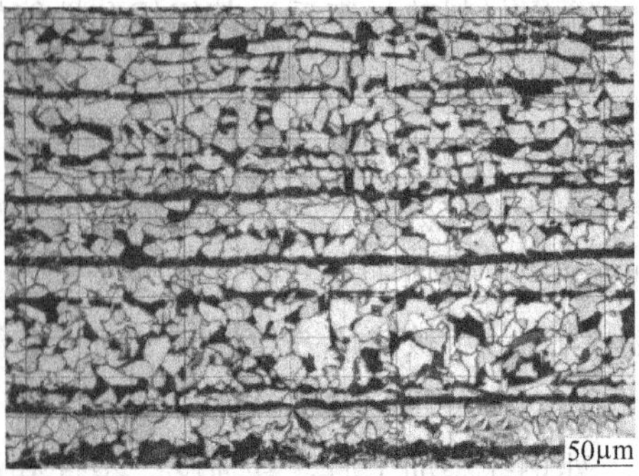

图 4-28 钢中的带状组织

复习思考题

4-1 名词解释

滑移、滑移系、滑移带、滑移线、孪生、临界切应力、软位向、回复、再结晶、形变织构、加工硬化、细晶强化、内应力、热加工。

4-2 填空题

(1) 钢在常温下的变形加工称为________加工，铅在常温下的变形加工称为________加工。

(2) 影响再结晶开始温度的因素有________、________、________、________、________。

(3) 再结晶后晶粒的大小主要取决于________和________。

(4) ________指冷塑性变形的金属在加热时，在显微组织发生改变前，即在再结晶晶粒形成前产生的某些亚结构和性能的变化过程。

(5) ________使晶粒发生异常长大的变形度，生产上应尽量避免在________范围内进行塑性加工变形。

4-3 判断题

(1) 金属的预先变形度越大，其开始再结晶的温度越高。 (　　)

(2) 其他条件相同时，变形金属的再结晶退火温度越高，退火后得到的晶粒越粗大。 (　　)

(3) 金属铸件可以通过再结晶退火来细化晶粒。 (　　)

(4) 热加工是指在室温以上的塑性变形加工。 (　　)

(5) 再结晶能够消除加工硬化效果，是一种软化过程。 (　　)

4-4 选择题

(1) 工业纯金属的最低再结晶温度可用式（　　）计算。

A　$T_{再}(℃) = 0.4T_{熔}(℃)$　　B　$T_{再}(K) = 0.4T_{熔}(K)$

C　$T_{再}(K) = 0.4T_{熔}(℃) + 273$　　D　$T_{再}(K) = 0.6T_{熔}(K)$

(2) 变形金属再加热时发生的再结晶过程是一个新晶粒代替旧晶粒的过程，这种新晶粒的晶型（　　）。

A　与变形前的金属相同　　B　与变形后的金属相同

C　形成新的晶型　　D　以上都不是

(3) 再结晶后（　　）。

A　形成等轴晶，强度增大　　B　形成柱状晶，塑性下降

C　形成柱状晶，强度升高　　D　形成等轴晶，塑性升高

(4) 具有面心立方晶格的金属塑性变形能力比体心立方晶格的大，其原因是（　　）。

A　滑移系多　　B　滑移面多

C　滑移方向多　　D　滑移面和方向都多

(5) 用金属板冲压杯状零件时出现明显的“制耳”现象，这说明金属板中存在着（　　）。

A　形变织构　　B　位错密度太高

C　过多的亚晶粒　　D　流线（纤维组织）

4-5 简答题

(1) 已知金属钨、铁、铅、锡的熔点分别为3380℃、1528℃、327℃和232℃，试计算这些金属的最低再结晶温度，并分析钨和铁在1100℃下的加工，锡和铅在室温（20℃）下的加工各为何种加工。

(2) 何谓临界变形度？分析造成临界变形度的原因。

(3) 热加工对金属的组织和性能有何影响？钢材在热变形加工（如锻造）时，为什么不出现硬化现象？

5 压力加工

扫描二维码获取
本章数字资源

5.1 自 由 锻

自由锻是指金属坯料在锻造设备的上下砧铁或简单的工具之间，受冲击力或压力产生塑性变形，从而获得所需形状和尺寸锻件的压力加工方法。由于金属坯料在砧铁间受力变形时，沿变形方向可以自由流动，不受限制，故而得名。

自由锻分为手工锻造和机器锻造两种。前者用手工操作，劳动强度大、生产率低，只适合于生产小型锻件。随着现代工业的发展，机器锻造是自由锻的主要方法。

自由锻所用设备和工具具有较大的通用性，使用范围广，锻件质量可以从数十克到二三百吨。对于大型锻件，自由锻是唯一的加工方法。但是，自由锻生产时，锻件的形状和尺寸主要由锻工的操作技术来保证，对锻工技术水平要求较高，劳动强度大、生产率低、锻件的精度差、金属损耗多，且只能锻造形状简单的锻件，因此，自由锻只适用于单件、小批生产以及维修工作。

自由锻所用设备按作用力的性质不同，可分为锻锤和压力机两大类。锻锤是以冲击力使金属变形，其吨位是以落下部分的质量来表示。生产中使用的锻锤有空气锤和蒸汽-空气锤两种。空气锤（图 5-1）的吨位较小，一般为 65~750kg，适用于生产小型锻件；蒸汽-空气锤的吨位稍大，一般为 500~5000kg，可以用来生产质量小于 1500kg 的锻件。压力机是以静压力使金属变形，其吨位是以产生的最大压力来表示。自由锻通常使用水压机，其吨位一般为 5000~150000kN，可以锻造质量达 300t 的大型锻件。压力机在使金属变形的过程中没有振动，并很容易能达到较大的锻透深度，所以水压机是完成特大型锻件自由锻的主要设备。

5.1.1 自由锻工序

自由锻的工序可分为基本工序、辅助工序和精整工序三大类。

5.1.1.1 基本工序

基本工序是使金属坯料实现主要的变形要求，达到或基本达到锻件所需形状和尺寸的工序。主要有以下几个工序：

（1）镦粗。使坯料横截面积增大、高度减小的工序。是自由锻生产中最常用的工序，适用于锻制饼块、盘类工件。若使坯料的局部截面增大，叫做局部镦粗。

（2）拔长。使坯料长度增加、横截面积减小的工序。适用于锻制长轴类、杆类工件。

（3）冲孔。在坯料上锻出孔的工序。常用于锻造齿轮坯、环套类等空心锻件。为防止坯料胀裂，冲孔的孔径一般要小于坯料直径的1/3，超过这一限制时，需要先冲出一个较小的孔，然后采用扩孔的方法达到要求的孔径尺寸。心轴上扩孔（图 5-2（d））实际上

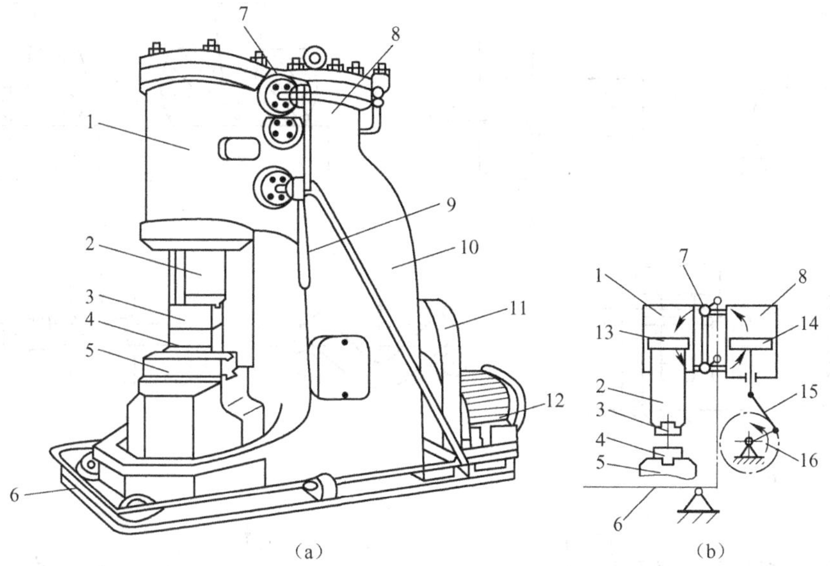

图 5-1 空气锤

(a) 外形图；(b) 原理图

1—工作缸；2—锤头；3—上砧铁；4—下砧铁；5—砧垫；6—踏杆；7—旋阀；8—压缩缸；9—手柄；10—锤身；11—减速机构；12—电动机；13—工作活塞；14—压缩活塞；15—连杆；16—曲柄

是将带孔坯料在心轴上沿圆周方向拔长，扩孔量几乎不受限制，最适于锻制大直径的圆环件。

(4) 弯曲。将坯料弯成一定角度或弧度的工序。常用于锻造角尺、弯板、吊钩等一类轴线弯曲的零件。

(5) 扭转。在保持坯料轴线方向不变的情况下，将坯料的一部分相对于另一部分扳转一定角度的工序。多用于锻造多拐曲轴、麻花钻和校正某些锻件。

(6) 错移。使坯料的一部分相对于另一部分产生位移的工序。错移后其轴线仍保持平行。锻制曲轴时多采用错移工序。

(7) 切割。分割坯料或切除锻件余料的工序。常用于切除锻件的料头、钢锭的冒口等。

5.1.1.2 辅助工序

这是为基本工序操作方便而进行的预先变形工序，如压钳口、压肩、倒棱等。

5.1.1.3 精整工序

这是在完成基本工序之后，用以提高锻件表面质量及尺寸精度的工序，如校直、滚圆、平整等。

5.1.2 自由锻工艺规程的制订

制订工艺规程、填写工艺卡片是进行自由锻生产必不可少的技术准备工作，是组织生

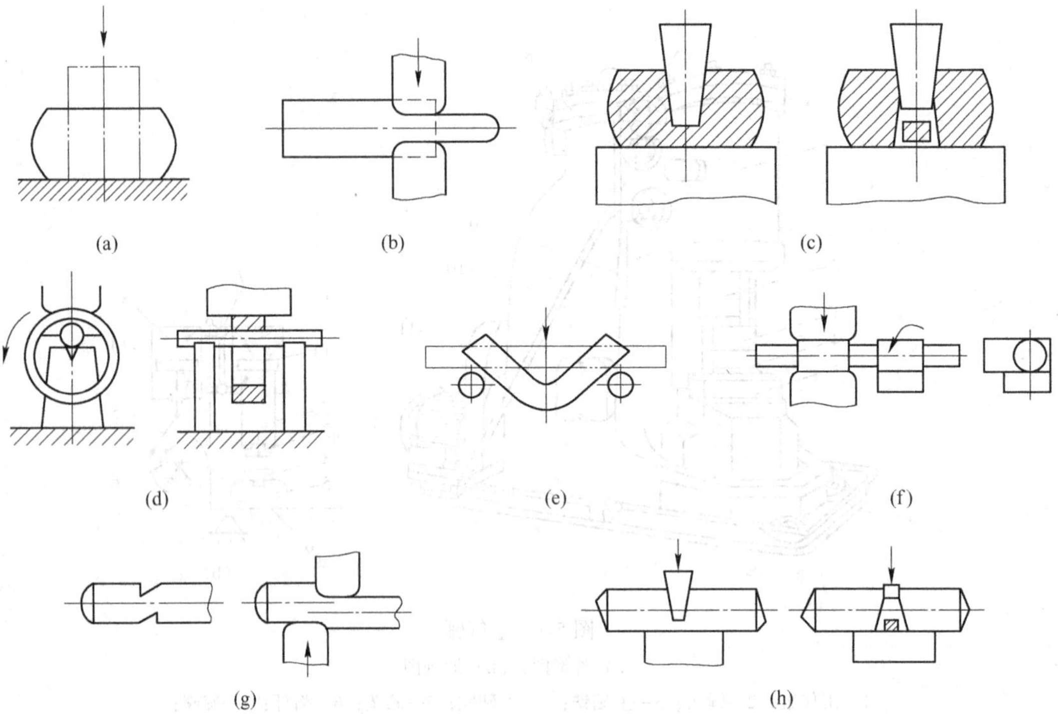

图 5-2 自由锻基本工序图

(a) 镦粗；(b) 拔长；(c) 冲孔；(d) 心轴上扩孔；(e) 弯曲；(f) 扭转；(g) 错移；(h) 切割

产过程、规定操作规范、控制和检查产品质量的依据。自由锻工艺规程包括以下主要内容。

5.1.2.1 绘制锻件图

锻件图以零件图为基础，结合锻造工艺特点绘制而成。绘制时主要考虑余块（也称为敷料）、加工余量和锻件公差。

(1) 余块。某些零件上的精细结构，如键槽、齿槽、退刀槽，以及小孔、不通孔、台阶等，难以用自由锻锻出，必须暂时添加一部分金属以简化锻件形状，这部分添加的金属称为余块。余块要在切削加工时予以切除，它虽然是必需的，却增加了金属消耗与切削加工工时，且切断纤维组织、降低锻件强度，所以应合理安排。

(2) 加工余量。由于自由锻件的精度和表面质量都较差，一般均需进一步切削加工，所以表面应留有加工余量。余量的大小与零件形状、尺寸等因素有关。余量过小，难以保证工件的几何尺寸和表面质量；过大则浪费金属、增加切削加工工时。加工余量的具体数值应根据有关手册和实际条件而定。

(3) 锻件公差。在锻造生产中，由于各种因素的影响，如工人技术水平、热态测量误差、锻件冷缩量估计误差等，使锻件实际尺寸不可能达到公称尺寸。锻件实际尺寸和公称尺寸之间允许的偏差，称为锻件公差。通常公差约为加工余量的1/4~1/3，具体数值可根据锻件形状和尺寸从有关手册中查出。

在锻件图上，锻件的外形用粗实线描绘，为了便于了解零件的形状和尺寸，一般用双点画线描绘出零件的形状，锻件的尺寸和公差标注在尺寸线上面，零件的尺寸加括号标注在尺寸线下面。在图上无法表示的某些条件，可写成技术条件加以说明。图 5-3（b）所示为自由锻件的锻件图。

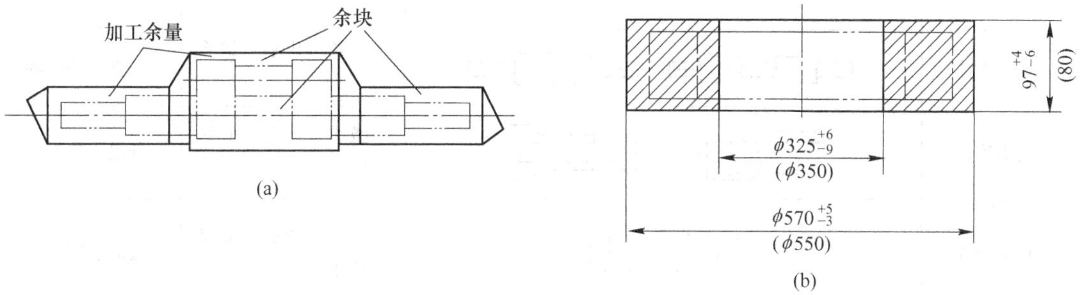

图 5-3 锻件图

（a）锻件的余块及加工余量；（b）锻件图公差

5.1.2.2 计算坯料质量和尺寸

配料质量可按下式计算：

$$G_{坯料} = G_{锻件} + G_{烧损} + G_{料头}$$

式中 $G_{坯料}$——坯料质量；

$G_{锻件}$——锻件质量；

$G_{烧损}$——加热中坯料表面因氧化而烧损的质量（第一次加热取被加热金属质量的 2%~3%，以后各次加热取 1.5%~2%）；

$G_{料头}$——锻造过程中冲掉或被切掉的那部分金属质量（如冲孔时坯料中被冲落的料芯，修切端部切除的金属质量；采用钢锭做坯料时，料头还包括切掉的钢锭头部和尾部金属的质量）。

确定坯料的尺寸时，首先根据材料的密度和坯料质量计算出坯料的体积，然后再根据基本工序的类型（如锻粗、拔长）及锻造比计算出坯料横截面积、直径、边长等尺寸。对于以钢锭作为坯料，并采用拔长方法锻制的锻件，锻造比一般不小于 2.5~3。例如，当采用拔长方法锻造时，

$$A_{坯料} \geqslant \gamma A_{锻件}$$

式中 $A_{坯料}$——坯料最大横截面积；

$A_{锻件}$——锻件最大横截面积；

γ——拔长时的锻造比。

5.1.2.3 确定锻造工序

自由锻锻造的工序根据工序特点和锻件类型确定。一般锻件的大致分类及所用的工序见表 5-1。

工艺规程的内容还包括确定所用工夹具、加热设备、加热规范、加热次数、冷却规范、锻造设备和锻件的后续处理等。

表 5-1　自由锻件分类及锻造工序

锻件类型	图　例	锻造工序	实例
盘类锻件	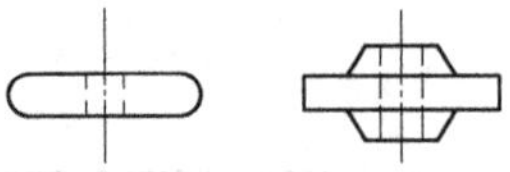	镦粗、冲孔	齿圈、法兰
轴类锻件	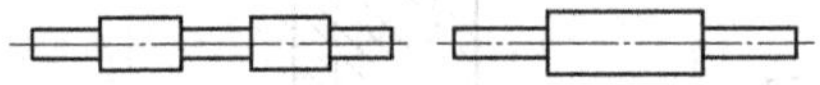	拔长、压肩、锻台阶	主轴、传动轴
筒类锻件	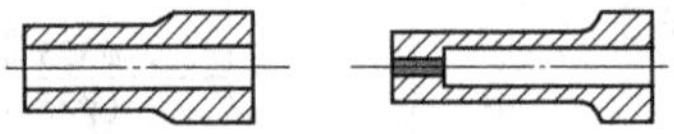	镦粗、冲孔、心轴上拔长	圆筒、套筒
环类锻件	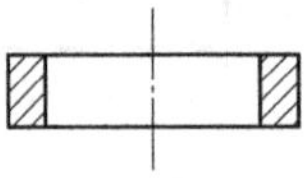	镦粗、冲孔、心轴上扩孔	套筒、圆环
曲轴类锻件	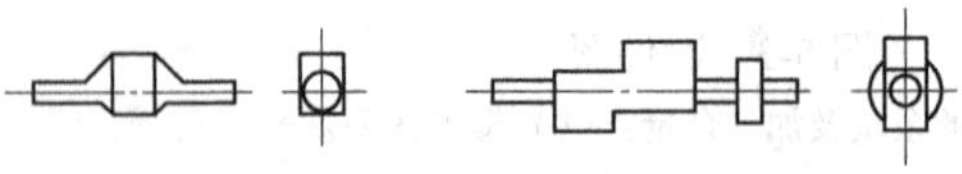	拔长、错移、压肩、锻台阶、扭转	曲轴、偏心轴
弯曲类锻件	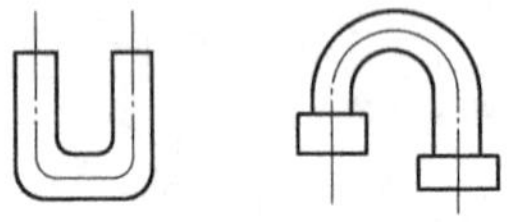	拔长、弯曲	吊钩、弯杆

5.1.3　自由锻锻件的结构工艺性

设计自由锻锻件时，除应满足使用性能要求之外，还必须考虑自由锻成型的特点、锻件外形结构的复杂程度受到的限制。许多在铸造中合理的零件结构，在自由锻中很难锻出，甚至不能实现。因此，在设计自由锻锻件时，应考虑自由锻锻件的工艺性，使锻件结构合理，以达到锻造方便、节约金属、保证质量和提高生产率的目的。

（1）尽量避免锥体和斜面结构。锻造具有锥体或斜面结构的锻件时，需用专门工具，耗费工时多，质量不易保证，应尽量避免。在使用要求允许的前提下，宜用圆柱体代替锥体，用平面代替斜面，如图 5-4 所示。

（2）避免曲面相交的空间曲线。锻件由数个几何体构成时，几何体的交接处不应形成空间曲线。如图 5-5（a）所示的结构采用自由锻方法极难成型，应改成平面与圆柱、平面与平面相接的结构，如图 5-5（b）所示。

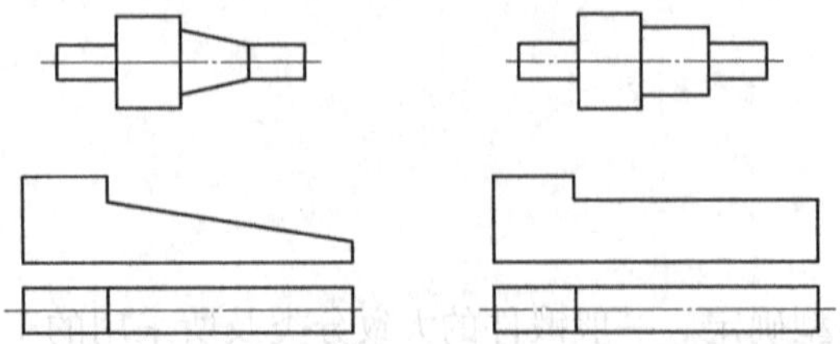

(a)　　(b)

图 5-4　轴类、平面类锻件结构

（a）工艺性差的结构；（b）工艺性好的结构

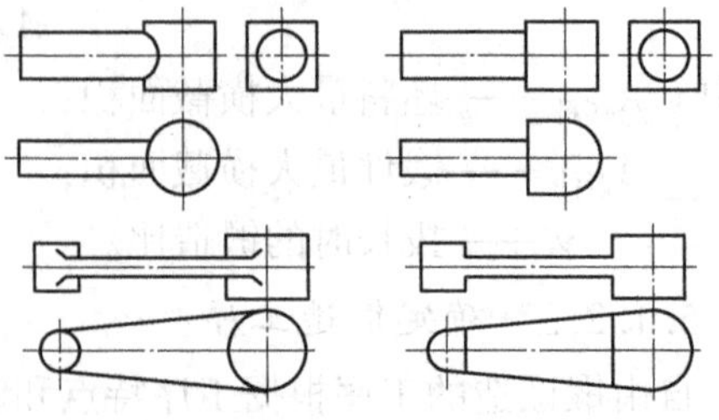

(a)　　(b)

图 5-5　杆类锻件

（a）工艺性差的结构；（b）工艺性好的结构

(3) 避免加强肋、凸台、工字形截面或空间曲线形表面。如图 5-6 (a) 所示的锻件结构难以用自由锻方法获得，如果采用特殊工具或特殊工艺措施，必将降低生产率，增加生产成本，应将锻件结构改成如图 5-6 (b) 所示的结构。

(4) 合理采用组合结构。锻件的横截面积有急剧变化或形状复杂时（图 5-7 (a)），应分解成几个容易锻造的简单部分，再用焊接或机械连接方式构成整体件（图 5-7 (b)）。

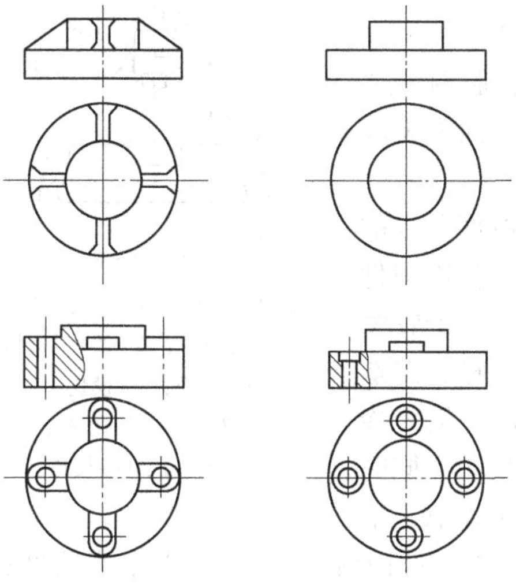

(a)　　(b)

图 5-6　盘类锻件结构

(a) 工艺性差的结构；(b) 工艺性好的结构

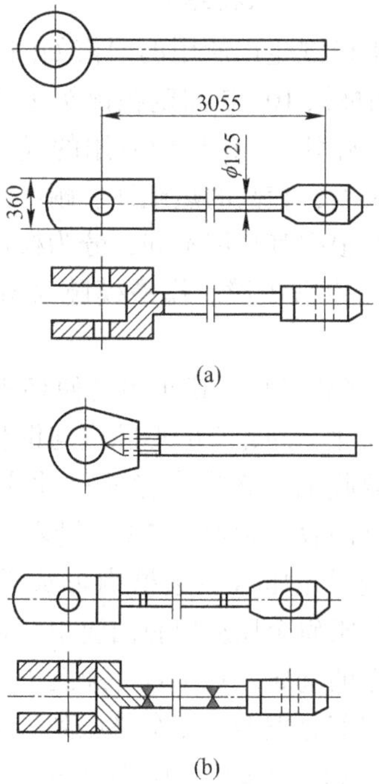

图 5-7　复杂件结构

(a) 工艺性差的结构；(b) 工艺性好的结构

5.2 模　　锻

模锻是在高强度金属锻模上预先制出与锻件形状一致的模膛，使坯料在模膛内受压变形，由于模膛对金属坯料流动的限制，因而锻造终了时能得到和模膛形状相符的锻件。

与自由锻相比，模锻的优点是，操作简便，生产率高；可以锻造形状较复杂的锻件；锻件的尺寸精确、表面较光洁，因而机械加工余量小，材料利用率高，成本较低；而且可使锻件的金属纤维组织分布更加合理，进一步提高零件的使用寿命。

但模锻设备投资大，锻模成本高，生产准备周期长，锻件的质量受到模锻设备吨位的限制，一般在 150kg 以下。因此，模锻不适合于单件小批生产，而适合于中小型锻件的大批量生产。模锻生产在汽车、拖拉机、飞机和动力机械等工业中得到广泛应用。按质量计算，飞机上的锻件中模锻件占 85%，坦克上占 70%，汽车上占 80%，机车上占 60%。

模锻按使用设备的不同，可分为锤上模锻、压力机上模锻、胎模锻。

5.2.1 锤上模锻

锤上模锻是将上模固定在锤头上，下模紧固在模垫上，通过随锤头作上下往复运动的上模，对置于下模中的金属坯料直接锻击，来获取锻件的锻造方法。锤上模锻所用设备为模锻锤，由它产生的冲击力使金属变形。

5.2.1.1 锻模结构

锤上模锻生产所用的锻模如图5-8所示。上模2和下模4分别用楔铁10、7固定在锤头1和模垫5上，模垫用楔铁6固定在砧座上。锻模由专用的模具钢加工制成，必须具有足够的强度，较高的热硬性、耐磨性和耐冲击性能。

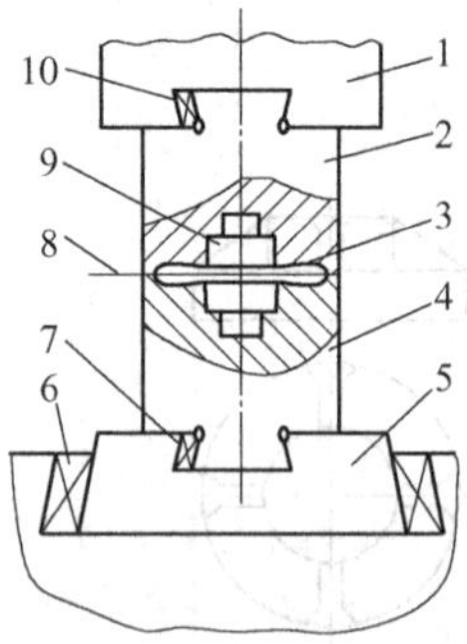

图5-8 锤上模锻用锻模

1—锤头；2—上模；3—飞边槽；4—下模；5—模垫；6，7，10—紧固楔铁；8—分型面；9—模膛

模膛根据其功用不同，分为模锻模膛和制坯模膛两种。

（1）模锻模膛。模锻模膛又分为终锻模膛和预锻模膛两种。

1）终锻模膛，其作用是使坯料最后变形成锻件要求的形状和尺寸，因此它的形腔应与锻件的外形相同。但因锻件冷却时要收缩，终锻模膛的尺寸应比锻件尺寸大一个收缩量。钢件的收缩量取1.5%。沿着模膛四周有飞边槽，锻造时部分金属先压入飞边槽内形成毛边，毛边很薄，最先冷却，可以阻碍金属从模膛内流出，促使金属充满模膛，同时容纳多余的金属。对于具有通孔的锻件，由于不可能靠上下模的凸起部分把金属完全挤压到旁边去，故终锻后会在孔内留下一薄层金属，称为冲孔连皮（图5-9），需锻后利用压力机上的切边模将冲孔连皮和飞边去除。

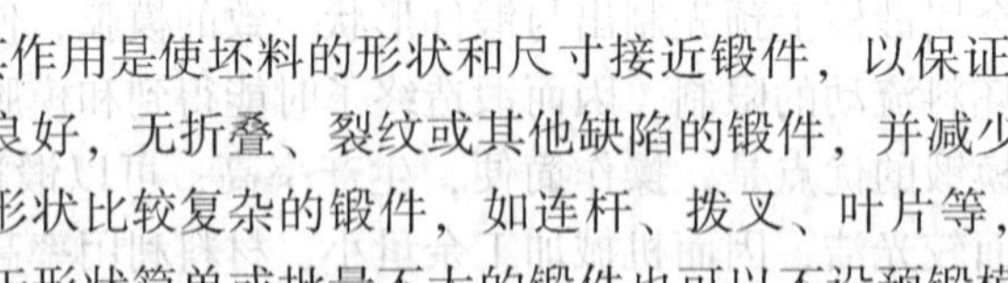

图5-9 带有冲孔连皮及飞边的模锻件

1—飞边；2—分型面；3—冲孔连皮

2）预锻模膛，其作用是使坯料的形状和尺寸接近锻件，以保证终锻时金属容易充满终锻模膛，获得成形良好，无折叠、裂纹或其他缺陷的锻件，并减少终锻模膛的磨损，提高其使用寿命。对于形状比较复杂的锻件，如连杆、拨叉、叶片等，当生产批量较大时，常采用预锻模膛；对于形状简单或批量不大的锻件也可以不设预锻模膛。预锻模膛的尺寸和形状与终锻模膛近似，只是预锻模膛的高度应比终锻模膛大些，而宽度应小些，模锻的拔模斜度和圆角半径稍大，同时由于预锻模膛没有飞边槽，其模膛容积应稍大于终锻模膛。

（2）制坯模膛。对于形状复杂的模锻件，原始坯料进入模锻模膛前，应先放在制坯模膛制坯，按锻件最终形状作初步变形，使金属合理分布并能很好地充满模锻模膛。制坯模膛有以下几种：

1）拔长模膛。用来减小坯料某部分的横截面积，以增加该部分的长度（图 5-10（a））。操作时，一边送进坯料，一边翻转。

2）滚压模膛。用来减小坯料某部分的横截面积，以增加另一部分的横截面积，使其按模锻件的形状来分布（图 5-10（b））。操作时需不断翻转坯料，但不做送进运动。

3）弯曲模膛。对于弯曲的杆状锻件，需用弯曲模膛来弯曲坯料（图 5-10（c））。

4）切断模膛。它是由上模与下模的角部组成的一对刃口，用来切断金属（图 5-10（d））。单件锻造时，用它从坯料上切下锻件或从锻件上切下钳口；多件锻造时，用它来分割成单件。

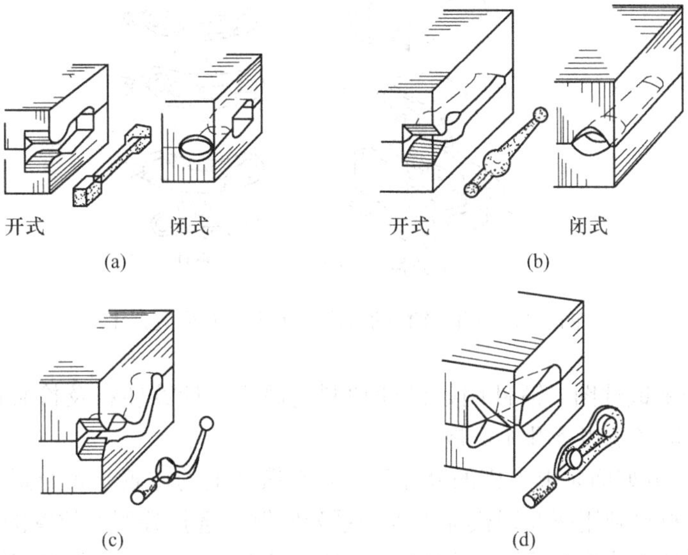

图 5-10　制坯模膛的种类
（a）拔长模膛；（b）液压模膛；（c）弯曲模膛；（d）切断模膛

除以上几种之外，还有成型模膛、镦粗台和击扁面等制坯模膛。

根据模锻件的复杂程度不同、所需变形的模膛数量不等，可将锻模设计成单膛锻模和多膛锻模。单膛锻模是在一副锻模上只具有终锻模膛，如齿轮坯模锻件就可将圆柱形坯料直接放入单膛锻模中成型；多膛锻模是在一副锻模上具有两个以上模膛的锻模。图 5-11 所示是弯曲连杆的锻模（下模）及模锻工序图。锻模上共有 5 个模膛，坯料经过拔长、滚压、弯曲 3 个制坯模膛的变形工序后，已初步接近锻件的形状，然后再用预锻和终锻模膛制成带有毛边的锻件，最后还需在压力机上用切边模将毛边切除，获得所需外形的锻件。

锤上模锻虽然具有投资较少、锻件质量较好、适应性强、可以实现多种变形工步、锻制不同形状的锻件等优点。但由于锤上模锻振动大、噪声大，完成一个变形工步往往需要经过多次锤击，故难以实现机械化和自动化，生产率在模锻中相对较低。

5.2.1.2　模锻工艺规程的制订

模锻工艺规程包括绘制锻件图、计算坯料质量和尺寸、确定模锻工步、选择设备及安排修整工序等。

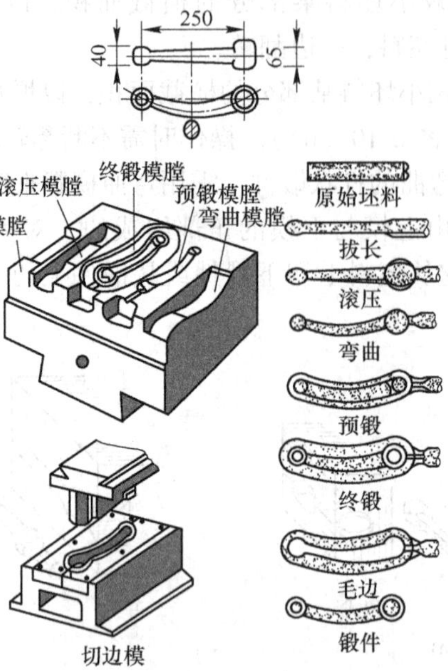

图 5-11 弯曲连杆的锻模（下模）及模锻工序

(1) 绘制模锻锻件图。锻件图是设计和制造锻模、计算坯料及检验锻件的依据。绘制模锻锻件图时应考虑以下几个问题：

1) 分型面。分型面是上下模的分界面。它在锻件上的位置是否合适，关系到锻件成形、锻件出模、材料利用率及锻模加工等一系列问题。选择分型面位置的原则是：

①要保证锻件能从模膛中顺利取出。一般情况下，分型面应选在模锻件的最大截面处。若选如图 5-12 所示中的 *a*—*a* 面为分型面时，锻件就无法取出。

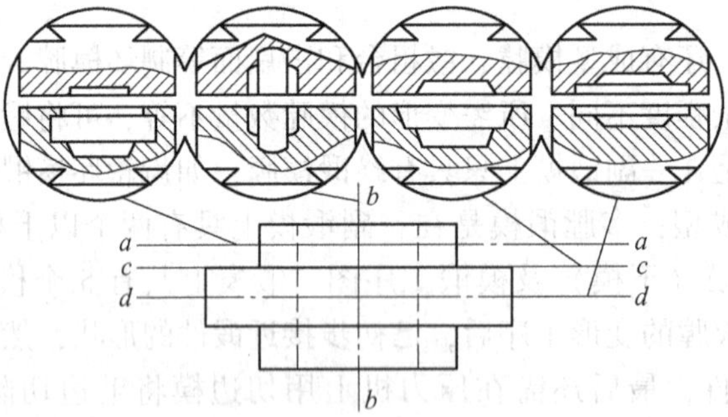

图 5-12 分型面选择比较

②选定的分型面应使零件上所加的余块最少，以节省金属材料。若选图 5-12 中 *a*—*a* 面为分型面，零件中间的孔不能锻出，孔部金属都是余块，既浪费金属、降低了材料的利用率，又增加了切削加工工作量，所以该面不宜选作分型面。

③为了便于锻模的机械加工和锻件的切边，同时也为了节约金属材料，盘类锻件的高度小于或等于直径时，应取径向分模（图 5-12 中 *c*—*c* 面），而不宜用轴向分模（图 5-12

中 b—b 面)。因径向分模的锻模型槽可车削加工，效率高，切边模刃口形状简单，制造方便；径向分模还可锻出内腔，节约金属。但当高度与直径之比较大时，若仍采用径向分模，则会因模具高度尺寸太大，锻造困难，锻锤打击能量下降，需要的出模力也大。

④为使锻模结构尽量简单和便于发现上下模在模锻过程中的错移，应尽可能采用直线分模，并使上下两模沿分型面的模膛轮廓一致。若选如图 5-12 所示中 c—c 面为分型面，则不便于发现错移。

但对于头部尺寸明显偏大的锻件（图 5-13），最好用折线分模而不用直线分模，这样可使上下模膛深度大致相等，有利于整个锻件填充成形。

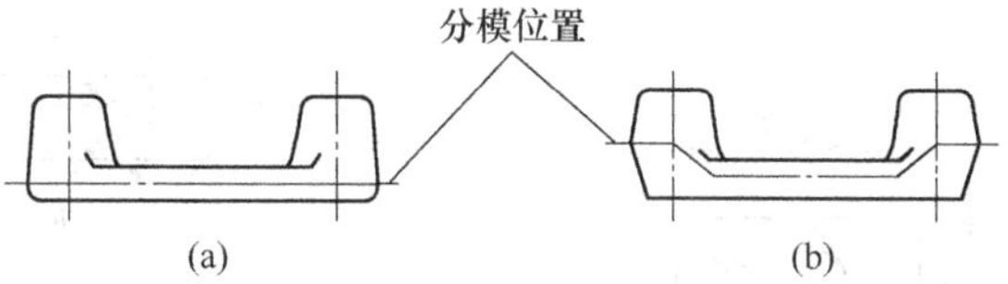

图 5-13　直线分模与折线分模

（a）直线分模；（b）折线分模

⑤考虑到锻件工作时的受力情况，应使纤维组织与最大切应力方向垂直，如图 5-14 所示。

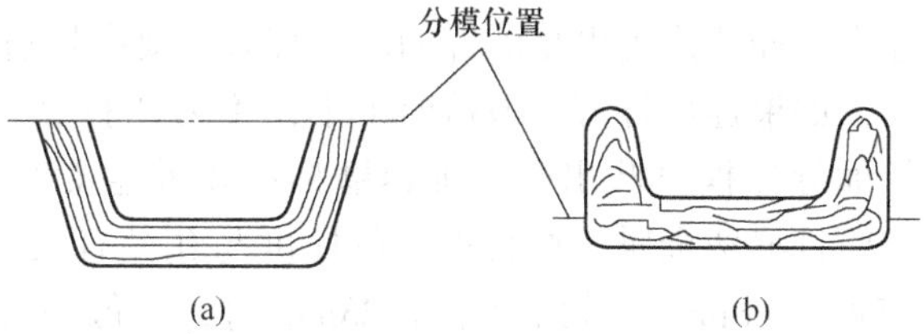

图 5-14　有纤维组织方向要求的锻件分模位置

（a）正确；（b）不正确

⑥锻件较复杂的部分应尽可能安排在上模。因为金属流动的惯性作用，上模充型效果比下模要好得多。

按上述原则综合分析，选用如图 5-12 所示 d—d 面为分型面最为合理。

2）加工余量和锻件公差。模锻件的余量和公差含义与自由锻件相同。模锻时由于坯料在模膛中成型，故锻件尺寸较精确、表面较光洁，因此，加工余量和公差比自由锻件小得多。加工余量一般在 1～4mm，公差一般为 0.3～3mm。具体数值可根据锻件轮廓尺寸、精度要求及锻件质量等查有关手册确定。

3）模锻斜度。模锻件的侧面，即平行于锤击力方向的表面必须具有一定的斜度（图 5-15)，称为模锻斜度。模锻斜度便于锻件从模膛中取出，但增加了金属消耗和机械加工量，因此应合理选择。对于锤上模锻，模锻斜度一般为 5°～15°，其值与模膛的深度和宽度之比（h/b）有关，h/b 大时，锻模斜度取较大值。内壁（当锻件冷却收缩时，锻件与模壁夹紧的表面）斜度的值比外壁（当锻件冷却收缩时，锻件与模壁分离的表面）斜度大 2°～5°。

4）模锻圆角半径。模锻件上凡是面与面相交处都应作成圆角，如图 5-16 所示。锻件的外圆角半径（r）对应模具型槽的内圆角，有助于金属流动而充满模膛，还可避免锻模在凹入的尖角处产生应力集中造成裂纹；锻件的内圆角半径（R）对应模具型槽上的外圆角，可以缓和金属充型时的剧烈流动，减缓锻模外角处的磨损，提高锻模的使用寿命，还可以防止因剧烈变形造成金属纤维组织被割断（转角处发生内裂），导致锻件力学性能下降。一般模锻件外圆角半径取 1.5～12mm，内圆角半径比外圆角半径大 2～3 倍。模膛深度越深，圆角半径值越大。为了便于制模和锻件检测，圆角半径尺寸已经形成系列，其标准是 1mm、1.5mm、2mm、2.5mm、3mm、4mm、5mm、6mm、25mm 和 30mm 等。

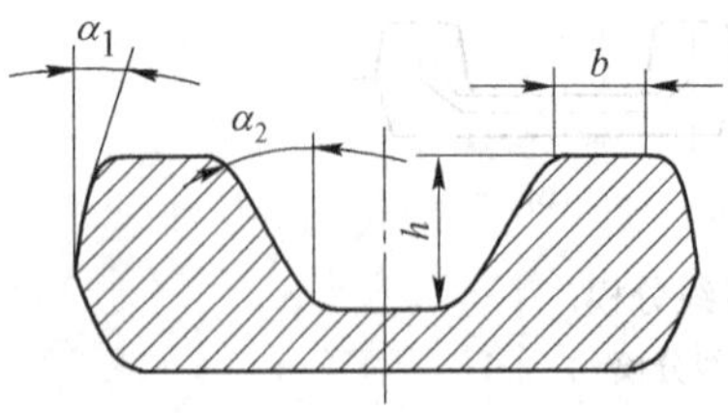

图 5-15　模锻斜度

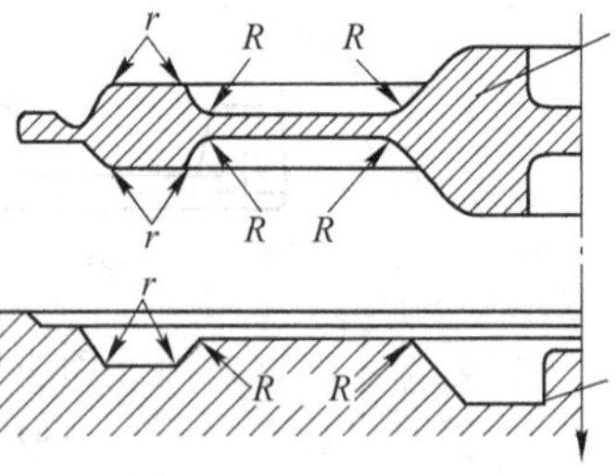

图 5-16　模锻圆角半径

5）冲孔连皮。模锻件的孔径大于 25mm 时，孔应锻出，但由于模锻无法锻出通孔，故需在孔中留出冲孔连皮。冲孔连皮也是锻件的多余部分，要在切边压力机上与飞边一起切除。连皮厚度应适当，如果连皮过薄，锻造时上下模不易“打靠”，容易发生锻不足并要求较大的打击力，从而导致模具凸出部分加速磨损；如果连皮太厚，则因冲除连皮困难，容易使锻件变形，而且浪费金属。冲孔连皮的厚度与孔径有关，当孔径为 25～80mm 时，冲孔连皮的厚度应取 4～8mm；当孔径小于 25mm 时，一般不锻出，因为孔径越细、冲孔连皮越薄时，冲头越容易损坏。

上述各参数确定后，便可绘制锻件图。图 5-17 所示为齿轮坯的模锻锻件。分型面选在锻件高度的中部。零件轮辐部分不加工，故不留加工余量。图中内孔中部的两条水平直线为冲孔连皮切除后的痕迹线。

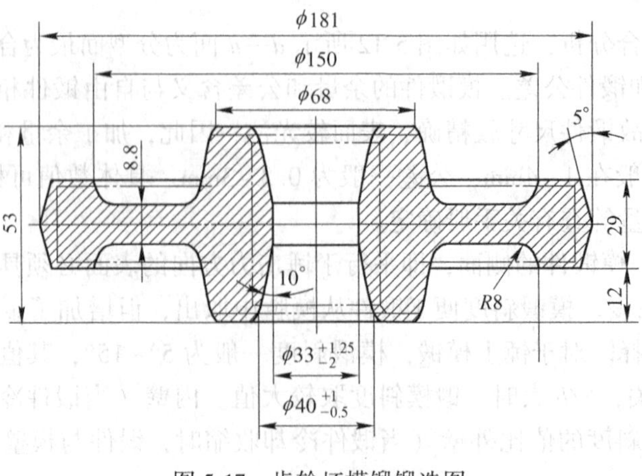

图 5-17　齿轮坯模锻锻造图

（2）计算坯料质量和尺寸。计算步骤与自由锻件相似。坯料质量包括锻件、飞边、冲孔连皮、钳口料头以及加热产生的氧化皮等的质量。其中，飞边的多少与锻件的形状和大小有关，一般为锻件质量的 20%～25%；氧化皮质量约占锻件和飞边质量总和的 2.5%～4%。

（3）确定模锻工步。模锻工步主要根据锻件的形状与尺寸确定。根据已确定的工步即可设计出制坯模膛、预锻模膛及终锻模膛。模锻件按形状可分为两类，即长轴类零件与盘类零件。长轴类零件的长度与宽度之比较大，如阶梯轴、连杆等；盘类零件在分型面上的投影多为圆形或近于矩形，如齿轮、法兰盘等。

1）长轴类模锻件。常用的工步有拔长、滚压、弯曲、预锻和终锻等。坯料的横截面积大于锻件的最大横截面积时，选用拔长工步；而当坯料的横截面积小于锻件的最大横截面积时，选用滚压工步；锻件的轴线为曲线时，还应选用弯曲工步；当大批量生产形状复杂、终锻成型困难的锻件时，还需选用预锻工步，最后在终锻模膛中模锻成型。对于小型长轴类锻件，为了减少钳口料和提高生产率，常采用一根棒料上锻造数个锻件的方法，锻好后利用切断工步，将锻件分离。

2）盘类模锻件。常用镦粗、终锻等工序。对于形状简单的盘类零件，可只用终锻工步直接成型；对于形状复杂，有深孔或有高肋的锻件，则应增加镦粗、预锻等工步。

（4）确定修整工序。包括切边、冲孔、热处理、清理、校正等。

1）切边与冲孔。模锻件上的飞边及冲孔连皮需在压力机上进行切除。

切边与冲孔可以在热态或冷态下进行。对于大、中型锻件应在终锻以后趁热放入另一台装有切边冲孔模的压力机上进行热切和热冲（图 5-18）。热切和热冲所需冲裁力小，但锻件容易变形；对于小型锻件和精度要求较高的锻件，则在模锻后集中进行冷切和冷冲。

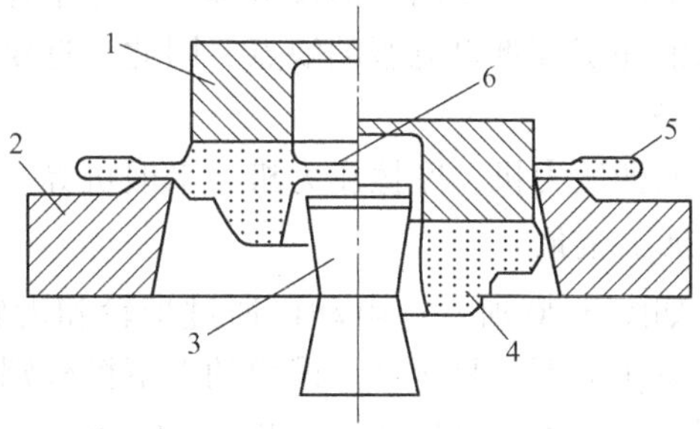

图 5-18　冲孔切边复合模

1—凹凸模；2—切边凹模；3—冲孔凸模；4—锻件；5—飞边；6—冲孔连皮

2）热处理。目的是消除模锻件的晶粒不均、加工硬化和残余应力，以达到所需的力学性能。常用的热处理方法为正火或退火。

3）清理。为了提高模锻件的表面质量，模锻件需去除在生产中产生的氧化皮、所沾油污及毛刺等其他表面缺陷。

4）校正。上述修整工序过程中均可能引起锻件变形，因此需做最后校正。校正可在原来的终锻模膛或摩擦压力机的校正模上进行。

5.2.1.3　模锻件的结构工艺性

设计模锻件时，应考虑模锻的工艺特点，使结构合理，易于锻造成型。

（1）应设计合理的分型面位置、模锻斜度、模锻圆角半径。

（2）为了使金属容易充满模膛和减少模锻工步，锻件形状应力求简单、平直和对称，并避免截面尺寸差别过大和薄壁、高肋、凸起等结构。最小与最大截面积之比应大于0.5。图5-19（a）所示的锻件最小与最大截面尺寸差别过大，凸缘太薄、太高；图5-19（b）所示的锻件扁而薄，金属易于冷却，不易充满模膛；图5-19（c）所示的锻件有一个高而薄的凸缘，金属充型和取出锻件都较困难；如改成如图5-19（d）所示形状，则容易锻造。

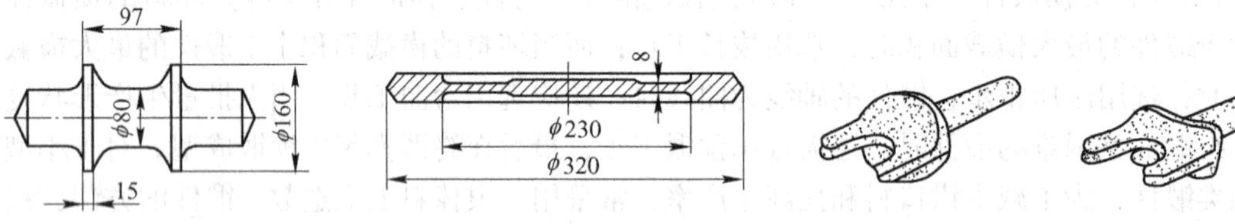

(a)　(b)　(c)　(d)

图5-19　模锻件结构工艺性

（a）锻件截面尺寸差别过大；（b）锻件截面尺寸过薄；（c）不合理锻件；（d）合理锻件

（3）应避免深孔或多孔结构。锻件上直径小于25mm的孔或深度大于直径2倍的孔，均不易锻出，只能设计余块，锻后机械加工成型。

（4）为减少余块，简化模锻工艺，在可能的条件下，应采用锻-焊组合工艺。

5.2.2　压力机上模锻

锤上模锻尽管在锻造生产中广泛应用，但模锻锤在工作中存在振动和噪声大、劳动条件差、蒸汽效率低、能源消耗多等难以克服的缺点。因此，近年来特别是大吨位的模锻锤有逐步被压力机取代的趋势。

常用的模锻压力机有曲柄压力机、摩擦压力机、平锻机等。

5.2.2.1　曲柄压力机上模锻

曲柄压力机传动系统如图5-20所示。电动机通过带轮和齿轮副的传动，带动曲柄转动，通过连杆使滑块沿导轨作上下往复运动。锻模的上下模分别安装在滑块和楔形工作台上。滑块和工作台内分别装有上顶杆（图中未画出）和下顶杆，用来从模膛中推出锻件。曲柄滑块机构的运动是靠摩擦离合器的作用，停止由制动器控制。

曲柄压力机的吨位是用滑块运行到接近最低位置时产生的最大压力来表示，一般是2000~120000kN。

曲柄压力机上模锻具有下列主要特点：

（1）滑块的行程固定，坯料变形在一次行程内完成，加之机架刚度大、导轨与滑块的间隙小、装配精度高，上下模能够准确合在一起，不产生错动，故锻件的尺寸精度高。

（2）滑块运行速度低（0.25~0.5m/s），作用力是静压力，金属在模膛内流动较慢，这对低塑性合金的成型十分有利。而且变形抗力由机架本身承受，不传给地基，因此工作时无振动、噪声小、劳动条件好。

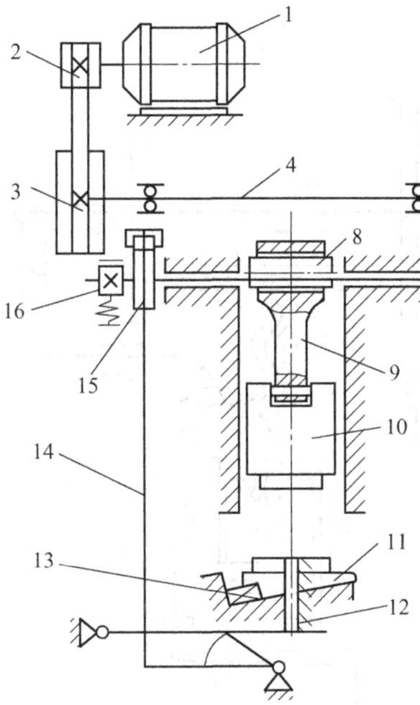

图 5-20 曲柄压力机传动系统图

1—电动机；2—小带轮；3—大带轮；4—传动轴；5—小齿轮；6—大齿轮；
7—摩擦离合器；8—曲柄；9—连杆；10—滑块；11—楔形工具台；12—下顶杆；
13—楔铁；14—顶料连杆；15—凸轮；16—制动器

(3) 设有上下顶出机构，能使锻件自动脱模，因此比锤上模锻的锻模斜度小，生产率高，且便于实现机械化和自动化。

(4) 由于一次行程就使上下模闭合，若采用一次成型，坯料难以充满终锻模膛，且氧化皮也无法清除，因此，曲柄压力机上模锻多采用多膛锻模，使坯料经过制坯—预锻—终锻几个工步完成模锻过程。

(5) 由于曲柄压力机的滑块行程和压力不能随意调节，不宜进行拔长、滚压等制坯工步，因此生产轴类锻件时需先在辊锻机上轧出周期断面坯料，再在曲柄压力机上模锻。

(6) 由于冲击较小，锻模可采用镶块式锻模，以节省贵重模具钢。

曲柄压力机上模锻虽然具有锻件精度高、节约金属、生产率高、劳动条件好等优点，但其设备复杂、造价高。由于不便于脱除氧化皮，常需无氧加热，有时还需采用其他设备来制坯，因此，曲柄压力机模锻主要用于具有现代辅助设备的大厂模锻件的大批量生产。

5.2.2.2 摩擦压力机上模锻

摩擦压力机的传动系统如图 5-21 所示。当利用操纵手柄使摩擦轮向左或向右移动时，两个摩擦轮之一就与飞轮接触，带动飞轮和螺杆旋转。由于两个摩擦轮引起的飞轮转向不同，便使螺杆下端的滑块上下运动，从而实现模锻生产。上模装在滑块下端，下模固定在工作台上。工作台下装有顶出机构（图中未画出），用以顶出长杆类锻件。

摩擦压力机主要靠飞轮、螺杆和滑块向下运动时积蓄的能量来工作的，其吨位用滑块到达工作行程终点时所产生的压力来表示，一般为 800~3500kN。

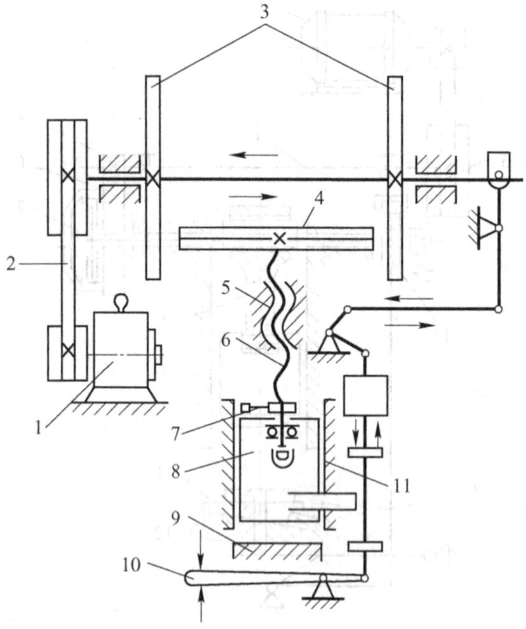

图 5-21 摩擦压力机传动系统图

1—电动机；2—带传动；3—摩擦轮；4—飞轮；5—螺母；6—螺杆；7—制动装置；
8—滑块；9—工作台；10—操纵手柄；11—导轨

摩擦压力机上模锻具有下列主要特点：

(1) 摩擦压力机工作过程中滑块运动速度为 0.5~1mm/s，具有一定的冲击作用，且滑块行程可控，因而可实现轻打、重打，可在一个模膛内进行多次锻打。其不仅能满足模锻各种主要成型工序的要求，还可以进行弯曲、压印、热压、静压、切飞边、冲连皮及校正等工序。

(2) 由于滑块打击速度较锻锤低，故金属变形过程中再结晶能较充分地进行，这对于一些低塑性合金钢和非铁合金材料（如铜合金）的锻压非常适宜，但也因此其生产效率较低。

(3) 摩擦压力机螺杆承受偏心载荷的能力差，一般用于单膛锻模，加预锻模膛时两模膛的中心距不应超过螺杆的节圆半径。复杂锻件需在自由锻设备或其他设备上制坯。

摩擦压力机的优点是结构简单、质量轻、容易制造、维修方便、节省动力、使用费低廉、基建要求不高、工艺用途广泛；缺点是生产率低、吨位较小。因此适合于中小型锻件的小批或中批生产。

5.2.2.3 平锻机上模锻

平锻机的工作原理与曲柄压力机相似，从电动机开始到主滑块的往复运动，也是通过曲柄滑块机构实现的。与普通曲柄压力机的主要区别是主滑块在水平方向运动，故又称卧式锻造机。

平锻机的吨位以主滑块的最大压力来表示，一般为 500~31500kN。

图 5-22（a）所示为平锻机的传动图。电动机的转动传至曲轴后，通过主滑块带动凸模做纵向往复运动，同时又通过凸轮、杠杆带动活动凹模作横向往复运动。挡料板通过辊子与主滑块的轨道相连，当主滑块向前运动时，轨道斜面迫使辊子上升，并使挡料板绕其轴线转动，挡料板末端便移至一边，给凸模让出空位。

图 5-22（b）所示为平锻机的模锻过程图。模锻过程：（1）将一端加热的棒料放在固定凹模内，棒料前端的位置由挡料板决定。（2）在凸模与棒料接触之前，活动凹模已将棒料夹紧，而挡料板自动退出。（3）凸模继续运动将棒料一端镦粗，金属充满模膛。（4）滑块反向运动，凸模从模膛中退出，活动凹模松开，挡料板又回复到原来的位置上，锻件即可取出。上述过程是在曲柄回转一周的时间内完成的。

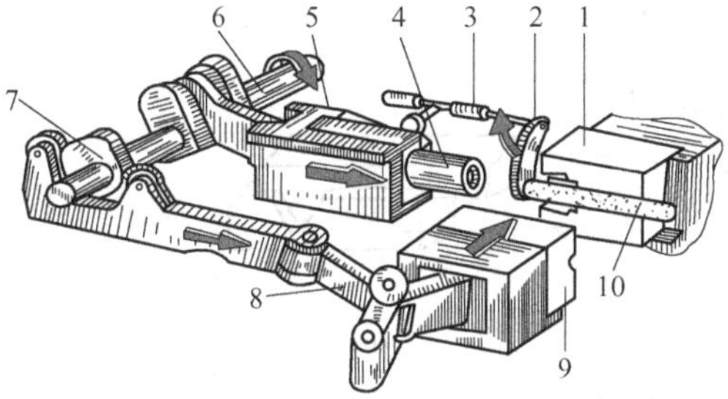

(a)

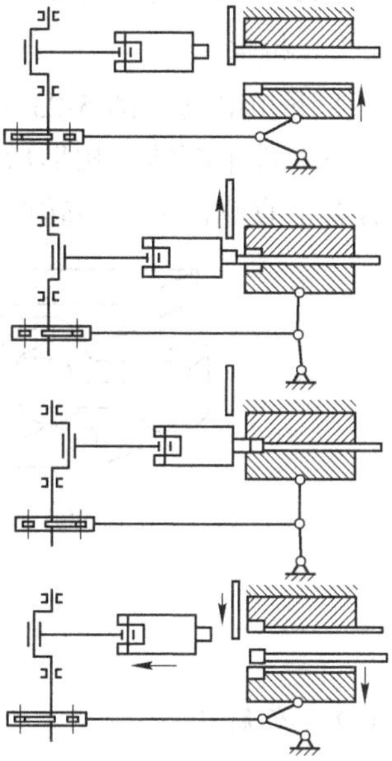

(b)

图 5-22　平锻机示意图

（a）传动图；（b）锻模过程

1—固定凹模；2—挡料板；3—辊子；4—凸模；5—主滑块；6—曲轴；7—凸轮；8—杠杆；9—活动凹模；10—坯料

由上可知，平锻机所用锻模由固定凹模、活动凹模和凸模三部分组成，具有两个相互垂直的分型面。

平锻机上模锻主要是利用凸模对棒料局部镦粗，以及成型、冲孔和切边等工作，还可利用两块凹模合模时的夹紧力对坯料进行弯曲、切断等，尤其是能锻造锻锤和曲柄压力机所不能锻造的带通孔或长杆类锻件。

平锻机上模锻具有以下特点：

（1）扩大了模锻的使用范围，可以锻出在空气锤和曲柄压力机上无法锻出的锻件。

（2）平锻机的结构刚度好，工作时无振动，滑块行程准确，锻件尺寸精度高，表面光洁。

（3）生产率高，每小时可生产 400~900 件。

(4) 能直接锻出通孔，无冲孔连皮，锻件毛边小，甚至没有，锻件外壁不需模锻斜度，故能减少金属的损耗，材料利用率可达 85%~95%。

(5) 平锻机的造价较高，要求坯料尺寸精确，锻件形状有局限性，一般不宜平锻非回转体和中心不对称的锻件。

5.2.3 胎模锻

胎模锻是在自由锻设备上使用可移动模具生产模锻件的一种锻造方法。所用模具称为胎模，其结构简单、形式多样，且不固定在锤头和砧座上，只在使用时才放上去。一般选用自由锻方法制坯，然后在胎模中终锻成型。

胎模按其结构大致可分为扣模、套筒模及合模三种类型。

5.2.3.1 扣模

扣模由上下扣组成（图 5-23（a）），或只有下扣，上扣以上砧代替（图 5-23（b））。扣模中锻造时锻件不翻转，扣形后翻转 90°在锤砧上平整侧面。锻件不产生飞边及毛刺。扣模用于具有平直侧面的非回转体锻件的成型。

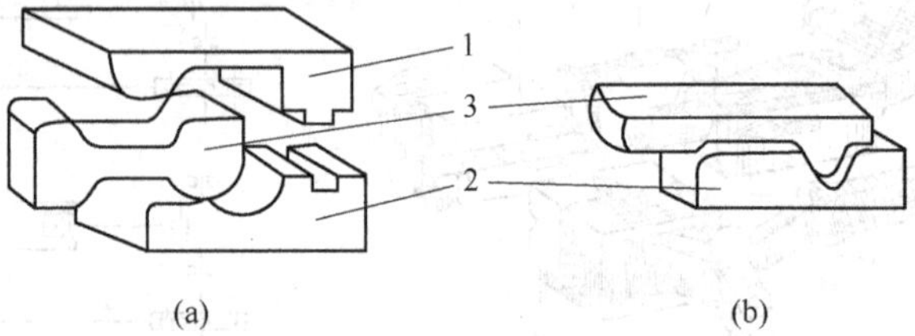

图 5-23 扣模

1—上扣；2—下扣；3—锻件

5.2.3.2 套筒模

套筒模简称套模，分开式套模和闭式套模两种。

(1) 开式套模。如图 5-24（a）所示，开式套模只有下模，上模以上砧代替。金属在模膛中成型，在上端面形成横向小毛边。开式套模主要用于法兰盘、齿轮等回转体锻件的最终成型或制坯，当用于最终成型时，锻件的端面必须为平面。

(2) 闭式套模。如图 5-24（b）所示，闭式套模由模套、冲头及垫模组成。与开式套模不同之处是，锤头的打击力通过冲头传给金属，使其在封闭模膛中变形，封闭模膛大小取决于坯料体积。闭式套模属于无毛边锻造，要求下料体积准确。主要用于端面有凸台或凹坑的回转体锻件的制坯与终锻成型，有时也可用于非回转体锻件。

5.2.3.3 合模

如图 5-25 所示，合模由上下模及导向装置组成。在上下模的分型面上环绕模膛开有飞边槽。金属在模膛中成型，多余金属流入飞边槽，锻后需将飞边切除。合模多用于生产形状较复杂的非回转体锻件，如连杆、叉形锻件等。

胎模锻与自由锻相比，具有生产率较高、锻件形状准确、精度较高、余块少、内部组织致密、纤维分布更符合性能要求等优点；与模锻相比，具有成本低、操作灵活、使用方便等优点。但胎模锻的锻件精度和生产率不如锤上模锻高，工人劳动强度较大，胎模使用寿命短。胎模锻一般用于小型锻件的中、小批量生产，在没有模锻设备的中小型工厂应用较广泛。

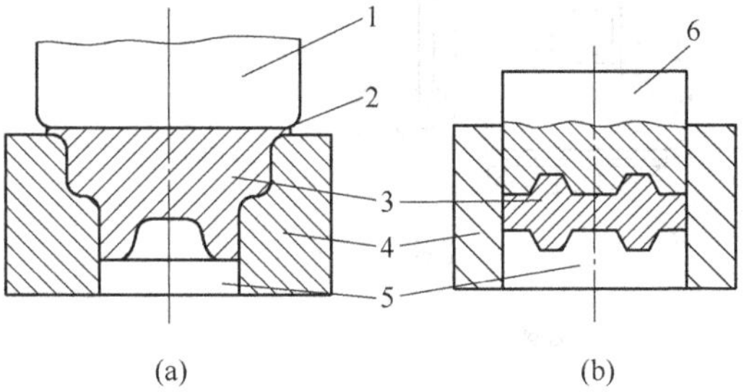

图 5-24　套模

（a）开式套模；（b）闭式套模

1—上砧；2—小毛边；3—锻件；4—模套；5—垫模；6—冲头

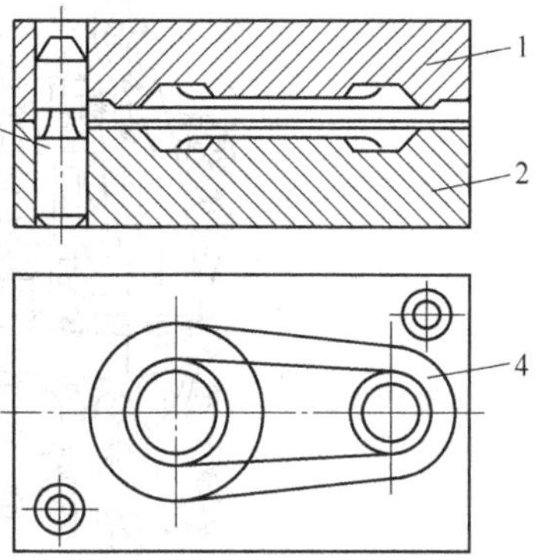

图 5-25　合模

1—上模；2—下模；3—导销；4—飞边

5.3　板料冲压

板料冲压是利用冲模使板料产生分离或变形，从而获得毛坯或零件的压力加工方法。板料冲压通常是在冷态下进行的，故又称为冷冲压。只有当板料厚度超过 8～10mm 时，才采用热冲压。

冲压加工的应用范围很广，既可冲压金属板料，也可冲压非金属材料；不仅能制造很小的仪表零件，而且能制造如汽车大梁等大型零件。在汽车、拖拉机、电机、电器、航空、仪表及日常生活用品等制造行业中，冲压加工都占有重要的地位。

板料冲压具有以下特点：

（1）可冲压形状复杂的零件，废料较少，材料利用率高。

（2）冲压件具有较高的尺寸精度和表面质量，互换性好，一般不必再经切削加工。

（3）可获得强度高、刚度大、质量轻的零件。

（4）操作简便，工艺过程便于机械化和自动化，生产率高、成本低。

（5）冲模制造复杂、周期长、费用高，所以只有在大批量生产的情况下，其优越性才能充分地显露出来。

（6）板料必须具有足够的塑性，且厚度受到一定的限制。

板料冲压所用设备主要有剪床和冲床两类。剪床是把板料切成一定宽度的条料，以供冲压工序使用。除剪切工作外，冲压工作主要在冲床上进行。冲床的传动一般采用曲柄滑块机构，将电动机的旋转运动转变为滑块的往复运动。冲床的吨位用滑块接近最低点时产生的最大压力来表示，单柱冲床的吨位为 40～4000kN，双柱冲床具有较高的结构稳定性，其吨位为 1600～40000kN。常见小型冲床的结构如图 5-26 所示。

电动机通过带传动带动大带轮（飞轮）转动，踩下踏板，离合器闭合并带动曲轴转

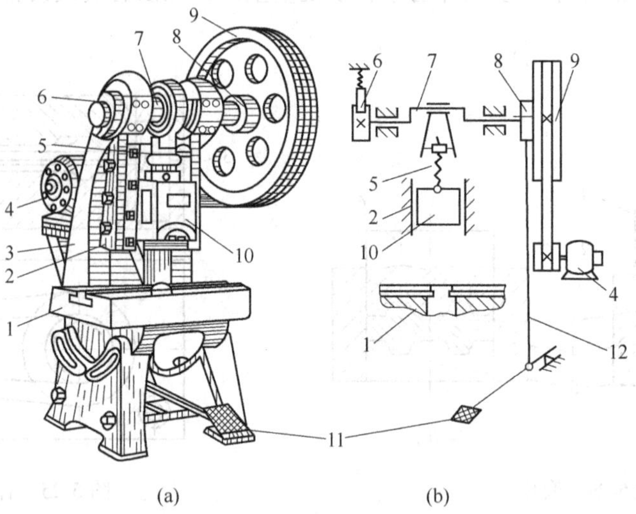

图 5-26 冲床

(a) 外形；(b) 传动系统

1—工作台；2—导轨；3—床身；4—电动机；5—连杆；6—制动器；7—曲轴；8—离合器；9—带轮；10—滑块；11—踏板；12—拉杆

动，再经过连杆带动滑块沿导轨作上下往复运动，进行冲压工作。如果将踏板踩下后立即抬起，离合器随即脱开，滑块冲压一次后便在制动器的作用下停止在最高位置上；如果踏板不抬起滑块就进行连续冲压。滑块和上模的高度以及冲程的大小可通过曲柄连杆机构进行调节。

板料冲压的基本工序可分为分离工序和成型工序两大类。

5.3.1 分离工序

分离工序是使板料的一部分与其另一部分产生分离的冲压工序，如冲裁、修整、切断等。

5.3.1.1 冲裁

冲裁是使板料沿封闭轮廓分离的工序。冲裁包括落料和冲孔两个具体工序，它们的模具结构、操作方法和分离过程完全相同，但各自的作用不同。落料时，从板料上冲下的部分是成品，而板料本身成为废料或冲剩的余料；冲孔是在板料上冲出所需要的孔洞，冲孔后的板料本身是成品，冲下的部分是废料。

(1) 冲裁变形过程。板料的冲裁过程分为如下三个阶段（图 5-27）：

1) 弹性变形阶段。冲头（凸模）接触板料后，开始使板料产生弹性压缩、拉伸与弯曲等变形。随着冲头继续压入，材料内的应力达到弹性极限。此时，凸模下的材料略有弯曲，凹模上的材料则向上翘，间隙越大，弯曲和上翘越严重。

2) 塑性变形阶段。当冲头继续压入，冲压力增加，材料内的应力达到屈服极限时便开始进入第二阶段，即塑性变形阶段。材料内部的拉应力和弯矩都增大，位于凸、凹模刃口处的材料硬化加剧，直到刃口附近的材料出现微裂纹，冲裁力达到最大值。材料出现微

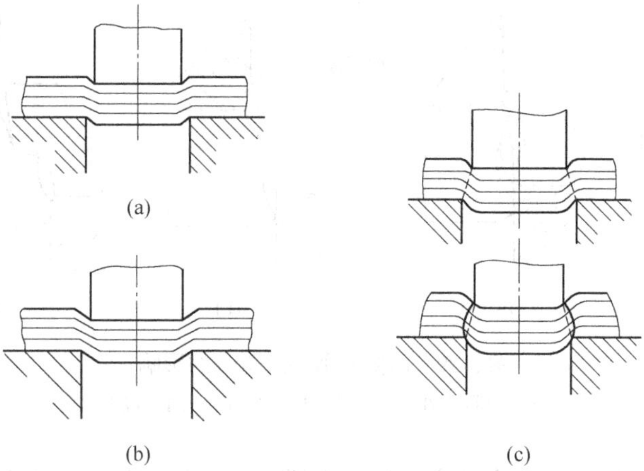

图 5-27 冲裁变形和分离过程

（a）弹性变形阶段；（b）塑性变形阶段；（c）断裂分离阶段

裂纹，说明材料开始破坏，因而塑性变形阶段结束。

3）断裂分离阶段。当冲头再继续深入时，已形成的上下微裂纹逐渐扩大并向内延伸，当上下裂纹相遇重合时，材料便被剪断分离。

冲裁件被剪断分离后，其断裂面的区域特征如图 5-28 所示。

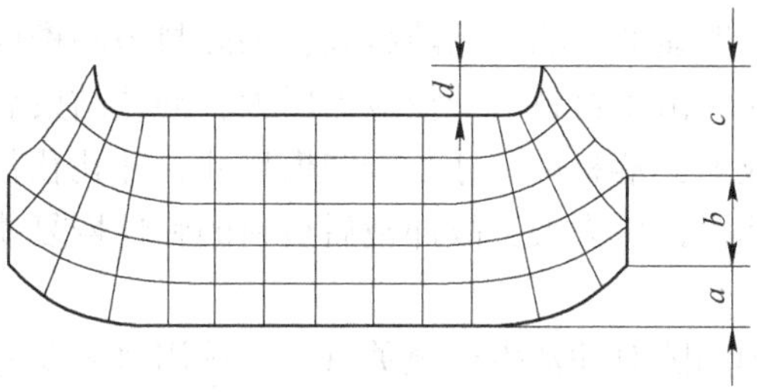

图 5-28 冲裁工件断裂面变形特征

a—塌角；b—光亮带；c—剪裂带；d—毛刺

冲裁件的断面上可以分为塌角、光亮带、剪裂带和毛刺 4 个部分。图 5-28 中 a 为塌角，形成塌角的原因是当冲头压入材料时，刃口附近的材料被牵连拉入变形的结果；图 5-28 中 b 为光亮带，是在塑性变形过程中由冲头挤压切入形成的，其表面很光滑，表面质量最佳；图 5-28 中 c 为剪裂带，是材料在剪断分离时形成的断裂表面，较粗糙并略带斜度；图 5-28 中 d 为毛刺，其中，光亮带所占比例越大，剪裂带占比例越小，冲裁质量越好，而各区所占比例取决于板料性能及厚度、凸凹模间隙、刃口锋利程度等因素。塑性较好的材料变形容易，裂纹不易扩展，剪裂带小，冲裁质量较好，因此，冲裁件通常采用低碳钢。

（2）冲裁模间隙。冲裁模间隙对冲裁件断面质量有极重要的影响，而且还影响模具使用寿命、冲裁力、卸料力、推件力和冲裁件的尺寸精度等。间隙过大或过小均将导致上下两方的剪裂纹不能相交重合于一线，如图 5-29 所示。

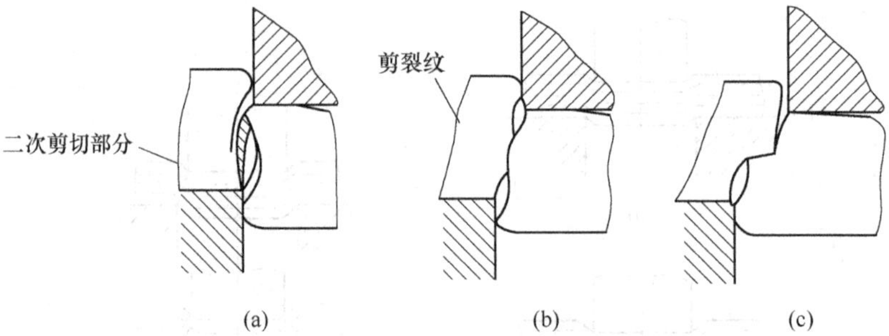

图 5-29 间隙对剪裂纹重合的影响
(a) 间隙过小；(b) 间隙适中；(c) 间隙过大

间隙过小时，材料中拉应力减小，压应力增大，裂纹产生受到抑制，凸模刃口附近的剪裂纹比正常间隙时向外错开一段距离，上下裂纹不能很好地重合，两裂纹中间的材料随着冲裁过程的进行将发生第二次剪切，并在断面上形成第二个光亮带，这时毛刺也增大；间隙过大时，材料中的拉应力增大，塑性变形阶段结束较早，凸模刃口附近的剪裂纹较正常间隙时向内错开一段距离，因此光亮带小，剪裂带和毛刺均较大；间隙控制在合理的范围内时，上下裂纹基本重合于一线，这时光亮带约占板厚的 1/3 左右，毛刺最小。

间隙的大小也是影响模具使用寿命的最主要的因素。冲裁过程中，凸模与被冲的孔之间、凹模与落料件之间均有摩擦，间隙越小，摩擦越严重，模具的使用寿命将降低。间隙对卸料力、推件力也有较明显的影响，间隙越大，则卸料力和推件力越小。

当凸凹模间隙较大时，由于材料所受拉应力增大，冲裁结束后，因材料的弹性恢复使冲裁件尺寸向实体方向收缩，落料件尺寸小于凹模尺寸，冲孔孔径大于凸模直径；当间隙过小时，由于材料受凸凹模挤压力大，故冲裁后材料的弹性恢复使落料件尺寸增大，冲孔孔径变小。

因此，正确选择合理间隙对冲裁生产至关重要。选用时主要考虑冲裁件断面质量和模具使用寿命这两个因素。当冲裁件断面质量要求较高时，应选取较小的间隙值。对冲裁件断面质量无严格要求时，应尽可能加大间隙，以利于提高冲模使用寿命。冲裁模间隙取决于板料材质和厚度，如板厚不大于 3mm 的低碳钢，冲裁模间隙一般取板厚的 7%～14%。

(3) 凸模与凹模刃口尺寸的确定。冲裁件尺寸和冲模间隙都取决于凸模和凹模刃口的尺寸，因此，正确地确定冲模刃口尺寸及其公差是冲模设计中一项重要的工作。

冲裁件的尺寸取决于其光亮带的横向尺寸，即对于落料件尺寸取决于凹模刃口尺寸，冲孔件尺寸取决于凸模刃口尺寸。

设计落料模时，先按落料件确定凹模刃口尺寸，取凹模作设计基准件，然后根据间隙确定凸模尺寸，即用缩小凸模刃口尺寸来保证间隙值；设计冲孔模时，先按冲孔件确定凸模刃口尺寸，取凸模作设计基准件，然后根据间隙确定凹模尺寸，即用扩大凹模刃口尺寸来保证间隙值。

冲模在使用过程中必然有磨损，落料件的尺寸会随凹模刃口的磨损而增大，而冲孔件的尺寸随凸模的磨损而减小。为了保证零件的尺寸要求，并提高模具的使用寿命，落料时，所取凹模刃口的尺寸应靠近落料件公差范围内的最小尺寸；而冲孔时，所取凸模刃口的尺寸应靠近孔的公差范围内的最大尺寸。不管落料和冲孔，冲模间隙均应采用合理间隙范围内的最小值。

（4）冲裁件的结构工艺性：

1）冲裁件的形状应力求简单、对称，尽可能采用圆形或矩形等规则形状，并使排样时材料利用率最高。图 5-30（b）所示的冲裁件形状合理，材料利用率可达 79%，而图 5-30（a）所示的形状不合理。

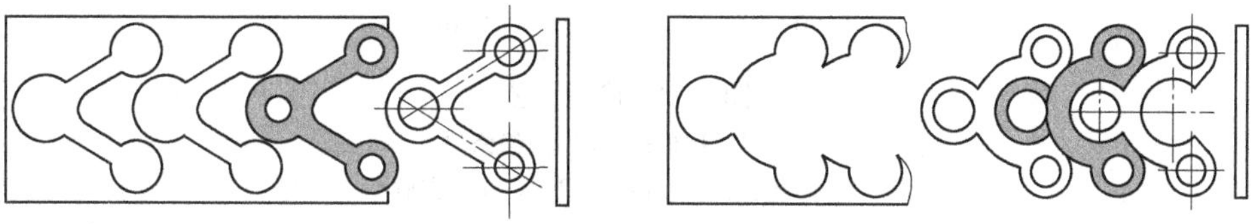

(a)　　(b)

图 5-30　合理设计零件外形

（a）不合理；（b）合理

2）避免长槽或细长悬臂结构，以便于模具制造和维修，延长模具使用寿命，防止凸模折断。

3）工件内外轮廓上的直线相交处应以圆弧过渡，以避免尖角处因应力集中而产生裂纹。

4）冲裁件的结构尺寸必须考虑材料的厚度，如图 5-31 所示。

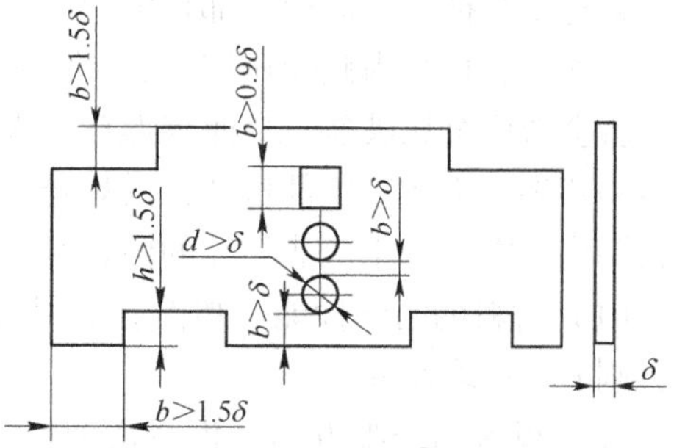

图 5-31　冲孔件尺寸与板料厚度的关系

工件上，孔径不得小于板料厚度 δ；方孔时边长不得小于 0.9δ；孔与孔之间、孔与工件边缘之间的距离不得小于 δ；外缘的凸起与凹入的尺寸不得小于 1.5δ。孔距过小时，凹模强度过低，容易破坏，且工件边缘容易产生歪扭变形。

5.3.1.2　修整

用一般冲裁方法冲出的零件，断面粗糙、带有锥度、尺寸精度不高。为了满足高精度零件的要求，冲裁后常需进行修整。修整是利用修整模将落料件的外缘或冲孔件的内缘刮去一层薄的切屑（图 5-32），以切掉冲裁面上的剪裂带和毛刺。

修整的机理与冲裁完全不同，而与切削加工相似。对于大间隙冲裁件，单边修整量一般为板料厚度的 10%；对于小间隙冲裁件，单边修整量在板料厚度的 8%以下。

5.3.1.3　切断

切断是利用剪刃或冲模将板料沿不封闭的曲线分离的一种冲压方法，多用于加工形状简单的平板工件。

剪刃安装在剪床上，把大板料剪切成一定宽度的条料，供下一步冲压工序用；冲模是安装在冲床上，用以制取形状简单、精度要求不高的平板件。

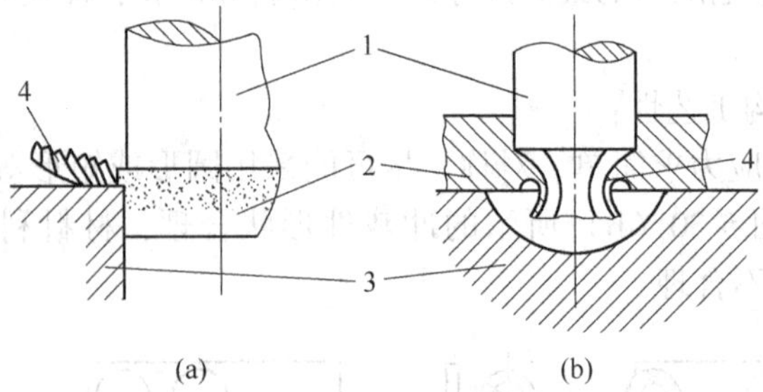

图 5-32　修整工艺

(a) 外缘修整；(b) 内缘修整

1—凸模；2—工件；3—凹模；4—废屑

5.3.2　成型工序

成型工序是使板料的一部分相对其另一部分产生位移而不破裂的工序，如弯曲、拉深、翻边、胀形等。

5.3.2.1　弯曲

弯曲是将板料、棒料或管料形成一定曲率和角度的变形工序（图 5-33）。如汽车大梁、自行车车把、挡泥板等都是经弯曲工序成型的。

弯曲时，材料内侧受压应力，而外侧受拉应力。当外侧拉应力超过坯料的抗拉强度时，就会造成金属破裂。弯曲变形量越大、板料越厚、内圆角半径越小，则拉应力越大，越容易弯裂。为防止工件弯裂，需规定出最小弯曲半径 r_{min}，通常 $r_{min}=(0.25\sim1)\delta$，$\delta$ 为板料厚度。影响最小弯曲半径的因素有：

(1) 材料的力学性能。塑性好的材料或经过再结晶退火的材料，允许的弯曲变形量大，则 r_{min} 可取小些。

(2) 板料的纤维方向。板料弯曲时，若弯曲线与纤维方向垂直（图 5-34（a）），则 r_{min} 可小些，且弯曲后工件的强度高；若弯曲线与纤维方向一致（图 5-34（b）），则容易弯裂，此时应增大 r_{min}。

(3) 板料的表面质量。板料表面粗糙或边缘有冲裁毛刺，容易引起应力集中，为防止弯裂，必须增大 r_{min}；反之，若板料表面光滑，r_{min} 可小些。

在弯曲工序中，另一个重要的工艺因素是回弹。它是由于弹性变形部分的恢复，使工件弯曲后弯曲角度增大，一般回弹角为 0°～10°。因此，在设计弯曲模时，应使模具弯曲角比零件弯曲角小一个回弹角，以保证成品件的弯曲角度准确。材料的屈服极限越高，回弹值越大；工件的弯曲角越小，弹性变形在总变形中所占的比例增加，回弹值增大。

弯曲件的结构工艺性主要包括：

(1) 弯曲件形状应尽量对称，以保证弯曲时板料受力平衡，防止滑动。

(2) 弯曲半径不能小于材料允许的最小弯曲半径，并应考虑材料的纤维方向，以免弯裂。

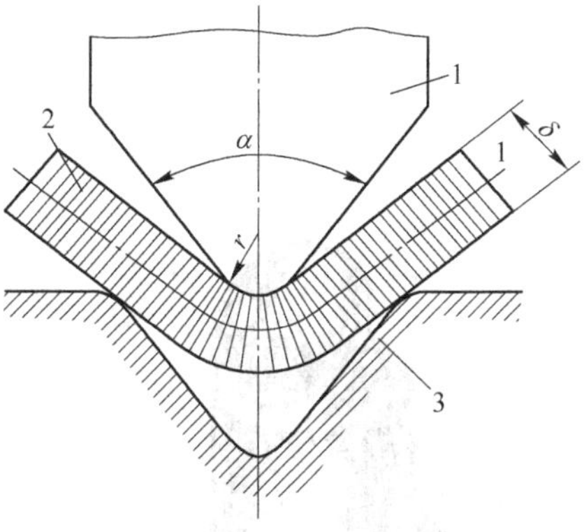

图 5-33 弯曲变形

1—凸模；2—坯料；3—凹模

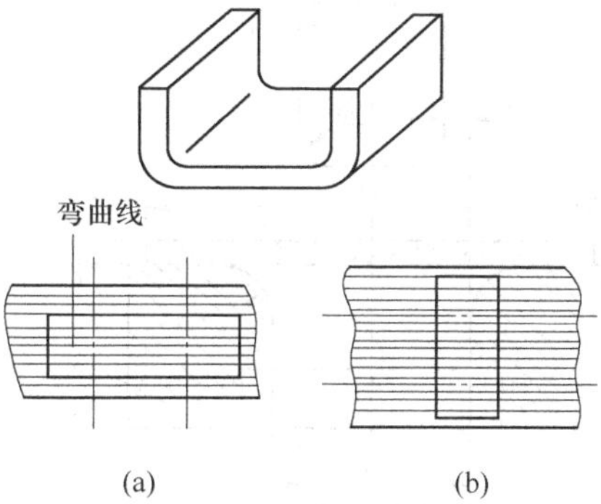

图 5-34 弯曲时的纤维方向

(a) 弯曲线与纤维方向垂直；(b) 弯曲线与纤维方向一致

(3) 弯曲带孔的板料时，应使弯曲区与孔边保持一定的距离，否则将引起孔的变形。如图 5-35 所示的零件，L 应大于 2δ 。

(4) 弯边直线高度应大于板厚的 2 倍，否则不易成型。应先压槽后弯曲，或加高弯曲后再将多余的高度切除。

(5) 在弯曲半径较小的弯边交接处，容易产生应力集中而开裂，可事先钻出止裂孔，能有效防止裂纹的产生（图 5-36）。

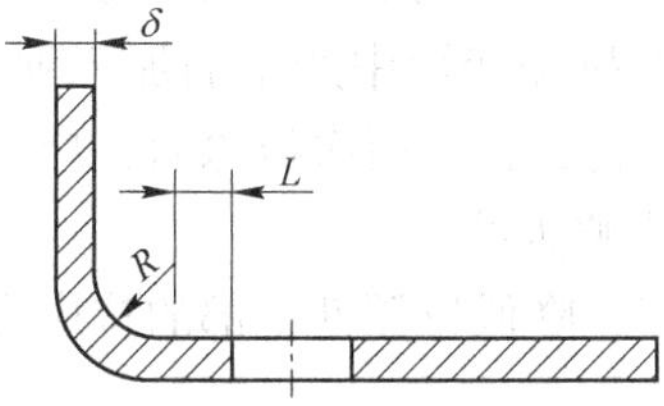

图 5-35 弯曲区孔边距离

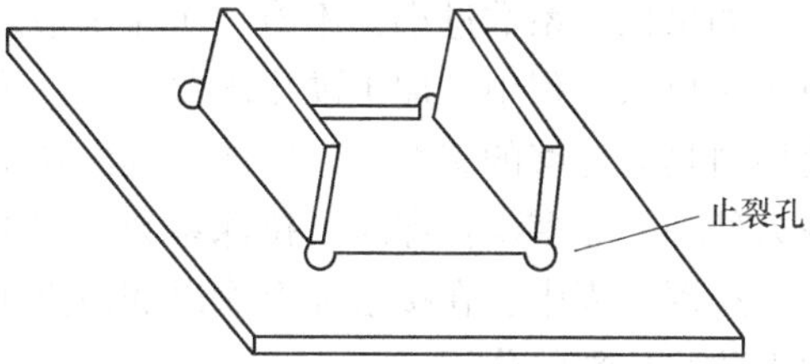

图 5-36 弯曲件上的止裂孔

5.3.2.2 拉深

利用模具使平板坯料变成开口中空零件的冲压方法，称为拉深。用拉深的方法可以制成筒形、阶梯形、锥形、方盒形等多种形状的薄壁零件、生活器皿等。

拉深过程如图 5-37 所示。

为了防止坯料被拉裂，拉深模与冲裁模不同，拉深模的凸凹模工作部分不是锋利的刃口，而是具有一定的圆角，其半径 $r_{凹}=(5\sim15)\delta$，同时为了减小坯料被拉穿的可能性，拉深模的凸凹模间隙远比冲裁模的大，并且间隙稍大于板料厚度，一般取单边间隙 $C=(1.1\sim1.2)\delta$，同样，为避免拉穿，拉深系数 m（拉深后工件直径 d 与坯料直径 D 的比值）不能太小，一般取 $m=0.5\sim0.8$。m 越小，变形程度越大，坯料被拉入凹模越困难，从底部到边缘的转角部分的拉应力也越大，当拉应力超过材料的强度极限时，拉深件的转角处将被拉穿（图 5-38）。

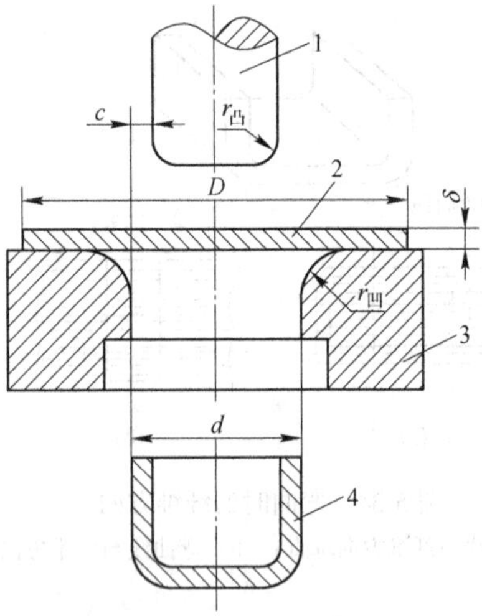

图 5-37 拉深过程

1—凸模；2—坯料；3—凹模；4—工件

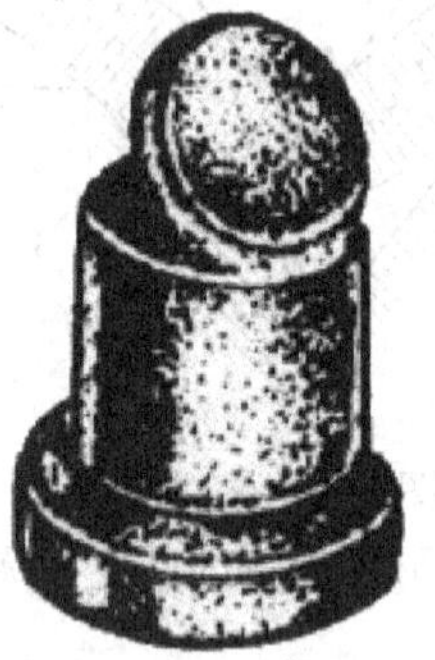

图 5-38 拉穿废品

对于塑性好的材料，m 可取较小值；坯料的相对厚度大时，外环部分不易失稳、不易起皱，m 值可小；凸凹模的圆角半径大、润滑好，m 值也可小。在实际生产中应采用较小的拉深系数，以减少拉深次数，简化工艺。

如果拉深系数过小，不能一次拉出最终要求的高度和直径时，可采用多次拉深工艺。但多次拉深过程中，加工硬化现象严重。为消除前几次拉深变形中产生的加工硬化现象，使坯料具有足够的塑性，以便使后续的拉深能够顺利进行，在一两次拉深后，应安排中间退火处理。在多次拉深时，拉深系数 m 值应一次比一次略大些。

拉深过程中，在接触面上涂以润滑剂可以减小摩擦、降低拉深件壁部的拉应力，也可起到防止拉裂的作用。

在拉深过程中，由于坯料外径 D 与工件直径 d 之间的环形部分在切向受到压应力作用，因而可能产生波浪形，最后形成折皱（图 5-39）。

拉深坯料的相对厚度越小，拉深系数越小，越容易产生折皱。为防止产生折皱，可设置压板把坯料压紧（图 5-40）。

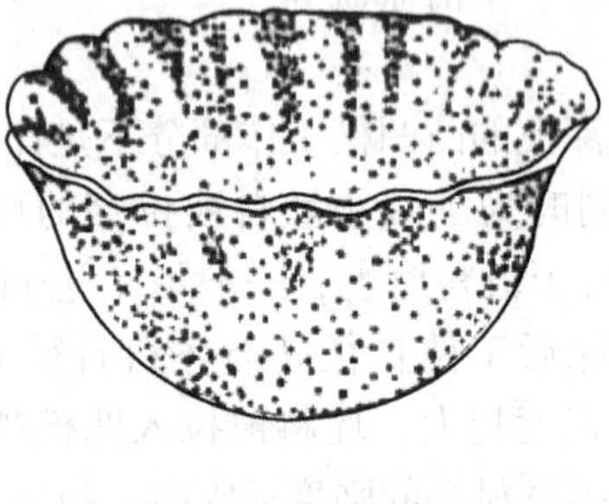

图 5-39 折皱拉深件

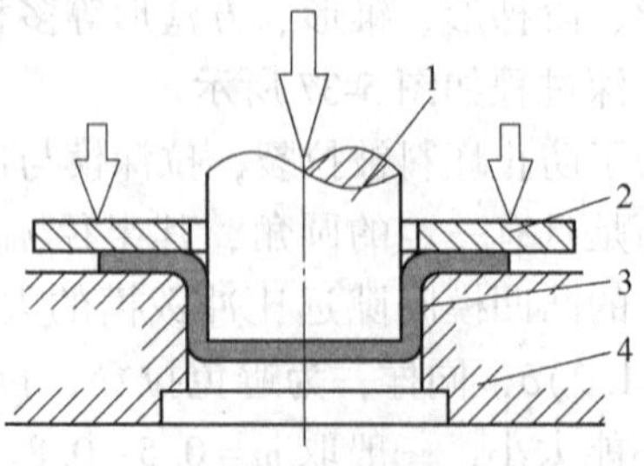

图 5-40 有压板的拉深

1—凸模；2—压板；3—工件；4—凹模

拉深件的结构工艺性主要包括：

（1）拉深件形状应力求简单、对称，尽量采用规则形状，使变形稳定。

（2）空心零件不宜过高或过深，以便减少拉深次数，容易成型。

（3）拉深件的圆角半径应尽量放大，在不增加工艺程序的情况下，最小允许半径如图 5-41 所示。半径过小将使拉深次数和模具数量增加，并容易产生废品。

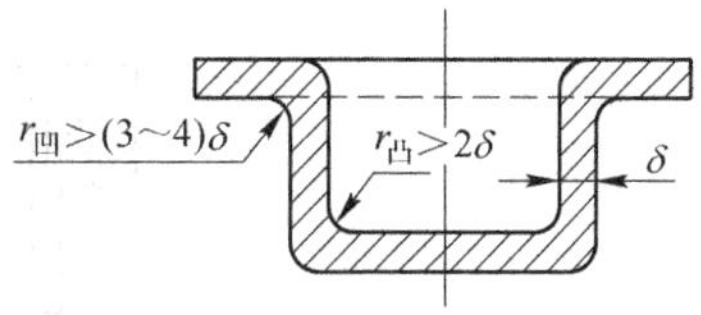

图 5-41　拉深件圆角半径

5.3.2.3　翻边

使带孔坯料在孔的周围获得凸缘的冲压工序称为翻边（图 5-42）。

在翻边过程中，越接近孔的边缘，拉深变形越大。翻边的变形程度用翻边前的孔径 d_0 与翻边后的孔径 d 的比值 k 表示，$k=d_0/d$ 称为翻边系数。k 越小，变形程度越大。

5.3.2.4　胀形

通过模具，并利用塑性物质或液体使空心件或管状坯料在径向扩胀成型的方法称为胀形。图 5-43 所示是将橡胶棒置于半成品之中，在凸模轴向压力的作用下，通过橡胶棒的径向挤压，使工件扩胀成型。为了能够顺利取出工件，凹模是可以分开的。

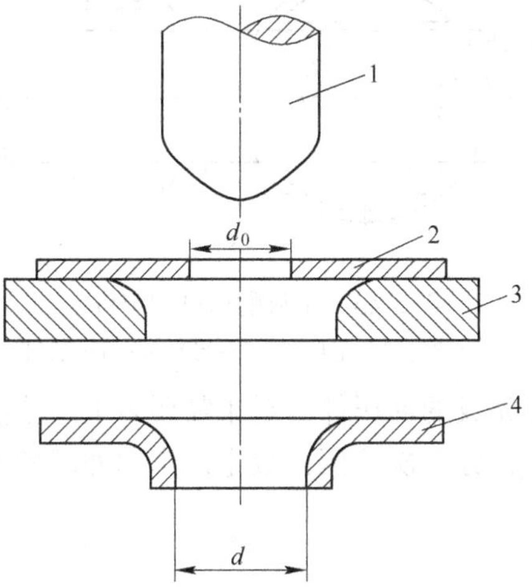

图 5-42　翻边

1—凸模；2—坯料；3—凹模；4—成品

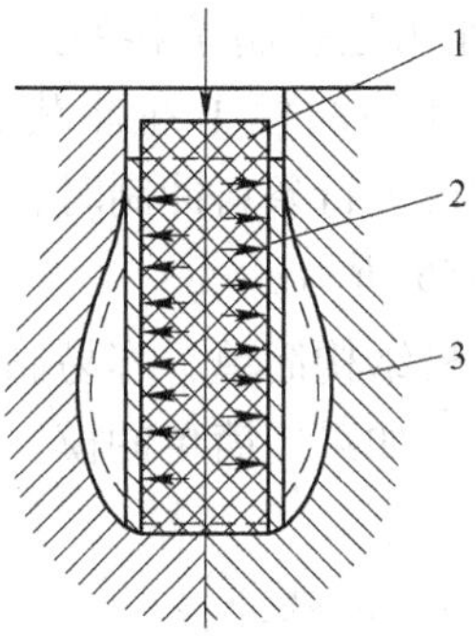

图 5-43　胀形

1—橡胶；2—工件；3—凹模

5.3.3　冲模

冲模是冲压工艺中必不可少的工序。按工序组合方式的不同，冲模可分为简单冲模、连续冲模和复合冲模三类。

5.3.3.1　简单冲模

在冲床的一次行程中，只完成一道基本工序的冲模，如冲孔、落料、弯曲、拉深等，称为简单冲模。图 5-44 所示为简单冲裁模。

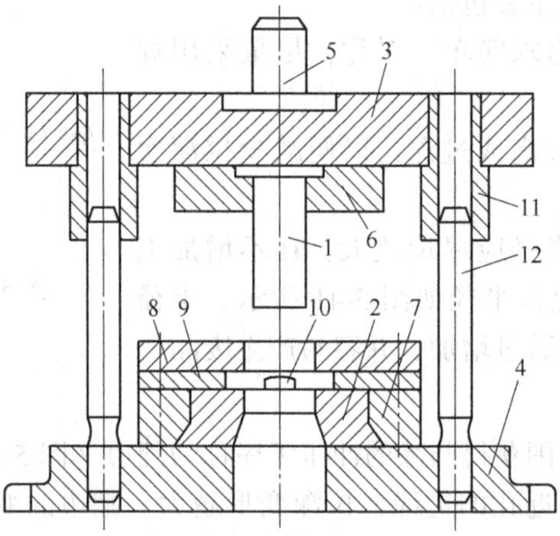

图 5-44 简单冲裁模

1—凸模；2—凹模；3—上模板；4—下模板；5—模柄；6，7—压板；8—卸料板；9—导料板；10—定位销；11—导套；12—导柱

凸模 1 用压板 6 固定在上模板 3 上，上模板 3 通过模柄 5 安装在冲床滑块的下端；凹模 2 用压板 7 固定在下模板 4 上，下模板 4 用螺钉固定在冲床的工作台上。导柱 12 和导套 11 的作用是保证凸模和凹模对准；导料板 9 和定位销 10 的作用是控制条料的送进方向和送进量，卸料板 8 使凸模 1 在冲裁后从板料中脱出。简单冲模进行条料冲制时，条料的送进和定位如图 5-45 所示。

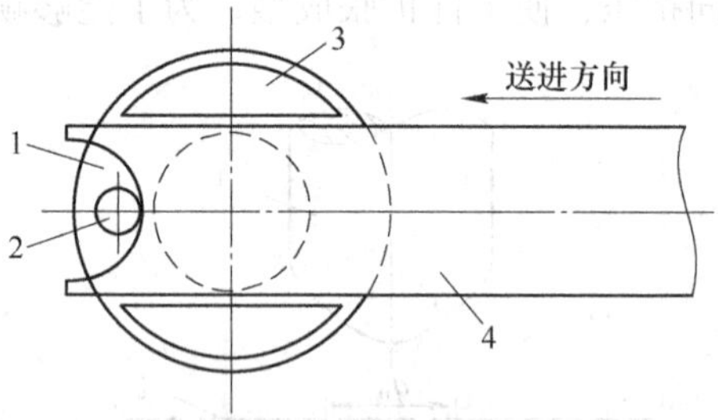

图 5-45 条料的送进和定位

1—凹模；2—定位销；3—导料板；4—条料

简单冲模结构简单，容易制造，适用于单工序完成的冲压件。对于需要多工序才能完成的冲压件，如采用简单冲模，则要制造多套模具，分多次冲压，故生产率和冲压件的精度都较低。

5.3.3.2 连续冲模

在冲床的一次行程中，在不同工位上同时完成两个或多个冲压工序的冲模称为连续冲模。连续冲模完成的冲压工序均匀分布在坯料的送进方向上。图 5-46 所示为冲制环形垫圈的连续冲模。冲孔凸模 8 和落料凸模 1、冲孔凹模 5 和落料凹模 4 分别做在同一个模体上，导板 7 起到导向和卸料的作用，定位销 3 使条料大致定位，导正销 2 与已冲孔配合使落料时准确定位。

连续冲模可以减少模具和设备数量，提高生产率，而且容易实现生产自动化。但定位精度要求高，制造麻烦，成本较高，适用于一般精度工件的大批量生产。

5.3.3.3 复合冲模

在冲床的一次行程中，在同一个工位上完成两个或多个工序的冲模称为复合冲模。图 5-47 所示为落料-拉深复合模。该模具最突出的特点是有一个凸凹模 1，其外圆是落料凸

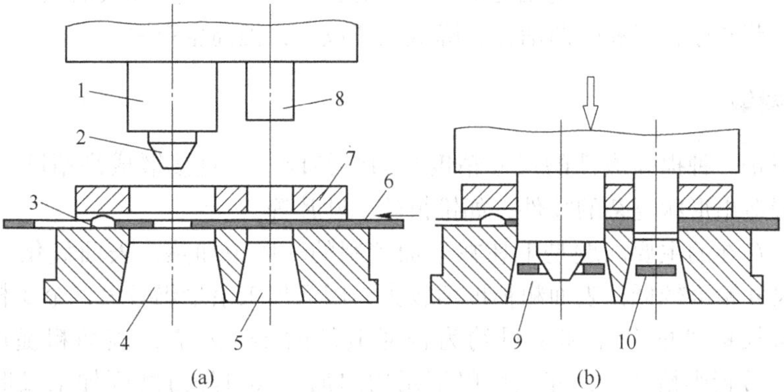

图 5-46 连续冲模
（a）板料送进；（b）冲裁
1—落料凸模；2—导正销；3—定位销；4—落料凹模；5—冲孔凹模；6—坯料；
7—导板（卸料板）；8—冲孔凸模；9—冲裁件（垫圈）；10—废料

模，内孔为拉深凹模。板料入位后，凸凹模 1 向下运动，首先在凸凹模和落料凹模 3 中落料，然后拉深凸模 4 将坯料顶入凸凹模内，进行拉深。顶出器 6 和卸料板 7 在滑块回程时将拉深件顶出。

复合冲模结构复杂，制造麻烦，但是具有较高的加工精度及生产率，适用于高精度工件的大批量生产。

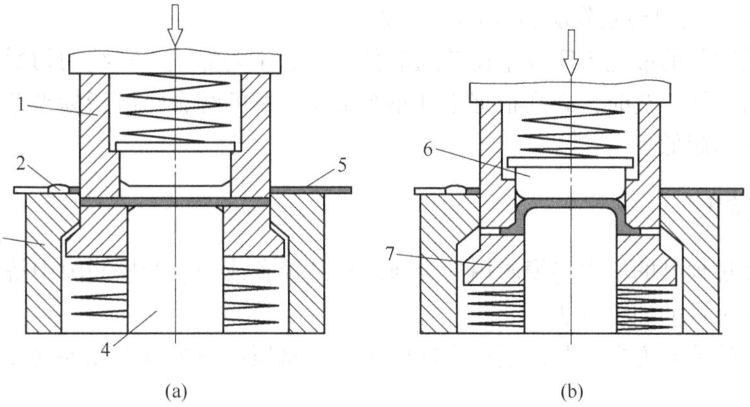

图 5-47 落料-拉深复合模
（a）落料；（b）拉深
1—凸凹模；2—定位销；3—落料凹模；4—拉深凸模；5—坯料；6—顶出器；7—压板（卸料板）

5.4 特种压力加工

锻压件通常作为毛坯，经切削加工才能成为零件。随着工业的发展，对压力加工提出了越来越高的要求，出现了许多特种压力加工工艺方法。其主要特点是尽量使锻压件形状接近零件形状，以便达到少切削或无切削的目的；提高尺寸精度和表面质量；提高锻压件的力学性能；节省原材料和能源消耗，降低生产成本，提高生产率。

5.4.1 精密模锻

精密模锻是一种提高锻件的尺寸精度和力学性能，并直接锻成高精度零件的锻造工艺。它能够锻造出形状复杂的零件，如锥齿轮、叶片等。

普通模锻存在的主要问题是毛坯在未加控制的环境中加热，表面氧化、脱碳现象严重，锻件的尺寸精度较低，表面粗糙度值较大，因而加工余量仍较大，金属材料的利用率不高。而精密模锻件的公差和余量约为普通锻件的1/3左右，表面粗糙度值在3.2～0.8μm之间，接近半精加工，完全可以不用切削加工或只经过磨削加工成形，因而大大减少了切削加工工作量，提高了材料的利用率。精密模锻必须采取相应的工艺措施才能达到相应的要求，其工艺要点如下：

（1）精确计算原始坯料的尺寸，严格按质量下料，否则会增大锻件的尺寸公差，降低精度。

（2）精细清理坯料表面，除净氧化皮、脱碳层及其他缺陷等。

（3）应采用无氧化或少氧化加热法，尽量减少坯料表面形成氧化皮。

（4）对精锻模膛的精度要求高，通常应比锻件的精度高1～2级。精锻模应有导柱、套筒结构，来保证合模精确。为了排除模膛中的气体，减少金属流动的阻力，更好地充满模膛，在凹模上应开有小出气孔。

（5）精密模锻应在刚度大、精度高的曲柄压力机或摩擦压力机上进行。

（6）模锻过程中要充分地润滑和冷却锻模。

因此，精锻件的锻造工序成本比普通锻件高，它主要靠减少后续的切削加工来降低成本。选用精密模锻工艺时，必须根据零件整个加工过程的综合经济指标来考虑，产品批量越大，单件成本越低。

5.4.2 零件挤压

挤压是通过模具的压力将模膛内的金属坯料从模孔或凸、凹模间隙中挤出，以获得一定形状和尺寸工件的加工方法。

根据金属的流动方向和凸模运动方向的关系，挤压可分为以下几种（图5-48）。

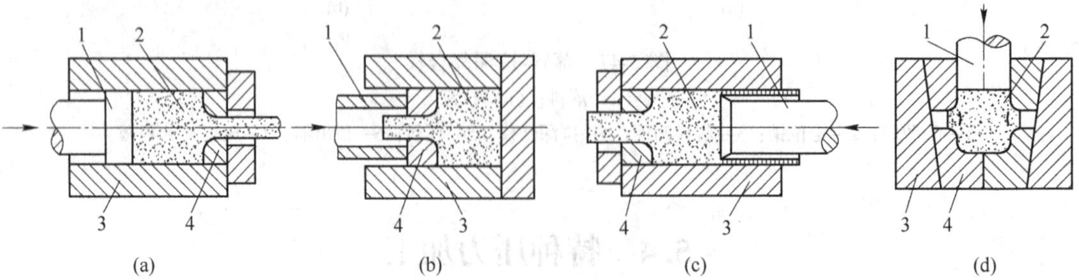

图5-48 挤压方式

（a）正挤压；（b）反挤压；（c）复合挤压；（d）径向挤压

1—凸模；2—坯料；3—挤压筒；4—挤压模

(1) 正挤压。金属的流动方向与凸模运动方向相同。

(2) 反挤压。金属的流动方向与凸模运动方向相反。

(3) 复合挤压。金属的流动方向与凸模运动方向一部分相同，另一部分相反。

(4) 径向挤压。金属的流动方向与凸模运动方向垂直。

挤压又可按坯料的加热温度不同分为以下三种：

(1) 冷挤压。在室温下进行的挤压。冷挤压常用的材料有铝、铜等非铁合金材料和碳素钢、低合金钢等。冷挤压零件的精度可达 IT7 ~ IT6，表面粗糙度值为 1.6 ~ 0.2μm，同时因加工硬化作用提高了产品的强度。

但冷挤压时，在坯料与模具之间将产生极高的压力（达 2000MPa 以上），为了降低挤压力、减小金属与模具表面的摩擦、提高零件的表面质量，挤压前应将坯料进行退火、磷化和皂化处理。退火的目的是降低材料的硬度，提高其塑性；磷化和皂化是为了进行润滑处理。因挤压时压力极高，不能采用一般的涂刷润滑剂的方法，而是先采用磷化处理，即将去油后的坯料浸入磷酸盐溶液中，使坯料表面生成一层多孔性的磷化薄膜，以储存润滑剂。磷化后需进行皂化处理，才能使其达到最佳性能，即把磷化后的坯料放入硬脂酸钠溶液中，在表面生成一层皂化膜，同时大量皂液进入到磷化膜中，使得在变形中的坯料具有很好的润滑层，确保变形的成功。

(2) 热挤压。坯料的挤压温度与锻造温度相同（高于再结晶温度）。因此，热挤压的变形抗力小，允许每次的变形程度大，生产率高。但由于表面氧化和脱碳，工件表面较粗糙，热挤压广泛应用于生产铝、铜、镁及其合金的型材和管材等，现在也越来越多地应用于机器零件和毛坯的生产。

(3) 温挤压。介于冷挤压和热挤压之间的挤压方法。对于钢铁材料来说，一般是指加热到再结晶温度以下的某个合适温度（100 ~ 800℃）进行挤压。与冷挤压相比，温挤压降低了变形抗力，增加了每道工序的允许变形量，提高了模具使用寿命，扩大了冷挤压材料品种；与热挤压相比，坯料氧化脱碳少，零件表面粗糙度值低、尺寸精度高。温挤压材料一般不需预先软化退火、表面处理和工序间退火。温挤压零件的精度和力学性能略低于冷挤压件，表面粗糙度值可达 6.3 ~ 3.2μm，适用于挤压中碳钢和合金钢。用温挤压取代冷挤压既可解决压力机吨位的不足，又能延长模具的使用寿命。

零件挤压工艺具有如下特点：

(1) 挤压时金属坯料在模膛内受三向压应力作用，可使塑性提高，能够采用较大的变形量，因而适合于挤压的材料品种多，可制出形状复杂、深孔、薄壁的零件，劳动生产率高。

(2) 挤压件的纤维组织是连续的，而且沿截面轮廓分布，从而提高了零件的力学性能。

(3) 由于大大减少了切削加工量，材料利用率得到显著提高，可达 70%以上。

挤压是在专用的挤压机上进行的，有液压式、曲柄式、转杆式等，也可在经过适当改进后的通用曲柄压力机或摩擦压力机上进行。

5.4.3 零件轧制

轧制法除了生产各种型材、板材和管材等原材料外，近年来已广泛用于生产各种零件，如火车轮箍、连杆、齿轮、丝杠及钻头等。零件的轧制具有生产率高、质量好、节省金属材料和能源消耗，以及成本低等优点。

根据轧辊轴线与坯料轴线所交的角度不同，轧制可分为纵轧、横轧、斜轧等几种。

5.4.3.1 纵轧

纵轧是轧辊轴线与坯料轴线互相垂直的轧制方法，包括各种板、管、型材的轧制和辊锻轧制等。

辊锻轧制是把轧制工艺应用到锻造生产中的一种工艺，是用一对相向旋转的扇形模具使坯料受压产生塑性变形的压力加工方法（图5-49）。它既可以作为模锻前的制坯工序，也可以直接辊压锻件。

5.4.3.2 横轧

横轧是轧辊轴线与坯料轴线互相平行，且轧辊与坯料作相对转动的轧制方法，如辊环轧制、齿轮轧制等。

（1）辊环轧制。圆环坯是由水压机镦粗冲孔后的毛坯，再经辊轧扩大环形坯的内径和外径，从而获得环形零件的轧制方法，如图5-50所示。图中驱动辊1由电动机带动旋转，靠摩擦力使坯料5在驱动辊和芯辊2之间辗压变形。驱动辊还可用液压缸推动上下移动，从而改变1、2两辊之间的距离，使坯料厚度逐渐变薄，直径增大。导向辊3用以保持坯料正确运送。信号辊4用来控制环件直径。当圆环直径达到要求尺寸与辊4接触时，信号辊发出信号，使驱动辊1停止工作。用这种方法生产的环类件，其横截面可以是各种形状的，如火车轮箍、轴承座圈、齿轮及法兰等。

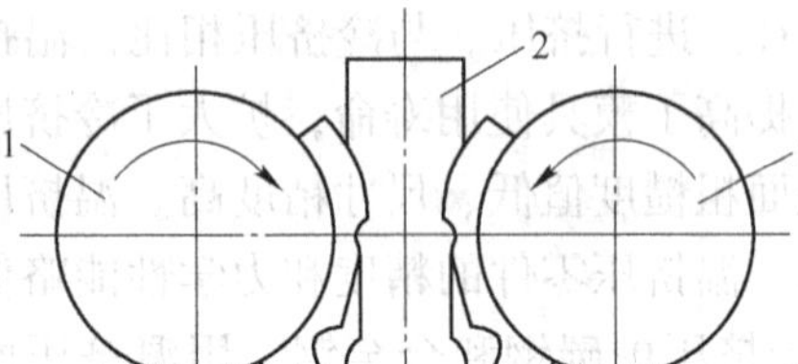

图5-49 辊锻轧制示意图

1—轧辊；2—坯料

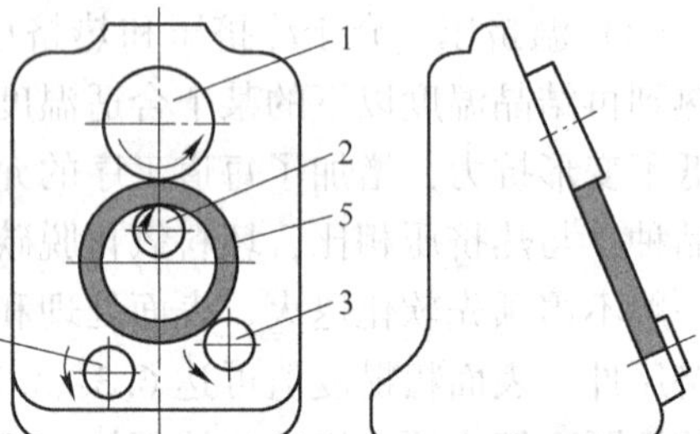

图5-50 辊环轧制示意图

1—驱动辊；2—芯辊；3—导向辊；4—信号辊；5—坯料

（2）齿轮轧制。这是一种无切削或少切削加工齿轮的新工艺。直齿轮和斜齿轮均可采用热轧生产（图5-51）。将齿坯装在工件轴上使其转动，用感应加热器将轮缘加热，使轮缘处于良好的塑性状态，然后将带有齿形的轧轮3作径向进给，使轧轮与齿坯对辗，并在对辗过程中施加压力，齿坯上一部分金属受压形成齿槽，相邻部分金属被轧轮齿部反挤成齿顶。为了降低轧制时的变形抗力和提高轧轮的使用寿命，轧制时需在轧轮上涂刷润滑剂。

图5-51（a）和（b）所示分别为单轧轮式和双轧轮式。单轧轮轧制时，因加热器内弧比较长，加热所需时间短，故轧成后的齿面氧化皮较薄，齿面质量较好；双轧轮轧制时，加热器内弧较短，加热效果稍差，由于有两个轧轮同时向齿坯两侧进给和对辗，故对

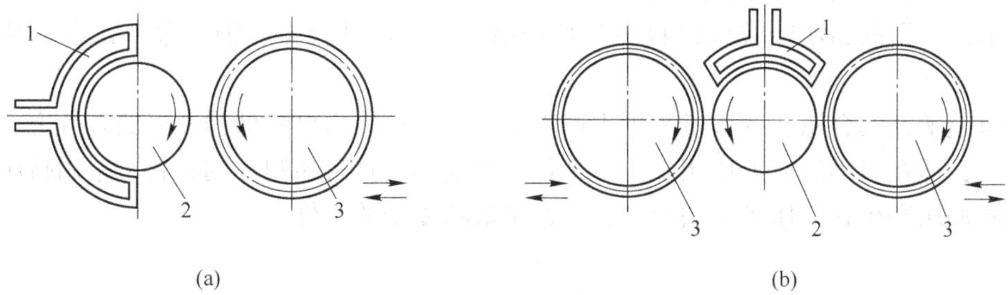

图 5-51 热轧齿轮示意图
(a) 单轧轮式；(b) 双轧轮式
1—感应加热器；2—齿坯；3—轧轮

工件轴的刚度要求较低，而对两个轧轮之间的相对位置精度要求却十分高。目前国内热轧齿轮机床大多为单轧轮式轧机。

5.4.3.3 斜轧

斜轧是轧辊相互倾斜配置，并以相同方向旋转，坯料在轧辊的作用下反向旋转，同时还作轴向运动，即螺旋运动，与此同时坯料受压变形获得所需产品的轧制方法。因此，斜轧也称为螺旋轧制。图 5-52（a）所示是钢球轧制；图 5-52（b）所示是周期截面轧制。斜轧可以直接热轧出带螺旋线的高速滚刀体、自行车后闸壳体以及冷轧丝杠等产品。

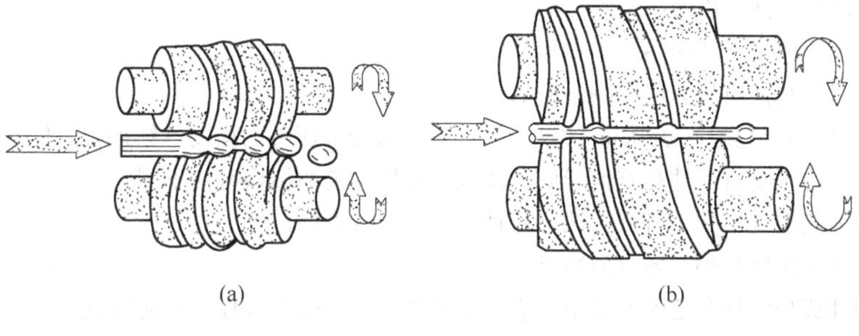

图 5-52 斜轧
(a) 钢球轧制；(b) 周期截面轧制

5.4.4 超塑性成型

超塑性成型也是压力加工的一种新工艺。超塑性是指金属或合金在特定条件下的断后伸长率超过 100% 以上的特性。如钢超过 500%，纯钛超过 300%，锌铝合金可超过 1000%。

按实现超塑性的条件，超塑性主要有两种：

(1) 细晶粒超塑性。细晶粒超塑性要具有 3 个条件，即具有等轴稳定的细晶组织（晶粒平均直径为 0.2~5μm）；一定的变形温度（变形温度一般为绝对熔点温度的 0.5~0.7），且温度恒定；极低的变形速度（应变速度通常在 $10^{-4} \sim 10^{-2}$m/s）。

(2) 相变超塑性。这类超塑性不要求材料具有超细的晶粒，主要条件是在材料的相变或同素异构转变温度附近，经过多次加热冷却的温度循环，可以获得大的断后伸长率。

目前，常用的超塑性成型材料主要是锌铝合金、铝基合金、铜合金、钛合金及高温合金。

具有超塑性的金属在变形过程中不产生缩颈，变形应力可降低为原来的几分之一至几十分之一，即在很小的应力作用下，产生很大的变形。具有超塑性的材料可采用挤压、模锻、板料冲压和板料气压等方法成型，制造出形状复杂的工件。

复习思考题

5-1 何谓塑性变形？塑性变形的实质是什么？

5-2 什么是加工硬化？怎样消除金属的加工硬化？

5-3 冷变形和热变形的根本区别是什么？铅（熔点为327℃）、铁（熔点为1538℃）在20℃时的变形是哪种变形？

5-4 何谓纤维组织？是怎样形成的？有何特点？选择零件坯料时，应怎样考虑纤维组织的形成和分布？

5-5 金属的锻造性与什么有关？

5-6 自由锻造的结构工艺性主要表现在哪些方面？

5-7 锤上模锻时，预锻模膛起什么作用？为什么终锻模膛四周要开飞边槽？

5-8 模锻时如何确定分型面的位置？

5-9 锻件上为什么要有模锻斜度和圆角？

5-10 曲柄压力机上模锻和平锻机上模锻有哪些特点？

5-11 试比较自由锻、锤上模锻、胎膜锻的优缺点。

5-12 板料冲压生产的特点及应用范围如何？

5-13 冲模间隙对冲裁件质量有何影响？应如何考虑？

5-14 ϕ30mm 的落料模具生产 ϕ30mm 的冲孔件，能否保证冲压件的精度？结果会怎样？

5-15 板料冲压工序中落料和冲孔有何异同？冲裁模和拉深模的结构有何不同？

5-16 按坯料的加热温度不同，挤压方法有几种？各自的特点如何？

5-17 零件轧制的方法有几种？各有何特点？

5-18 何谓超塑性成型？具有超塑性的金属应有哪些条件？在变形过程中有何特点？

6 焊　　接

扫描二维码获取
本章数字资源

6.1 焊接工艺基础

合格的焊接接头，不仅外观要符合标准，而且还必须保证焊缝成分，以及接头的组织、性能符合要求，焊接缺陷控制在允许的范围之内。下面介绍与焊接接头质量有关工艺基础。

6.1.1 焊接电弧

焊接电弧是在电极与工件之间的气体介质中产生强烈而持久的放电现象。不同的焊接方法产生焊接电弧的方法也不一样，常用的引弧方法有接触引弧和非接触引弧两种。

6.1.1.1 焊接电弧的基本构造及热量分布

焊接电弧由3个不同区域组成，即阴极区、阳极区和弧柱区，如图6-1所示，3个区域产生的温度和热量分布是不均匀的。

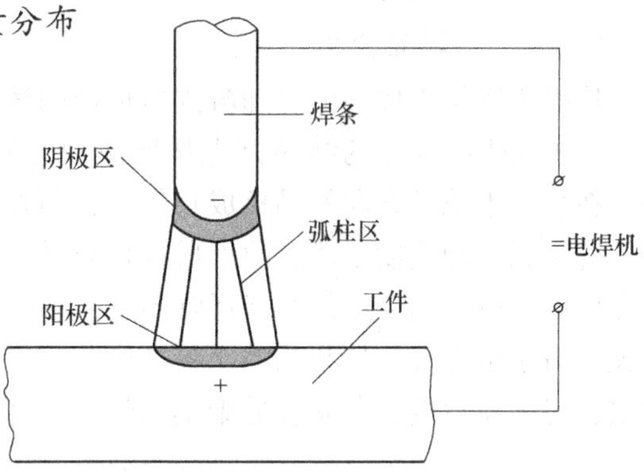

图6-1　焊接电弧的基本构造

（1）阴极区。焊接时，电弧紧靠负极的区域称为阴极区。阴极区很窄，约为$10^{-5}\sim10^{-6}$cm，阴极区温度约为2400K，其产生的热量约占电弧总热量的36%。

（2）阳极区。焊接时，电弧紧靠正极的区域称为阳极区。阳极区比阴极区宽，约为$10^{-3}\sim10^{-4}$cm，阳极区温度约为2600K，其产生的热量约占电弧总热量的43%。

（3）弧柱区。阴极区与阳极区之间的弧柱为弧柱区。弧柱区中心的热量比较集中，故温度比两极高，约为6000~8000K，但弧柱区产生的热量仅占电弧总热量的21%。

上面所述的是直流电弧的热量和温度分布情况。至于交流电弧，由于电源极性快速交替变化，所以两极的温度基本相同，约为2500K。

6.1.1.2 焊接电源极性选用

在使用直流电源焊接时，由于阴、阳两极的热量和温度分布不均匀，因此有正接和反接两种不同接法。

（1）直流正接。焊件接电源正极，电极（焊条）接电源负极的接线法称为正接，如图6-2（a）所示。

（2）直流反接。焊件接电源负极，电极（焊条）接电源正极的接线法称为反接，如图6-2（b）所示。

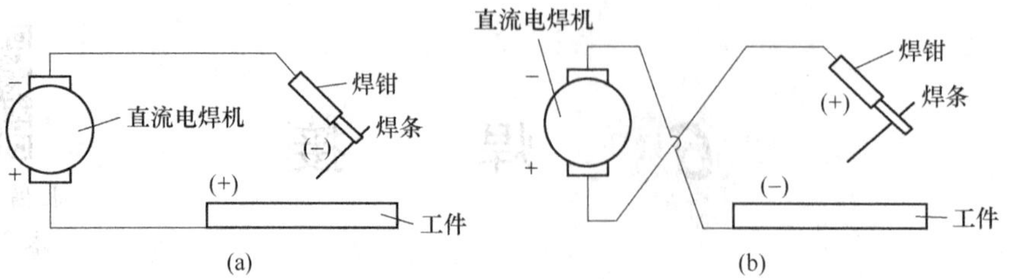

图 6-2　直流电源时的正接与反接

（a）正接；（b）反接

采用正接法还是反接法，主要从保证电弧稳定燃烧和焊缝质量等方面考虑。不同的焊接方法、不同种类的焊条，要求不同的接法。

一般情况下皆用正接，因焊件上热量大，可提高生产率，如焊厚板、难熔金属等；反接只在特定要求时才使用，如焊接有色金属、薄钢板或采用低氢型焊条等。

6.1.2　焊接接头的组织与性能

焊接接头包括焊缝和热影响区两部分。因此，焊接接头的性能不仅取决于焊缝金属，而且还与热影响区有关。

6.1.2.1　焊缝金属

焊缝金属是焊接熔池冷却凝固后形成的铸态组织，如图 6-3 所示。熔池的周围是固态金属，因而焊缝金属的结晶首先从熔池的池壁开始。由于结晶时各个方向的冷却速度不同，在垂直于池壁方向的晶核成长较快，而在其他方向成长较慢，因此形成柱状晶粒。由于焊缝金属冷却速度很快，故形成的柱状晶粒细小，加之焊缝金属中合金元素含量高于基本金属，所以焊缝金属的性能通常不低于基本金属。此外，焊缝金属的性能还与焊接规范有关。对于窄焊缝，柱状晶的交界在中心，有较多的杂质聚集在中心线附近，容易产生热裂纹；对于宽焊缝，杂质容易聚集在焊缝上部，可避免出现中心裂纹。

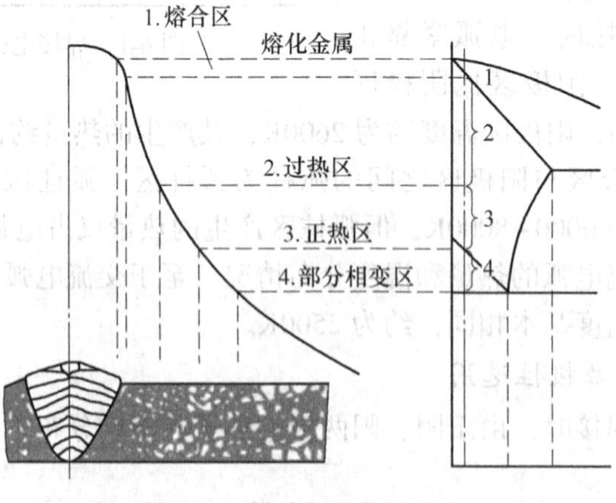

图 6-3　低碳钢的焊接接头

6.1.2.2　热影响区

热影响区是指焊缝附近的金属在焊接热源作用下发生组织和性能变化的区域。热影响区各点温度不同，其组织、性能也不同。低碳钢的焊接接头热影响区可分为熔合区、过热区、正火区和部分相变区，如图 6-3 所示。

(1) 熔合区。是指在焊接接头中焊缝向热影响区过渡的区域。该区的金属组织粗大，处在熔化和半熔化状态，化学成分不均匀，其力学性能最差。

(2) 过热区。温度在 1100℃以上，金属处于严重过热状态，晶粒粗大，其塑性、韧度很低，容易产生焊接裂纹。

(3) 正火区。温度在 A_{c_3} 至 1100℃之间，金属发生重结晶，晶粒细化，力学性能好。

(4) 部分相变区。温度在 $A_{c_1} \sim A_{c_3}$ 之间，部分金属组织发生相变，此区晶粒大小不均匀，力学性能稍差。

以上 4 区是焊接热影响区中主要的组织变化区域，其中以熔合区和过热区对焊接接头组织和性能的不利影响最大。因此在焊接过程中应尽量减小热影响区的宽度，其大小和组织变化的程度与焊接方法、焊接材料及焊接工艺参数等因素有关。

6.1.3 焊接应力与变形

焊接应力和变形的存在，会对焊接结构的制造和使用带来不利影响，如降低结构的承载能力，甚至导致结构开裂；影响结构的加工精度和尺寸稳定性等。因此，在焊接过程中必须设法减小或消除焊接应力与变形。

6.1.3.1 焊接应力与变形产生的原因

焊接过程中不均匀加热和冷却是产生焊接应力与变形的根本原因。现以平板对接焊缝为例说明焊接应力和变形的形成，如图 6-4 所示。

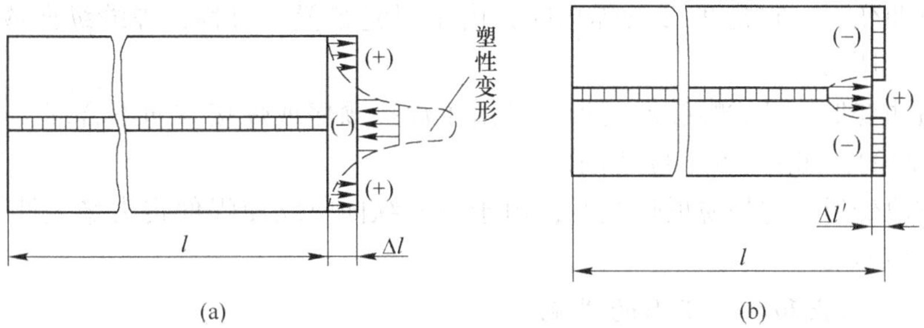

图 6-4 平板对接时变形与应力的形成
(a) 焊接过程中；(b) 冷却以后

焊接时，焊缝区被加热到很高的温度，离焊缝越远温度越低。根据金属热胀冷缩的特性，焊件各区域温度不同将产生大小不等的纵向膨胀。如果各部位的金属能自由伸长而不受周围金属的阻碍，则其变形如图 6-4 (a) 中虚线所示。但平板是一个整体，这种伸长实际是不能实现的，而只能整体同时伸长，于是焊缝区高温金属因受到两侧金属的阻碍而产生压应力，远离焊缝区的两侧金属则产生拉应力。当焊缝区的压应力超过金属的屈服点时，该区就产生了一定量的压缩塑性变形，压应力也消失一部分。

冷却时，焊缝区加热时已产生了压缩塑性变形，冷却后应该较其他区域压缩得更短些，如图 6-4 (b) 中虚线所示。但平板是一个整体，这种缩短实际上也是不能实现的，只能按图中实线所示那样整体缩短。焊缝区金属收缩受到焊缝两侧金属的阻碍而产生了拉应力，在焊缝两侧金属内产生了压应力。拉应力和压应力处于互相平衡状态，并保留到室温，这种室温下被保留下来的焊接应力与变形，称为焊接残余应力与变形。综上所述，平板对接的结果是：（1）焊件比焊前缩短了 Δl；（2）焊缝区产生了拉应力，其两侧金属受压应力作用。

6.1.3.2　焊接变形的基本形式

当焊接残余应力超过材料的屈服点时，焊件就发生变形。常见焊接变形的基本形式如图 6-5 所示。

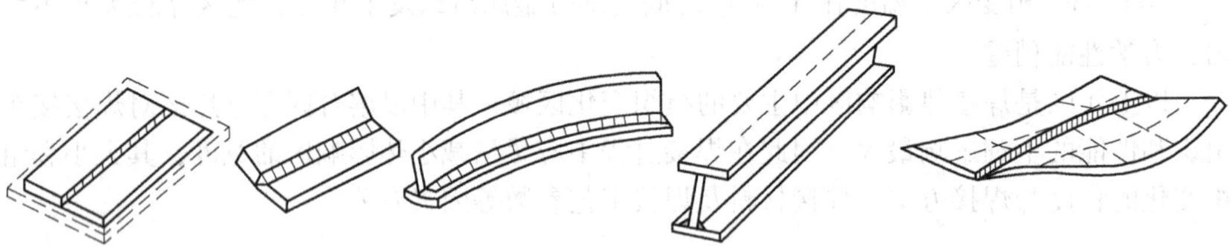

(a)　(b)　(c)　(d)　(e)

图 6-5　焊接变形的基本形式
（a）收缩变形；（b）角变形；（c）弯曲变形；（d）扭曲变形；（e）波浪变形

（1）收缩变形。构件焊接后因焊缝纵向（沿焊缝方向）和横向（垂直焊缝方向）收缩，而导致构件纵向和横向尺寸缩短，如图 6-5（a）所示。

（2）角变形。它是由于 V 形坡口对焊缝，截面形状上下不对称，焊后横向收缩不均匀引起的，如图 6-5（b）所示。

（3）弯曲变形。它是 T 形梁焊接时，由于焊缝布置不对称，焊缝纵向收缩引起的，如图 6-5（c）所示。

（4）扭曲变形。又称螺旋形变形，是由于焊接顺序或焊接方向不合理，或焊前结构装配不当引起的，如图 6-5（d）所示。

（5）波浪变形。它是薄板焊接时，由于焊缝纵向收缩使焊件丧失稳定性引起的，如图 6-5（e）所示。

6.1.3.3　防止和减少变形的措施

焊件出现变形将影响使用，过大的变形量将使焊件报废，因此必须加以防止和消除。在实际生产中采取的主要措施有：

（1）加裕量法。根据经验，焊件尺寸在下料时增加一定的裕量，以备焊缝收缩，特别是横向收缩。

（2）刚性固定法。焊前将焊件固定在夹具上（图 6-6）或经定位焊来限制其变形。但这种方法会产生较大焊接残余应力，所以只适用于塑性较好的低碳钢结构。

（3）反变形法。预先估计其结构变形的方向和数量，焊前将焊件安放在与焊接变形方向相反的位置，以抵消焊后产生的焊接变形，如图 6-7 所示。

（4）选择合理的焊接次序。施焊时，采用合理的焊接顺序，能有效地减少焊接变形。如构件的对称两侧都有焊缝，应采用对称焊接次序，如图 6-8 所示 X 形坡口的多层焊接，以及图 6-9 所示工字梁与矩形梁的焊接。

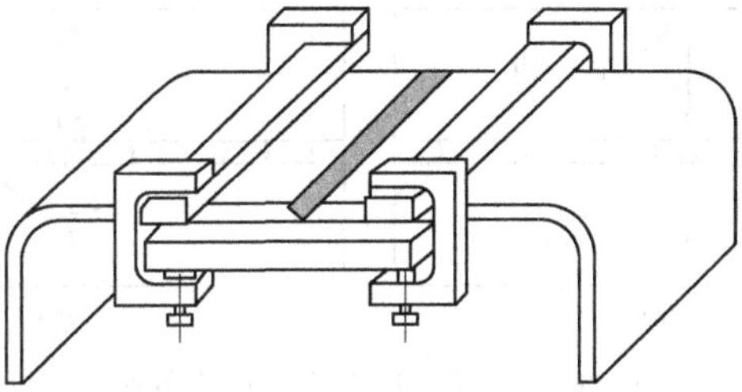

图 6-6　刚性固定法

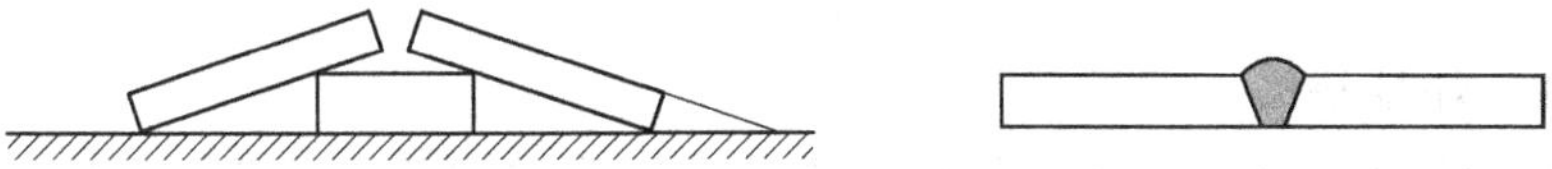

图 6-7　反变形法

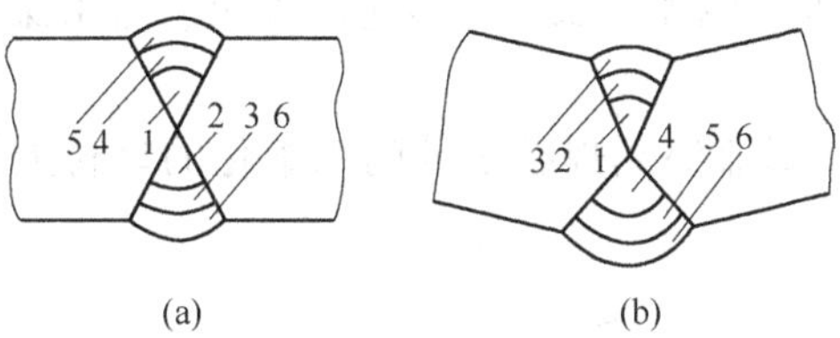

图 6-8　X 形坡口焊接顺序

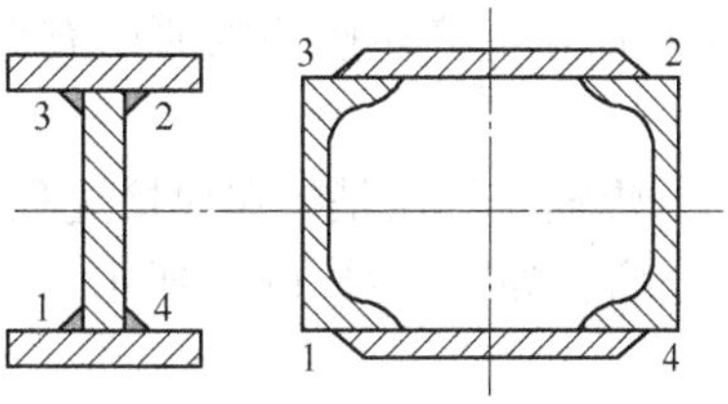

图 6-9　梁的焊接次序

6.1.3.4　焊接变形的校正方法

由于种种原因，虽然焊接结构在焊接过程中采取了一些预防变形的措施，但焊后仍然会产生变形。为了确保结构形状尺寸的要求，就需要进行变形的校正工作。生产中常用的校正方法有两种：机械校正法和火焰加热校正法。

(1) 机械校正法。利用机械外力作用来校正变形，既可采用压力机、校直机等机械外力，也可用手工锤击校正。

(2) 火焰加热校正法。利用氧-乙炔火焰在焊件适当部位上加热，使工件在冷却收缩时产生新的变形，以校正焊接产生的变形。

6.1.3.5　减少与消除焊接应力的措施

(1) 焊前对焊件进行整体或局部预热，可以减小焊件各部分的温度差及焊后的冷却速度，从而减少焊接应力。

(2) 采用合理的焊接顺序，尽量使焊缝纵向、横向都能自由收缩，有利于减少焊接应力，如图 6-10 所示。

(3) 锤击焊缝（锤击焊缝最好在热态下进行）使之产生塑性变形，以减少焊接应力。

(4) 焊后退火处理是常用的消除焊接应力最有效的一种方法，即将工件均匀加热到 600~650℃，保温一定时间，然后缓慢冷却，整体退火可消除 80%~90%的焊接应力。

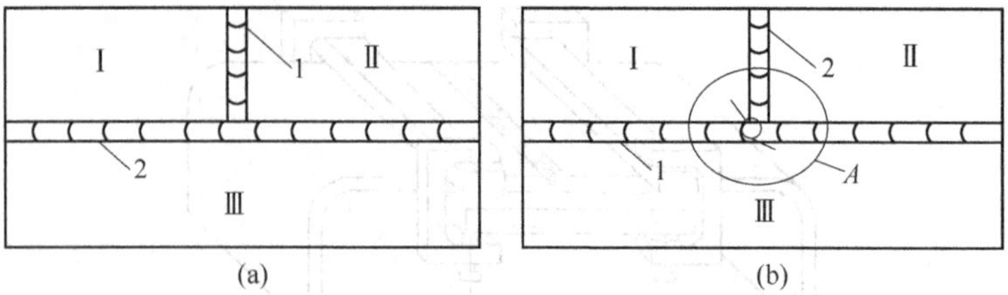

图 6-10 焊接顺序对焊接应力的影响

6.1.4 焊接缺陷与检验

6.1.4.1 焊接缺陷

常见的焊接缺陷主要有咬边、焊瘤、裂纹、气孔与缩孔、夹杂与夹渣、烧穿、未焊满、未熔合与未焊透等。

(1) 咬边。咬边是指在基本金属与焊缝金属交接处因焊接而造成的沟槽，如图 6-11 (a) (b) 所示。产生咬边的原因有焊接电流太大、电弧太长、焊接速度太快、运条操作不当等。

(2) 焊瘤。焊瘤是指在焊接过程中，熔化金属流溢到焊缝之外的未熔化的母材上形成的金属瘤，如图 6-11 (c) 所示。

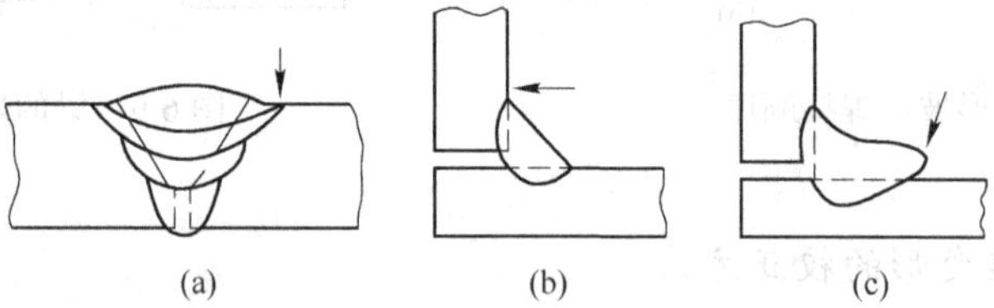

图 6-11 咬边和焊瘤

(3) 裂纹。焊接裂纹主要有热裂纹和冷裂纹两种。热裂纹是焊接过程中，焊缝和热影响区金属冷却到固相线附近的高温时产生的裂纹。常见的热裂纹有结晶裂纹和液化裂纹。结晶裂纹是焊缝金属在结晶过程中冷却到固相线附近的高温时，液态晶界在焊接收缩应力作用下产生的裂纹，常发生在焊缝中心和弧坑，如图 6-12 (a) 所示；液化裂纹是靠近熔合线的热影响区和多层间焊缝金属，由于焊接热循环，低熔点杂质被熔化，在收缩应力作用下发生的裂纹。接头表面热裂纹有氧化色彩。冷裂纹是焊接接头冷却到较低温度下(对于钢来说在 M_s 温度以下) 时产生的裂纹，延迟裂纹是主要的一种冷裂纹，是焊接接头冷却到室温并在一定时间 (几小时、几天，甚至十几天) 后才出现的。延迟裂纹常发生在热影响区，如图 6-12 (b) 所示。

延迟裂纹的产生与接头的淬硬组织、扩散氢的聚集以及焊接应力有关。为了防止发生冷裂常采取预热、后热，采用低氢焊条、烘干焊条，清除坡口及两侧的锈油，减小焊接应力等措施。

(4) 气孔和缩孔。气孔是熔池中气泡在凝固时未能溢出残留下来形成的空穴。产生气孔的原因有焊条受潮未烘干，坡口及附近两侧有锈、水、油污未清除干净，焊接电流过

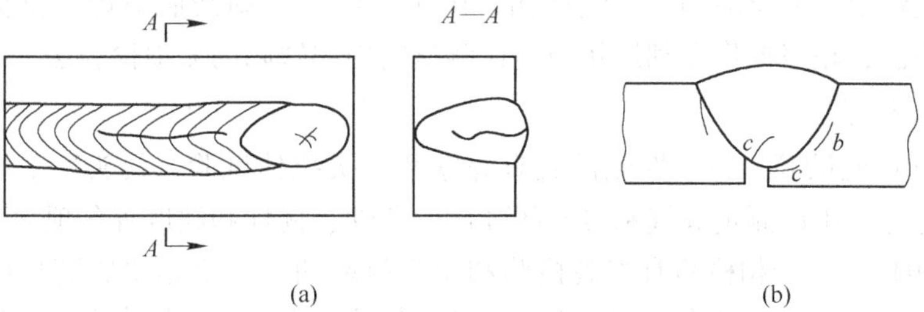

图 6-12 结晶裂纹和延迟裂纹

大或过小，电弧长度太长以致熔池保护不良，焊接速度过快等。缩孔是熔化金属在凝固过程中因收缩产生的残留在焊缝中的孔穴。

（5）夹杂和夹渣。夹杂是残留在焊缝金属中由冶金反应产生的非金属夹杂和氧化物；夹渣是残留在焊缝中的熔渣。产生夹渣的原因主要有坡口角度太小、焊接电流太小、多层多道焊时清渣不干净、操作不当等。

（6）未熔合和未焊透。未熔合是在焊缝金属与母材之间或焊道金属之间未完全熔化结合的部分，其原因主要有焊接电流太小、电弧偏吹、待焊金属表面不干净等；未焊透是焊接时接头根部未完全熔透的现象，其原因是焊接电流太小、钝边太大、根部间隙太小、焊接速度太快、操作技术不熟练等。

焊接缺陷会导致应力集中，降低承载能力，缩短使用寿命，甚至造成脆断。一般技术规程规定，裂纹、未熔合和表面夹渣不允许出现；气孔、未焊透、内部夹渣和咬边等缺陷不能超过一定的允许值。对于超标缺陷应予彻底去除和补焊。

6.1.4.2 焊接质量检验

焊接质量检查有两类方法：一类是非破坏性检验，包括外观检验、密封性检验、耐压检验和无损探伤等；另一类是破坏性试验，如力学性能试验、金相检验、断口检验和耐腐蚀试验等。

A 非破坏性检验

（1）外观检验。用肉眼或借助样板，或用低倍放大镜及简单通用的量具检验焊缝外形尺寸和焊接接头的表面缺陷。

（2）密封性检验。检查接头有无漏水、漏气和渗油、漏油等现象的试验。常用的有煤油试验、载水试验、气密性试验和水压试验等。气密性检验是将压缩空气（或氨、氟利昂、卤素气体等）压入焊接容器，利用容器的内外气体的压力差检查有无泄漏的试验方法。

（3）耐压试验。将水、油、气等充入容器内慢慢加压，以检查其泄漏、耐压、破坏等的试验，通常采用水压试验。水压试验常用于锅炉、压力容器及其管道的检验，既可检验受压元件的耐压强度，又可检验焊缝和接头的致密性（有无渗水、漏水）。

（4）焊缝无损探伤。常用方法有渗透探伤、磁粉探伤、射线探伤和超声探伤等。渗透是利用带有荧光染料（荧光法）或红色染料（着色法）的渗透剂的渗透作用，显示缺陷痕迹的无损检验法，常用着色法检查各种材料表面微裂纹；磁粉探伤是利用在强磁场中铁磁性材料表层缺陷产生的漏磁场吸附磁粉的现象进行的无损检验法，常用来检查铁磁材料的表面微裂纹及浅表层缺陷；射线探伤是用X射线或γ射线照射焊接接头检查内部缺陷的无损检验法；超声探伤是利用超声波探测材料内部缺陷的无损检验法。

B 破坏性试验

（1）力学性能试验。力学性能试验有焊缝和接头拉伸试验、接头冲击试验、弯曲试验和硬度试验等，用以测定焊缝和接头的强度、塑性、韧性和硬度等各项力学性能指标。

（2）金相检验。金相检验有宏观检验和微观检验两种。金相检验磨片可以从试验焊件产品上切取。宏观检验可检查该断面上裂纹、气孔、夹渣、未熔合和未焊透等缺陷。微观检验可以确定焊接接头各部分的显微组织特征、晶粒大小以及接头的显微缺陷（裂纹、气孔、夹渣等）和组织缺陷。

（3）断口检验用于检查管子对接焊缝，一般是将管接头拉断后，检查该断口上焊缝的缺陷。

（4）耐腐蚀试验用于检查奥氏体不锈钢焊接接头的耐晶间腐蚀等性能。

6.1.5 金属材料的焊接性

6.1.5.1 焊接性的概念

金属材料的焊接性是指金属材料对焊接加工的适应性。主要指在一定的焊接工艺条件下，金属获得优良焊接接头的难易程度。它包括两方面的内容：一是工艺焊接性，主要是指焊接接头产生工艺缺陷的倾向，尤其是出现各种裂纹的可能性；二是使用焊接性，主要是指焊接接头在使用中的可靠性，包括焊接接头的力学性能及其他特殊性能（如耐热、耐蚀性能等）。

金属材料的焊接性不是金属本身的属性，实质上是其物理、化学性能和力学性能在焊接过程中的综合反映，而且还与焊接工艺水平的发展有密切的关系。由于焊接新工艺的出现，有可能使得某些焊接性较差的金属在焊接时变得容易。

焊接结构所用金属材料的种类繁多，对于重要的焊接结构必须对其所用金属材料的焊接性进行详细地评定，才能进行合理地设计，制订正确的焊接工艺，从而确保焊接结构的质量。

6.1.5.2 估算钢材焊接性的方法

钢的焊接性既可以通过各种焊接工艺试验来直接加以评定（如抗裂性试验、力学性能试验等），也可以通过钢的化学成分来间接评定。这是因为影响焊接性的主要问题是焊接接头的淬硬与形成裂纹的倾向，而这些又取决于钢中碳及其他合金元素的质量分数，其中尤以碳的影响最为显著，故通常用碳当量法来间接评定钢的焊接性。通常把钢中合金元素（包括碳）的含量按其作用程度换算成碳的相当含量，其总和称为碳当量 w_{CE}。碳当量常是评定钢材焊接性最简便的间接判断法，是钢材焊接性高低的一种参考指标。

国际焊接学会推荐，碳素结构钢和低合金结构钢碳当量 w_{CE} 的计算公式为：

$$w_{CE} = w_C + \frac{w_{Mn}}{6} + \frac{w_{Cr} + w_{Mo} + w_V}{5} + \frac{w_{Ni} + \omega_{Cu}}{15}$$

式中，各符号表示该元素在钢中含量范围的上限。实践证明，碳当量愈高，钢材的焊接性愈差。

当 $w_{CE}<0.4\%$时，钢材的塑性好，焊接性良好。焊接时一般不需要采用工艺措施就能获得优质的焊接接头。

当 $w_{CE}=0.4\%\sim0.6\%$时，钢材的塑性较差，易出现淬硬组织，产生裂纹，焊接性较差。

当 $w_{CE}>0.6\%$时，钢材的塑性差，淬硬和冷裂倾向严重，焊接性差。

对焊接性不好的钢材，为减少其裂纹倾向，常采用以下工艺措施：

(1) 焊前预热，焊后缓冷，焊后进行热处理。

(2) 尽量选用抗裂缝性较好的低氢型焊条。

(3) 选用细焊条、小电流、开坡口进行多层焊，以防止母材过多地熔入焊缝，同时减少焊缝热影响区的宽度。

必须指出，用这种方法来判断钢材的可焊性只能作近似的估计，并不能完全代表材料的可焊性。例如，同种钢材厚度改变时，其可焊性也会改变。因此对于钢材的可焊性，常需按工件的实际情况，通过可焊性试验确定。

6.1.5.3 钢材的焊接

(1) 低碳钢的焊接。低碳钢的碳当量 $w_{CE}<0.4\%$，焊接性良好，焊接时通常不需采取特殊的工艺措施，就能获得优质接头。但在低温环境中焊接厚件时，应考虑焊前预热。此外，对于厚度大于50mm的焊件或电渣焊焊件，焊后应进行去应力退火或正火处理，以消除残余应力和细化热影响区晶粒。

(2) 中、高碳钢的焊接。中碳钢的碳当量 w_{CE}在0.4%左右，焊接性较差，焊缝中易产生热裂缝，热影响区容易产生淬硬组织而导致出现冷裂缝，所以焊接时应采取适当的措施。

高碳钢的碳当量 $w_{CE}>0.6\%$，焊接时焊缝与热影响区产生裂纹的倾向更大。因此，焊接结构都不采用这种钢材。少数情况下，高碳钢焊接仅用于焊补工件。

(3) 低合金结构钢焊接。我国低合金结构钢碳的质量分数都较低，但由于合金元素种类和碳的质量分数的不同，性能上有较大的差异，所以焊接性也有所不同。

强度 $\sigma_b<400$MPa 的低合金结构钢，碳当量 $w_{CE}<0.4\%$，焊接性良好，焊接时不需采取特殊的工艺措施。但在低温下焊接时或焊接厚件时，应当在焊前预热。

强度 $\sigma_b>400$MPa 的低合金结构钢，碳当量 $w_{CE}>0.4\%$，焊接性较差，焊缝及热影响区淬硬及冷裂缝倾向增大，所以在焊接时应采取适当的工艺措施。

6.1.5.4 铸铁的焊补

铸铁的焊补主要应用在两个方面：一是铸造生产过程中铸铁件产生缺陷的焊补；二是使用过程中铸铁件产生裂纹和断裂损坏，采用焊补修复。

由于铸铁碳的质量分数高，硫、磷杂质较多，塑性极差，故其焊接性不好，在焊接时熔合区易产生白口组织、焊缝易产生裂纹和气孔。此外，铸铁的流动性好，立焊时熔池金属容易流失，所以一般只应进行平焊。

铸铁焊补时一般采用气焊及焊条电弧焊，个别大件可采用电渣焊。目前生产中焊补铸铁的方法有热焊法和冷焊法两种。

(1) 热焊法。焊前将工件整体或局部预热到600~700℃，焊补后缓慢冷却。热焊法能防止工件产生白口组织和裂纹，焊补质量较好，焊后可进行机械加工；但热焊法成本较高，生产率低，焊工劳动条件差。因此，它一般用于焊补形状复杂、焊后需进行加工的重要铸件，如床头箱、汽缸体等。

（2）冷焊法。焊补前工件不预热或只进行400℃以下的低温预热。焊补时主要依靠焊条来调整焊缝的化学成分，以防止或减少白口组织和裂纹。冷焊法方便、灵活，生产率高、成本低、劳动条件好；但焊接处切削加工性较差。

6.1.5.5 非铁金属的焊接

（1）铜及铜合金焊接。铜及铜合金焊接时的主要困难是：

1）铜的导热性好，因此焊接时必须供给较大且集中的热量，常需预热，否则将因导热快而不易焊透。

2）铜在液态时易于氧化，其氧化物分布在晶界，易引起热裂纹。

3）铜在液态时吸气性强，易生成气孔。

4）铜合金中合金元素（如锌等）在焊接高温下被烧损，影响焊缝的化学成分和力学性能。

铜及铜合金可以用气焊、钎焊、氮弧焊等方法进行焊接。纯铜和青铜气焊时应采用严格的中性焰；黄铜气焊时应采用轻微氧化焰并配以牌号为HS221、HS222等含硅焊丝以及硼酸和硼砂配制的焊剂。

（2）铝及铝合金焊接。铝及铝合金的焊接较困难，主要特点如下：

1）极易氧化成氧化铝（Al_2O_3），形成一层熔点高（2050℃）、相对密度大、组织致密的氧化层，覆盖在金属表面，阻碍金属熔合，并易使焊缝夹渣。

2）铝的导热系数大，焊接时要求大功率或能量集中的热源，易于出现较大的焊接应力和变形。

3）铝可吸收大量气体，因此在熔池凝固时易生成气孔。

4）铝在高温时强度和塑性很低，而且由固态转变为液态时无明显的颜色变化，使得焊接操作困难，稍不注意，焊缝就会塌陷。

由于上述原因，焊接铝合金时，需正确选择焊接方法，严格控制焊接规范。铝合金可以用气焊、电阻焊、钎焊等方法进行焊接，但就熔焊方法来说，交流氮弧焊是焊接铝及铝合金的理想方法。不论采取哪种焊接方法，焊前都必须彻底清理工件焊接处和焊丝表面的氧化膜和油污，清洗质量好坏将直接影响焊缝的性能。如果使用的是化学清洗，由于其具有强烈的腐蚀作用，因此焊后应认真进行冲洗。

6.2 焊接方法

6.2.1 焊条电弧焊

焊条电弧焊又称手工电弧焊，它是用手工操纵焊条进行焊接的电弧焊方法，如图6-13所示。焊条电弧焊因具有操作方便、灵活、设备简单等优点，是目前生产中应用最为广泛的一种焊接方法。

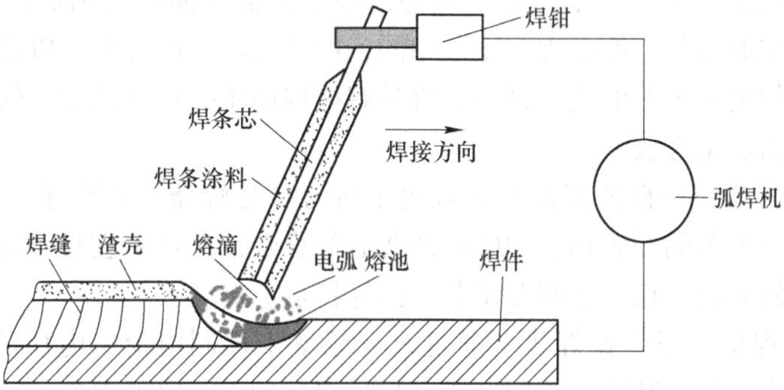

图 6-13　焊条电弧焊

6.2.1.1　焊接设备

焊接设备是供给电弧焊电源的装置，它既可以是直流电源装置，也可以是交流电源装置。为了便于引弧和电弧的稳定燃烧，以保证焊接过程的顺利进行，焊接电源必须满足一定的要求。

A　焊接电弧对焊接设备的要求

（1）应有适当的空载电压。为便于引弧，空载电压不能太低。但如果太高，则焊工操作不安全。故一般应控制在 50~90V 之间。

（2）焊接电源应具有陡降的外特性曲线。电源的外特性是指电路上负荷变化时电源供给的电压与电流的关系，这个关系通常用曲线表示（图 6-14），称为外特性曲线。一般工业用电（电灯照明、电力传动等）需要工作电压恒定不变，这类电源的外特性曲线是水平的，不能用作焊接电源。只有具有陡降的外特性曲线的焊接电源，才能确保电焊机的安全工作。因为陡降的外特性才能保证短路电流不会过大。短路电流太大会引起电焊机过载和金属飞溅严重。一般 $I_{短}=(1.25\sim2)I_{弧}$。电弧长度变化时，电弧电流变化小。

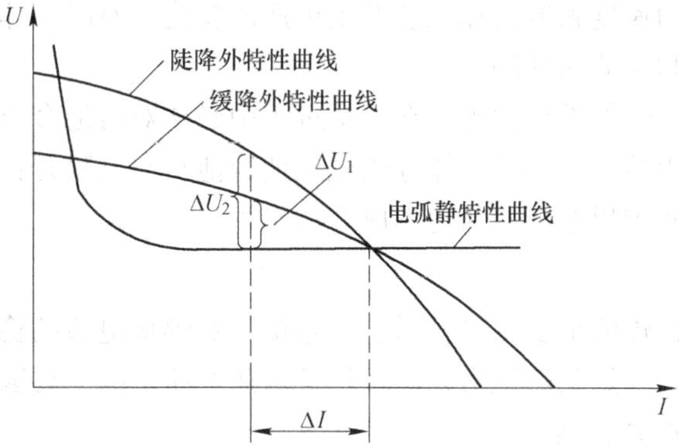

图 6-14　两种不同的外特性曲线

（3）焊接电流应能根据焊件的材质和厚度的不同，方便地进行调节。

B　焊接设备

手工电弧焊使用的设备主要有以下 3 种：

（1）交流弧焊机。它是一个具有下降特性并在其他方面都能满足焊接要求的特殊降压变压器，其工作原理与一般电力变压器相同，但具有较大的感抗，以获得下降特性，且感抗值可辨，以便调节焊接电流。这种焊机具有结构简单、价格便宜、使用方便、维护容易的优点，但电弧稳定性较差。

（2）硅整流弧焊机。硅整流弧焊机可用于所有牌号焊条的直流手工电弧焊接，特别适用于碱性低氢型焊条的低碳钢、中碳钢及普通低合金钢构件。它具有高效节能、节省材料、体积小、维修方便、稳定性好及调节方便等特点。

（3）逆变弧焊机。逆变弧焊机是通过改变频率来控制电流、电压的一种新型焊机。该焊机的电源具有陡降外特性，适用于所有牌号焊条的手工电弧焊接。该焊机具有下列特点：具有高效节能、高功率因素、低空载损耗；有多种自保护功能（过流、过热、欠压、过压、偏磁、缺相保护），可避免焊机的意外损坏；动态品质好、静态精度高、引弧容易、燃烧稳定、重复引燃可靠、便于操作；小电流稳定、大电流飞溅小、噪声低，在连续施焊过程中，焊接电流漂移小于±1%，为获得优质接头提供了可靠保证；电流调节简单，既可预置焊接电流，也可在施焊中随意调节，适应性强，利于全位置焊接。这种新型焊机还可一机两用，在短路状态下，可作为工件预热电源，这在焊机技术上是一个重大的改进。

6.2.1.2　焊接冶金特点

焊条电弧焊是以外部涂有药皮的焊条作电极和填充金属，电弧在焊条的端部与被焊工件表面之间燃烧，药皮则在电弧热作用下一方面产生气体以保护电弧；另一方面产生熔渣覆盖在熔池表面，防止熔化金属与周围气体的相互作用；同时，熔渣可与熔化金属产生物理化学反应以添加合金元素，改善焊缝金属性能。

焊接时，在液态金属、熔渣和气体间进行的冶金反应，和一般冶炼反应过程有所不同。首先焊接电弧和熔池的温度比一般冶炼温度高，容易造成合金元素的蒸发和烧损；其次是焊接熔池体积小，而且从熔化到凝固时间极短，所以熔池金属在焊接过程中温度变化很快，使得冶金反应的速度和方向往往会发生迅速的变化，有时气体和熔渣来不及浮出就会在焊缝中产生气孔和夹渣的缺陷。

因此，焊前必须对焊件进行清理，在焊接过程中必须对熔池金属进行机械保护和合金化。机械保护是指利用熔渣、保护气体等机械地把熔池与空气隔开；合金化是指向熔池中添加合金元素，以便改善焊缝金属的化学成分和组织。

6.2.1.3　电焊条

电焊条是焊条电弧焊的重要焊接材料，它直接影响焊接电弧的稳定性以及焊缝金属的化学成分和力学性能。电焊条的优劣是影响焊条电弧焊质量的主要因素之一。

A　电焊条的组成及作用

电焊条由焊芯和药皮两部分组成。

（1）焊芯。焊条中被药皮包裹的金属芯称为焊芯。它的主要作用是导电，产生电弧，提供焊接电源，并作为焊缝的填充金属。

焊芯是经过特殊冶炼制成的，其化学成分应符合国家标准的要求。焊芯的牌号用“H”+碳的质量分数表示。牌号后带“A”者表示其硫、磷含量不超过0.03%，如H08、

H08A、H08MnA 等。

焊芯的直径即为焊条直径，常用的焊芯直径有 1.6mm、2mm、2.5mm、3.2mm、5mm 等几种，长度在 200~450mm 之间。直径为 3.2~5mm 的焊芯应用最广。

（2）焊条药皮。焊条药皮在焊接过程中有如下作用：

1）形成气-渣联合保护，防止空气中有害物质侵入。

2）对焊缝进行脱硫、脱氧，并渗入合金元素，以保证焊缝金属获得符合要求的化学成分和力学性能。

3）稳定电弧燃烧，有利于焊缝成形，减少飞溅等。

为了满足以上作用，焊条药皮的组成成分相当复杂，焊条药皮的配方中，组成物一般有七八种之多，焊条药皮原材料的种类、名称和作用见表 6-1。

表 6-1 焊条药皮原材料的种类、名称和作用

原料种类	原料名称	作用
稳弧剂	碳酸钾、碳酸钠、长石、大理石、钛白粉、钠水玻璃、钾水玻璃	改善引弧性能，提高电弧燃烧的稳定性
造气剂	淀粉、木屑、纤维素、大理石	产生一定的气体，隔绝空气，保护焊接熔滴与熔池
造渣剂	大理石、氟石、菱苦石、长石、锰矿、钛铁矿、黄土、钛白粉、金红石	产生具有一定护理、化学性能的熔渣，保护焊缝；碱性渣中 CaO 还可起脱硫、磷的作用
脱氧剂	锰铁、硅铁、钛铁、铝铁、石墨	降低电弧气氛和熔渣的氧化性，脱氧；锰还可脱硫
合金剂	锰铁、硅铁、铬铁、钼铁、钒铁、钨铁	使焊缝金属获得必要的合金成分
稀渣剂	氟石、长石、钛铁矿、钛白粉	增加熔渣流动性，降低熔渣黏度
黏结剂	钠水玻璃、钾水玻璃	将药皮牢固地粘在钢芯上

B 电焊条的种类

电焊条按用途可分为十大类，即结构钢焊条、钳和锯耐热钢焊条、低温钢焊条、不锈钢焊条、铸铁焊条、堆焊焊条、镍和镍合金焊条、铜和铜合金焊条、铝和铝合金焊条及特殊用途焊条。

按熔渣性质可分为两大类：

（1）酸性焊条。熔渣以酸性氧化物为主（如 SiO_2、TiO_2 等）的焊条。这类焊条由于熔渣呈酸性，其氧化性较强，焊接时合金元素大量被烧损，焊缝中氧化夹杂物多，同时酸性渣脱硫能力差，因此焊缝金属塑性、韧性和抗裂能力较差。但酸性焊条工艺性能好，对铁锈、油污、水分的敏感性不大，并且可用交直流电源焊接，广泛用于一般低碳钢和强度较低的低合金结构钢的焊接。

（2）碱性焊条。熔渣以碱性氧化物和氧化钙为主的焊条。这类焊条熔渣呈碱性，并含有较多铁合金作为脱氧剂和合金剂，焊接时药皮中的大理石分解成 CaO 和 CO_2、CO 气体，气体能隔绝空气，保护熔池，CaO 能去硫，药皮中的 CaF_2 能去氢，使焊缝金属中含氢量、含硫量较低。因此用碱性焊条焊出的焊缝抗裂性能较好，力学性能较高。但它的工艺性能差，对油污、铁锈、水敏感性大，易产生气孔。为保证电弧稳定燃烧，一般采用直流反接。碱性焊条主要用于裂纹倾向大，塑性、韧度要求高的重要结构。如锅炉、压力容器、桥梁、船舶等的焊接。

C 焊条的型号与牌号

(1) 电焊条型号（国家标准中的焊条代号）。碳钢焊条应用最广泛，按碳钢焊条标准，其型号用大写字母“E”和四位数字表示。“E”表示焊条，前两位数字表示熔敷金属抗拉强度的最小值，单位为 MPa；第三位数字表示焊条适用的焊接位置，“0”“1”表示焊条适用于全位置焊接（平、立、仰、横），“2”表示焊条适用于平焊及平角焊，“4”表示焊条适用于向下立焊；第三位和第四位数字组合表示焊接电流种类及药皮类型。如：

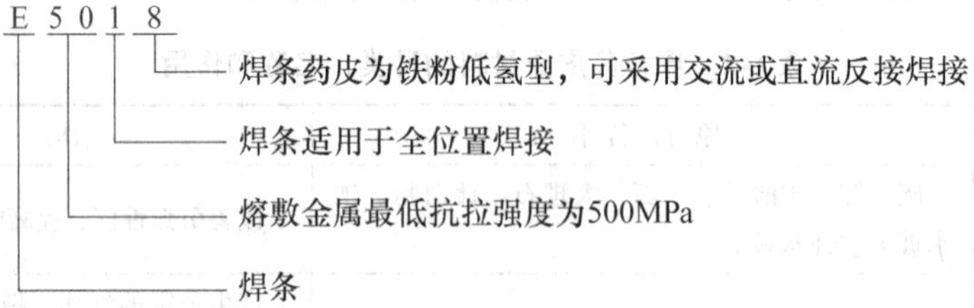

(2) 焊条牌号（焊条行业统一的焊条代号）。焊条牌号一般用一个大写拼音字母和三个数字表示，如 J422、J506 等。拼音字母表示焊条的各大类，如“J”表示结构焊条；前两位数字表示焊缝金属抗拉强度的最小值，单位为 MPa，第三位数字表示药皮类型和电流种类。

一般来说，型号和牌号是对应的，但一种型号可以有多种牌号，因牌号比较简明，所以生产中常用牌号表示。

D 电焊条的选用

焊条的种类很多，合理选用焊条对焊接质量、产品成本和劳动生产率都有很大影响。焊条选择应根据被焊结构的材料及使用性能、工作条件、结构特点和工厂的具体情况综合考虑。

(1) 根据被焊件的化学成分和性能要求选择相应的焊条种类。例如，焊接碳钢或普通低合金钢时应选用结构钢焊条；又如焊接铸铁时应选用铸铁焊条等。

(2) 焊缝性能要和母材具有相同的使用性能。结构钢焊件，一般按“等强”原则选用相同强度等级的焊条。对承受动载荷、冲击载荷或形状复杂，厚度、刚度大的焊件，应选用碱性焊条。不锈钢、耐热钢焊件，应根据母材化学成分选用相同成分的焊条。

(3) 根据被焊件的工作条件和结构特点选用焊条。如对于焊前难以清理的焊件，应选用酸性焊条等，以满足施焊操作的需要，保证焊接质量。

此外，应考虑焊接工人的劳动条件、生产率及经济合理性等，在满足使用性能要求的前提下，尽量选用无毒（或少毒）、生产率高、价格便宜的焊条，一般结构通常选用酸性焊条。

6.2.2 埋弧自动焊

随着生产的不断发展，焊接技术的应用日益扩大，焊接工作量大大增加，手工方式的焊接已远远不能满足要求。因此出现了一种机械化的电弧焊——埋弧焊，其中引弧、运弧和送进焊丝等操作都是由机械来完成，故称为自动焊。

埋弧自动焊焊接过程如图6-15所示，它是以连续送进的焊丝作为电极和填充金属。焊接时，在焊接区的上面覆盖一层颗粒状焊剂，电弧在焊剂层下燃烧，焊机带着焊丝均匀地沿坡口移动，或者焊机机头不动，工件匀速运动。在焊丝前方，焊剂从漏斗中不断流出撒在被焊部位。焊接时，部分焊剂熔化形成熔渣覆盖在焊缝表面，大部分焊剂不熔化，可重新回收使用。

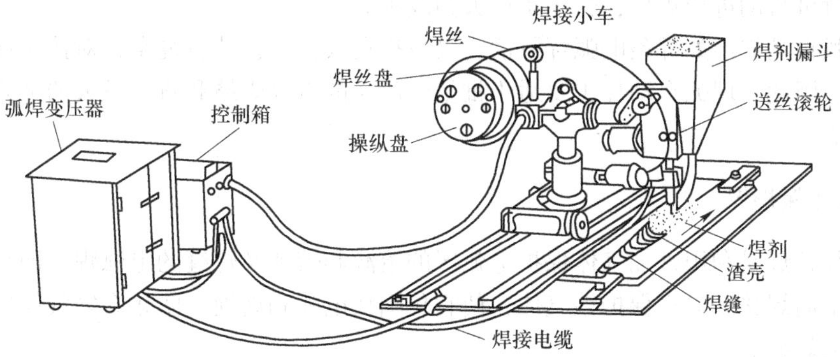

图6-15　埋弧焊

埋弧焊焊缝形成过程如图6-16所示。电弧燃烧后，工件与焊丝被熔化成较大体积（可达20cm^3）的熔池。由于电弧向前移动，熔池金属被电弧气体排挤向后堆积形成焊缝。电弧周围的颗粒状焊剂被熔化成熔渣，与熔池金属产生物理化学作用。部分焊剂被蒸发，生成的气体将电弧周围的熔渣排开，形成一个封闭的熔渣泡。它具有一定黏度，能承受一定压力，使熔化的金属与空气隔离，并能防止金属熔滴向外飞溅。这样，既可减少电弧热能损失，又阻止了弧光四射。此外，焊丝上没有涂料，允许提高电流密度，电弧吹力则随电流密度的增大而增大。因此，埋弧焊的熔池深度比焊条电弧焊大得多。

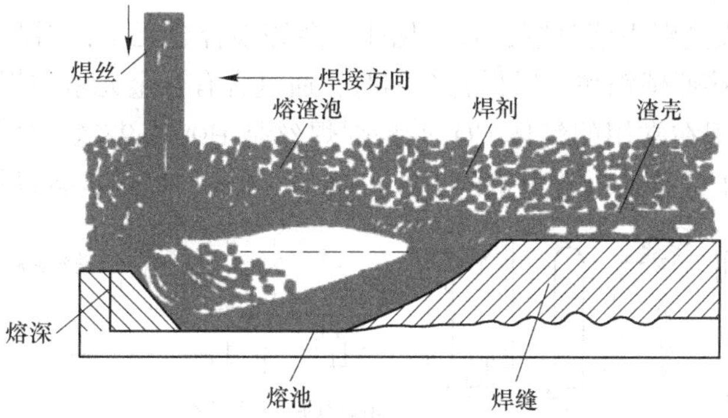

图6-16　埋弧焊焊缝的形成

埋弧自动焊的特点：

（1）生产率高。埋弧焊的焊接电流可达800~1000A，是焊条电弧焊电流强度的6~8倍，同时节省更换焊条的时间。此外，电弧受焊剂保护，热能利用率高，可采用较快的焊接速度，故其生产率是焊条电弧焊的5~10倍。

（2）焊缝质量高且稳定。因熔池受到焊剂很好的保护，外界空气较难侵入，且焊接规范可自动调节，故焊缝质量稳定、缺陷少；此外，其热影响区很小，焊缝外形美观。

（3）节省金属和电能。由于埋弧焊熔池深度较大，较厚的工件可以不开坡口，金属的烧损和飞溅也大为减少，且无焊条头的损失，故可节省金属材料。由于电弧热能散失较少，利用率大大提高，从而也节省了电能。

（4）改善劳动条件。埋弧焊看不到电弧光，焊接烟雾也较少，焊接时只要焊工调整、管理焊机就可自动进行焊接，劳动条件大为改善。

但埋弧自动焊不如焊条电弧焊灵活，设备投资大，工艺装备复杂，对接头加工与装配要求严格。因此，埋弧自动焊主要适于批量生产长的直线焊缝和直径较大的圆筒形工件的纵、环焊缝。

6.2.3 气体保护焊

气体保护焊是利用外加气体保护电弧区的熔滴和熔池及焊缝的电弧焊，即在焊接时由外界不断地向焊接区输送保护性气体，使它包围住电弧和熔池，防止有害气体侵入，以获得高质量的焊缝。

气体保护焊与渣保护焊相比，具有以下特点：

（1）明弧可见，便于焊工观察熔池进行控制。

（2）焊缝表面无渣，这在多层焊时可节省大量层间清渣工作。

（3）可进行空间全方位的焊接。

气体保护焊的种类很多，目前常用的主要有两种：氮弧焊和二氧化碳气体保护焊。

6.2.3.1 CO_2气体保护焊

CO_2气体保护焊是以CO_2作为保护气体，以焊丝为电极，以自动或半自动方式进行焊接的方法。目前常用的是半自动焊，即焊丝送进靠机械自动进行并保持一定的弧长，由操作人员手持焊炬进行焊接。

CO_2气体在电弧高温下能分解，有氧化性，会烧损合金元素，因此不能用来焊接有色金属和合金钢。焊接低碳钢和普通低合金钢时，通过含有合金元素的焊丝来进行脱氧和渗合金等冶金处理。现在常用的气体CO_2保护焊焊丝是H08Mn2SiA，适用于低碳钢和抗拉强度在600MPa以下的普通低合金钢的焊接。CO_2气体保护焊焊接装置如图6-17所示。

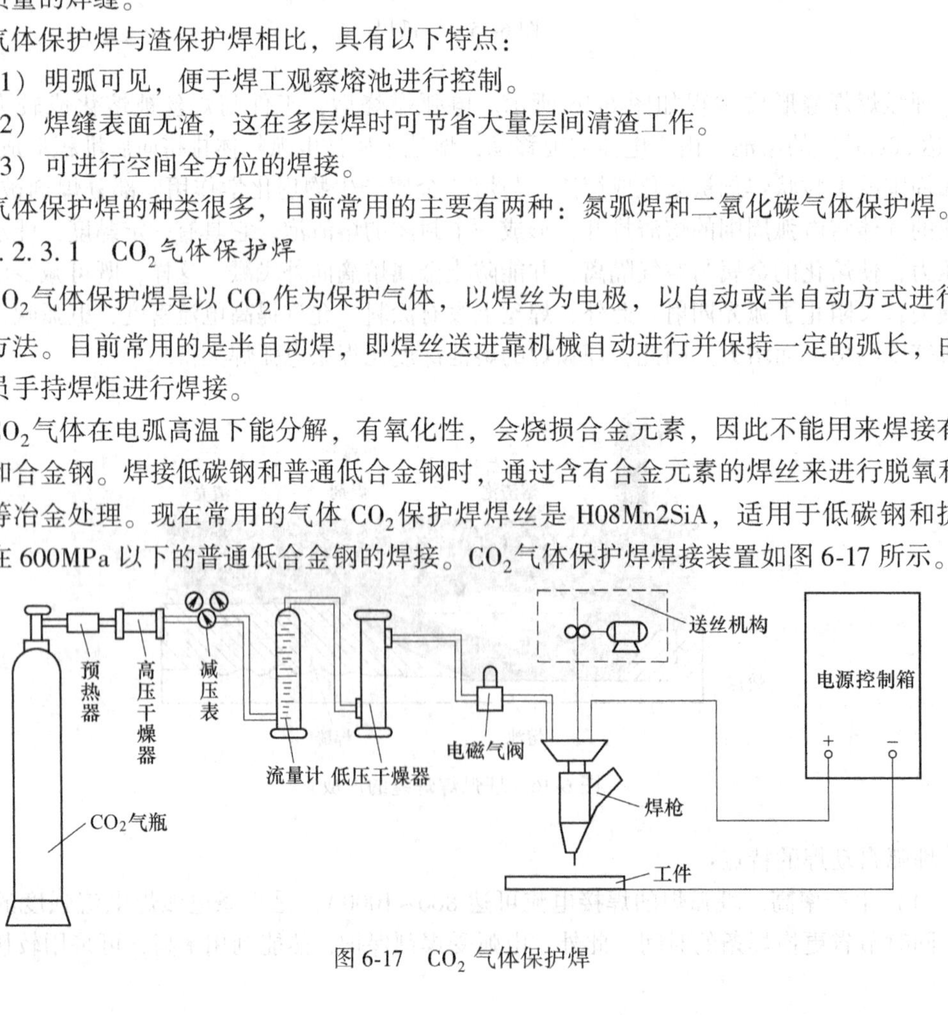

图6-17　CO_2 气体保护焊

CO_2气体保护焊除具有气体保护焊的共同特点外，还独具成本低的优点（约为焊条电弧焊和埋弧焊的40%左右）；但存在焊缝成形不光滑美观、弧光强烈、金属飞溅较多、烟雾较大以及需采取防风措施等缺点，设备亦较复杂。主要应用于低碳钢和普通低合金结构钢的焊接。在汽车、机车、造船、起重机、化工设备、油管以及航空工业等部门都得到广泛的应用。

6.2.3.2 氩弧焊

氩弧焊是指用氩气作保护气体的气体保护焊。氩气是惰性气体，在高温下不和金属起化学反应，可以保护电弧区的熔池、焊缝和电极不受空气的影响，是一种较理想的保护气体。氮弧焊分钨极（不熔化）氮弧焊和熔化极（金属极）氩弧焊两种，如图6-18所示。

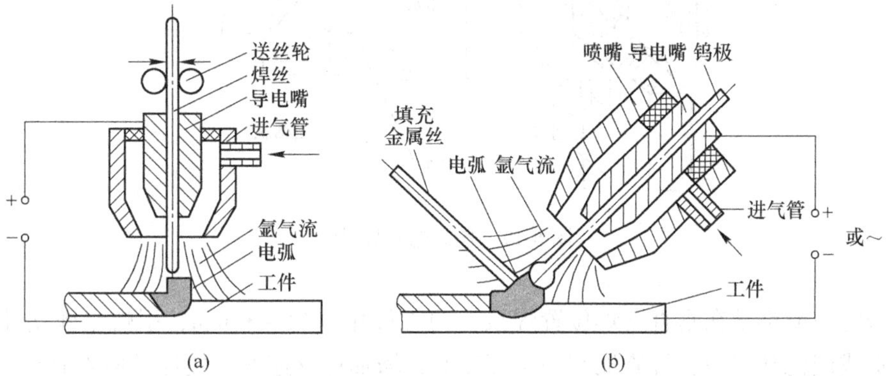

图6-18 氩弧焊示意图
（a）熔化极氩弧焊；（b）钨极氩弧焊

钨极氩弧焊电极常用钍钨极和铈钨极两种。焊接时，电极不熔化，只起导电和产生电弧作用。钨极为阴极时，发热量小，钨极烧损小；钨极作阳极时，发热量大，钨极烧损严重，电弧不稳定，焊缝易产生夹钨。因此，一般钨极氩弧焊不采用直流反接。此外，为尽量减少钨极的损耗，焊接电流不宜过大，故常用于焊接4mm以下的薄板。手工钨极氩弧焊的操作与气焊相似，需填充金属，也可以在接头中附加金属条或采用卷边接头。填充金属有的可采用与母材相同的金属，有的需要加一些合金元素，进行冶金处理，以防止气孔等缺陷。

熔化极氩弧焊以连续送进的焊丝作为电极并兼作填充金属，因此可采用较大电流，生产率较钨极氩弧焊高，适宜于焊接厚度为25mm以下的工件。它可分为自动熔化极氢弧焊和半自动熔化极氢弧焊两种。

氩弧焊除具有气体保护焊的共同优点外，还具有焊缝质优的独特优点，而且焊缝外形光洁美观。但氩气成本高，而且只能在室内无风处应用；由于氩气的游离电势高，引弧困难，故需用高频振荡器或脉冲引弧器帮助引弧，或者提高电源空载电压；氩弧焊设备也较复杂，特别是交流氩弧焊机。因此，氩弧焊目前主要用来焊接易氧化的有色金属（铝、镁及其合金）、稀有金属（钛、钼、锆、钽等及其合金）、高强度合金钢及一些特殊性能合金钢（不锈钢、耐热钢）等。

6.2.4 电渣焊

电渣焊是利用电流通过液态熔渣时所产生的电阻热作为热源来熔化焊丝和焊件而实现焊接的一种方法。图 6-19 所示为丝极电渣焊过程示意图。

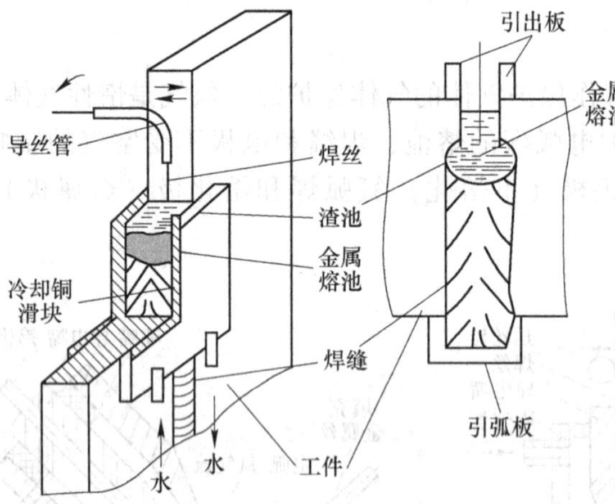

图 6-19 丝极电渣焊过程

电渣焊一般都是在垂直立焊位置焊接，两工件相距 25~35mm，引燃电弧熔化焊剂和工件，形成渣池和熔池，待渣池有一定深度时，增加送丝速度，使焊丝插入渣池，电弧便熄灭，转入电渣过程。这时，电流通过熔渣产生电阻热，将工件和电极熔化，形成金属熔池沉在渣池下面。渣池既作为焊接热源，又起机械保护作用。随着熔池和渣池上升，远离渣池的熔池金属便冷却形成焊缝。

电渣焊具有以下特点：

（1）厚大工件可一次焊成。这就改变了重型机器制造的工艺过程，可用铸-焊、锻-焊的复合结构拼小成大，以代替巨大的铸造或锻造整体结构，可节省大量的金属材料和铸、锻设备投资。

（2）生产率高。焊接材料消耗少。焊接厚度在 40mm 以上的工件，即便用埋弧自动焊，也必须开坡口进行多层焊；而电渣焊对任何厚度工件都不需开坡口，只要使焊接端面之间保持 25~35mm 的间隙就可一次焊成，因此生产率高、消耗的焊接材料较少。

（3）焊缝金属比较纯净。电渣焊的熔池保护严密，空气不易进入，而且保持液态的时间较长，因此冶金过程进行得比较完善，熔池中的气体与杂质有较充分的时间浮出。因此，焊缝金属比较纯净。

（4）近缝区的机械性能明显下降，焊后需进行正火。因为焊缝区在高温停留时间较长，热影响区比其他焊接方法都宽，晶粒粗大，易产生过热组织，因此一般焊后都要进行正火处理，以改善其性能。

因此，它主要用于 40mm 以上厚件的立焊，也可与铸造、锻压相结合生产组合件，以解决铸、锻能力之不足，因此特别适应于重型机械制造行业。

6.2.5 气焊与气割

6.2.5.1 气焊

气焊是利用可燃气体如乙炔（C_2H_2）和助燃气体氧气（O_2）混合燃烧的高温火焰进行焊接，其工作情况如图 6-20 所示。

气焊所用的设备有乙炔发生器、回火防止器、氧气瓶、减压阀和焊炬等，如图 6-21 所示。

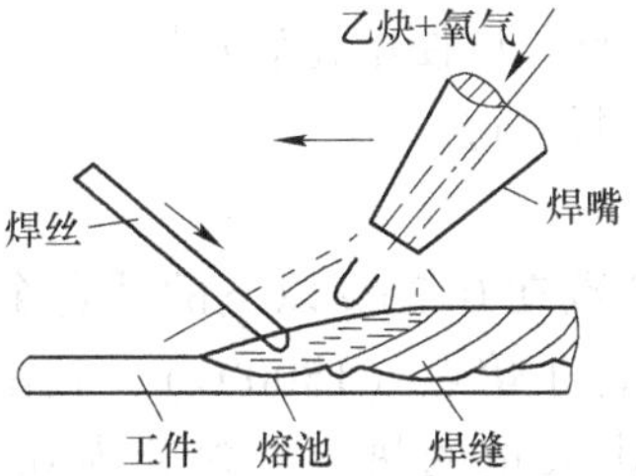

图 6-20 气焊示意图

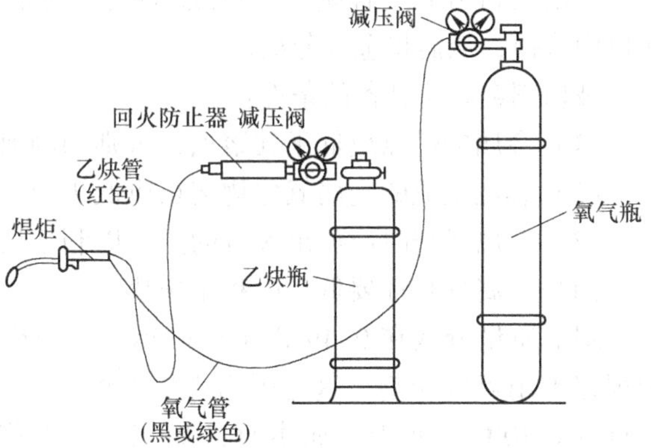

图 6-21 气焊设备

A 气焊火焰

改变氧气和乙炔的体积比例，可获得 3 种不同性质的气焊火焰。

(1) 中性焰。氧气和乙炔的混合比为 1～1.2 时燃烧形成的火焰，称为中性焰，又称为正常焰。其焰心特别明亮，内焰颜色较焰心暗，呈淡白色，温度最高可达 3000～3200℃，外焰温度较低，呈淡蓝色。焊接时应使熔池及焊丝末端处于焰心前 2～4mm 的最高温度区。

中性焰应用最广，一般常用于焊接碳钢、紫铜和低合金钢等。

(2) 碳化焰。氧气和乙炔的混合比小于 1 时燃烧形成的火焰称为碳化焰。其火焰特征为内焰变长且非常明亮，焰心轮廓不清，外焰特别长，且温度也较低，最高温度约为 2700～3000℃。

碳化焰中的乙炔过剩，适用于焊接高碳钢、铸铁和硬质合金等材料。焊接其他材料时，会使焊缝金属增碳，变得硬而脆。

(3) 氧化焰。氧气和乙炔的混合比为大于 1.2 时燃烧形成的火焰，称为氧化焰。由于氧气较多，燃烧比中性焰剧烈，火焰各部分长度均缩短，温度比中性焰高，可达 3100～3300℃。由于氧化焰对熔池有氧化作用，故一般不宜采用，只适用于焊接黄铜、镀锌铁皮等。

B 气焊的特点及应用

(1) 生产率低。气焊火焰温度低，加热缓慢。

(2) 焊件变形大。气焊热量分散，热影响区宽。

（3）接头质量不高。焊接时火焰对熔池保护性差。

（4）气焊火焰易控制和调整。灵活性强，气焊设备不需电源。

因此，气焊适用于3mm以下的低碳钢薄板、铸铁焊补以及质量要求不高的铜和铝合金等合金的焊接。

6.2.5.2 气割

氧气切割简称气割。气割的效率高、成本低、设备简单，并能在各种位置进行切割，因此它被广泛用于钢板下料和铸钢件浇冒口的割除。

气割是利用中性焰将金属预热到燃点，然后开放切割氧将金属剧烈氧化成熔渣，并从切口中吹掉，从而将金属分离。

被切割金属应具备的条件：

（1）金属的燃点应低于其熔点，否则切割前金属先熔化，使切口过宽并凹凸不平。

（2）燃烧生成的金属氧化物熔点应低于金属本身的熔点，以便熔化后吹掉。

（3）金属燃烧时应放出大量的热，以利于切割过程不断进行。

（4）金属导热性要低，以利于预热。

碳的质量分数在0.4%以下的碳钢，以及碳的质量分数在0.25%以下的低合金钢都能很好地用氧气切割。这是因为它们的燃点（1350℃）低于熔点（1500℃），氧化铁的熔点（1370℃）低于金属本身的熔点，同时燃烧时放出大量的热。当含碳为0.4%～0.7%时，切口表面容易产生裂缝，这时应将被切割的钢板预热到250～300℃再进行气割。碳的质量分数大于0.7%的高碳钢，因钢板的燃点与熔点接近，切割质量难以保证。

铸铁不能气割，因铸铁熔点低于它的燃烧温度。不锈钢含铬较多，氧化物Cr_2O_3的熔点高于不锈钢的熔点，因此难以切割。

有色金属如铜和铝等，因导热性好、容易氧化，氧化物的熔点都高于金属本身的熔点，因此也不能气割。

6.2.6 电阻焊

电阻焊又称接触焊。它是利用电流通过两焊件接触处产生的电阻热（$Q=I^2Rt$）作为焊接热源，将接头加热到塑性状态或熔化状态，然后迅速施加顶锻压力，以形成牢固的焊接接头的焊接工艺。

因为焊件间的接触电阻有限，为使焊件在极短时间内达到高温，以减少散热损失，所以电阻焊采用大电流（几千到几万安）、低电压（几伏到十几伏）的大功率电源。电阻焊具有生产率高、焊件变形小、劳动条件好、不需添加填充金属，易实现机械化、自动化等优点；但设备复杂、耗电量大，对焊件厚度和截面形状有一定的限制，通常适用于大批量生产。

电阻焊按其接头形式不同，可分为点焊、缝焊和对焊三种形式，如图6-22所示。

6.2.6.1 点焊

点焊利用电流通过柱状电极和搭接的两焊件产生电阻热，将焊件加热并局部熔化，然后在压力作用下形成焊点，如图6-22（a）所示。

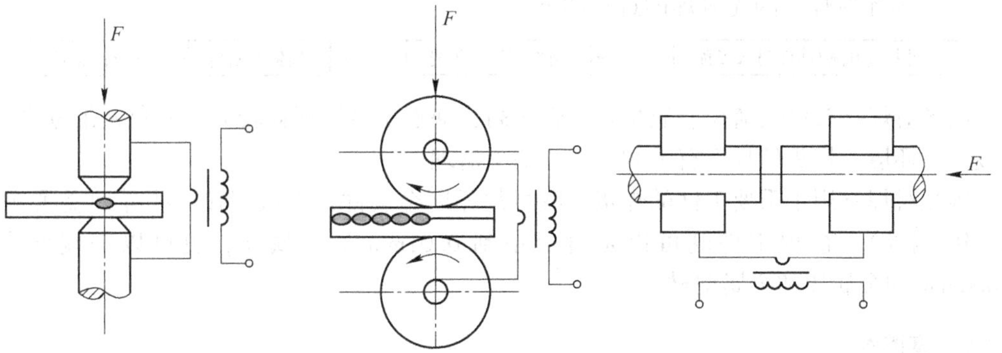

(a) (b) (c)

图 6-22 电阻焊的形式
(a) 点焊;(b) 缝焊;(c) 对焊

焊点的焊接过程如下:

电极压紧焊件 → 通电加热 → 断电 —维持原压或增压→ 去压

当工件上有多个焊点时,焊点与焊点间应有一定的距离(如 0.5mm 厚碳钢薄板工件,焊点间距为 10mm),以防止"分流现象"。分流将使第二个焊点的焊接电流减小,影响焊接质量。

点焊主要用于焊接厚度为 4mm 以下的薄板、冲压结构件及线材等,每次焊一个点或多个点。目前,点焊已广泛用于制造汽车、车厢、飞机等薄壁结构以及罩壳和轻工、生活用品等。

6.2.6.2 缝焊

缝焊又称滚焊(图 6-22(b)),其焊接过程与点焊相似,只是用旋转的圆盘状、滚状电极代替了柱状电极。焊接时,盘状电极压紧焊件并转动(也带动焊件向前移动),配合断续通电,即形成连续重叠的焊点。

缝焊时,焊点相互重叠 50%以上,密封性好,主要用于制造要求密封性的薄壁结构。如汽车油箱、小型容器与管道等。但因缝焊过程分流现象严重,焊接相同厚度的工件时,焊接电流约为点焊的 1.5~2 倍,因此要使用大功率焊机,用精确的电气设备控制间断通电的时间。缝焊只适用于厚度 3mm 以下的薄板结构。

6.2.6.3 对焊

对焊是利用电阻热使两个工件在整个接触面上焊接起来的一种方法,如图 6-22(c)所示。根据焊接工艺不同,对焊可分为电阻对焊和闪光对焊两种。

(1) 电阻对焊。电阻对焊的焊接过程如下:

压紧对接焊件 → 通电加热 → 顶锻并断电 → 去压

电阻对焊操作简单,接头比较光滑。但焊前应认真加工和清理端面,否则易导致加热不匀、连接不牢的现象。此外,高温端面易发生氧化,质量不易保证。电阻对焊一般只用于焊接截面形状简单、直径(或边长)小于 20mm 和强度要求不高的工件。

（2）闪光对焊。闪光对焊的过程如下：

焊件接通电源(两件尚未接触) → 两件接近、闪光 → 顶锻并断电 → 去压

闪光对焊接头中夹渣少、质量好、强度高；缺点是金属损耗较大，闪光火花易玷污其他设备与环境，接头处焊后有毛刺，需要加工清理。

闪光对焊常用于重要工件的焊接。既可焊相同金属件，也可焊接一些异种金属（铝-铜、铝-钢等）。被焊工件既可以是直径小到 0.01mm 的金属丝，也可以是端面大到 $20000mm^2$的金属棒和金属型材。

6.2.7 摩擦焊

摩擦焊是利用焊件接触端面相对旋转运动中相互摩擦产生的热量，使端部达到塑性状态，然后迅速顶锻，从而完成焊接的一种焊接方法。

摩擦的形式有两种（图 6-23），一是一侧焊件旋转法，焊接时一个焊件固定不动，另一个做旋转运动，这是最简单的一种，主要用于长度不大的焊件；二是双侧焊件旋转法，焊接时两个焊件相对旋转，用于要求加热快的情况。

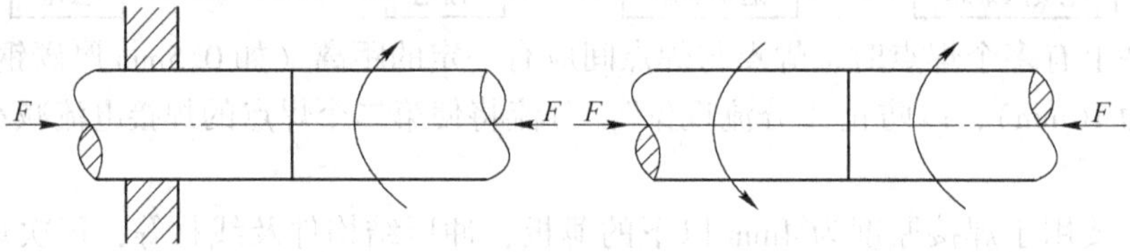

(a) (b)

图 6-23 摩擦焊形式

（a）一侧焊件旋转法；（b）双侧焊件旋转法

摩擦焊的特点：

（1）在摩擦焊过程中，焊件接触表面的氧化膜与杂质被清除，因此接头组织致密，不易产生气孔、夹渣等缺陷，接头质量好且稳定。

（2）可焊接的金属范围较广，不仅可焊同种金属，也可以焊接异种金属。

（3）焊接操作简单，不需焊接材料，容易实现自动控制，生产率高。

（4）电能消耗少（只有闪光对焊的 1/10~1/15）。

（5）设备复杂，一次性投资大。

因此，摩擦焊广泛用于圆形工件、棒料及管类件的焊接。目前，国内摩擦焊主要用于焊接异种金属，如异种钢。国外大量应用于焊接汽车、拖拉机，工业焊接结构钢产品以及圆柄刀具。

6.2.8 钎焊

钎焊的能源既可以是化学反应热，也可以是间接热能。它利用熔点比被焊材料熔点低的金属作钎料，经过加热钎料熔化，靠毛细管作用将钎料吸入到接头接触面的间隙内，润湿被焊金属表面，使液相与固相之间相互扩散形成钎焊接头。因此，钎焊是一种固相兼液相的焊接方法。

根据钎料熔点不同，钎焊可分为硬钎焊和软钎焊两种。

(1) 硬钎焊。钎料熔点在450℃以上，接头强度在200MPa以上。主要用于受力较大的钢铁和铜合金构件的焊接（如自行车架、带锯锯条等）以及工具、刀具的焊接。

(2) 软钎焊。钎料熔点在450℃以上，接头强度较低，一般在70MPa。主要用于焊接受力不大、工作温度较低的工件。

与一般熔化焊相比，钎焊的特点是：

(1) 工件加热温度较低，组织和力学性能变化很小，变形也小。接头光滑平整，工件尺寸精确。

(2) 可焊接性能差异很大的异种金属，对工件厚度的差别也没有严格限制。

(3) 工件整体加热钎焊时，可同时钎焊多条（甚至上千条）接缝组成的复杂形状构件，生产率高。

(4) 设备简单，投资费用少。

但钎焊的接头强度较低，尤其是动载强度低，允许的工作温度不高，焊前清整要求严格，而且钎料价格较贵。

因此，钎焊不适合于一般钢结构件和重载、动载零件的焊接。钎焊主要用于制造精密仪表、电气部件、异种金属构件以及某些复杂薄壁结构，如夹层结构、蜂窝结构等。也常用于钎焊各类导线与硬质合金刀具。

6.2.9 其他焊接方法简介

科学技术和生产的发展，对焊接工艺技术提出了更高的要求，为了满足这一要求，人们相继研制成功了许多新的焊接工艺方法。这些焊接工艺方法在缩小焊接热影响区、减少焊接应力与变形、改善焊接质量和提高焊接效率等方面都取得了重大进展，特别是在高精尖产品零件、难熔金属及高合金零件的焊接中获得了广泛应用。

6.2.9.1 真空电子束焊

在真空室内，用聚集的高速电子束以很高的能量密度轰击焊件表面，将动能转变为热能，使焊件接头表面在瞬间熔化，形成焊缝的方法称为真空电子束焊。其特点是：

(1) 能量密度大，约为电弧焊的5000~10000倍，电子束穿透能力强。

(2) 焊接速度快，热影响区小，焊接变形小。

(3) 焊缝深而窄，这对于不开坡口的单道焊缝是十分有利的。

(4) 真空保护好，焊缝质量高，特别适合于活泼金属的焊接。

(5) 缺点是设备复杂、成本高、使用维护较困难，对接口装配质量要求严格及需防X射线等。

电子束焊主要用于其他焊接方法难以焊接的复杂焊件及特种金属、难熔金属，如发动机喷管、核反应堆壳体和微动减振器等。

6.2.9.2 超声波焊

利用超声波的高频振荡能对焊件接头进行局部加热和表面清理，然后施加压力实现焊接的一种压焊方法即超声波焊。超声波焊利用超声波传感器发出平行和垂直于焊件表面的振动，振动产生的切力和正应力把焊接面的氧化层和杂质击碎并排除，通过压紧力便可实现焊件间的结合。其特点是：

（1）焊点形成靠超声波的能量，工件不需通电加热，故焊点附近金属组织和性能变化小。

（2）适合于同种金属、异种金属，以及非金属的连接。

（3）焊件变形小、尺寸精确。

（4）可用于微连接以及厚薄差别很大的焊件，如箔、丝、网等工件的连接。

（5）焊接消耗功率小，只有电阻焊的5%左右。如焊接两片0.8mm厚的铝合金，只需2~3kW，而电阻焊却要70~75kW。

（6）焊前对表面清洗要求不高，只需去除油污，而不用清除氧化膜。

因此，超声波焊在无线电元件、仪表、半导体、金属陶瓷等工业部门得到广泛应用。

6.2.9.3　激光焊

激光焊是利用大功率相干单色光子流聚焦而成的激光束为热源进行的焊接，可分为连续功率激光焊和脉冲功率激光焊。其特点是：

（1）激光能聚焦成很小光点，直径可达10μm，焊缝可极为窄小。

（2）能量密度大，穿透深度大，温度可达5000~900℃，可熔焊所有金属。

（3）焊接速度快（1m/s左右），焊件不易氧化，热影响区小，晶粒为细小的树枝状结晶，焊接变形小。

（4）灵活性大，可远距离焊接或在一些难以接近的部位焊接。

激光焊可应用于低强钢、不锈钢、铝及其合金、钛合金、耐热合金，钽、铌、锆、高熔点难熔金属，钼、钨及非金属（如陶瓷）等多种材料，如汽车变速箱齿轮组件等。但因激光器的功率限制，一般只有600W左右，故只能焊接薄板材料。

6.2.9.4　等离子弧焊

一般电弧焊中的电弧，不受外界约束，称为自由电弧，电弧区内的气体尚未完全电离，能量也未高度集中起来。如果采用一些方法使自由电弧的弧柱受到压缩（称为压缩效应），弧柱中的气体就完全电离，并产生温度比自由电弧高得多的等离子弧。

等离子电弧发生装置如图6-24所示。在钨极和工件之间加一较高电压，经高频振荡使气体电离形成电弧，此电弧在通过具有细孔道的喷嘴时，弧柱被强迫缩小，此作用称为机械压缩效应。

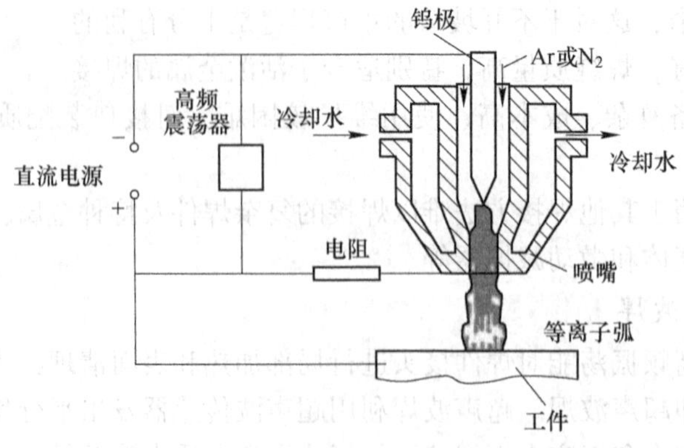

图6-24　等离子弧焊

当通入一定的压力和流量的氮气或氩气时，冷气流均匀包围电弧，使弧柱外围受到强烈冷却，迫使带电粒子流（离子和电子）往弧柱中心集中，弧柱被进一步压缩，这种压缩作用称为热压缩作用。

带电粒子流在弧柱中的运动可看成是电流在一束平行的“导线”内流过，其自身磁场产生的电磁力使这些“导线”互相吸引靠近，弧柱又进一步被压缩，这种压缩作用称为电磁收缩效应。

电弧在上述3种压缩效应的作用下，被压缩得很细，能量高度集中，弧柱内的气体完全电离为电子和离子，称为等离子弧，其温度高达16000K以上。

等离子弧焊除具有氩弧焊的优点外，还有以下特点：

（1）能量密度大，弧柱温度高，穿透能力强。

（2）焊接电流小到0.1A时，电弧仍能稳定地保持良好的挺直度与方向性。

等离子弧焊主要用于碳钢、合金钢、耐热钢、不锈钢、铜合金、镍合金、钛合金等材料的焊接，如钛合金的导弹壳体、飞机上薄壁容器、电容器的外壳、汽轮机叶片等，但设备价格较贵。

等离子弧除用于焊接外，还可用于切割，称为等离子弧切割。等离子弧切割不仅切割效率比氧气切割高1~3倍，而且还可以切割不锈钢、铜、铝及其合金、难熔的金属和非金属材料。

6.2.9.5　爆炸焊

爆炸焊是将炸药直接敷在金属表面上，利用接触爆炸（也可以通过如水等液体介质来传递爆炸时产生的冲击波）的压力造成焊件的迅速碰撞，并紧密连接的一种压焊方法。其特点是：

（1）时间极短，以毫秒或微秒计，所以即使局部温度高达3000℃，但焊接仍是一个“冷”过程。对用其他方法较难实现连接的金属，如对活泼性很大的钽、铌、锆等稀有金属宜采用爆炸焊。此时金属不熔化，在两金属间结合面上不会产生脆性的金属间化合物。

（2）爆炸焊接头具有双重连接的特点，既有冶金特点的连接，又有犬牙交错的机械连接，故接头强度较高。

（3）不需要复杂的设备，工艺简单，成本低，使用方便。

（4）噪声大，制造大面积复合板需较大场地。

（5）对冲击韧性低、塑性很差的金属不能采用爆炸焊。

6.2.10　焊接方法应用范围

各种焊接方法的应用范围见表6-2。

表6-2　各种焊接方法的应用范围

焊接方法		含　义	应用范围
熔化焊	埋弧自动焊	电弧被埋在颗粒焊剂层下的焊接方法	主要用来焊接生产批量大、厚度较大且长的直焊缝和大直径圆筒的环形焊缝

续表 6-2

焊接方法			含　义	应用范围
熔化焊	气体保护焊	氩弧焊	用保护性气体将空气和熔化金属机械隔开，防止熔化金属氧化和氮化	用于焊接铝、镁、钛及其合金、不锈钢、耐热钢及锆、钽、钼等稀有金属
		CO_2气体保护焊	用保护性气体将空气和熔化金属机械隔开，防止熔化金属氧化和氮化	适用于低碳钢和低合金高强度结构钢薄板的焊接
	电渣焊		利用电流通过液体熔渣产生的电阻热将焊件和焊丝（电极）熔化形成焊缝	主要用于焊接厚度大于 40mm 的工件
	气焊		利用气体火焰加热熔化焊件接头和焊丝的方法	适用于 3mm 以下的低碳钢薄板、铸铁焊补以及质量要求不高的铜和铝等合金的焊接
压力焊	点焊		利用电流通过两焊件接触处产生的电阻热作为焊接热源，将焊件局部加热到高温塑性状态或熔化状态，并在压力作用下形成牢固接头	用于焊接各种薄板（0.5～0.8mm）冲压结构件、金属网和钢筋结构件等
	缝焊		利用电流通过两焊件接触处产生的电阻热作为焊接热源，将焊件局部加热到高温塑性状态或熔化状态，并在压力作用下形成牢固接头	主要用于制造密封性要求高的薄壁容器，如油箱、水箱等
	对焊	闪光对焊	利用电流通过两焊件接触处产生的电阻热作为焊接热源，将焊件局部加热到高温塑性状态或熔化状态，并在压力作用下形成牢固接头	常用于重要的焊接件，如对焊刀具、钢筋等
		电阻对焊	利用电流通过两焊件接触处产生的电阻热作为焊接热源，将焊件局部加热到高温塑性状态或熔化状态，并在压力作用下形成牢固接头	主要用于焊接截面简单、直径或边长小于 20mm 和强度要求不高的工件
	摩擦焊		利用焊件表面相互摩擦产生的热，使焊件端面达到热塑性状态，然后迅速顶锻，形成焊接接头	常用来焊接圆截面工件及管子等
钎焊	硬钎焊		利用熔点比焊件金属低的钎料做填充金属，经适当加热后，钎料熔化进入焊缝间将处于固态的焊件连接成整体	主要用于精密仪表、电气零部件、异种金属焊件等小件或精密件

6.3　焊接结构设计

在结构满足使用性能要求的前提下，焊接结构设计还应考虑结构焊接工艺的要求，力求做到制造方便、生产率高、成本低、焊接质量好。主要包括以下几个方面。

6.3.1 焊接结构材料的选择

在进行焊接结构材料选择时应注意以下几个问题：

(1) 在满足工作性能要求的前提下，应该选用焊接性较好的材料来制造焊接结构件。低碳钢和强度等级较低的低合金钢具有良好的焊接性。这类钢适用于各种焊接方法，而且在一般情况下不需要采用特殊的工艺措施就能获得优质的焊接接头。由于塑性良好，不仅焊接应力的影响较小，而且对变形也易于校正。

(2) 异种金属焊接时必须注意其焊接性。一般要求接头强度不低于被焊钢材中的强度较低者，并应在设计中对焊接工艺提出要求，按焊接性较差的钢种采取措施，如焊前预热或焊后热处理等。对不能用熔焊方法获得满意接头的异种金属应尽量不用。

(3) 焊接结构件的金属最好采用相等的厚度，这样容易获得优质的焊接接头。如果采用两块厚度相差悬殊的金属材料进行焊接，在接头处会造成应力集中，而且由于接头两侧热容量不等，容易产生焊不透的缺陷。

不同厚度的钢板对接焊接时，允许厚度差见表 6-3。如果对接钢板厚度差超过表中的规定值，则应在较厚板上加工出单面或双面斜边的形式，以保证接头质量。

表 6-3 不同钢板厚度对接的允许厚度差

较薄板的厚度/mm	≥2~5	>5~9	>9~12	>12
允许厚度差/mm	1	2	3	4

(4) 应多采用工字钢、槽钢、角钢和钢管等型材，以降低结构重量，减少焊缝数量，简化焊接工艺，增加结构件的强度和刚性。对形状比较复杂的部分，还可以选用铸钢件、锻件或冲压件来焊接。

此外，考虑到节约用材，在设计焊接结构件的形状和尺寸时，还应注意到原材料的尺寸规格，以便下料时尽量减少边角废料。

6.3.2 焊缝的布置

焊接结构件中的焊缝布置，与产品质量、生产率、工人劳动条件等都有密切关系。其设计准则简述如下。

6.3.2.1 焊缝布置应尽量分散

焊缝密集或交叉，会加大热影响区，造成金属的严重过热，使组织恶化、性能下降。两条焊缝间距一般要求大于 3 倍板厚且不小于 100mm。如图 6-25（a）（b）所示的结构应改为（c）（d）的结构形式。

6.3.2.2 焊缝应尽可能对称

偏置焊缝会产生较大的焊接变形，对称焊缝可能使焊缝引起的变形互相抵消，而无明显变形。因此，焊缝布置应尽可能对称，如图 6-26 所示。

6.3.2.3 焊缝应尽可能避开最大应力处和应力集中处

对于一些受力条件严格的焊接结构件，为了安全起见，在最大应力和应力集中的位置

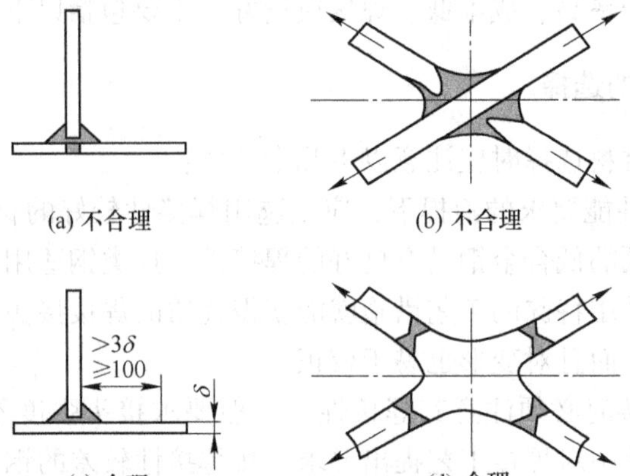

(a) 不合理 (b) 不合理

(c) 合理 (d) 合理

图 6-25 焊缝分散布置

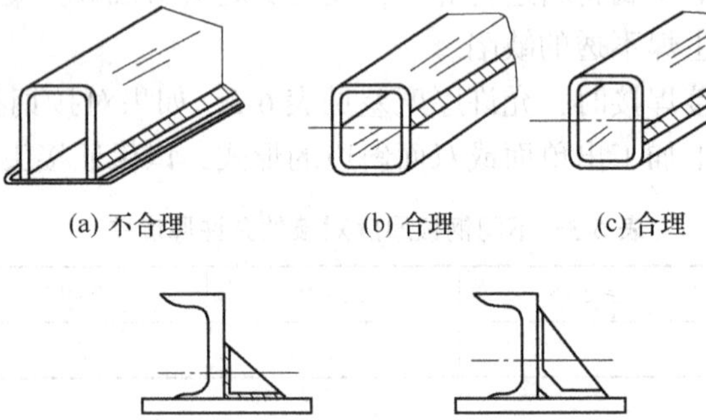

(a) 不合理 (b) 合理 (c) 合理

(d) 不合理 (e) 合理

图 6-26 焊缝对称布置设计

不应设置焊缝。如焊接大跨距的钢梁，假使原材料长度不够，则应该增加一条焊缝，以使焊缝避开最大应力的地方。压力容器一般不采用平板封头和无折边封头，而应采用蝶形封头和球状封头等，如图 6-27 所示。

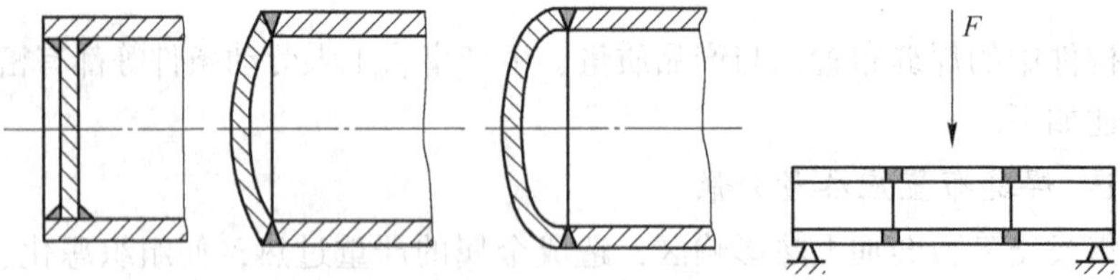

(a) (b) (c) (d)

图 6-27 焊缝避开最大应力和应力集中位置的设计

(a) 平板封头；(b) 无折边封头；(c) 球状封头；(d) 焊接钢梁

6.3.2.4 焊缝布置应便于操作

焊缝位置要考虑到有足够的操作空间。对于图 6-28（a）（b）所示焊接件中的内侧焊缝，焊条无法伸入，所以焊接操作是困难的。改成图 6-28（c）（d）所示的结构后，施焊比较方便。

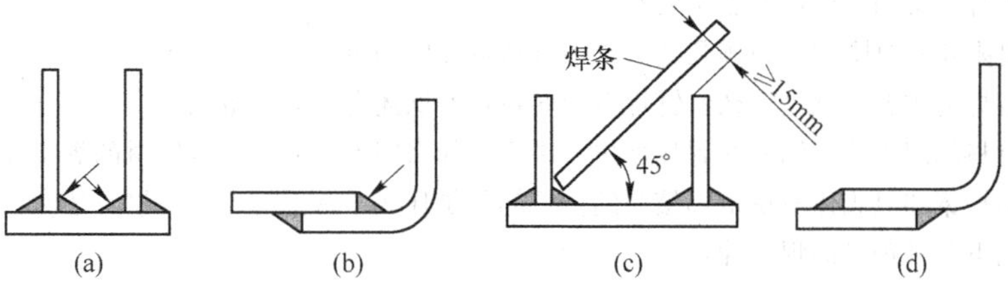

图 6-28　焊缝位置与操作空间的关系

6.3.2.5　焊缝应尽量避开机械加工表面

有些焊接结构需要进行机械加工，为保证加工表面精度不受影响，焊缝应避开这些加工表面，如图 6-29 所示。

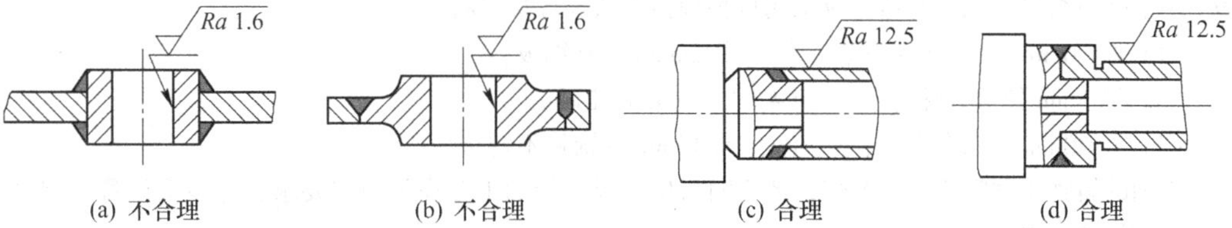

图 6-29　焊缝原理加工表面的精度

此外，焊缝的布置应尽量在水平位置上；同时要减少或避免工件的翻转。良好的焊接结构设计，还应尽量使全部焊接部件（至少是主要部件）能在焊接前一次装配点固定。这样能简化焊接工艺，减少辅助时间，对提高生产率极为有利。

复习思考题

6-1　焊接方法可分为哪几类？请具体说明。

6-2　试述焊接的特点及应用。

6-3　什么是焊接电弧？焊接电弧的构造及形成特点是什么？

6-4　什么是电弧的稳定性？影响电弧稳定性的因素有哪些？

6-5　焊条由哪几部分组成？各部分的作用是什么？

6-6　碱性焊条与酸性焊条的性能有何不同？

6-7　选择焊条的原则是什么？

6-8　请说明焊条型号及牌号 E4303、E5015、J422、J503 的含义分别是什么？

6-9　焊接接头包括哪几部分？影响焊接接头性能的因素有哪些？

6-10　焊接热影响区包括哪几个区域？试述各区域的组织和性能。

6-11　焊接应力与变形产生的原因是什么？减小和消除焊接应力的措施有哪些？

6-12　焊接变形的基本形式有哪些？防止和减小焊接变形的措施有哪些？当焊接变形产生后应如何校正？

6-13　埋弧焊与焊条电弧焊相比有何特点？试述其应用范围。

6-14　氩弧焊与 CO_2 气体保护焊的特点有何异同？试述它们的应用范围。

6-15　试述电渣焊的特点及应用范围。

6-16　试述等离子弧焊的特点及应用范围。

6-17　请说明真空电子束焊和激光焊各有何特点？

6-18 什么是压焊？常用的压焊方法主要有哪些？

6-19 什么是电阻焊？电阻焊分为哪几类？试述其特点和应用范围。

6-20 钎焊与熔焊的主要区别是什么？钎焊有哪些特点？试述它的应用范围。

6-21 什么是材料的焊接性？钢材的焊接性主要决定于什么因素？如何评价钢材的焊接性？

6-22 低合金结构钢和奥氏体不锈钢焊接时的主要问题是什么？常采用什么焊接方法？

6-23 请比较以下几种钢材的焊接性：

（1）20 钢；（2）65Mn；（3）Q235；（4）ZG270-500

6-24 铝及铝合金可以用哪些方法焊接？其中哪种焊接方法的焊接质量好？并说明理由。

6-25 焊接铜及铜合金时，容易产生哪些问题？如何解决这些问题？

6-26 焊接结构设计需要考虑的内容有哪些？

6-27 选择焊接结构的材料时，要注意哪些问题？

6-28 选择焊接方法时，要遵循哪些原则？

6-29 用下列板材制作低压容器，应采用哪种焊接方法和焊接材料？

（1）厚 20mm 的 Q235-A 钢板；（2）厚 2mm 的 20 钢板；

（3）厚 5mm 的 45 钢板；（4）厚 4mm 的纯铜板；

（5）厚 20mm 的铝合金板；（6）厚 10mm 的镍铬不锈钢板

6-30 下列的铸铁工件需要进行补焊，请说明为保证焊后能加工并满足使用要求，应该采用哪种焊接方法和焊接材料？

（1）车床导轨面（铸件毛坯）裂纹，要求补焊层与基体性能相同。

（2）变速箱箱体加工前，箱体内部局部厚度不够，要求修补后厚度达到要求。

6-31 试为下列焊件选择合理的焊接方法：

（1）自行车车梁（Q345）裂纹的焊补；

（2）ϕ30 轴（45 钢）的对接；

（3）柴油机水箱（铝铜合金）漏水的修补。

6-32 常见的焊接接头形式有哪些？它们各自的特点及应用是什么？

6-33 如图 6-30 所示，焊制 Q235-A 钢板的金属容器应采用哪种焊接方法？是否要开坡口？并说明理由。

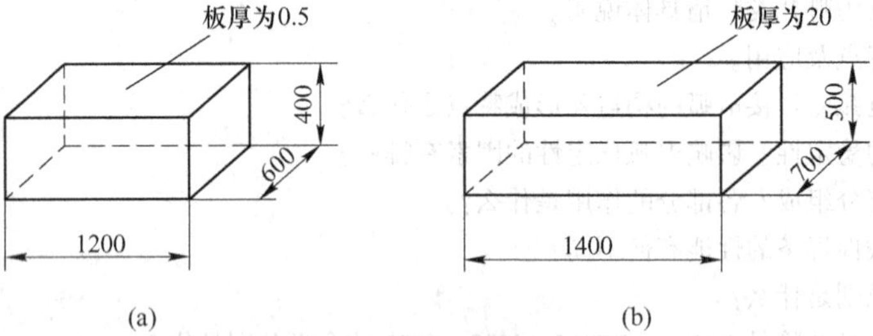

图 6-30 焊制的金属容器

6-34 焊缝布置应考虑哪些原则？为什么？

6-35 如图 6-31 所示，焊件的焊缝布置是否合理？若不合理请加以改正，并说明理由。

6-36 如图 6-32 所示，各组焊接结构中哪种更为合理？并分别说明理由。

6-37 焊接材料为 Q235 钢的梁结构，尺寸如图 6-33 所示，成批生产，现有钢板最大长度为 2500mm，试确定：

（1）腹板、翼板接缝位置；（2）各条焊缝的焊接方法和焊接材料；

（3）画出各条焊缝的接头和坡口形式；（4）各条焊缝的焊接顺序。

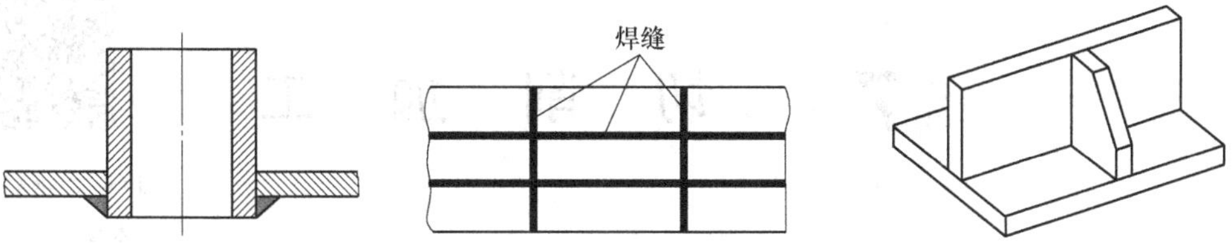

图 6-31　焊缝布置

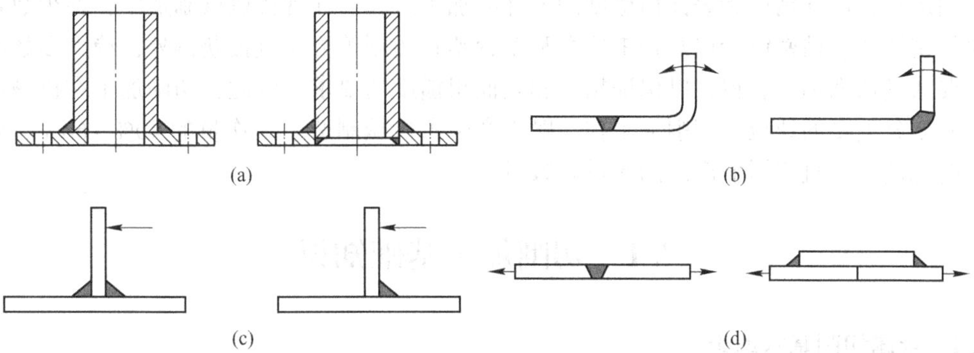

图 6-32　各组焊接结构

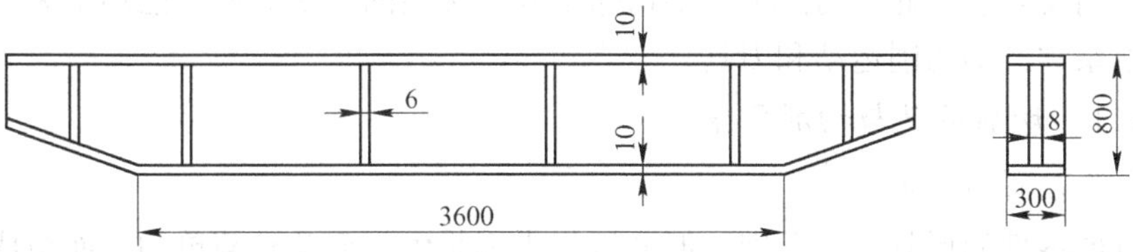

图 6-33　焊接梁结构

6-38　汽车刹车的压缩空气存储器结构和尺寸如图 6-34 所示，材料均为 Q235 钢，筒壁为 2mm，端盖为 3mm。4 个管接头为标准件 M10，工作压力为 0.6MPa。试确定：

（1）焊缝位置；

（2）各条焊缝的焊接方法及其焊接材料；

（3）各条焊缝的接头和坡口形式。

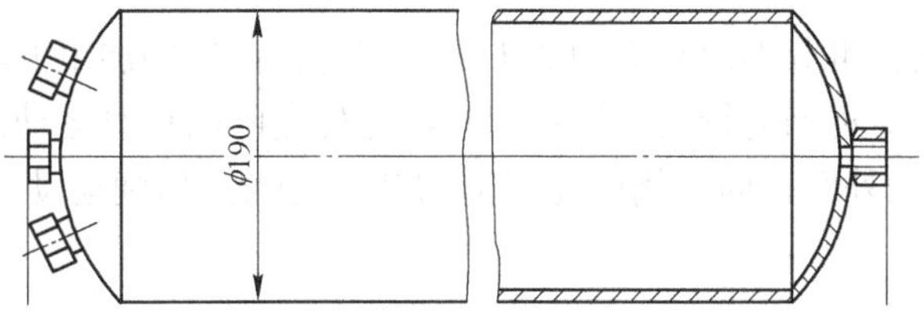

图 6-34　汽车存储器结构

7 切 削 加 工

扫描二维码获取
本章数字资源

切削加工是利用切削工具和工件做相对运动，从毛坯上切去多余部分材料，以获得所需几何形状、尺寸精度和表面粗糙度的零件的加工过程。在现代机械制造中，除少数零件采用精密铸造、精密锻造以及粉末冶金和工程塑料压制等方法直接获得外，绝大多数的零件都要通过切削加工获得，以保证精度和表面粗糙度的要求。因此，切削加工在机械制造中占有十分重要的地位。切削加工在一般生产中占机械制造总工作量的40%~60%。切削加工的先进程度直接影响产品的质量和数量。

7.1 切削加工基础知识

7.1.1 金属切削基本理论

金属切削加工的目的是使被加工零件的尺寸精度、形状精度、位置精度、表面质量达到设计与使用要求。因此，切削加工要切除工件上多余的金属，形成已加工表面，必须具备两个基本条件，即切削运动和刀具。

7.1.1.1 切削运动与切削要素

A 零件表面的形成

虽然机器零件的形状千差万别，但分析起来都是由下列几种简单的表面组成，即外圆面、内圆面（孔）、平面和成型面。因此，只要能对这几种表面进行加工，就基本上能完成所有机器零件表面的加工。

外圆面和内圆面（孔）是以某一直线或曲线为母线，以圆为轨迹，做旋转运动时所形成的表面。

平面是以一直线为母线，以另一直线为轨迹，做平移运动时所形成的表面。

成型面是以曲线为母线，以圆、直线或曲线为轨迹，做旋转或平移运动时所形成的表面。

零件的不同表面，可分别由相应的加工方法获得，而这些加工方法是通过零件与不同的切削刀具之间的相对运动进行的，这些刀具与零件之间的相对运动，称为切削运动。图7-1所示为以车床加工外圆柱面为例研究切削的基本运动。切削运动可分为主运动和进给运动两种类型。

B 切削运动

在金属切削加工中，为使加工工件表面获得符合技术要求的形状，加工时刀具和工件必须有一定的相对运动，才能切除多余的金属，此运动称为切削运动。切削运动包括主运动和进给运动。

（1）主运动。切除工件上的被切削层，使之转变为切屑的主要运动，称为主运动。

它是机床上最基本的运动，主运动的速度最高，消耗的功率最大。在切削运动中，主运动只有一个。它既可由零件完成，也可以由刀具完成；既可以是旋转运动，也可以是直线运动。图 7-1 中由车床主轴带动零件作的回转运动就是主运动。

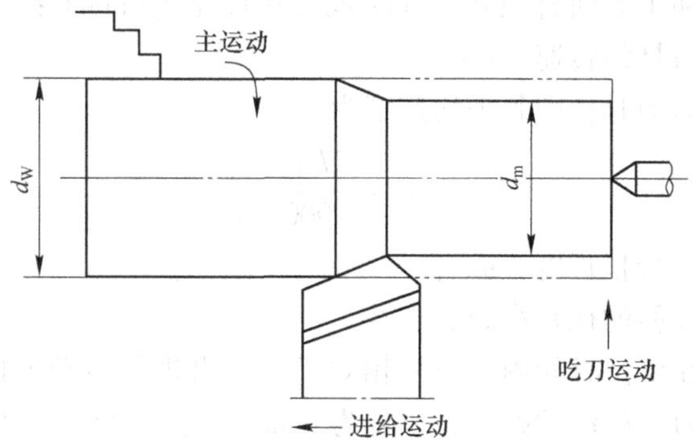

图 7-1 车削运动

（2）进给运动。不断地把被切削层投入切削，以逐渐切削出整个零件表面的运动，称为进给运动。图 7-1 所示的刀具相对于零件轴线的平行直线运动即为进给运动。进给运动一般速度较低，消耗的功率较少，可由一个或多个运动组成，既可以是连续的，也可以是间断的；既可以是旋转运动，也可以是直线运动；既可以由刀具来完成，也可由工件来完成。

C 切削要素

切削要素包括切削用量和切削层的几何参数。在切削过程中，零件上形成了以下 3 个表面，如图 7-2 所示。

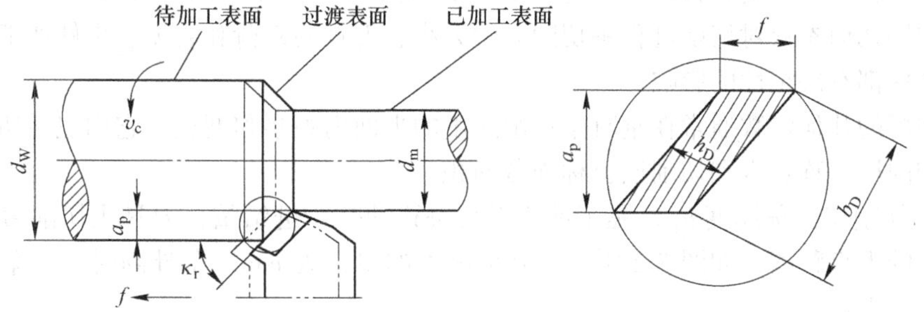

图 7-2 车削要素

（1）已加工表面。零件上切除切屑后留下的表面。

（2）待加工表面。零件上将被切除切削层的表面。

（3）过渡表面。零件上正在切削的表面，即已加工表面和待加工表面之间的表面。

a 切削用量

在一般的切削加工中，切削用量包括切削速度、进给量和背吃刀量 3 个要素。

（1）切削速度 v_c。在切削加工时，切削刃上选定点相对于工件主运动的速度，称为切削速度，即单位时间内刀具相对于零件沿主运动方向的相对位移，单位为 m/s。当主运动是回转运动时，其切削速度为：

$$v_c = \frac{\pi dn}{1000}$$

式中 d——零件待加工表面直径 d_w(mm) 或刀具直径 d_o(mm)；

n——零件或刀具的转速，r/s。

若主运动是往复运动时，则其平均速度为：

$$v_c = \frac{2Ln_r}{1000}$$

式中 L——往复运动行程长度，mm；

n_r——主运动每秒的往复次数，次/s。

（2）进给量 f。在单位时间内，刀具相对于零件沿进给运动方向的相对位移。例如，车削时零件每转一转刀具移动的距离，单位为mm/r（毫米/转）。又如，在牛头刨床上刨平面时，刀具往复一次，零件移动的距离，单位为mm/str（即毫米/双行程）。铣削时由于铣刀是多齿刀具，还常用每齿进给量表示，单位为mm/z（即毫米/齿）。

（3）背吃刀量 a_p。待加工表面与已加工表面间的垂直距离，称为背吃刀量，单位为mm。对于图7-2所示的外圆车削来说，背吃刀量可表示为：

$$a_p = \frac{d_w - d_m}{2}$$

式中 d_w——代加工圆柱面直径，mm；

d_m——已加工圆柱面直径，mm。

b 切削层几何参数

切削层是指零件上正被切削刃切削的一层材料，即两个相邻加工表面间的那层材料，是零件转一转，主切削刃移动一个进给量 f 所切除的材料层，如图7-2所示。

切削层几何参数对切削过程中切削力的大小、刀具的载荷和磨损、零件加工的表面质量和生产率都有决定性的影响。

切削层的几何参数通常在垂直于切削速度的平面内观察和度量，它们包括切削层公称厚度、切削层公称宽度和切削层公称横截面积。

（1）切削层公称厚度 h_D。是工件或刀具每移动一个进给量，刀具主切削刃相邻两个位置之间的垂直距离，如图7-2所示。公称厚度的单位为mm。车外圆时，若车刀主切削刃为直线，则：

$$h_D = f\sin\kappa_r$$

从上式可见，切削层厚度和进给量与刀具和零件间的相对角度有关。

（2）切削层公称宽度 b_D。是沿刀具主切削刃量的待加工面至已加工面之间的距离，即刀具主切削刃与工件的接触长度，单位为mm。车外圆时，若车刀主切削刃与工件轴线之间的夹角为 κ_r，则：

$$b_D = \frac{a_p}{\sin\kappa_r}$$

（3）切削层公称横截面面积 A_D。是工件被切下的金属层沿垂直于主运动方向截取的截面面积，单位为mm²。车外圆时，切削层公称横截面积为：

$$A_D = h_D b_D = f a_p$$

7.1.1.2 刀具切削部分的几何参数

切削刀具的种类很多，形状也各不相同，无论哪种刀具，一般都是由切削部分和夹持部分组成。夹持部分是用来将刀具夹持在机床上的部分，要求它能保证刀具具有正确的工作位置，传递需要的运动和动力，并且夹持可靠、装卸方便。切削部分是刀具上直接参与切削工作的部分。

刀具中最典型的是车刀，其他各种刀具切削部分的几何形状和参数都可视为以外圆车刀为基本形态而按各自的特点演变而成。因此，掌握外圆车刀的分析方法之后，就可以将这种方法推广到其他刀具。

（1）刀具切削部分的基本定义。刀具各组成中承担切削工作的部分为刀具的切削部分。图 7-3 所示的外圆车刀切削部分的结构要素及其定义如下：

1）前刀面。切屑被切下后，从刀具切削部分流出经过的表面。

2）主后刀面。在切削过程中，刀具上与零件的过渡表面相对的表面。

3）副后刀面。在切削过程中，刀具上与零件的已加工表面相对的表面。

4）主切削刃。前刀面与主后刀面的交线，切削时承担主要的切削工作。

5）副切削刃。前刀面与副后刀面的交线，也起一定的切削作用，但不明显。

6）刀尖。主切削刃与副切削刃相交之处。刀尖并非绝对尖锐，而是一段过渡圆弧或直线。

（2）刀具角度参考系。为了表示出刀具几何角度的大小，以及刃磨和测量刀具角度的需要，必须表示出上述刀面和切削刃的空间位置。而要确定它们的空间位置，就需要建立假想的参考平面坐标系，如图 7-4 所示。它是在不考虑进给运动的大小，并假定车刀刀尖与主轴轴线等高，且刀杆中心线垂直于进给方向的情况下建立的。它是由 3 个互相垂直的平面组成的。

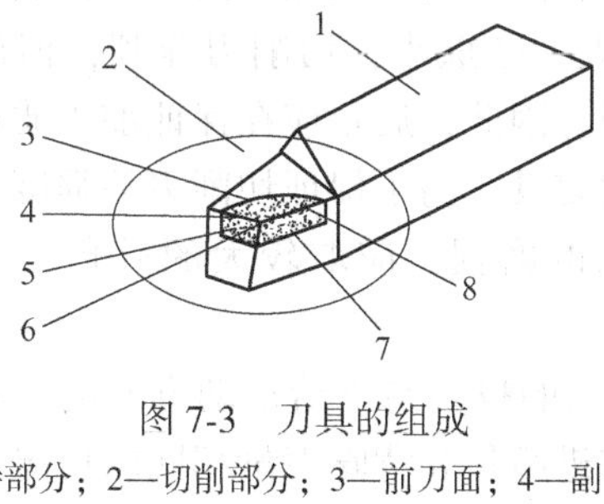

图 7-3 刀具的组成

1—夹持部分；2—切削部分；3—前刀面；4—副切削刃；5—副后刀面；6—刀尖；7—主后刀面；8—主切削刃

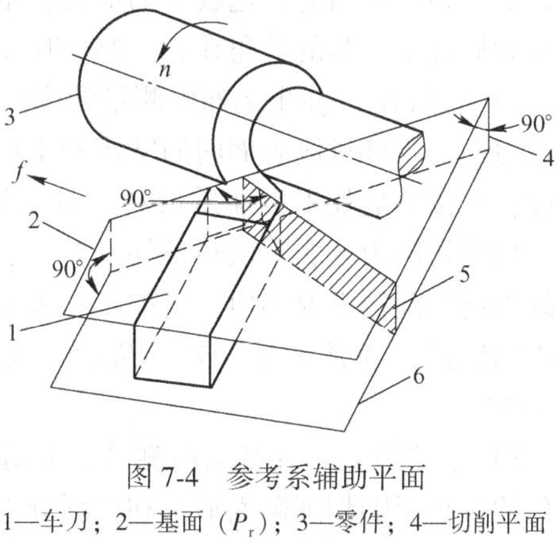

图 7-4 参考系辅助平面

1—车刀；2—基面（P_r）；3—零件；4—切削平面（P_s）；5—主剖面（P_o）；6—底平面

1）基面 P_r。通过主切削刃上的某一点，与该点的切削速度方向相垂直的平面。

2）切削平面 P_s。通过主切削刃上的某一点，与该点过渡表面相切的平面。该点的切削速度矢量在该平面内。

3）主剖面 P_o（正交平面）。通过主切削刃上的某一点，且与主切削刃在基面上的投影相垂直的平面。

（3）刀具的标注角度。刀具的标注角度是在刀具设计图上予以标注的角度，是制造和刃磨刀具所需的。刀具的标注角度主要有 5 个，如图 7-5 所示。

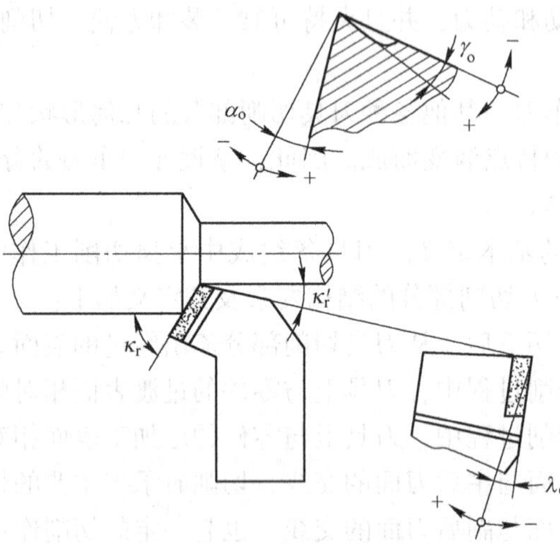

图 7-5 车刀的标注角度

1）前角 γ_o。在主剖面内测量的前刀面与基面之间的夹角。根据前刀面和基面相对位置的不同，又分别规定为正前角、零前角、负前角（见图 7-5）。适当增大前角，则主切削刃锋利，切屑变形小，切削轻快，切削力和切削热减少。但前角过大，切削刃变弱，散热条件和受力状态变差，将使刀具磨损加快，耐用度降低，甚至崩刀或损坏。生产中应根据零件材料、刀具材料和加工要求合理选择前角的数值。加工塑性材料时，应选较大的前角；加工脆性材料时，选较小的前角；精加工时前角可选大些，粗加工时前角可选小些。通常硬质合金刀具的前角在 5°~25°的范围内选取。

2）后角 α_o。在主剖面内测量的主后刀面与切削平面之间的夹角。后角用以减少刀具主后刀面与零件过渡表面间的摩擦和主后刀面的磨损，配合前角调整切削刃的锋利程度与强度；直接影响加工表面质量和刀具耐用度。后角大，摩擦小，切削刃锋利；但后角过大，将使切削刃变弱，散热条件变差，加速刀具磨损。因此，后角应在保证加工质量和刀具耐用度的前提下取小值。粗加工和承受冲击载荷的刀具，为了保证切削刃的强度，应取较小的后角，通常为 4°~7°。精加工为减少后刀面的磨损，应取较大的后角，一般为 8°~12°。

3）主偏角 κ_r。在基面内测量的主切削刃在基面上的投影与进给运动方向的夹角。主偏角的大小影响切削断面形状和切削分力的大小。在进给量和背吃刀量相同的情况下，减小主偏角，将得到薄而宽的切屑。由于主切削刃的切削长度增加，增大了散热面积，使刀具寿命得到提高。但减小主偏角却使吃刀抗力增加。当加工刚度差的零件时，为了避免零件产生变形和振动，常采用较大的主偏角。车刀常用的主偏角有 45°、60°、75°、90°几种。

4）副偏角 κ_r'。在基面内测量的副切削刃在基面上的投影与进给运动反方向的夹角。

副偏角的作用是为了减少副切削刃与零件已加工表面之间的摩擦，防止切削时产生振动。减小副偏角，可减小切削残留面积的高度，降低表面粗糙度值。一般车刀的 $\kappa_r' = 5° \sim 7°$。粗加工时必取较大值，精加工时取较小值，必要时可磨出一段修光刃，其长度为进给量的1.2~1.5倍。断续切削时 $\kappa_r = 4° \sim 6°$，以提高刀尖强度。对于切槽刀，为了保证刀头强度和重磨后主切削刃宽度变化小，$\kappa_r' = 1° \sim 2°$。

5）刃倾角 λ_s。在切削平面内测量的主切削刃与基面之间的夹角。当主切削刃呈水平时，$\lambda_s = 0$；刀尖为主切削刃上最高点时，$\lambda_s > 0$；刀尖为主切削刃上最低点时，$\lambda_s < 0$。刃倾角主要影响刀头的强度和排屑方向。粗加工和断续切削时，为了增加刀头强度，λ_s 常取负值；精加工时，为了防止切屑划伤已加工表面，λ_s 常取正值或零。

（4）刀具工作角度。刀具在工作过程中的实际切削角度，称为工作角度。切削加工过程中，由于刀具安装位置的变化和进给运动的影响，使得参考平面坐标系的位置发生变化，从而导致刀具实际角度与标注角度不同。

以车削为例，在切削过程中，有如下因素影响实际的工作角度。

1）刀尖安装高低对工作角度的影响。车外圆时，车刀的刀尖一般与零件轴心线是等高的。若车刀的刃倾角 $\lambda_s = 0$，则此时刀具的工作前角和工作后角与其标注前角和标注后角相等。如果刀尖高于或低于零件轴线，则此时的切削速度方向发生变化，引起基面和切削平面的位置变化，从而使车刀的实际切削角度发生变化。如图7-6所示，刀尖高于零件轴心线时，工作切削平面变为 P_{se}，工作基面变为 P_{re}，则工作前角 γ_{oe} 增大，工作后角 α_{oe} 减小；刀尖低于零件轴心线时，工作角度的变化则正好相反。

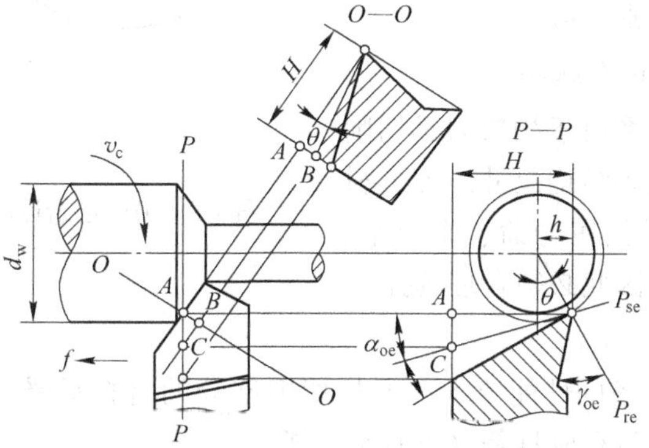

图7-6 刀尖安装高低对 γ_{oe} 和 α_{oe} 的影响

粗车外圆时，应使刀尖略高于零件轴线，以增大前角，减小切削力；精车外圆时，应使刀尖略低于零件轴线，以增大后角，减少后刀面的磨损；车成型面时，切削刃应与零件轴线等高，以免产生误差。

$$\gamma_{oe} = \gamma_o \pm \theta$$

$$\alpha_{oe} = \alpha_o \mp \theta$$

$$\tan\theta = \frac{h}{\sqrt{\left(\frac{d_w}{2}\right)^2 - h^2}}\cos\kappa_r$$

式中　h——刀尖高于或低于零件轴线的距离，mm。

2）刀杆中心线安装偏斜对工作角度的影响。当刀杆中心线与进给方向不垂直时，工作主偏角 κ_{re} 和工作副偏角 κ'_{re} 将发生变化，如图 7-7 所示。在自动车床上，为了在一个刀架上装几把刀，常使刀杆偏斜一定角度；在普通机床上为了避免振动，有时也将刀杆偏斜安装以增大主偏角。

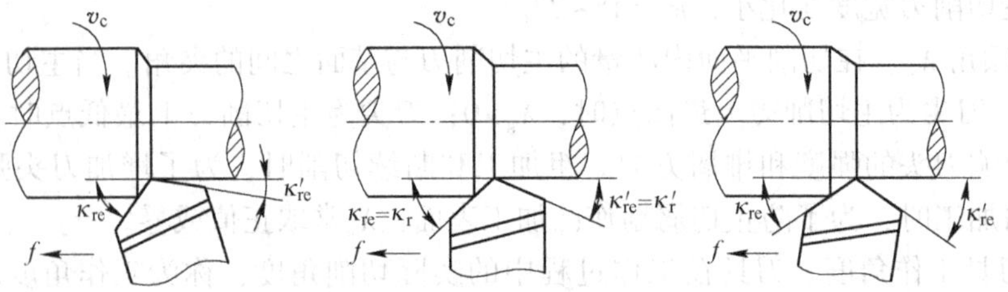

图 7-7　车刀安装偏斜对 κ_{re} 和 κ'_{re} 的影响

3）进给运动对工作角度的影响。以切刀为例（图 7-8），若不考虑进给运动，则 $\gamma_{oe}=\gamma_o$，$\alpha_{oe}=\alpha_o$。考虑横向进给运动，刀尖的运动轨迹为阿基米德螺旋线，这时切削平面为通过切削刃相切于螺旋面的平面，基面为螺旋面的法向平面 P_{re}，工作前角 γ_{oe} 增大，工作后角 α_{oe} 减小。在通常的进给量下，角度的变化值不大，故常忽略。

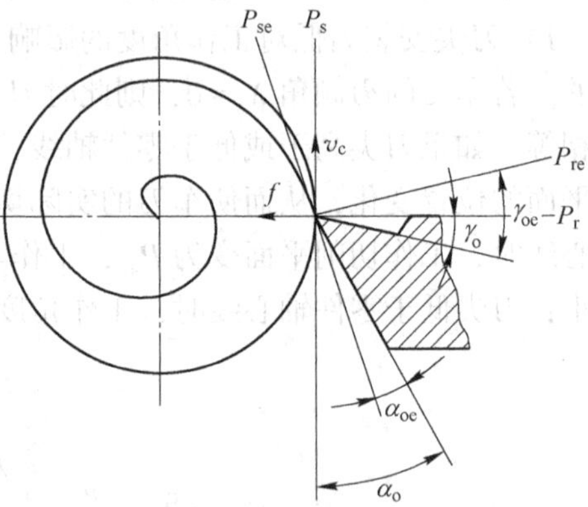

图 7-8　横向进给运动对 γ_{oe} 和 α_{oe} 的影响

7.1.1.3　*刀具材料及结构*

刀具切削性能主要取决于构成刀具切削部分的材料、几何形状和结构尺寸。刀具材料的性能直接影响刀具使用寿命、生产率、加工质量和加工成本，因此必须合理选择。

A　*刀具材料*

（1）刀具材料应具备的性能要求。刀具切削部分的材料承受高温、高压、摩擦、冲击和振动，因此，刀具材料应具备以下基本性能：

1）高的硬度。刀具材料硬度必须高于被切削零件材料的硬度，才能切下金属切屑。常温硬度一般在 60HRC 以上。

2）高的耐磨性。刀具材料应具有高的抵抗磨损的能力，以保持切削刃的锋利。一般来说，材料的硬度越高，耐磨性越好。

3）足够的强度和韧性。刀具在切削力作用下工作，应具有足够的抗弯强度。刀具有足够的韧性，才能承受切削时的冲击载荷（如断续切削时产生的冲击）和振动。

4）高的耐热性（热稳定性）。由于切削区温度很高，因此，刀具材料应具有在高温下保持高的硬度、耐磨性、强度和韧性的能力。刀具材料耐热好，则允许的切削速度高，抵抗塑性变形能力强。

5）良好的热物理性能和耐热冲击性能。刀具材料的导热性要好，不会因受到大的热冲击，使刀具内部产生裂纹而导致刀具断裂。

6）良好的工艺性能和经济性。为了便于刀具的制造，刀具材料应具有良好的工艺性能，包括锻、轧、焊、切削加工、磨削加工和热处理性能等。同时，追求高的性能价格比。

（2）常用刀具材料。常用的刀具材料有碳素工具钢、合金工具钢、高速钢、硬质合金、陶瓷、立方氮化硼、金刚石。

1）碳素工具钢。碳素工具钢是碳的质量分数在0.7%～1.3%的优质碳钢，淬火后硬度HRC为61～65。其热硬性差，在200～500℃时即失去原有硬度，且淬火后易变形和开裂，不宜作复杂刀具。常用作低速、简单的手工工具，如锉刀、锯条等。常用牌号有T10A和T12A。

2）合金工具钢。合金工具钢是在碳素工具钢中加入少量的铬、钨、锰、硅等合金元素，以提高其热硬性和耐磨性，并能减少热处理变形，耐热温度为300～400℃，用以制造形状复杂、要求淬火变形小的刀具，如铰刀、丝锥、板牙等。常用牌号有9SiCr和CrWMn。

3）高速钢。高速钢是含W、Cr、V等合金元素较多的合金工具钢。它的热硬性（500～600℃）和耐磨性虽低于硬质合金，但强度和韧度高于硬质合金，工艺性较硬质合金好，且价格也比硬质合金低。由于高速钢工艺性能较好，所以高速钢除以条状刀坯直接刃磨切削刀具外，还广泛地用于制造形状较为复杂的刀具，如麻花钻、铣刀、拉刀、齿轮刀具和其他成型刀具等。

常用高速钢有普通型高速钢、高性能高速钢和粉末冶金高速钢。

①普通型高速钢有钨钢类和钨铝钢类。钨钢类的典型牌号为W18Cr4V。钨钼钢类如W6Mo5Cr4V2，其热塑性比钨钢类好，可通过热轧工艺制作刀具，韧度也较钨钢高。

②高性能高速钢是在普通高速钢的基础上增加一些C和V的含量，并加入Co、Al等合金元素，提高其热稳定性和耐热性，所以也叫高热稳定性高速钢。在630～650℃时硬度HRC也能保持60。典型牌号如高碳高速钢9W18Cr4V、高钒高速钢W6Mo5Cr4V3、钴高速钢W6Mo5Cr4V2Co8、超硬高速钢W2Mo9Cr4VCo8等。

③粉末冶金高速钢是由超细的高速钢粉末通过粉末冶金的方式制作的刀具材料。其强度、韧度和耐磨性都有较大程度的提高，但价格也较高。

4）硬质合金。硬质合金是以WC、TiC等高熔点的金属碳化物粉末为基体，用Co或Ni、Mo等作黏结剂，用粉末冶金的方法烧结而成的。其硬度HRA高达87～92（相当于硬度HRC为70～75），热硬性很高，在850～1000℃高温时，尚能保持良好的切削性能。

硬质合金刀具的切削效率是高速钢刀具的5～10倍，广泛使用硬质合金刀具是提高切削加工经济性最有效的途径之一。硬质合金刀具能切削一般钢刀具无法切削的材料，如淬火钢材料。硬质合金刀具的缺点是性脆、抗弯强度和冲击吸收功均比高速钢刀具低，刃口不锋利，工艺性较差，难加工成形，不易做成形状较复杂的整体刀具，因此，目前还不能完全代替高速钢刀具。

硬质合金是重要的刀具材料。车刀和端铣刀大多使用硬质合金制作。钻头、深孔钻、铰刀、齿轮滚刀等刀具中，使用硬质合金的也日益增多。

国产的硬质合金一般分为三大类。

①钨钴硬质合金。代号为YG，由WC和Co组成。这类合金的韧度较好，抗弯强度较

高，热硬性稍差，适应于加工铸铁、非铁金属及合金等脆性材料。常用的牌号有YG3、YG6、YG8、YG3X、YG6X等。牌号中的数字代表含钴量的百分数，X表示细晶粒合金。含钴越多，韧度与强度越高，而硬度和耐磨性较低。故YG8用作粗加工，YG3用作精加工，YG6用作半精加工。细晶粒合金耐磨性稍高且切削刃可磨得较尖锐，用于脆性材料的精加工，如用YG6X做成的车刀，加工零件的表面粗糙度 Ra 值为0.1~0.2μm，耐用度比高速钢高7~8倍。

②钨钛钴硬质合金。代号为YT，由WC、TiC和Co组成。由于TiC的熔点和硬度都比WC高，故这类合金的热硬性比钨钴硬质合金高，耐磨性也较好，适于加工碳钢等塑性材料。常用的牌号有YT5、YT14、YT15、YT30。牌号中的T表示TiC，数字表示碳化钛的质量分数。含TiC量越多，热硬性越高，相应地含钴量减少，韧度较差。故YT30常用于精加工，YT5用于粗加工。

③通用硬质合金。代号为YW。在YT类合金中，加入TaC或NbC而组成。这类合金的韧性和抗黏附性较高，耐磨性也较好，适应范围广，既能切削铸铁，又能切削钢材，特别适于加工各种难加工的合金钢，如耐热钢、高锰钢、不锈钢等，故称为通用硬质合金。常用牌号有YW1和YW2。

按ISO标准硬质合金可分为P、M、K 3大类。

①P类硬质合金（蓝色）。适合加工长切屑的黑色金属，如钢、铸钢等。其代号有P01、P10、P20、P30、P40、P50等，数字越大，耐磨性越低而韧度越高。精加工可用P01，半精加工可用P10、P20，粗加工可选用P30。

②M类硬质合金（黄色）。适合加工短切屑的金属材料，如钢、铸钢、不锈钢等难切削材料等。其代号有M10、M20、M30、M40等，数字越大，耐磨性越低而韧度越高。精加工可用M10，半精加工可用M20，粗加工可选用M30。

③K硬质合金（红色）。适合加工短切屑的金属或非金属材料，如淬硬钢、铸铁、铜铝合金、塑料等。其代号有K01、K10、K20、K30、K40等，数字越大，耐磨性越低而韧度越高。精加工可用K01，半精加工可用K10、K20，粗加工可选用K30。

5）其他刀具材料。

①涂层刀具。是在韧度较好的硬质合金或高速钢刀具基体上，涂覆一薄层耐磨性高的难熔金属化合物获得的。

常用的涂层材料有TiC、TiN、Al_2O_3等。TiC的硬度比TiN高，抗磨损性能好，对于会产生剧烈磨损的刀具，TiC涂层较好。TiN与金属的亲和力小，湿润性能好，在容易产生黏接的条件下，TiN涂层较好。在高速切削产生大量热量的场合，以采用Al_2O_3涂层为好，因为Al_2O_3在高温下有良好的热稳定性能。

涂层硬质合金刀片使用寿命至少可提高1~3倍，涂层高速钢刀具使用寿命则可提高2~10倍。加工材料的硬度越高，则涂层刀具的效果越好。

②陶瓷材料。主要成分是Al_2O_3，通过加少量添加剂，经高压压制烧结而成，它的硬度、耐磨性和热硬性均比硬质合金好。用陶瓷材料制成的刀具，适于加工高硬度的材料。刀具硬度HRA为93~94，在1200℃的高温下仍能继续切削。陶瓷与金属的亲和力小，用陶瓷刀具切削不易粘刀，不易产生积屑瘤，被切削件加工表面粗糙度小，加工钢件时的刀具使用寿命是硬质合金的10~12倍。但陶瓷刀片性脆，抗弯强度与冲击吸收功低，一般

用于钢、铸铁以及高硬度材料（如淬火钢）的半精加工和精加工。

为了提高陶瓷刀片的强度和韧度，可在矿物陶瓷中添加高熔点、高硬度的碳化物（如 TiC）和一些其他金属（如镍、钼）以构成复合陶瓷。如我国陶瓷刀片（牌号 AT6）就是复合陶瓷，其硬度为 93.5~94.5HRA，抗弯强度 σ_b>900MPa。

我国的陶瓷刀片牌号有 AM、AMF、AT6、SG3、SG4、LT35、LT55 等。

③人造金刚石。是通过金属触媒的作用，在高温高压下由石墨转化而成。人造金刚石具有极高的硬度（显微硬度 HV 可达 10000）和耐磨性，其摩擦因数小，切削刃可以做得非常锋利。因此，用人造金刚石做刀具可以获得很高的加工表面质量。但人造金刚石的热稳定性差（不得超过 700~800℃），特别是它与铁元素的化学亲和力很强，因此不宜用来加工钢铁件。人造金刚石主要用于制作磨具和磨料，用作刀具材料时，多用于在高速下精细车削或镗削非铁金属及非金属材料，尤其用它切削加工硬质合金、陶瓷、高硅铝合金及耐磨塑料等高硬度、高耐磨性的材料时，具有很大的优越性。

④立方氮化硼。是由六方氮化硼在高压下加入催化剂转变而成的。它是 20 世纪 70 年代才发展起来的一种新型刀具材料，立方氮化硼的硬度 HV 很高（可达到 8000~9000），并具有很高的热稳定性（1300~1400℃），它最大的优点是高温（1200~1300℃）时也不易与铁族金属起反应。因此，它能胜任淬火钢、冷硬铸铁的粗车和精车，同时还能高速切削高温合金、热喷涂材料、硬质合金及其他难加工材料。

（3）刀具材料的选用。手工用刀具及低速简单刀具，如铰刀、丝锥、板牙等，切削速度不高时，可以用碳素工具钢或合金工具钢制造。

中等切削速度用刀具，如钻头、片铣刀等，其切削温度在 600℃以下，可以用高速钢制造。对于切削速度虽然不高，但刃磨困难，精度要求较高的精密贵重刀具，如拉刀、齿轮刀具等也采用高速钢制造。

用于高速切削，要求耐磨性很高的刀具，如车刀、铣刀等，用硬质合金制造。YT 类硬质合金热硬性高，约 950~1000℃，与钢的黏结温度也较高，适用于切削钢件；YG 类硬质合金热硬性较低，约 850~900℃，抗黏结性也较差，适用于切削铸铁及非铁金属等强度较低的材料。

由于各种刀具材料的使用性能、工艺性能和价格不同，各种切削加工的工作条件对刀具材料的要求不同。因此，应根据实际情况综合考虑，合理地选用刀具材料。

B　刀具结构

刀具的结构形式对刀具的切削性能、切削加工的生产效率和经济性有着重要的影响。下面仍以车刀为例，说明刀具结构的演变和改进。

车刀的结构形式有整体式、焊接式、机夹重磨式和机夹可转位式等几种。

（1）整体式车刀。早期使用的车刀多半是整体结构，即刀头和刀杆用同一种材料制成一个整体。对贵重的刀具材料消耗较大。

（2）焊接式车刀。将硬质合金刀片用钎料焊接在刀杆上，然后刃磨使用。焊接式车刀的结构简单、紧凑、刚度好，而且灵活性较大，可以根据加工条件和加工要求方便地磨出所需角度，应用十分普遍。然而，焊接式车刀的硬质合金刀片经过高温焊接和刃磨后易产生内应力和裂纹，使刀具切削性能下降，对提高生产效率很不利。

（3）机夹重磨式车刀。为了避免高温焊接带来的缺陷，提高刀具切削性能，并使刀杆能重复使用，可采用机夹重磨式车刀。其主要特点是，刀片与刀杆是两个可拆开的独立元件，工作时靠夹紧元件把它们紧固在一起。车刀磨钝后将刀片卸下刃磨，然后重新装上继续使用。这类车刀较焊接式车刀刀具耐用度提高，生产率提高，刀具成本降低；但其结构较复杂，刀片重磨时仍有可能产生应力和裂纹。图 7-9 所示为机夹重磨式车刀的一种典型结构。

（4）机夹可转位式车刀。它是将预先加工好的有一定几何角度的多角形硬质合金刀片，用机械的方法装夹在特制刀杆上的车刀。由于刀具的几何角度是由刀片形状及其在刀杆槽中的安装位置确定的，故不需要刃磨。使用中，当一个切削刃磨钝后，只需松开刀片夹紧元件，将刀片转位，改用另一新切削刃，重新夹紧后即可继续切削。待全部切削刃磨钝后，再装上新刀片又可继续使用了。图 7-10 所示为杠杆式可转位车刀。

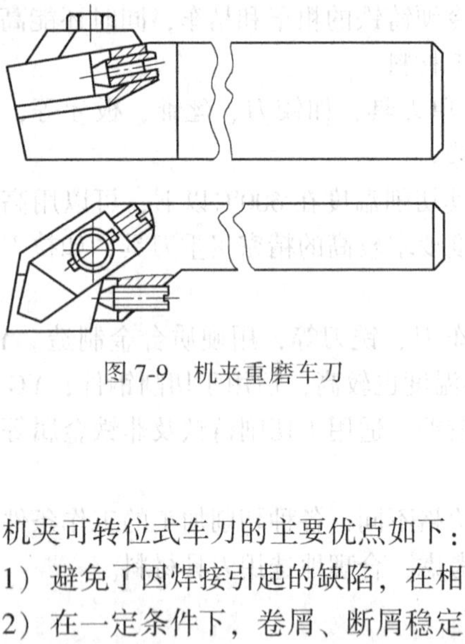

图 7-9 机夹重磨车刀

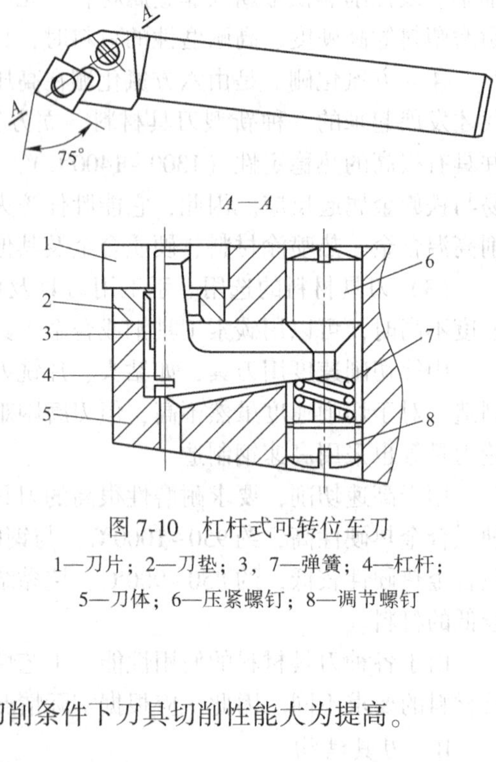

图 7-10 杠杆式可转位车刀

1—刀片；2—刀垫；3，7—弹簧；4—杠杆；5—刀体；6—压紧螺钉；8—调节螺钉

机夹可转位式车刀的主要优点如下：

1）避免了因焊接引起的缺陷，在相同的切削条件下刀具切削性能大为提高。

2）在一定条件下，卷屑、断屑稳定可靠。

3）刀片转位后，仍可保证切削刃与零件的相对位置，减少调刀停机时间，提高了生产效率。

4）刀片一般不需重磨，利于涂层刀片的推广应用。

5）刀体使用寿命长，可节约刀体材料及其制造成本。

7.1.2 金属切削过程及主要物理现象

金属切削过程是通过切削运动，使刀具从工件表面切除多余的金属层，形成切屑和易加工表面的过程。

在金属切削过程中，始终存在着刀具切削工件和工件材料抵抗切削的矛盾，导致产生一系列物理现象，如切削变形、切削力、切削热与切削温度、刀具的磨损与刀具寿命、卷屑与断屑等，这些现象都与金属的切屑变形及其变化规律有密切的关系。研究切削过程对保证产品质量、提高生产率、降低成本和促进切削加工技术的发展，有着十分重要的意义。

7.1.2.1 金属切削过程

金属切削过程不是将金属劈开去除金属层，而是靠刀具的前刀面与零件间的挤压，使零件表层材料产生以剪切滑移为主的塑性变形成为切屑去除。从这个意义上讲，切削过程也就是切屑的形成过程。

A 切屑的形成

当刀具刚与零件接触时，接触处的压力使零件产生弹性变形，由于刀具与零件间的相对运动，使零件材料与刀具切削刃逼近的过程中，材料的内应力逐渐增大，当切应力 τ 达到屈服点 σ_s 时材料就开始滑移，产生塑性变形，如图 7-11 所示。*OA* 线表示材料各点开始滑移的位置，称为始滑移线（$\tau=\sigma_s$），即点 1 在向前移动的同时也沿 *OA* 滑移，其合成运动使点 1 流动到点 2，2′～2 就是它的滑移量，随着滑移变形的继续进行，切应力逐渐增大，当 *P* 点顺次向 2，3，…各点移动时，切应力不断增大，直到点 4 位置，此时其流动方向与刀具前刀面平行，不再沿 *OM* 线滑移，故称 *OM* 为终滑移线（$\tau=\tau_{max}$）。*OA* 与 *OM* 间的区域称为第Ⅰ变形区。

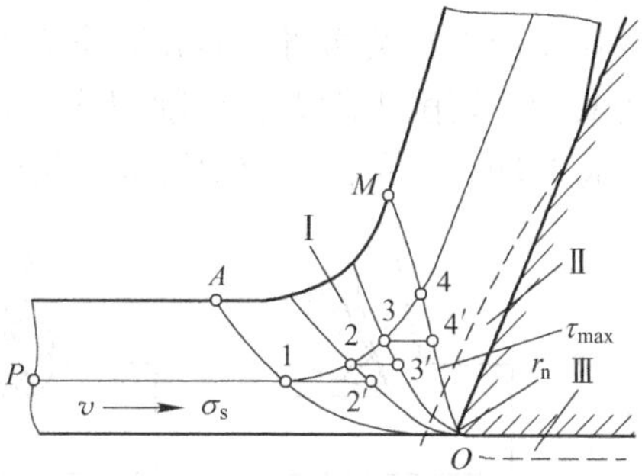

图 7-11 切削过程中的三个变形区

切屑沿前刀面流出时还需克服前刀面对切屑的挤压产生的摩擦力，切屑受到前刀面的挤压和摩擦，继续产生塑性变形。切屑底面的这一层薄金属区称为第Ⅱ变形区。

零件已加工表面受到切削刃钝圆部分和后刀面的挤压、回弹与摩擦，产生塑性变形，导致金属表面纤维化和加工硬化。零件已加工表面的变形区域称为第Ⅲ变形区。

应当说明，第Ⅰ变形区和第Ⅱ变形区是相互关联的，第Ⅱ变形区内前刀面的摩擦情况与第Ⅰ变形区内金属滑移方向有很大关系。当前刀面上的摩擦力大时，切屑排除不通畅，挤压变形加剧，使第Ⅰ变形区的剪切滑移增大。

B 切屑的类型

由于金属材料的性质不同，切削条件不同，滑移变形的程度有很大差异，所以产生的切屑从形态、尺寸、颜色、硬度等方面都有很大差别。一般来说，可以分为以下 4 种类型，如图 7-12 所示。

（1）带状切屑。如图 7-12（a）所示，切屑连续不断呈带状，内表面是光滑的，外表面是毛茸的。一般加工塑性金属材料时，当切削厚度较小、切削速度较高、刀具前角较大时，往往得到这类切屑。形成带状切屑时，切削过程较平稳、切削力波动较小，已加工表面的表面粗糙度值较小。

（2）节状切屑（挤裂切屑）。如图 7-12（b）所示，切屑的外表面呈锯齿形，内表面有时有裂纹，这是由于材料在剪切滑移过程中滑移量较大，由滑移变形产生的加工硬化使切应力增大，在局部区域达到了材料的断裂强度而引起的。这种切屑大多在加工较硬的塑性金属材料且所用的切削速度较低、切削厚度较大、刀具前角较小的情况下产生。切削过程中的切削力波动较大，已加工表面的表面粗糙度值较大。

（3）粒状切屑（单元切屑）。如图 7-12（c）所示，在切削塑性材料时，如果被剪切面上的应力超过零件材料的强度极限，裂纹扩展到整个面上，则切屑被分成梯形状的粒状切屑。加工塑性金属材料时，当切削厚度较大、切削速度较低、刀具前角较小时，易成为粒状切屑，粒状切屑的切削力波动最大，已加工表面粗糙度值较大。

（4）崩碎切屑。如图 7-12（d）所示，崩碎切屑的形状不规则，加工表面是凹凸不平的。切屑在破裂前变形小，它的脆断主要是材料所受应力超过了它的抗拉极限。崩碎切屑发生在加工脆性材料时（如铸铁），零件材料越是硬脆、刀具前角越小、切削厚度越大时，越易产生这类切屑。形成崩碎切屑的切削力波动大，已加工表面粗糙度值较大，且切削力集中在切削刃附近，切削刃容易损坏，故应尽量避免。提高切削速度、减小切削厚度、适当增大前角，可使切屑成针状或片状。

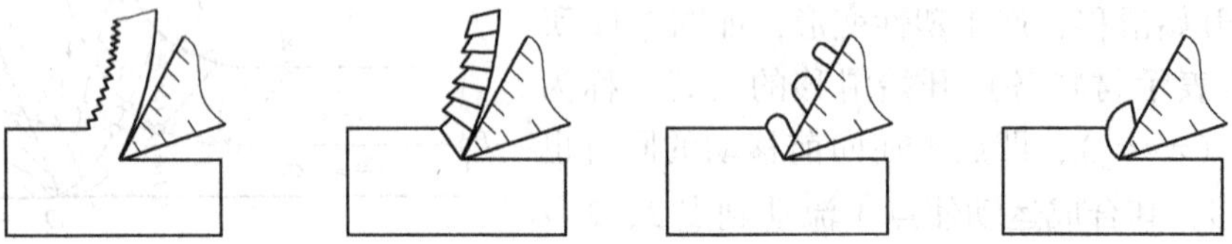

图 7-12 切屑类型

（a）带状；（b）节状；（c）粒状；（d）崩碎

生产实践表明，刀具切下的切屑其外形尺寸比零件上的切削层短而厚，如图 7-13 所示。这种现象称为切屑的收缩。通常用切削层长度（l）与切屑长度（l_c）之比，或切屑厚度（h_c）与切削层厚度（h_D）之比表示切屑的变形程度，其比值称为变形系数 ξ，即：

$$\xi = \frac{l}{l_c} = \frac{h_c}{h_D}$$

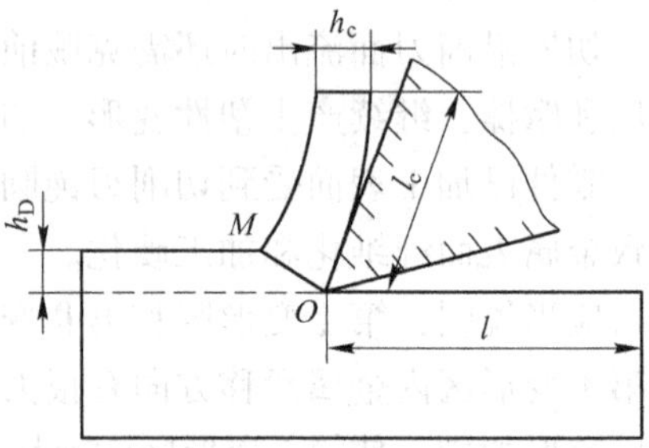

图 7-13 切屑的收缩

ξ 是大于 1 的数，ξ 值越大，表示切屑变形越大。切屑的变形程度直接影响到切削力、切削热和刀具的磨损，它与切削加工的质量、生产率和经济性关系很大，其是判断切削过程顺利与否的一个重要物理量。加工中等硬度钢材时，ξ 值一般在 2~3 之间变化。

C 切屑的控制

在切削钢等塑性材料时，特别是高速切削时切屑很烫，排出的切屑常常打卷或连绵不断，小片状切屑四处飞溅，带状切屑直窜，易刮伤工件已加工表面，损伤刀具、夹具与机床，并威胁操作者的人身安全。所以，在切削高强度、高韧性的合金钢，深孔加工，以及自动机床、自动线生产中，切屑的控制及处理成为生产的关键问题。在实际生产中，必须采取有效措施，控制屑形及断屑，以保证生产正常进行。

（1）磨制断屑槽。在前刀面上磨制出断屑槽（或使用压块式断屑器），断屑槽的类型如图 7-14 所示。折线型和直线圆弧型适用于加工碳钢、合金钢、工具钢和不锈钢；全圆弧型（前角 γ_0 大）适用于加工塑性大的材料和重型刀具。应根据切屑厚度 h_D 选择断屑槽槽宽 L_{Bn}、槽深 C_{Bn} 或 γ_{Bn}。当 h_D 大时 L_{Bn} 取大值，以防止产生堵屑现象。断屑槽在前刀面上的方向（图 7-15）有外斜式、平行式（适用于精加工）和内斜式（适用于半精加工和精加工）。

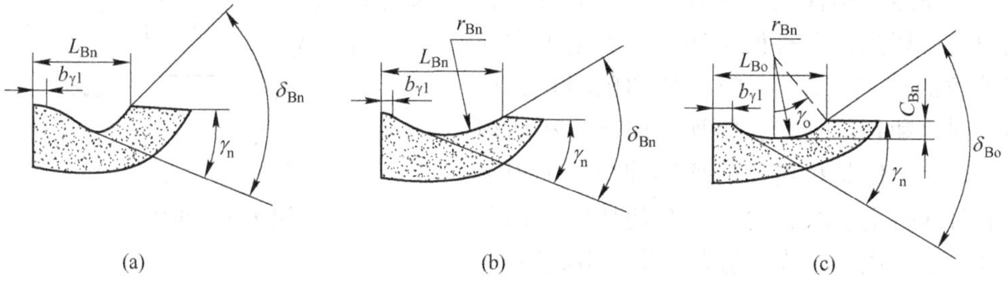

图 7-14 断屑槽的型式
（a）折线型；（b）直线圆弧型；（c）全圆弧型

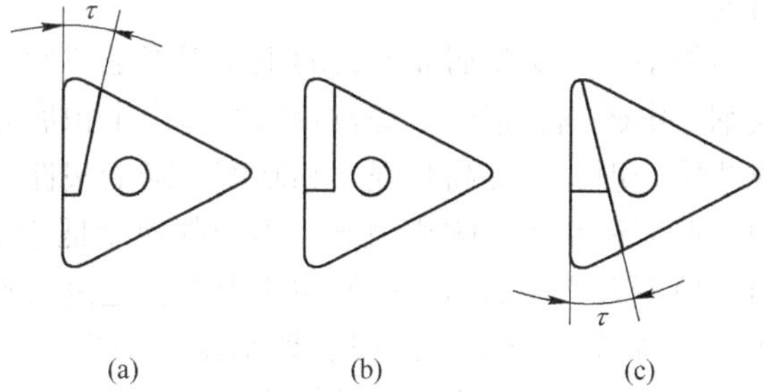

图 7-15 卷屑槽方向
（a）外斜式；（b）平行式；（c）内斜式

（2）适当调整切削条件。如适当调整刀具角度、切削用量等切削条件，对切屑的变形程度及切屑的横截面尺寸都有较大的影响，从而也能达到断屑的目的。

改变刀具角度，主要是增大主偏角 k_r 和减小前角 γ_0，使切削厚度 h_D 增大，切屑容易折断；前角减小时，可使基本变形增大，有利于断屑；选择合理的刃倾角，可以控制切屑流向，使切屑碰撞在刀具或工件的适当部位，从而促使切屑折断，达到断屑效果。

改变切削用量，主要是增大进给量，使切屑厚度增大，卷曲时弯曲应力增大，从而使切屑易折断；另外，切削速度增大时，切屑基本变形减小，断屑变得困难。

在解决生产中的断屑问题时，应以刃磨合理的卷屑槽作为主要措施，调整切削条件一般只作为一种辅助措施。

D 积屑瘤

在切削塑性金属时，当切削速度不高且能形成连续带状切屑情况下，常在刀具前刀面刃口处黏着一块断面呈三角状的硬块，称为积屑瘤，如图 7-16 所示。

（1）积屑瘤的形成。当切屑沿前刀面流出时，在一定温度和压力的作用下，切屑与前刀面接触的表层产生强烈的摩擦甚至黏接，使该表层的变形层流速减慢，切屑内部靠近表层的各层间流速不同，形成滞流层，导致切屑层内层处产生平行于黏接表面的切应力。当该切应力超过材料的强度极限时，底面金属被剪断而黏接在前刀面上，形成积屑瘤。

（2）积屑瘤对切削过程的影响。积屑瘤由于经过了强烈的塑性变形而强化，因而可代替切削刃进行切削，它有保护切削刃和增大实际工作前角的作用（图 7-16），使切削轻快，可减少切削力和切屑变形，粗加工时产生积屑瘤有一定好处。但是积屑瘤的顶端伸出切削刃之外，它时现时消、时大时小，会使切削层的公称厚度发生变化，导致切削力变化，引起振动，降低加工精度。此外，有一些积屑瘤碎片黏附在零件已加工表面上，使表面变得粗糙。因此在精加工时，应当避免产生积屑瘤。

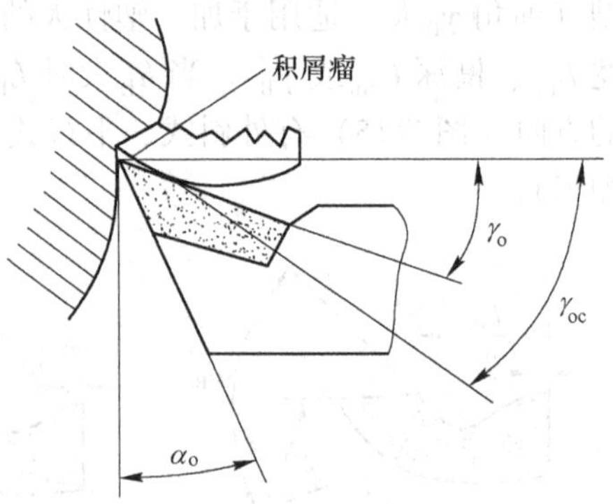

图 7-16 积屑瘤

（3）积屑瘤的控制。影响积屑瘤形成的主要因素有零件材料的力学性能、切削速度、冷却润滑条件和刀具角度等。

在零件材料的力学性能中，影响积屑瘤形成的主要因素是塑性。塑性越大，越容易形成积屑瘤。如加工低碳钢、中碳钢、铝合金等材料时容易产生积屑瘤。要避免积屑瘤，可将零件材料进行正火或调质处理，以提高其强度和硬度，降低塑性。

切削速度是通过切削温度和摩擦影响积屑瘤。当切削速度低于 5m/min 时，由于切削温度低，切屑与前刀面摩擦不大，切屑内表面的切应力不会超过材料的强度极限，故不会产生积屑瘤。当切削速度提高到 5～50m/min 时，切削温度升高，且切屑底面的优质金属来不及充分氧化，摩擦因数增大，切屑内表面的切应力会超过材料的强度极限，部分底层金属黏接在切削刃上而产生积屑瘤。加工钢材时，约在 300℃时摩擦因数最大，积屑瘤高度也最高。当切削速度大于 100m/min 时，切屑底面金属呈微熔状态，减少了摩擦，因而不会产生积屑瘤。

因此，精车和精铣一般均采用高速切削，而在铰削、拉削、宽刃精刨和精车丝杠、蜗杆等情况下，应采用低速切削，以避免形成积屑瘤。

采用适当的切削液，可有效地降低切削温度，减少摩擦，也是减少或避免积屑瘤产生的重要措施之一。

此外，刀具前角增大，可以减小切削变形和切削力，降低切削温度，因此，能抑制积屑瘤的产生。

7.1.2.2 切削过程中主要的物理现象

在金属的切削过程中，始终伴随着切削力、切削温度、切削热和刀具磨损等物理现象。

A 切削力

切削力是切削过程中刀具和工件之间的相互作用力。切削力是切削过程中产生的重要物理现象，对切削过程有着重要影响，切削力的大小将直接影响切削功率、切削热，并引起工艺系统的变形和振动；过大的切削力，会使刀具磨损加剧，导致加工质量下降，甚至造成刀具、夹具或机床的损坏。所以，掌握切削力的变化规律，计算其数值，是设计机床、刀具、夹具的重要依据，对分析和解决生产中实际问题具有重要的指导意义。

(1) 切削力的来源与切削分力。刀具切削零件时，必须克服材料的变形抗力，克服切屑与前刀面以及零件与后刀面之间的摩擦阻力，才能切下切屑。这些阻力的合力就是作用在刀具上的总切削力 F。常把 F 分解成 F_c、F_p、F_f 互相垂直的 3 个分力，以车外圆为例，如图 7-17 所示。

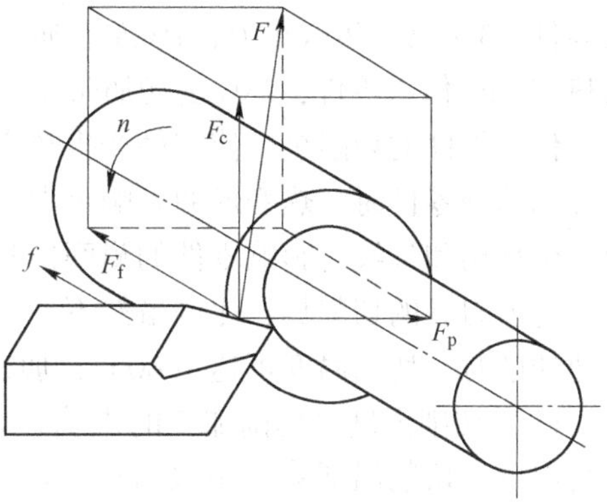

图 7-17 切削分力与合力

1) 主切削力 F_c。垂直于基面，与切削速度方向一致，又称为切向力。它是各分力中最大而且消耗功率最多的一个分力。它是计算机床动力、刀具和夹具强度的依据，也是选择刀具几何形状和切削用量的依据。

2) 吃刀抗力 F_p。作用在基面内，并与刀具纵向进给方向相垂直，又称为径向力。它作用在机床、零件刚度最弱的方向上，使刀架后移和零件弯曲，容易引起振动，影响加工质量。

3) 走刀抗力 F_f。作用在基面内，并与刀具纵向进给方向相平行，又称为轴向力。它作用在进给机构上，是设计和校验进给机构的依据。

如图 7-17 所示，这 3 个切削分力与总切削力有如下关系：

$$F = \sqrt{F_c^2 + F_p^2 + F_f^2}$$

各切削分力可通过测力仪直接测出，也可运用建立在试验基础上的经验公式来计算。

(2) 切削功率。切削功率 P_m 是 3 个切削分力消耗功率的总和，单位为 kW。但在车外圆时，吃刀抗力 F_p 消耗的功率为零，走刀抗力 F_f 消耗的功率很小，一般可忽略不计。因此，切削功率可用下式计算：

$$P_m = 10^{-3} F_c v_c$$

在设计机床时，应根据切削功率确定机床电动机功率 P_E，还要考虑机床的传动效率 η_m（一般取 0.75~0.85），于是

$$P_E \geqslant P_m / \eta_m$$

B 切削热和切削温度

(1) 切削热的产生与传导。切削加工过程中，切削功几乎全部转换为热能，将产生大量的热量。将这种产生于切削过程的热量，称为切削热。其来源有以下三种：

1) 切屑变形产生的热量，是切削热的主要来源。

2) 切屑与刀具前刀面之间的摩擦产生的热量。

3) 零件与刀具后刀面之间的摩擦产生的热量。

切削塑性材料时，切削热主要来源于第Ⅰ和第Ⅱ变形区。切削脆性材料时，由于产生崩碎切屑，因而切屑与前刀面的挤压与摩擦较小，所以切削热主要来源于第Ⅰ和第Ⅲ变形区。

切削热通过切屑、零件、刀具以及周围的介质扩散。各部分传热的比例取决于零件材料、切削速度、刀具材料及几何角度、加工方式以及是否使用切削液等。例如，用高速钢车刀及与之相适应的切削速度切削钢材时，切削热50%～86%由切屑带走，10%～40%传入零件，3%～9%传入车刀，1%左右通过辐射传入空气。而钻削钢件时，散热条件差，切削热52.5%传入零件，28%由切屑带走，14.5%传入钻头，5%左右传入到周围介质。

传入零件的切削热，使零件产生热变形，影响加工精度，特别是加工薄壁零件、细长零件和精密零件时，热变形的影响更大。磨削淬火钢件时，磨削温度过高，往往使零件表面产生烧伤和裂纹，影响零件的耐磨性和使用寿命。

传入刀具的切削热，比例虽然不大，但由于刀具的体积小，热容量小，因而温度高，高速切削时，切削温度可达1000℃，加速了刀具的磨损。

（2）切削温度对切削加工的影响。切削温度一般是指切屑、零件和刀具接触面上的平均温度。切削温度除了用仪器进行测定外，还可以通过观察切屑的颜色大致估测。例如，切削碳素结构钢时，切屑呈银白色或黄色说明切削温度不高；切屑呈深蓝色或蓝黑色说明切削温度很高。切削温度的升高对切削加工过程的影响主要有以下几方面：

1）对工件材料物理力学性能的影响。金属切削时虽然切削温度很高，但对工件材料的物理力学性能影响并不明显。试验表明，工件材料预热至500～800℃后进行切削，切削力明显降低；但高速切削时，切削温度可达800～900℃，切削力下降并不显著。在生产中对难加工材料可进行加热切削。

2）对刀具材料的影响。高速钢刀具材料的耐热温度为600℃左右，超过该温度刀具失效；硬质合金刀具材料耐热性好，在高温800～1000℃时，强度反而更高，韧性更好。因此，适当提高切削温度，可防止硬质合金刀具崩刃，延长刀具使用寿命。

3）对工件尺寸精度的影响。例如，车削工件外圆时，工件受热膨胀，外圆直径发生变化，切削后冷却至室温，工件直径变小，不能达到精度要求；刀杆受热伸长，切削时的实际背吃刀量增加，使工件直径变小。特别是在精加工和超精密加工时，切削温度的变化对工件尺寸精度的影响特别大。因此，控制好切削温度，是保证加工精度的有效措施。

4）利用切削温度自动控制切削用量。大量切削试验表明，对给定的刀具材料、工件材料，以不同的切削用量加工时，都可以得到一个最佳的切削温度范围，它使刀具磨损程度最低，加工精度稳定。因此，可用切削温度作为控制信号，自动控制机床转速或进给量，以提高生产率和工件表面质量。

（3）影响切削温度的因素。切削温度的高低取决于切削热的产生和扩散情况。影响切削温度的主要因素有以下几点：

1）切削用量。切削用量中，切削速度 v_c 对切削热的影响最大，进给量 f 次之，背吃刀量 a_p 最小。当切削速度增加时，切削功率增加，切削热也增加。同时由于切屑底层与前刀面强烈摩擦产生的摩擦热来不及向切屑内部传导，大量积聚在切屑底层，因而使切削温度升高。增大进给量，单位时间内的金属切除量增多，切削热也增加。但进给量对于切削温度的影响，不如切削速度那样显著。这是由于进给量增加，使切屑变厚，切屑的热容量增大，由切屑带走的热量增多，切削区的温升较少。背吃刀量增加，切削热虽然增加，但切削刃参加工作的长度也增加，改善了散热条件。因此，切削温度的上升不明显。从降低切削温度、提高刀具耐用度的角度来看，选用大的背吃刀量和进给量，比选用高的切削速度有利。

2）零件材料。零件材料的强度和硬度越高，切削中消耗的功率越大，产生的切削热越多，切削温度也越高。即使对同一材料，由于其热处理状态不同，切削温度也不相同。例如，45 钢在正火状态（$\sigma_b \approx 600MPa$，硬度 HBW 为 187）、调质状态（$\sigma_b \approx 750MPa$，硬度 HBW 为 229）和淬火状态（$\sigma_b \approx 1480MPa$，硬度 HRC 为 44）下，其切削温度相差悬殊。与正火状态相比，调质状态的切削温度增高 20%～25%，淬火状态的切削温度增高 40%～45%。零件材料的热导率高（如铝、镁合金），切削温度低。切削脆性材料时，由于塑性变形很小，崩碎切屑与前刀面的摩擦也小，产生的切削热较少。采用 YG8 硬质合金车刀切削 HT200 时，其切削温度比切削 45 钢低 20%～25%。

3）刀具角度。前角的大小直接影响切削过程中的变形和摩擦，增大前角，可减少切屑变形，产生的切削热少，切削温度低。但当前角过大时，会使刀具的散热条件变差，反而不利于切削温度的降低。减小主偏角，主切削刃参加切削的长度增加，散热条件变好，可降低切削温度。

4）刀具磨损。刀具主后刀面磨损时，后角减少，后刀面与工件间摩擦加剧；刃口磨损时，切屑形成过程的塑性变形加剧，都会使切削温度升高。

5）切削液。切削液的润滑功能可以降低摩擦因数，减少切削热的产生，还可利用它的冷却作用吸收大量的切削热，所以采用切削液是降低切削温度的重要措施。

C　刀具磨损和耐用度

刀具在使用过程中会逐渐磨损，出现加工表面粗糙度恶化、尺寸超差、切削力增大、切削温度升高，甚至出现振动、大噪声等不正常现象，致使加工无法进行下去，必须拆下刀具重新刃磨或换用新刀。刀具磨损直接影响加工精度、表面质量、生产率和加工成本。

（1）刀具磨损形式。刀具正常磨损时，按其发生的部位不同有前刀面磨损、后刀面磨损、前后刀面同时磨损三种形式，如图 7-18 所示。

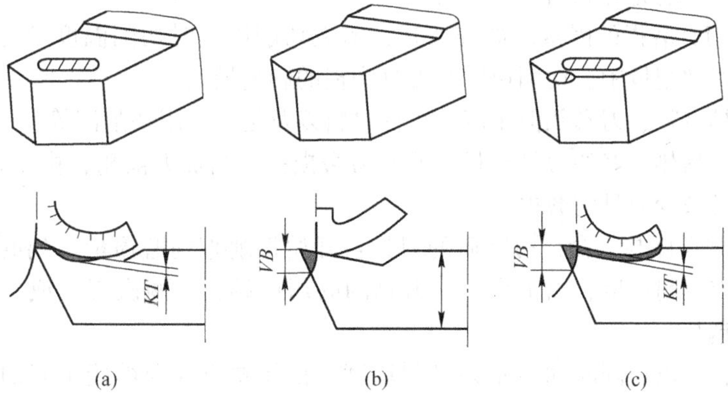

图 7-18　刀具的磨损形式
（a）前刀面磨损；（b）后刀面磨损；（c）前后刀面同时磨损

1）前刀面磨损。在刀具前刀面上形成月牙洼磨损，这是由切削塑性材料时产生的连续切屑与前刀面发生剧烈摩擦引起的。在月牙洼与切削刃之间最先存在小的窄边，随磨损的进一步发展，月牙洼深度和宽度增加，窄边宽度减少，易产生崩刃或使磨损加剧。

2）后刀面磨损。刀具后刀面与加工表面摩擦产生的磨损。后刀面虽然磨出后角，使之不与工件表面接触，但是靠近切削刃的后刀面部分，仍与工件表面发生弹性接触，且实际的切削刃有一定的圆弧和崩刃，因此形成显著的负后角部分，与已加工表面有剧烈的摩擦。这些都是发生后刀面磨损的初始状态，后刀面一旦磨损，这部分就承受较大的摩擦力，使刀具后刀面的磨损继续发展。磨损宽度达到一定大小时，磨损加剧，这是由于磨损宽度增大使摩擦热增大，温度上升，刀具急速软化的结果。

不论切削塑性或脆性金属，后刀面总是会发生磨损，但在切削脆性材料时，前刀面形成月牙洼，其磨损形式主要是后刀面磨损。

3）前后刀面同时磨损。前后刀面同时磨损是一种兼有前两种形式的磨损，切削塑性金属时，经常会发生这种磨损。

（2）刀具磨损的阶段。刀具的磨损过程如图 7-19 所示，可分为 3 个阶段。

1）初期磨损阶段（*OA* 段）。由于刀具刃磨后刀面有许多微观凹凸，因而接触面积小，压强大，而磨损较快。这一阶段称为初期磨损阶段。

2）正常磨损阶段（*AB* 段）。由于刀具的微观凹凸已磨平，表面光滑接触面积大而压强小，所以磨损很慢。这一阶段称为正常磨损阶段。

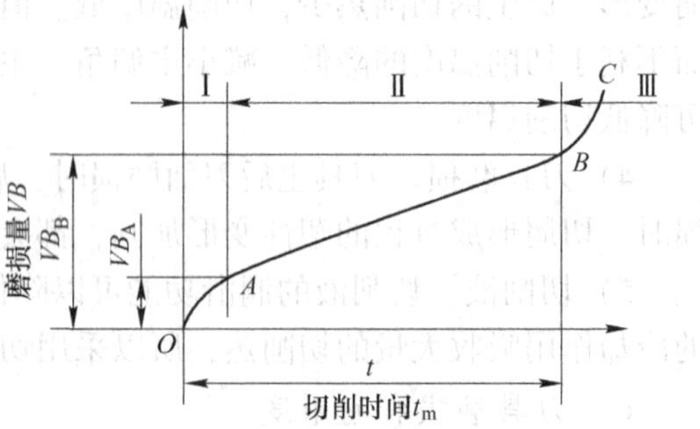

图 7-19　刀具的磨损阶段

3）剧烈磨损阶段（*BC* 段）。正常磨损后期，刀具磨损钝化，切削状态逐渐恶化，磨量急剧加大，切削刃很快变钝，以致丧失切削能力。这个阶段称为急剧磨损阶段。

经验表明，在刀具正常磨损阶段的后期，急剧磨损阶段之前，最好换刀重磨。这样既可保证加工质量又能充分利用刀具材料。

（3）影响刀具磨损的因素。如前所述，增大切削用量时切削温度随之增高，将加速刀具磨损。在切削用量中，切削速度对刀具磨损的影响最大。

此外，刀具材料、刀具几何角度、零件材料以及是否采用切削液等，也都会影响刀具的磨损。例如，耐热性好的刀具材料，就不易磨损；适当加大前角，由于减小了切削力，减少了摩擦，可减少刀具的磨损。

（4）刀具耐用度与寿命，刃磨后的刀具自开始切削直到磨损量达到磨钝标准为止的切削时间称为刀具耐用度，以 *T* 表示。刀具的耐用度越长，两次刃磨或更换刀具之间的实际工作时间越长。

粗加工时，多以切削时间表示刀具耐用度。目前硬质合金焊接车刀的耐用度大致为 60min，高速钢钻头的耐用度为 80～120min，硬质合金端铣刀的耐用度为 120～180min，齿轮刀具的耐用度为 200～300min。

精加工时，常以走刀次数或加工零件个数表示刀具耐用度。

对于可重磨刀具，经过重新刃磨以后，切削刃恢复锋利，仍可继续使用。在经过使用—磨钝—刃磨锋利若干个循环以后，刀具的切削部分将无法继续使用，完全报废。刀具从开始切削到完全报废，实际切削时间的总和称为刀具使用寿命。因此，刀具使用寿命等于该刀具的耐用度乘以刃磨次数。

7.1.2.3 影响金属切削加工的主要因素

A 工件材料的切削加工性

工件材料的切削加工性也称可切削性，是指在一定的切削条件下，工件材料进行切削加工的难易程度。切削加工性的概念具有相对性，所谓某种材料的切削加工性的好与坏，是相对于另一种材料而言的。另外，某种材料加工的难易，要看具体的加工要求和切削条件。一般从刀具耐用度允许的切削速度、表面质量、断屑效果等几方面综合分析。

（1）衡量工件材料切削加工性的指标，一般地说，良好的切削加工性是指刀具耐用度 T 较高或一定耐用度下的切削速度 v_t 较高；在相同的切削条件下切削力较小，切削温度低；容易获得好的表面质量；切削形状容易控制或容易断屑。

由于切削加工性是对材料多方面的分析和综合评价，所以很难用一个简单的物理量来精确规定和测量。在生产和试验中，常取某一项指标来反映材料切削加工性的某一方面，最常用的是相对加工性 K_v。

在刀具耐用度确定的前提下，切削某种材料允许的切削速度越高，材料的切削加工性越好。一般常用该材料的允许切削速度 $\boldsymbol{v}_t$ 与 45 钢允许的切削速度的比值 K_v（相对加工性）来表示。通常取 $T=60\text{min}$，则 v_t 写作 v_{60}，由于把 45 钢的 v_{60} 作为比较的基准，故写成 $(v_{60})_j$，即

$$K_v = v_{60}/(v_{60})_j$$

相对加工性 K_v 越大，表示切削该种材料时刀具磨损越慢，耐用度越高。凡 $K_v>1$ 的材料，其切削加工性比 45 钢（正火态）好；反之较差。常用材料的切削加工性可分为 8 级，见表 7-1。

表 7-1 材料切削加工性分级

加工性等级	名称及种类		相对加工性 K_v	代表性材料
1	很容易切削材料	一般非铁金属	>3.0	5-5-5 铜铅合金，9-4 铝铜合金，铝镁合金
2	容易切削材料	易切削钢	2.5~3.0	15Cr 退火，$\sigma_b=380\sim450\text{MPa}$ 自动机钢，$\sigma_b=400\sim500\text{MPa}$
3		较易切削钢	1.6~2.5	30 正火钢，$\sigma_b=450\sim560\text{MPa}$
4	普通材料	般钢及铸铁	1.0~1.6	45 钢、灰铸铁
5		稍难切削材料	0.65~1.0	20Cr13 调质，$\sigma_b=850\text{MPa}$ 85 钢，$\sigma_b=900\text{MPa}$
6	难切削材料	较难切削材料	0.5~0.65	45Cr 调质，$\sigma_b=1050\text{MPa}$ 65 锰调质，$\sigma_b=950\sim1000\text{MPa}$
7		难切削材料	0.15~0.5	50CrV 调质，1Cr18Ni9Ti，某些钛合金
8		很难切削材料	<0.15	某些钛合金，铸造镍基高温合金

（2）影响切削加工性的基本因素：

1）工件材料的硬度。工件材料的常温硬度和高温硬度越高，材料中硬质点越多、形状越尖锐、分布越广、材料的冷变形强化程度越严重，切削加工性就越差。

2）工件材料的塑性。通常工件材料的塑性越高，切削加工性越低，因为塑性高时，

切削中产生的塑性变形和摩擦大，因而切削力大，切削温度较高，刀具磨损快。

3）工件材料的强度。工件材料强度越高，切削力越大、切削温度越高、刀具磨损越快，切削加工性越低。工件材料的高温强度越高，切削加工性也越差。

4）工件材料的韧性。材料的韧性高，切削时消耗的能量多，切削力和切削温度高，不易断屑，所以切削加工性差。

5）工件材料的弹性模量。材料的弹性模量越大，切削加工性越差；但弹性模量很小的材料（如软橡胶）弹性恢复大，易使后刀面与工件表面发生强烈摩擦，切削加工性也差。

6）工件材料的热导率。当切削热导率大的材料时，由切屑带走的热量多，由工件传出的热量也多，有利于降低切削变形区的温度，所以切削加工性好。

（3）改善材料切削加工性的措施：

1）通过热处理改善材料的切削加工性。进行热处理改变材料的金相组织，以改善切削加工性。例如，对高碳钢进行球化退火可以降低硬度，对低碳钢进行正火可以降低塑性，都能改善切削加工性。又如，铸铁件在切削加工前进行退火可降低表层硬度，特别是白口铸铁，在高温下长时间退火变成可锻铸铁，能使切削加工较易进行。

2）调整工件材料的化学成分改善其切削加工性。在钢中适当添加某些元素，如硫、铝等，可使其切削加工性得到显著改善，这样的钢称为“易切削钢”。例如，在不锈钢中加入少量的硒，铜合金中加铝，铝中加入铜、铝和铋，均可改善其切削加工性。

3）其他辅助性的加工。例如，低碳钢经过冷拔可以降低其塑性，既改善了材料的力学性能，也改善了材料的切削加工性。

B　刀具材料的选择

在机械加工工艺系统中，能否充分发挥机床效率，保证加工质量，降低加工成本等，均与刀具材料的切削性能直接相关。因此，根据不同的工件材料和加工条件，选配合理的刀具材料，对切削加工过程来说极为关键。在加工难加工材料时，首先应考虑刀具材料承受的切削力高、耐热性好、刀具使用寿命长；其次应考虑刀具材料的抗弯强度好、热导率大；还要考虑刀具材料的工艺性能好、成本合理。

刀具材料不同，刀具使用寿命就不同，所允许的切削速度也就不同。例如，在同一刀具使用寿命的前提下，陶瓷、硬质合金、高速钢 3 种刀具材料允许的切削速度差距很大。在同一切削速度的前提下，陶瓷刀具的刀具使用寿命明显高于硬质合金，而硬质合金高于高速钢，因而选配新型刀具材料（陶瓷）可大大提高生产率。

切削难加工材料时，为保证刀具寿命，不得不降低切削速度。例如，用 YT14 刀具切削加工不同的工件材料，在同一刀具寿命的前提下，切削速度相差较大。工件材料的可切削加工性越好，允许的切削速度越高。

刀具材料不同，刀具与工件之间的摩擦因数不同，从而对切削力的大小产生影响。

综上所述，刀具材料应根据被加工材料、加工精度、加工条件选配，以利于金属切削加工，提高金属切削效率。

C　刀具几何参数的选择

刀具几何参数包括刀具角度、刀面的结构和形状、切削刃的形式等。刀具合理几何参数是在保证加工质量的条件下，获得最高刀具使用寿命的几何参数。刀具几何参数选配是否合理，对加工精度、表面质量、生产率以及经济性等均有较大影响。

（1）前角：

1）作用。合理的前角可使刀具锋利，切削变形和切削力减小，切削温度降低，而且有足够的刀具寿命和较好的加工表面质量；否则，结果相反。

2）选择原则。一般在保证加工质量和足够刀具寿命的前提下，应尽可能选取大的前角。具体选择时，首先应根据工件材料选配。切削塑性材料时，为减小塑性变形，在保证足够的刀具强度前提下，应尽可能选择大的前角；工件材料塑性越大，前角越大，切削铸铁等脆性材料时，应选取较小的前角。其次，应考虑刀具切削部分的材料。高速钢的抗弯强度和冲击韧性高于硬质合金，故其前角可大于硬质合金刀具；陶瓷刀具的脆性大于前两者，故其前角应最小。此外还应考虑加工要求。粗加工时，特别是工件表面有硬皮、形状误差较大和断续切削时，前角应取小值；精加工时，前角应取大值；成型刀具为减小刃形误差，前角应取小值。

（2）后角：

1）作用。后角的大小会影响工件表面质量、加工精度、切削刃锋利程度、刀尖的强度以及刀具使用寿命等。适当大的后角可减少主后面与过渡表面之间的摩擦，减少刀具磨损；后角增大，可使切削刃钝圆半径减小，在小进给量时可避免或减小切削刃的挤压，有助于提高表面质量。

2）选择原则。首先，粗加工时因切削力大，容易产生振动和冲击，为保证切削刃的强度，后角应取小值；精加工时，为保证已加工表面的质量，后角应取较大值。例如，在切削 45 钢时，粗车取 $\alpha_0=4°\sim7°$，精车取 $\alpha_0=6°\sim10°$。其次，加工塑性和韧性大的材料时，工件已加工表面的弹性恢复大，为减少摩擦，后角应取大值；加工脆性材料时，为保证刀具强度，一般选较小的后角。此外，高速钢刀具的后角可比同类型的硬质合金刀具后角稍大些，一般大 2°~3°。

副后角的作用主要是减少副后面与已加工表面之间的摩擦，其大小一般与主后角相同，也可略小些。

（3）主偏角与副偏角：

1）作用。主偏角、副偏角的大小均影响加工表面的粗糙度，影响切削层的形状以及切削分力的大小和比例，对刀尖强度、断屑与排屑、散热条件等均有直接影响。

2）主偏角的选择原则。粗加工时，主偏角应选大些，以减振、防崩刃；精加工时，主偏角可选小些，以减小表面粗糙度。工件材料强度、硬度高时，主偏角应取小些（切削冷硬铸铁和淬硬钢时 κ_r 取 15°），以改善散热条件，提高刀具寿命。工艺系统刚度好，应取较小的主偏角；刚度差时应取较大的主偏角。例如，车削细长轴时常取 $\kappa_r\geqslant9°$，以减小背向力。

3）副偏角的选择原则。在工艺系统刚度允许的条件下，副偏角常选取较小的值，一般 $\kappa_r'=5°\sim10°$，最大不超过 15°；精加工刀具 κ_r' 应更小，必要时可磨出 $\kappa_r'=0°$ 的修光刃。

（4）刃倾角：

1）作用。刃倾角的大小会影响排屑方向、切削刃强度及锋利程度，以及工件的变形和工艺系统的振动等。

2）选择原则。一般根据工件材料及加工要求选择。对于加工一般钢料或铸铁，粗加工时为保证刀具有足够的强度，通常取 $\lambda_s=0°\sim5°$，若有冲击负荷，取 $\lambda_s=-5°\sim15°$；精加工时为使切屑不流向已加工表面使其划伤，取 $\lambda_s=0°\sim5°$。如有加工余量不均匀、断续表面、剧烈冲击等现象，应选取绝对值较大的负刃倾角；进行微量（$a_p=5\sim10\mu m$）精细切削时，$\lambda_s=45°\sim75°$。切削淬硬钢、高强度钢等难加工材料时，则 $\lambda_s=-20°\sim-30°$。

D 切削用量的选择

切削用量的选择，直接影响切削力、切削功率、刀具磨损、加工精度和表面质量以及加工成本。选择时，应在保证加工质量和刀具耐用度的前提下，充分发挥机床潜力和刀具的切削性能，使切削效率最高，加工成本最低。

（1）切削用量选择原则。为了合理选择切削用量，首先要了解它们对切削加工的影响。

1）加工质量的影响。切削用量三要素中，背吃刀量和进给量增大，都会使切削力增大，导致零件变形增大，并可能引起振动，从而降低加工精度和增大表面粗糙度值。而且进给量增大还会使残留面积的高度显著增大，如图 7-20 所示，表面更加粗糙。切削速度增大时，切削力减小，并可减小或避免积屑瘤，有利于加工质量的提高。

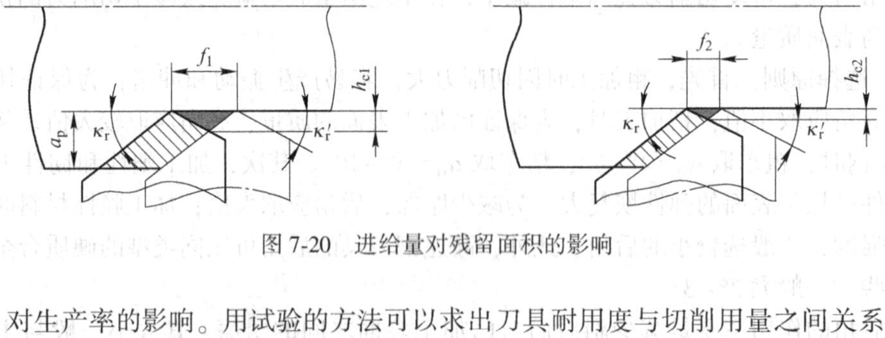

图 7-20 进给量对残留面积的影响

2）对生产率的影响。用试验的方法可以求出刀具耐用度与切削用量之间关系的经验公式。例如，用硬质合金车刀车削中碳钢时：

$$T=\frac{C_T}{v_c^5 f^{2.25} a_p^{0.75}}$$

式中 C_T——与零件材料、刀具材料和其他切削条件有关的系数；

T——刀具耐用度。

由上式可知，在切削用量中，切削速度对刀具耐用度的影响最大，进给量的影响次之，背吃刀量的影响最小。提高切削速度比增大进给量或背吃刀量，对刀具耐用度的影响大得多。过分提高切削速度，反而会由于刀具耐用度的迅速下降影响生产率的提高。

根据上述分析，切削用量选择的基本原则是，粗加工时，从提高生产率的角度出发，应当在单位时间内切除尽量多的加工余量，因而应当加大切削面积，在保证合理的刀具耐用度的前提下，首先选尽可能大的背吃刀量，其次选尽可能大的进给量，最后选尽可能大的切削速度。精加工时，应当保证零件的加工精度和表面粗糙度。这时加工余量较小，一般应选取较小的进给量和背吃刀量，以减少切削力，降低表面粗糙度，并选取较高的切削速度。只有在受到刀具等工艺条件限制不宜采用高速切削时，才选用较低的切削速度。例如，用高速钢铰刀铰孔，切削速度受刀具材料耐热性的限制，并为了避免积屑瘤的影响，应采用较低的切削速度。

（2）切削用量的合理选择：

1）背吃刀量 a_p 的选择。背吃刀量要尽可能取得大些，不论粗加工还是精加工，最好一次走刀能把该工序的加工余量切完。如果一次走刀切除会使切削力太大、机床功率不足、刀具强度不够或产生振动时，可将加工余量分为两次或多次完成。这时也应将第一次走刀的背吃刀量取得尽量大些，其后的背吃刀量取得相对小一些。

2）进给量 f 的选择。粗加工时，一般对零件的表面质量要求不太高，进给量主要受机床、刀具和零件所能承受切削力的限制，这是因为当选定背吃刀量后，进给量的数值直接影响切削力的大小。而精加工时，一般背吃刀量较小，切削力不大，限制进给量的因素主要是零件表面粗糙度。

3）切削速度 v_c 的选择。在背吃刀量和进给量选定后，可根据合理的刀具耐用度，用计算法或查表法选择切削速度。精加工时，切削力较小，切削速度主要受刀具耐用度的限制；而粗加工时，由于切削力一般较大，切削速度主要受机床功率的限制。

E 切削液的选择

在金属切削加工过程中，合理使用切削液能有效减小切削力、降低切削温度、增加刀具寿命、减小工艺系统热变形、提高加工精度、保证加工表面质量。选用高性能切削液也是改善一些难加工材料切削性能的重要途径。

（1）切削液的作用：

1）冷却作用。切削液通过液体的热传导作用，把切削区内刀具、工件和切屑上大量的切削热带走，以降低切削温度，减小工艺系统的刀热变形。

2）润滑作用。切削液的润滑作用在于减小前刀面与切屑、后刀面与工件之间的摩擦。它渗透到刀具、切屑和加工表面之间，其中带油脂的极性分子吸附在刀具的前后刀面上，形成物理性润滑膜。若与添加剂中的化学物质产生化学反应，还可形成化学吸附膜，从而在高温时能减小黏接和刀具磨损，减小加工表面粗糙度，提高刀具寿命。

3）清洗和排屑作用。切削液能对黏附在工件、刀具和机床表面的切屑和磨粒起清洗作用，在精密加工、磨削加工和自动线加工中，切削液的清洗作用尤为重要。深孔加工完全是利用高压切削液排屑。

4）防锈作用。在切削液中加入防锈添加剂，可使之与金属表面起化学反应生成保护膜，起到防锈、防蚀作用。

此外，切削液还应具有稳定性好、不污染环境、不伤害人体健康、配制容易、价廉等特性。

（2）切削液的分类。生产中常用的切削液可分为三大类，即水溶液、乳化液、切削油。

1）水溶液。水溶液的主要成分是水，冷却性能好，但润滑性差，易锈蚀金属，必须加入一定的添加剂（硝酸钠、碳酸钠、聚二乙酸），使其具有良好的防锈性能和润滑性能。

2）乳化液。乳化液是用乳化油加水稀释搅拌后形成的乳白色液体。乳化油是由矿物油、乳化剂及添加剂配制而成。乳化液具有良好的冷却作用，常用于粗加工和普通磨削加工中。高浓度乳化液以润滑作用为主，常用于精加工和用复杂刀具的加工中。

3）切削油。切削油的主要成分是矿物油，少数采用动植物油或复合油。纯矿物油不能在摩擦界面上形成坚固的润滑膜，润滑效果一般，常加入极压添加剂（硫、氯、磷等）和防锈添加剂，以提高其润滑性能和防锈性能。

矿物油包括机械油、轻柴油和煤油等，主要用于切削速度较低的精加工、非铁金属加工和易切钢加工；机械油的润滑作用较好，常用于普通精车和螺纹精加工中；煤油的渗透作用和冲洗作用较好，常用于精加工铝合金、精刨铸铁和用高速钢铰刀铰孔中，能减小加工表面粗糙度，提高刀具使用寿命。

4）固体润滑剂。常用的固体润滑剂是二硫化钼（MoS_2），由二硫化钼形成的润滑膜，其摩擦因数低（0.05~0.09）、熔点高（1185℃）。因此，切削时可将 MoS_2 涂在刀面上，也可添加在切削油中，可防止黏接和抑制积屑瘤形成，减小切削力和加工表面粗糙度，延长刀具寿命，可用于车、钻、铰孔、深孔加工、螺纹加工、拉削和铣削加工中。

（3）切削液的选择。应根据工件材料、刀具材料、工艺要求和切削方式合理地选用切削液。选用适宜的切削液，可以有效减小摩擦力，降低切削温度，延长刀具寿命，提高表面加工质量。

1）从工件材料方面考虑。当钢切削塑性材料时，需用切削液；切削铸铁时，切削液会使粉末状的切屑阻塞机床导轨缝隙，故不应加切削液；切削高强度钢、高温合金等难加工材料时，属高温高压边界摩擦状态，宜选用极压切削油或极压乳化液，有时还需配制特殊的切削液。极压类切削液由于含硫、磷、氯、碘等有机化合物，在高温下会与金属表面起化学反应，形成化学润滑膜，故比物理润滑膜能耐更高的温度。对于钢、铝及铝合金，为得到较高的加工质量和加工精度，可采用10%~20%乳化液或煤油等。

2）从刀具方面考虑。高速钢刀具耐热性差，应采用切削油，在粗加工中以冷却为主，精加工时则以润滑为主。硬质合金刀具耐热性好，一般不用切削液，必须使用时可采用水溶液或低浓度乳化液，但浇注切削液时要充分连续，否则刀片会因冷热不均导致炸裂；在不便采用切削液的场合，还可采用风冷法冷却刀具。

3）从加工工艺方面考虑。钻孔、铰孔、攻螺纹和拉削等工序的刀具与已加工表面摩擦严重，宜采用乳化液、极压乳化液或极压切削油。成型刀具、齿轮刀具等价格昂贵，要求刀具耐用度高，可采用极压切削油，如硫化油等。磨削加工温度很高，还会产生大量的碎屑及脱落的砂粒，因此，要求切削液应具有良好的冷却和清洗作用，常采用乳化液，如选用极压切削液或多效合成切削液。

4）从加工要求方面考虑。粗加工时的切削用量大，产生大量的切削热，这时主要是降低切削温度，应选用以冷却性能为主的切削液，如3%~5%的低浓度乳化液或合成切削液；精加工时，主要要求提高加工精度和加工表面质量，应选用以润滑性能为主的切削液，如极压切削油或高浓度极压乳化液，以减小刀具与切屑间的摩擦与黏接，抑制积屑瘤。

（4）切削液的使用方法。使用切削液的方法一般是浇注法，但浇注法流速慢、压力低，难以直接渗透到最高温区，影响切削效果。用高速钢成型刀具切削难加工材料时，可用高压喷射冷却法，以改善渗透性，提高切削效果。喷射冷却法是一种较好的使用切削液的方法，适用于难加工材料的切削和超高速切削，能显著提高刀具耐用度。

7.1.3 金属切削机床的基本知识

金属切削机床是用切削、特种加工等方法加工金属工件，使之获得要求的几何形状、尺寸精度和表面质量的机器。它是制造机器的机器，故又称为“工作母机”或“工具机”，简称为“机床”。

在现代机械制造工业中，各种机器零件，特别是精密零件的最终形状、尺寸及表面粗糙度，主要是借助金属切削机床加工获得的，因此机床是制造机器零件的主要设备。在各类机器制造部门拥有的技术装备中，机床占有相当大的比率，一般都在50%以上，所担负的工作量约占机器总制造工作量的40%~60%。

7.1.3.1 机床的分类和型号编制方法

A 机床的分类

机床的种类繁多，为了便于区别、使用、管理，需对机床进行分类。机床的分类方法很多，从不同的角度出发，可对机床作如下分类：

（1）按机床的加工性能和结构特点分类。可分为12大类，即车床、钻床、镗床、铣床、刨插床、拉床、磨床、齿轮加工机床、螺纹加工机床、特种加工机床、锯床和其他机床。

（2）按机床的通用程度分类：

1）通用机床（万能机床）。可以加工多种工件，完成多种工序，如卧式车床、万能外圆磨床、摇臂钻床等。其工艺范围很宽，结构复杂，适合于单件、小批量生产。

2）专用机床。用于完成某一特定工件的特定工序，如汽车、拖拉机制造中大量使用的组合机床。其工艺范围最窄，结构较简单、生产率高，适于大批量生产。组合机床也属于专用机床。

3）专门化机床（专能机床）。用于完成形状类似而尺寸不同工件的某一种工序，如凸轮轴车床、轧辊车床、精密丝杠车床等。它的特点介于通用机床和专用机床之间，既有加工尺寸的通用性，又有加工工序的专用性，生产率高，适于成批生产。

（3）按机床的精度分类。可分为普通机床、精密机床、高精度机床。

（4）按重量不同分类。可以分为仪表机床、中型机床、大型机床（达到10t）、重型机床（30t以上）和超重型机床（100t以上）。

（5）按自动化程度不同分类。可分为手动、机动、半自动、自动机床等。

B 机床型号的编制方法

机床型号是按一定的规律赋予每一种机床一个代号，以便于区别、使用、管理。我国机床型号的编制方法，采用汉语拼音字母和阿拉伯数字，按一定规律组合而成，表明机床的类型、主要规格和有关特征。机床型号编制按国家标准GB/T 15375—1994《金属切削机床型号编制方法》实施，完整的机床型号由10个部分组成，如图7-21所示。

如图7-21所示，△表示数字；○表示大写汉语拼音或英文字母；括号中的代号或数字，当无内容时，则不表示；若有内容，则不带括号；●表示大写汉语拼音字母或阿拉伯数字，或两者兼有之。

（1）类代号。用大写汉语拼音字母表示，我国的机床共分为12大类。当需要时，每

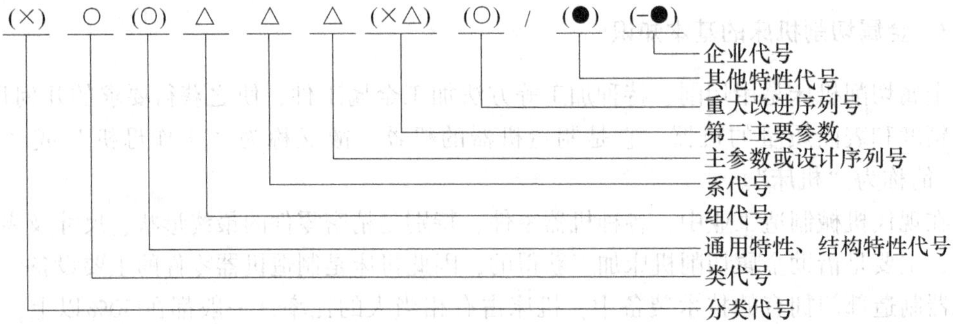

图 7-21 金属切削机床的型号

类又可分为若干分类，分类代号用阿拉伯数字表示，在类代号之前，属于型号的首位，但第一分类不予表示，如第二分类磨床在 M 前加“2”，即 2M，详见表 7-2。

表 7-2 机床类代号和分类代号

类别	代号	类别	代号
车床	C	螺纹加工机床	S
钻床	Z	铣床	X
镗床	T	刨插床	B
磨床	M	拉床	L
	2M	特种加工机床	D
	3M	锯床	G
齿轮加工机床	Y	其他机床	Q

(2) 特性代号。用大写汉语拼音字母表示，位于类代号之后，分为通用特性和结构特性两类。

1) 通用特性代号。某类机床除了有普通形式之外，还具有某些通用特性时，可用代号表示，见表 7-3。

表 7-3 机床通用特性代号

通用特性	代号	通用特性	代号
高精度	G	轻型	Q
精密	M	加重型	C
自动	Z	简式或经济型	J
半自动	B	柔性加工单元	R
数控	K	数显	X
加工中心（自动换刀）	H	高速	S
仿形	F		

2）结构特性代号。为了区别主参数相同而结构、性能不同的机床，采用结构特性代号，如A，D，E，L，N，P，…例如，CA6140型卧式车床型号中的“A”是在结构上区别于C6140型卧式车床。

（3）组、系代号。用两位阿拉伯数字表示，位于特性代号之后。每类机床划分为10个组，每一个组又划分为10个系。每一组机床结构性能和使用范围基本相同，同一系机床的基本结构和布局形式相同。我国机床类、组划分见表7-4。

（4）主参数和第二主参数。主参数用折算值的1/10、1/100或实际值表示，位于组、系代号之后。它反映机床的主要技术规格，其尺寸单位为mm。如C6140车床，主参数折算值为40，折算系数为1/10，即主参数（床身上零件最大回转直径）为400mm。

主参数值相同的机床，往往有不同的第二主参数。如果机床第二主参数改变后，会使机床结构、性能产生较大的变化，这时可将第二主参数用折算值表示，列入型号后部，并用“×”分开，读作“乘”。如C6140×100，第二主参数100，表示车床车削工件长度最大为1000mm。对于多轴车床、多轴钻床、排式钻床等机床，其第二主参数表示机床的主轴数，以实际数值列入型号，单轴可省略，不予表示。

（5）机床重大改进序列号。当机床的结构和性能有重大改进和提高，并需按新产品重新设计、试制和鉴定时，按其设计改进的次序，分别用大写英文字母A、B、C、D表示，加在机床型号的尾部，以示区别原机床型号。如C6140A是C6140型车床经过第一次重大改进的车床。

（6）其他特性代号。主要用于反映各类机床的特性。例如，对于数控机床，可用来反映不同的控制系统；对于加工中心，可用来反映控制系统、自动交换主轴头、自动交换工作台等；对于柔性加工单元，可用来反映自动交换主轴箱；对于一机多用机床，可用以补充表示某些功能；对于一般机床，可以反映统一型号机床的变型等。所谓变型机床是指根据不同的加工需要，在基本型号机床的基础上仅改变机床的部分性能、结构形成的。

（7）企业代号。由型号管理部门统一规定，并只允许该单位使用。企业代号包括机床生产厂和机床研究单位代号。机床生产厂代号由大写的汉语拼音字母和阿拉伯数字组成。其中字母取机床生产厂名称中的一个或两个或三个字母；数字取机床生产厂名称中的序号，如“Q2”代表齐齐哈尔第二机床厂，读作“齐二”。机床研究单位代号一般由该单位中的三个大写汉语拼音字母组合表示，如“JCS”代表北京机床研究所，读作“机床所”。企业代号置于型号末尾，用“—”与其他特性代号分开，读作“至”。若型号中没有其他特性代号，仅有企业代号，则不加“—”。

7.1.3.2 机床的机械传动

机床传动方式是指机床动力通过一系列的减速、变速和差动运动传递到机床执行元件的方法。机床传动方式主要有三种，即机械传动、电传动和液压气压传动，这里主要介绍机床的机械传动。

机床的机械传动有两种基本形式：一是用于传递旋转运动，如带传动、齿轮传动等，以及对运动的变速和换向；另一种是用于把旋转运动变换为直线运动，如齿轮齿条传动、丝杠螺母传动等。

表 7-4 金属切削机床类、组划分

类别＼组别		0	1	2	3	4	5	6	7	8	9
车床 C		仪表车床	单轴自动、半自动车床	多轴自动、半自动车床	回轮、转塔车床	曲轴及凸轮轴车床	立式车床	落地及卧式车床	仿形及多刀车床	轮、轴、辊、锭及铲齿车床	其他车床
钻床 Z		—	坐标镗钻床	深孔钻床	摇臂钻床	台式钻床	立式钻床	卧式钻床	铣钻床	中心孔钻床	—
镗床 T		—	—	深孔镗床	—	坐标镗床	立式镗床	卧式铣镗床	精镗床	汽车、拖拉机修理用镗床	—
磨床	M	仪表磨床	外圆磨床	内圆磨床	砂轮机	坐标磨床	导轨磨床	刀具刃磨床	平面及端面磨床	曲轴、凸轮轴、花键轴及轧辊磨床	工具磨床
	2M	—	超精机	内、外圆珩磨机	平面、球面珩磨机	抛光机	砂带抛光及磨削机床	刀具刃磨及研磨机床	可转位刀片磨削机床	研磨机	其他磨床
	3M	—	球轴承套圈沟磨床	滚子轴承套圈滚道磨床	轴承套圈超精机	滚子及钢球加工机床	叶片磨削机床	滚子超精及磨削机床	—	气门、活塞及活塞环磨削机床	汽车、拖拉机修磨机床
齿轮加工机床 Y		仪表齿轮加工机床	—	锥齿轮加工机床	滚齿及铣齿机	剃齿及珩齿机	插齿机	花键轴铣床	齿轮磨齿机	其他齿轮加工机床	齿轮倒角及检查机
螺纹加工机床 S		—	—	—	套丝机	攻丝机	—	螺纹铣床	螺纹磨床	螺纹车床	
铣床 X		仪表铣床	悬臂及滑枕铣床	龙门铣床	平面铣床	仿形铣床	立式升降台铣床	卧式升降台铣床	床身铣床	工具铣床	其他铣床
刨插床 B		—	悬臂刨床	龙门刨床	—	—	插床	牛头刨床	—	边缘及模具刨床	其他刨床
拉床 L		—	—	侧拉床	卧式外拉床	连续拉床	立式内拉床	卧式内拉床	立式外拉床	键槽及螺纹拉床	其他拉床
特种加工机床 D		—	超声波机床	电解磨床	电解加工机	—	—	电火花磨床	电火花加工机	—	—
锯床 G		—	—	砂轮片锯床	—	卧式带锯机	立式带锯机	圆锯床	弓锯床	锉锯床	—
其他机床 Q		其他仪表机床	管子加工机床	木螺钉加工机床	—	刻线机	切断机	多功能机床	—	—	—

A 传递旋转运动的机构

a 带传动

带传动是利用传动带与带轮之间的摩擦作用，将主动带轮的运动传递到从动带轮上。机床一般都使用 V 带传动（图 7-22）。

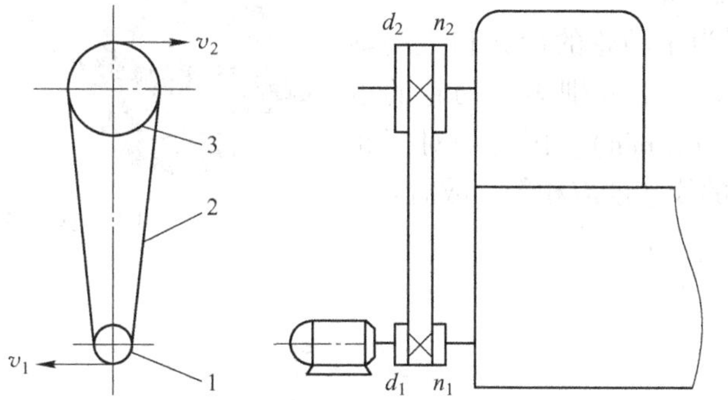

图 7-22 带传动

1—主动带轮；2—传动带；3—从动带轮

设主动轮和从动轮的圆周速度分别是 v_1、v_2，胶带的速度为 $v_{带}$。传动时若不考虑传动带与带轮之间的打滑，则有：

$$v_1 = v_2 = v_{带}$$

因为：

$$\begin{cases} v_1 = \pi d_1 n_1 \\ v_2 = \pi d_2 n_2 \end{cases}$$

故：

$$d_1 n_1 = d_2 n_2$$

即：

$$i = \frac{n_2}{n_1} = \frac{d_1}{d_2}$$

式中 d_1，d_2——分别为主动、从动带轮的直径，mm；

n_1，n_2——分别为主动、从动带轮的转速，r/min；

i——传动比，这里指从动轮（轴）与主动轮（轴）的转速之比。

从上式可知，带传动的传动比等于主动带轮直径与从动带轮直径之比，即带轮转速与其直径成反比。

考虑到传动时传动带与带轮之间有打滑现象，则其传动比为：

$$i = \frac{n_2}{n_1} = \frac{d_1}{d_2}\varepsilon$$

式中 ε——滑动系数，$\varepsilon \approx 9.8$。

带传动的优点是传动平稳、结构简单，两传动件之间距离可任意调节，制造维修方便，过载时传动带打滑可对机器起到保护作用；主要缺点是由于传动带的滑动，不能保证准确的传动比，摩擦损失大，传动效率低。

b　齿轮传动

齿轮传动是目前机床上应用最多的传动方式。齿轮的种类很多，有直齿、斜齿、锥齿和人字齿轮等。其中最常见的是直齿圆柱齿轮传动，如图 7-23 所示。

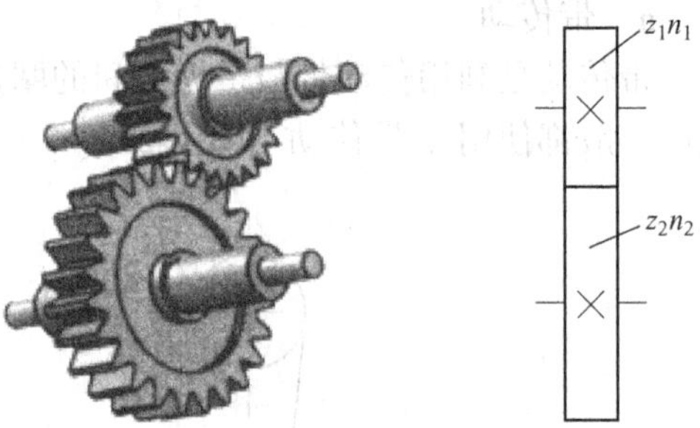

图 7-23　齿轮传动

设 z_1、n_1 分别为主动轮的齿数和主动轴的转速（r/min），z_2、n_2 分别为从动轮的齿数和从动轴的转速（r/min）。因为一对互相啮合的齿轮传动时的线速度应相等，故有：

$$n_1z_1 = n_2z_2$$

即：

$$i = \frac{n_2}{n_1} = \frac{z_1}{z_2}$$

式中　i——传动比，这里指从动轮（轴）与主动轮（轴）的转速之比。

由上式可知，齿轮传动的传动比等于主动齿轮与从动齿轮齿数之比，或齿轮转速反比于其齿数。

两个齿轮啮合传动时，其转向相反，若要求被动轮与主动轮同方向旋转，要在主动轮和被动轮之间加一个中间齿轮，称为过桥轮或介轮。

齿轮传动的优点是机构紧凑、传动比准确、可传递的功率大、传动效率高（可达 90%以上）；但是齿轮的制造较复杂，加工成本高，当制造精度不够高时，传动不够平稳，有噪声。

c　蜗杆传动

在蜗杆传动中（图 7-24），蜗杆为主动件，蜗轮为被动件。这种传动方式只能是蜗杆带动蜗轮转，反之则不可能。相互啮合时，如果蜗杆是单头的，蜗杆转过一转，蜗轮就转过一个齿。

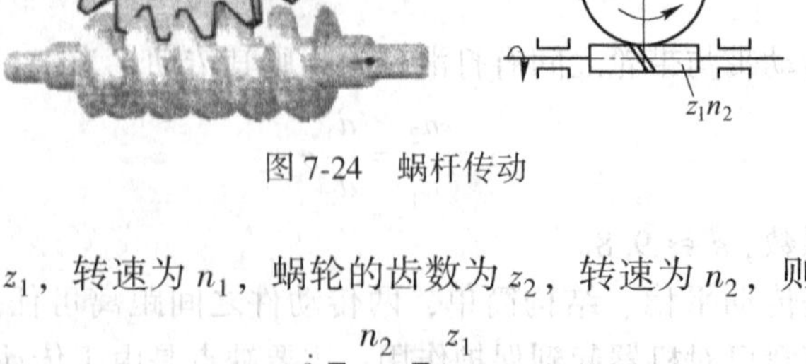

图 7-24　蜗杆传动

设蜗杆的头数为 z_1，转速为 n_1，蜗轮的齿数为 z_2，转速为 n_2，则其传动比为：

$$i = \frac{n_2}{n_1} = \frac{z_1}{z_2}$$

因为一般蜗轮齿数 z_2 比蜗杆头数 z_1 大得多，所以蜗杆传动可以获得较大的降速比，且传动平稳，噪声小及结构紧凑；但传动效率低，需要有良好的润滑条件。在车床溜板箱、铣床分度头等机构上均采用蜗杆传动。

B　把旋转运动转为直线运动的机构

机床上一般都是用电动机作为原动机，但机床的切削运动中有许多是直线运动，通过下列传动机构可方便地将旋转运动变换为直线运动。

a　齿轮齿条机构

齿轮和齿条啮合时（图 7-25），齿轮转过一个齿，齿条跟着移动一个齿距。设齿轮的齿数为 z，齿条的齿距为 p（$p=\pi m$，m 为齿轮的模数，单位是 mm），当齿轮旋转 n 转时，则齿条作直线移动的距离为：

$$L = pzn = \pi mzn$$

齿轮齿条传动既可把旋转运动变为直线运动（齿轮为主动件），也可以将直线运动变为旋转运动（齿条为主动件）。卧式车床导轨和刀架的纵向运动就是利用齿轮齿条传动实现的。齿轮齿条传动的效率较高但制造精度不高时，传动的平稳性和准确性较差。

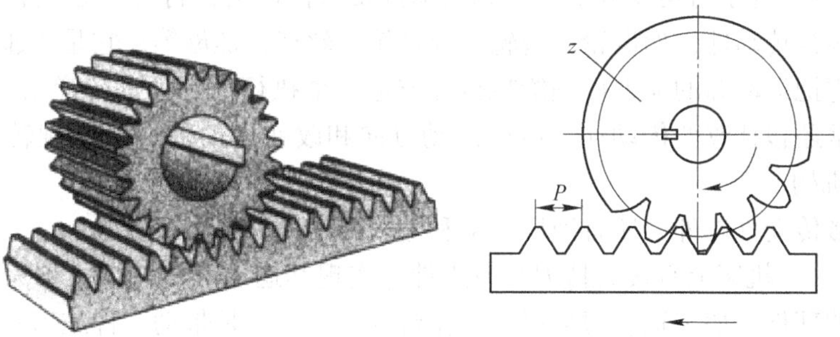

图 7-25　齿轮齿条传动

b　螺旋传动

要把旋转运动变为直线运动也可以用螺旋传动（图 7-26）。例如，车床的长丝杠旋转可通过开合螺母带动溜板箱纵向移动；铣床工作台丝杠可通过工作台下的螺母使工作台直线移动等。

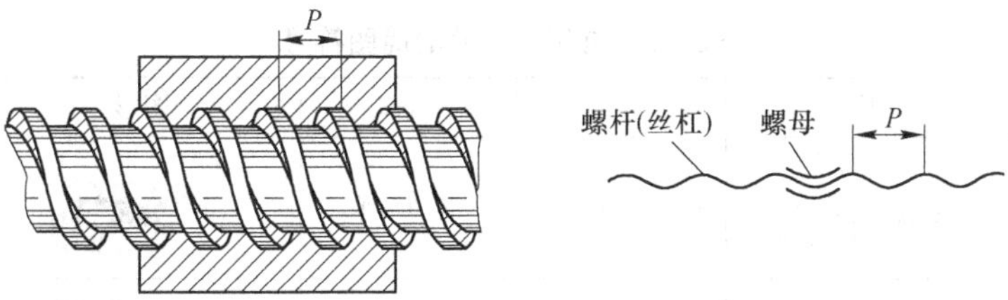

图 7-26　螺旋传动

螺母传动时，丝杠转一转，螺母移动一个导程 P_h（P_h = 螺距 P×螺纹线数 z）。若单头丝杠（$z=1$）的螺距为 P，转速为 n（r/min），则螺母（不转动）沿轴线方向移动的速度 v（mm/s）为：

$$v = \frac{np}{60}$$

用多头螺杆传动时，设螺杆螺纹头数为 z，则：

$$v = \frac{znp}{60}$$

螺旋传动一般是将旋转运动变为直线运动。其优点是传动平稳、无噪声，可达到较高的传动精度，但传动效率较低。

7.1.3.3 传动联系

（1）机床传动的基本组成。每个运动都有以下 3 个基本部分：

1）运动源。为了驱动机床的执行件，实现机床的运动，必须有动力来源，称为运动源，通常为电动机，它是提供动力的装置，包括交流电动机、直流电动机、伺服电动机、变频调速电机和步进电机等。普通机床常用三相异步交流电动机，数控机床常用直流或交流调速电动机或伺服电动机。可以几个运动共用一个运动源，也可以每个运动单独有运动源。

2）传动件。为了将运动源的动力和运动按要求传递给执行件，必须有传递动力和运动的零件，称为传动件，如齿轮、链轮、胶带轮、丝杠、螺母等。它是传递动力和运动的装置，通过它把运动源的动力传递给执行件或把一个执行件的运动传递给另一个执行件。传动装置通常还包括改变传动比、改变运动方向和改变运动形式（从旋转运动改变为直线运动）等机构。

除了机械传动件以外，还有液压传动和电气传动元件等。

3）执行件。机床上直接夹持刀具或工件并实现其运动的零部件，称为执行件。它们是执行运动的部件，如主轴、刀架以及工作台等。其任务是带动工件或刀具完成旋转或直线运动，并保持准确的运动轨迹。

运动源—传动件—执行件—传动件—执行件，构成传动联系。

（2）机床的传动联系。机床上为了得到所需的运动，需要通过一系列的传动件把运动源和执行件（如把主轴和电动机），或者把执行件和执行件（如把主轴和刀架）连接起来，这一系列传动件称为传动链。为了便于分析传动链中的传动关系，把各种传动件进行简化，并规定了一些简图符号来表示各种传动件，见表 7-5。

表 7-5 常用传动件的简图符号

名称	图形	符号	名称	图形	符号
轴	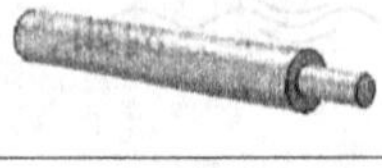	——	滑动轴承		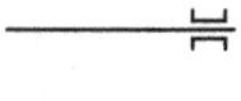
滚动轴承	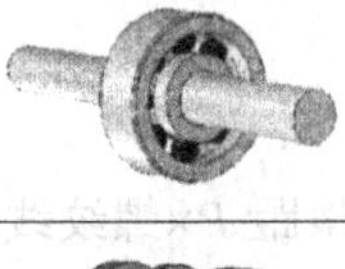	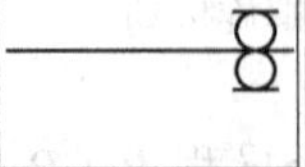	止推轴承		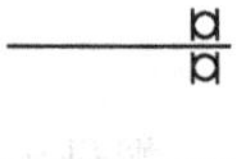
双向摩擦离合器	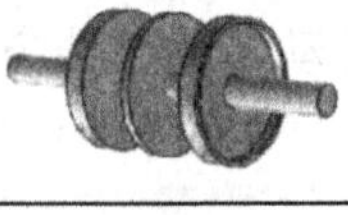	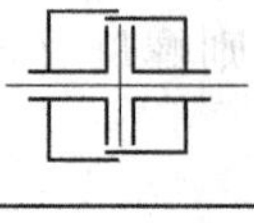	双向滑动轴承	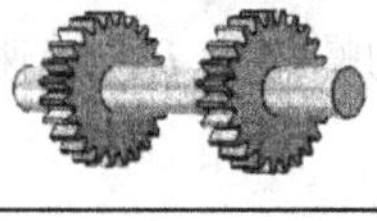	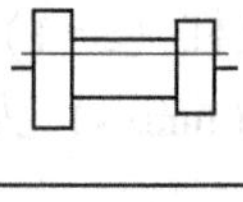

续表 7-5

名称	图形	符号	名称	图形	符号
螺杆传动（整体螺母）			螺杆传动（开合螺母）		
平带传动	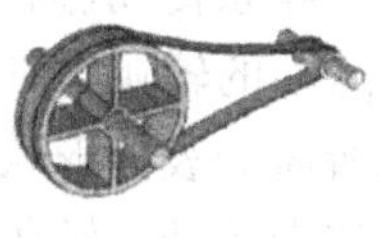	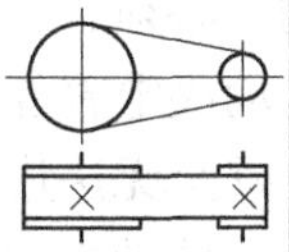	V 带传动		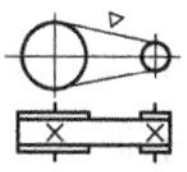
齿轮传动		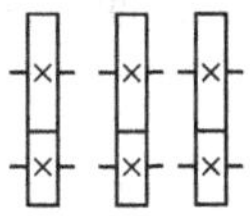	蜗杆传动		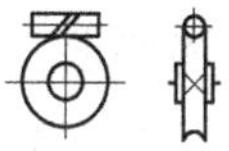
齿轮齿条传动		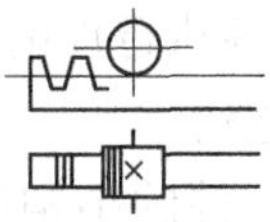	锥齿轮传动		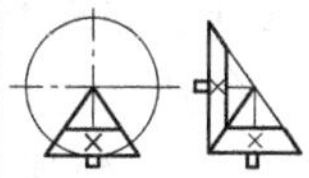

根据传动联系的性质，传动链可以区分为两类，即外联系传动链和内联系传动链。

1）外联系传动链。联系运动源（如电动机）和机床执行件（如主轴、刀架和工作台等），使执行件获得一定速度和方向运动的传动链，称为外联系传动链。它既可以是机械的，也可以是液压的或电气式的。

实现简单运动时，因其是单独的旋转运动或直线运动，所以只需一条传动链，将运动源与执行件联系起来，便可获得所需的运动。显然，机床上有几个简单运动，就需要几条外联系传动链，它们既可以有各自独立的运动源，也可以几条传动链共用一个运动源。

图 7-27 所示为一条典型的机械式外联系传动链。电动机通过带轮和齿轮传动带动执行件——主轴旋转。传动链中间传动副的传动比既可以是固定的，也可以是可变的。

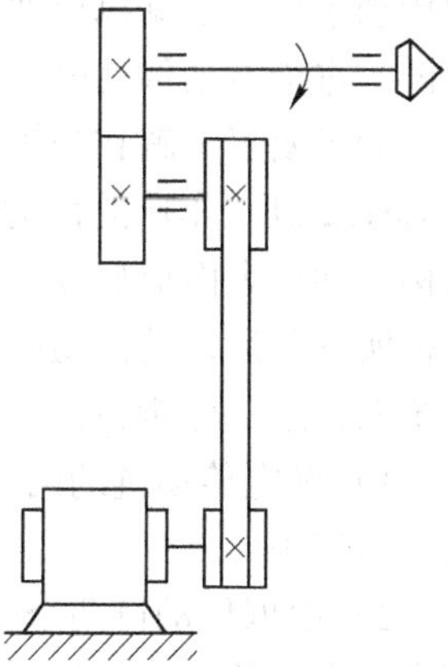
图 7-27　外联系传动链

外联系传动链传动比的变化只影响生产率或加工件的表面粗糙度，不影响发生线的性质。因此，外联系传动链不要求运动源与执行件间有严格的传动比关系。例如，在车床上用轨迹法车削圆柱面时，主轴的旋转和刀架的移动就是两个互相独立的成型运动，有两条外联系传动链。主轴的转速和刀架的移动速度只影响生产率和加工件的表面粗糙度，不影响圆柱面的性质。传动链的传动比不要求很准确，工件的旋转和刀架的移动之间也没有严格的相对速度关系。

2）内联系传动链。联系复合运动内部两个单元运动执行件的传动链，称为内联系传动链。内联系传动链对联系的执行件之间的相对速度（及相对位移量）有严格的要求，以保证运动的轨迹。

例如，在卧式车床上用螺纹车刀车螺纹时，为了保证加工螺纹的导程，主轴（工件）

每转一转，车刀必须纵向移动被加工螺纹一个导程的距离。联系主轴与刀架之间的螺纹传动链，就是一条内联系传动链。

有了内联系传动链，机床工作时，两个执行件就可按运动关系作相对运动，但内联系传动链本身不能提供运动，为了使执行件获得运动，还需有外联系传动链将运动源的运动传到内联系传动链上来。

从车螺纹中可以知道，实现一个复合运动，必须有一条外联系传动链和一条或几条内联系传动链。由于内联系传动链的2个单元运动决定着复合运动的轨迹，其传动比要求十分精确，否则会影响被加工表面的形状精度，甚至无法形成所需的表面形状。因此，在内联系传动链中不能有传动比不确定或瞬时变化的传动机构，如带传动、链传动、摩擦传动等。外联系传动链只改变成型运动的速度和方向，而对工件形状没有直接影响，因此没有上述要求。

7.1.3.4 机床运动的调整

（1）机床运动的5个参数。每个独立运动必须具备5个参数，分别是速度、方向、轨迹、起点和行程。机床上加工不同工件时，各执行件的某些运动参数需随之改变，调整每个独立运动的5个参数，称为机床运动的调整。

1）轨迹参数调整。外联系传动链是由执行件的结构决定的，当车削外圆柱面（或端面）时，主轴的运动轨迹（圆）是由主轴变速箱前后支承孔和轴承决定的，刀架纵向或横向的运动轨迹（直线）由导轨决定。

2）速度参数调整。外联系传动链根据不同的加工要求，用换置机构来调整执行件的速度，即转速和进给量；内联系传动链用换置机构来决定执行件与执行件之间的相对运动关系，如车圆柱螺纹时，主轴与刀架之间的内联系传动链的传动比，是用来保证其复合运动轨迹参数（螺旋线）。

3）运动的起点和行程调整。可调整机床上的挡块或由操作者控制加以实现。

（2）机床的传动系统。实现机床加工过程中全部运动的各条传动链组成了一台机床的传动系统。根据执行件完成运动的作用不同，传动系统中各传动链相应地称为主运动传动链、进给运动传动链、范成运动传动链、分度运动传动链等。

为了便于了解和分析机床运动的传递、联系情况，常采用传动系统图。图7-28所示为C6132卧式车床的传动系统图。分析时应首先根据被加工表面形状、加工方法和刀具结构，知道表面成型方法和所需的成型运动，实现运动的执行件和运动源各是什么，进而分析实现各运动的传动原理，即确定机床有哪些传动链及其传动联系情况，然后根据传动系统图，逐一分析各传动链。其一般步骤是：

1）确定传动链的两端件，即找出该传动链的首端件和末端件。如电动机—主轴，主轴—刀架等。

2）根据传动链两个端件的运动关系，确定它们的计算位移，即在指定的同一时间间隔内两个端件的位移量。例如，主运动传动链的计算位移通常为电动机 $n_{电}$(r/min) —主轴 $n_{主}$(r/min)；车床螺纹进给传动链的计算位移为主轴转一转—刀架移动工件螺纹一个导程 P_h(mm)。

3）写出传动链的传动路线表达式，从首端件向末端件顺次分析各传动轴之间的传动结构和运动传递关系，查明该传动链的传动路线以及变速、换向、接通和断开的工作原理。

4）根据计算位移及相应传动链中各个顺序排列的传动副的传动比，列出运动平衡式。根据运动平衡式，计算出执行件的运动速度或位移量，或者整理出换置机构的换置公式，然后按加工条件，确定交换齿轮变速机构所需采用的配换齿轮的齿数。

例 7-1 图 7-28 所示为 C6132 卧式车床的传动系统图，写出主运动传动链的传动路线表达式，求主轴的变速级数及主轴的最高、最低转速值。

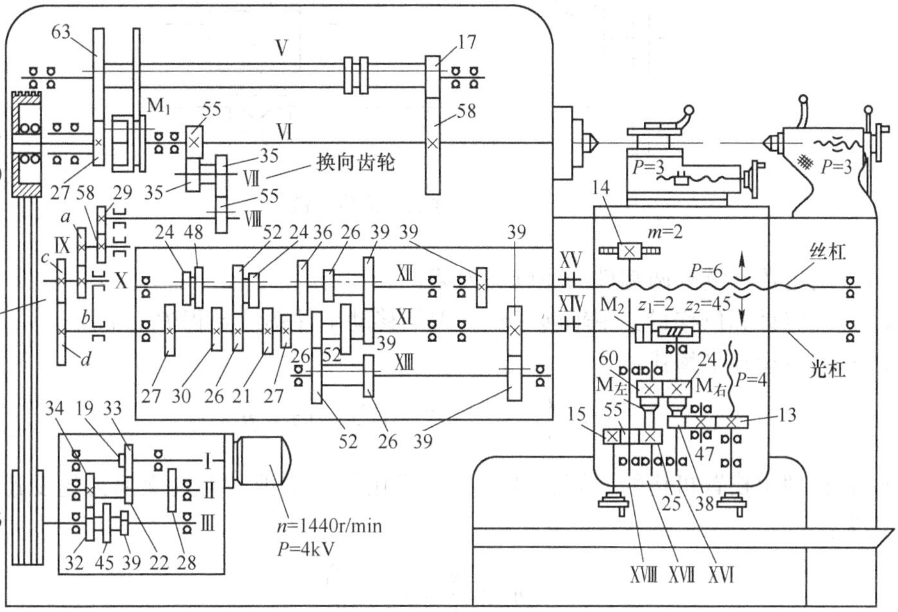

图 7-28 C6132 车床传动系统

（1）确定传动链的两端件为电动机—主轴。

（2）确定计算位移量，电动机 1440(r/min)—主轴 $n_主$(r/min)。

（3）传动路线表达式：

$$\text{电动机}—\text{I}—\begin{bmatrix}\dfrac{33}{22}\\[2mm]\dfrac{19}{34}\end{bmatrix}—\text{II}—\begin{bmatrix}\dfrac{34}{32}\\[2mm]\dfrac{28}{39}\\[2mm]\dfrac{22}{45}\end{bmatrix}—\text{III}—\frac{\phi176}{\phi200}—\text{IV}—\begin{bmatrix}\text{M}\\[2mm]\dfrac{27}{63}—\text{V}—\dfrac{17}{58}\end{bmatrix}—\text{主轴 VI}$$

1440(r/min)

主轴变速级数为 $z=2\times3\times2=12$。

（4）列写运动平衡式，计算主轴的最高和最低转速：

$$n_{\max}=\left(1440\times\frac{33}{22}\times\frac{34}{32}\times\frac{176}{200}\times1\right)\text{r/min}=2019.6\text{r/min}$$

$$n_{\min}=\left(1440\times\frac{19}{34}\times\frac{22}{45}\times\frac{176}{200}\times\frac{27}{63}\times\frac{17}{58}\times1\right)\text{r/min}=43.5\text{r/min}$$

例 7-2 根据图 7-29 所示的车螺纹进给传动链，确定交换齿轮变速机构的换置公式。

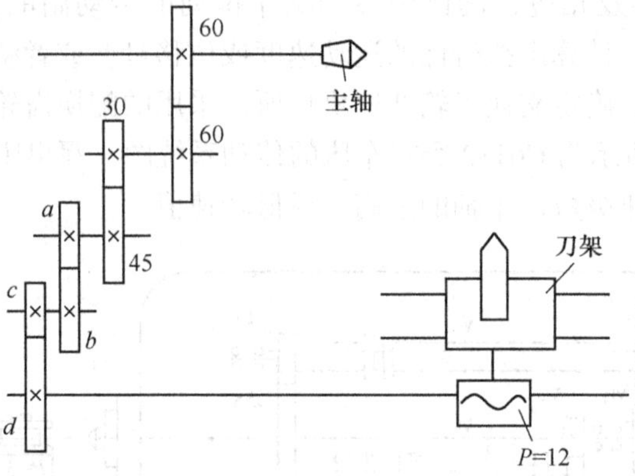

图 7-29 螺纹进给传动链

（1）确定传动链的两端件为主轴—刀架。

（2）确定计算位移量，主轴转一转—刀架移动工件螺纹导程 P_h(mm)。

（3）列写运动平衡式：

$$1 \times \frac{60}{60} \times \frac{30}{45} \times \frac{a}{b} \times \frac{c}{d} \times 12 = P_h$$

（4）整理出换置机构的换置公式。将上式化简、整理，得到交换齿轮变速机构的换置公式为：

$$u_x = \frac{a}{b} \times \frac{c}{d} = \frac{P_h}{8}$$

将所需车削工件的螺纹导程的数值代入换置公式，可计算出交换齿轮变速机构的传动比及各配换齿轮的齿数，如 $P_h = 9$mm，则

$$u_x = \frac{a}{b} \times \frac{c}{d} = \frac{9}{8} = \frac{3 \times 3}{2 \times 4} = \frac{3 \times 15}{2 \times 15} \times \frac{3 \times 20}{4 \times 20} = \frac{45}{30} \times \frac{60}{80}$$

即配换齿轮的齿数为 $a=45$，$b=30$，$c=60$，$d=80$。

7.2 典型表面加工分析

机器是由各种典型表面组成的，主要有外圆表面、内圆表面、平面和成形表面等。不同的表面具有不同的切削加工方法。对于同一种加工表面，由于精度和表面质量的要求不同，要经过由粗到精不同的加工阶段，而不同的加工阶段可以采用不同的加工方法。

7.2.1 外圆表面加工

外圆表面是构成轴类零件和盘类零件的主要表面，在机械加工中占有很大的比例。

7.2.1.1 外圆表面的技术要求

外圆表面的技术要求是由该表面所在的零件决定的。主要包括加工精度、表面质量以及热处理要求等。

（1）加工精度。外圆表面的加工精度主要包括结构要素的尺寸精度、形状精度和位置精度等。

1）尺寸精度。主要指结构要素的直径和长度的精度。直径精度由使用要求和配合性质确定。一般来说，对于轴类零件，有配合要求的外圆表面的精度为IT8～IT6，特别重要的外圆表面，也可为IT5，需特别注意的是与轴承相配合处的外圆表面，精度要求相对较高。

2）形状精度。主要指外圆表面的圆度、圆柱度、母线的直线度等。因为外圆表面的形状误差直接影响与之配合零件的接触质量和回转精度。因此，必须将形状误差限制在直径公差范围内，要求较高时可取直径公差的1/2～1/4，或者根据配合的性质和特点另行规定形状精度的等级。

3）位置精度。主要包括外圆表面的同轴度、圆跳动及端面对外圆表面轴心线的垂直度等。对于普通精度的轴类零件，配合外圆表面对支承外圆表面的径向圆跳动一般为0.01～0.03mm；高精度的轴为0.005～0.01mm；对于盘类零件，外圆表面常常与内孔有同轴度的要求，一般为0.01～0.03mm。

（2）表面质量。主要指表面粗糙度，对于某些重要零件，还对表面层硬度、残余应力和显微组织等有要求。

外圆表面粗糙度值由该表面的工作性质、配合类型、转速度和尺寸精度等级决定。通常尺寸公差、表面形状公差小时，表面粗糙度值要求较小；尺寸公差、表面形状公差大时，表面粗糙度值要求较大。

（3）热处理要求。根据外圆表面的材料需要以及使用条件，为了改善其切削加工性能或提高综合力学性能及使用寿命等，常进行正火、调质、淬火、表面淬火及表面氮化等热处理。

7.2.1.2 外圆表面加工方案分析

对于一般的钢铁零件，外圆表面加工的主要方法是车削和磨削。对于要求精度高、表面粗糙度数值小时，往往还要进行研磨、抛光等光整加工；对于某些精度要求不高，仅要求光亮的表面，可以通过抛光来获得，但在抛光前要达到较小的表面粗糙度值。对于塑性较大的非铁金属如铜、铝合金等零件，由于其精加工不宜用磨削，则常采用精细车削。

表7-6给出了外圆表面的加工方案，可作为拟定加工方案的依据和参考。

表7-6 外圆表面加工方案

序号	加工方案	尺寸公差等级	表面粗糙度 Ra 值/μm	适用范围
1	粗车	IT13～IT11	50～12.5	适用于各种金属（经过淬火的钢材除外）
2	粗车→半精车	IT10～IT9	6.3～3.2	
3	粗车→半精车→精车	IT7～IT6	1.6～0.8	—
4	粗车→半精车→磨削	IT7～IT6	0.8～0.4	适用于淬火钢、未淬火钢、铸铁等，不宜加工韧性大的非铁金属
5	粗车→半精车→粗磨→精磨	IT6～IT5	0.4～0.2	
6	粗车→半精车→粗磨→精磨→高精度磨	IT5～IT3	0.1～0.008	
7	粗车→半精车→粗磨→精磨→研磨	IT5～IT3	0.1～0.008	金属
8	粗车→半精车→精车→研磨	IT6～IT5	0.4～0.025	适用于非铁金属

7.2.2 内圆表面加工

内圆表面即内孔，也是组成零件的基本表面之一。与外圆相比，孔的加工条件较差，如所用的刀具尺寸（直径、长度）受到被加工孔本身尺寸的限制，孔内排屑、散热、冷却、润滑等条件都较差，故在一般情况下，加工孔比加工同样尺寸、精度的外圆面较为困难。

零件上常见的孔有以下几种：(1) 紧固孔，如螺钉、螺栓孔等。(2) 回转体零件上的孔，如套筒、法兰盘及齿轮上的孔等。(3) 箱体零件上的孔，如机床主轴箱体上主轴及传动轴的轴承孔等。(4) 深孔，一般 $L/D \geqslant 10$ 的孔，如炮筒、空心轴孔等。(5) 圆锥孔，此类孔常用来保证零件间配合的准确性，如机床的锥孔等。

孔加工可以在车、钻、镗、拉、磨床上进行。选择加工方法时，应考虑孔径大小、深度、精度、工件形状、尺寸、质量、材料、生产批量及设备等具体条件。常见的加工方法有钻孔、扩孔、铰孔、镗孔、拉孔和磨孔等。

7.2.2.1 孔的技术要求

与外圆面相似，孔的技术要求大致也可以分为 3 个方面。

(1) 加工精度。孔径和长度的尺寸精度；孔的形状精度，如圆度、圆柱度及轴线的直线度等；位置精度，孔与孔，或孔与外圆面的同轴度；孔与孔，或孔与其他表面之间的平行度、垂直度及倾斜度等。

(2) 表面质量。表面粗糙度和表层物理力学性能要求等。

(3) 热处理要求。常进行正火、调质、淬火、表面淬火及表面氮化等热处理措施，以提高内圆表面综合力学性能。

7.2.2.2 孔加工方案分析

孔加工可以在车床、钻床、镗床、拉床或磨床上进行，大孔和孔隙常在镗床上加工。拟定孔的加工方案时，应考虑孔径的大小和孔的深度、精度和表面粗糙度等要求，还要考虑工件的材料、形状、尺寸、重量和批量，以及车间的具体生产条件，如现有加工设备等。

若在实体材料上加工孔（多属中、小尺寸的孔），必须先采用钻孔；若是对已经铸出或锻出的孔（多为中、大型孔）进行加工，则可直接采用扩孔或镗孔。至于孔的精加工，铰孔和拉孔适于加工未淬硬的中、小直径的孔；中等直径以上的孔，可以采用精镗或精磨；淬硬的孔只能采用磨削。在孔的精整加工方法中，珩磨多用于直径稍大的孔；研磨则对大孔和小孔都适用。

表 7-7 给出了内圆表面的加工方案，可作为拟定加工方案的依据和参考。

表 7-7 内圆表面加工方案

序号	加工方案	尺寸公差等级	表面粗糙度 Ra 值 /μm	适用范围
1	钻	IT13～IT11	12.5	用于加工除淬火钢以外的各种金属的实心工件
2	钻→铰	IT9	3.2～1.6	用于加工除淬火钢以外的各种金属的实心工件，但孔径 D < ϕ10mm

续表 7-7

序号	加工方案	尺寸公差等级	表面粗糙度Ra值/μm	适用范围
3	钻→扩→铰	IT9~IT8	3.2~1.6	用于加工除淬火钢以外的各种金属的实心工件，但 $D = \phi10 \sim 80$mm
4	钻→扩→粗铰→精铰	IT7	1.6~0.4	—
5	钻→拉	IT9~IT7	1.6~0.4	用于加工除淬火钢以外的各种金属的实心工件，用于大批量生产
6	(钻)→粗镗→半精镗→精镗	IT10~IT9	6.3~3.2	用于除淬火钢以外的各种材料
7	(钻)→粗镗→半精镗→精镗	IT8~IT7	1.6~0.8	—
8	(钻)→粗镗→半精镗→磨	IT8~IT7	0.8~0.4	用于淬火钢、不淬火钢和铸铁件，但不宜加工硬度低、韧性大的非铁金属
9	(钻)→粗镗→半精镗→粗磨→精磨	IT7~IT6	0.4~0.2	
10	粗镗→半精镗→精镗→珩磨	IT7~IT6	0.4~0.025	—
11	粗镗→半精镗→精镗→研磨	IT7~IT6	0.4~0.025	用于加工钢件、铸件和非铁金属

7.2.3 平面加工

平面是盘形和板形零件的主要表面，也是箱体和支架类零件的主要表面之一。其中包括回转体类零件的上端面，板形、箱体和支架类零件上的各种平面、斜面、沟槽和型槽等。

7.2.3.1 平面加工技术要求

平面广泛存在于各类机械零件上，其主要的技术要求是平面度、直线度、垂直度与平行度等形位精度。此外还包括表面质量，如表面粗糙度、表面层硬度、残余应力以及显微组织等。对于不同用途的零件，其技术要求也有所不同。

7.2.3.2 平面的加工方案

选择平面加工方案时，要综合考虑其技术要求和零件的结构形状、尺寸大小、材料性质及毛坯种类等情况，并结合生产纲领及具体加工条件。平面可分别采用车、铣、刨、磨、拉等方法加工。对于要求较高的精密平面，可用刮研、研磨、抛光等进行光整加工；回转体表面的端面，可采用车削或磨削加工；其他类型的平面，以铣削或刨削为主，但淬硬的平面则必须用磨削加工。常用平面的加工方案见表 7-8。

表 7-8 平面加工方案

序号	加 工 方 案	尺寸公差等级	表面粗糙度 Ra值/μm	适用范围
1	粗车→半精车	IT10~IT9	6.3~3.2	用于加工回转体零件的端面
2	粗车→半精车→精车	IT7~IT6	1.6~0.8	
3	粗车→半精车→磨削	IT9~IT7	0.8~0.2	—

续表 7-8

序号	加工方案	尺寸公差等级	表面粗糙度 *Ra* 值/μm	适用范围
4	粗铣（粗刨）→精铣（精刨）	IT9~IT7	6.3~1.6	用于加工不淬火钢、铸铁、有色金属等材料
5	粗铣（粗刨）→精铣（精刨）→刮研	IT6~IT5	0.8~0.1	
6	粗铣（粗刨）→精铣（精刨）→宽刀细刨	IT6	0.8~0.2	—
7	粗铣（粗刨）→精铣（精刨）→磨削	IT6	0.8~0.2	用于加工不淬火钢、铸铁、有色金属等材料
8	粗铣（粗刨）→精铣（精刨）→粗磨→精磨	IT6~IT5	0.4~0.1	
9	粗铣→精铣→磨削→研磨	IT5~H4	0.4~0.025	—
10	拉削	IT9~IT6	0.8~0.2	用于大批量生产除淬火钢以外的各种金属材料

7.2.4 成型面加工

带有成型面的零件，机器上用得较多，如机床的手把、内燃机凸轮轴上的凸轮、汽轮机的叶片以及车床主轴锥孔等。

7.2.4.1 成型面的技术要求

与其他表面类似，成型面的技术要求也包括尺寸精度、形位精度及表面质量等。但是，成型面往往是为了实现特定功能而专门设计的。因此，其表面形状精度的要求十分重要。加工时，刀具的切削刃形状和切削运动，应首先满足表面形状精度的要求。

7.2.4.2 成型面加工方法分析

在普通机床上加工成型面一般可用车削、铣削、刨削、拉削或磨削等方法，这些加工方法可归纳以下两种基本方式：

（1）用成型刀具加工。即用切削刃形状与工件廓形相符合的刀具，直接加工出成型面。例如，用成型车刀车成型面（图 7-30），用成型铣刀铣成型面（图 7-31）以及用成型砂轮磨成型面（图 7-32）等。

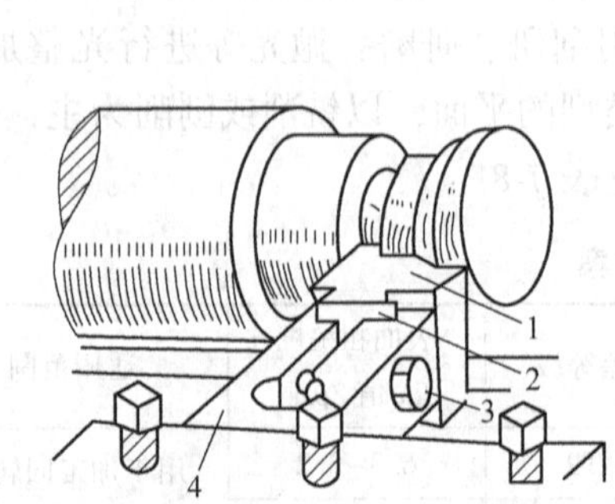

图 7-30 用成型车刀车成型面

1—成型刀；2—燕尾；3—夹紧螺钉；4—刀夹

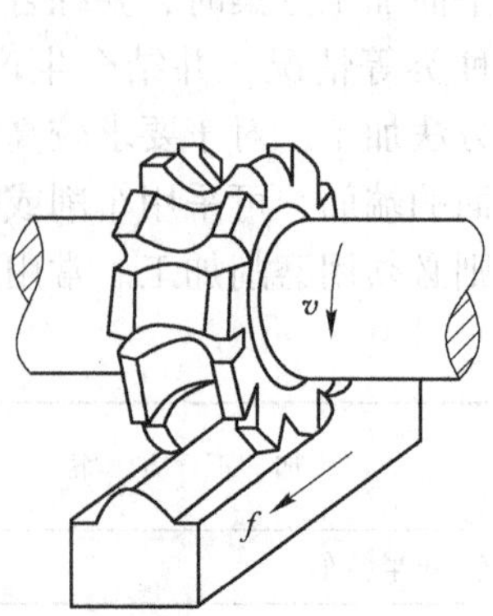

图 7-31 用成型铣刀铣凸圆弧

用成型刀具加工成型面，加工精度主要取决于刀具精度。成型刀具易于保证同一批零件形状及尺寸的一致性和互换性，生产效率高，刀具重磨次数多，使用寿命长，机床的运动和结构比较简单，操作也简便；但是刀具的制造和刃磨比较复杂，成本较高。而且，这种方法的应用，受工件成型面尺寸的限制，不宜用于加工刚度差而成型面较宽的工件。

（2）利用刀具和工件作特定的相对运动加工。图 7-33 所示为用靠模装置车削成型面的加工示意图。这种加工方法特点是生产效率高，加工精度由靠模决定，靠模形状复杂、成本高，适用于成批生产，但这种加工方法靠模易磨损。

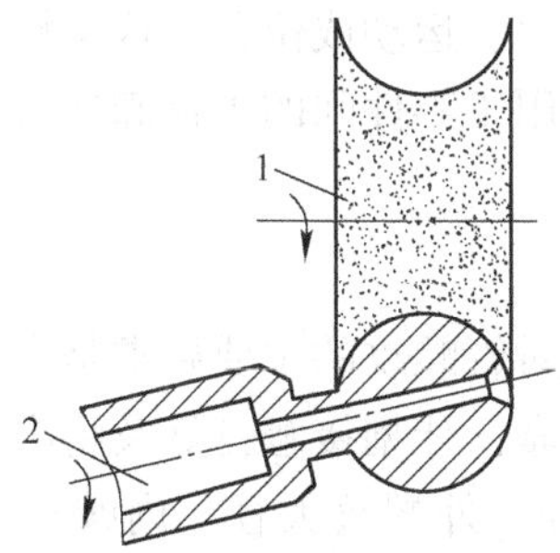

图 7-32 用成型砂轮磨削外球面

1—砂轮；2—工件

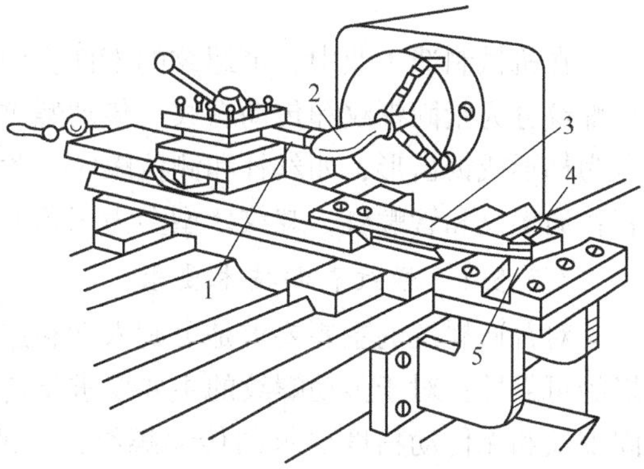

图 7-33 用靠模车削成型面

1—车刀；2—工件；3—拖板；4—螺钉；5—滚柱

此外，还可以控制刀具与工件之间的相对运动轨迹加工成型面。图 7-34 和图 7-35 所示为在铣床上铣削外球面和内球面的加工示意图。

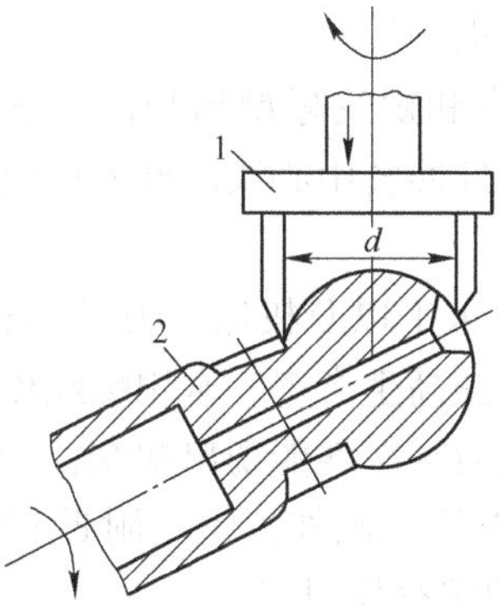

图 7-34 在铣床上铣削外球面

1—铣刀盘；2—工件

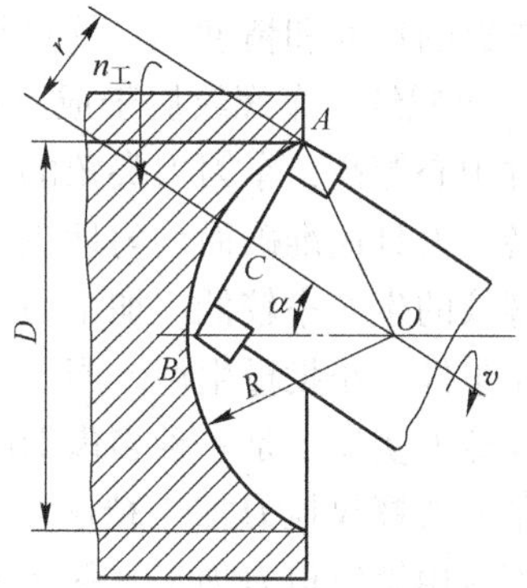

图 7-35 在铣床上铣削内球面

利用刀具和工件做特定的相对运动来加工成型面，刀具比较简单，并且加工成型面的尺寸范围较大。但是，机床的运动和结构都较复杂，成本也高。

成型面的加工方法，应根据零件的尺寸、形状及生产批量等来选择。对于小型回转体零件上形状不太复杂的成型面，在大批量生产时，常用成型车刀在自动或半自动车床上加工；批量较小时，可用成型车刀在卧式车床上加工。对于成型的直槽和螺旋槽等，一般可用成型铣刀在万能铣床上加工。尺寸较大的成型面，大批量生产时，多采用仿形车床或仿形铣床加工；单件小批生产时，可借助样板在卧式车床上加工，或者依据划线在铣床或刨床上加工，但这种方法加工的质量和效率较低。为了保证加工质量和提高生产效率，在单件小批生产中可应用数控机床加工成型面。大批量生产中，为了加工一定的成型面，常常专门设计和制造专用的拉刀或专门化的机床，例如，加工凸轮轴上凸轮的凸轮轴车床、凸轮轴磨床等。对于淬硬的成型面，或精度高、表面粗糙度小的成型面，其精加工要采用磨削，甚至要用精整加工。

7.2.5 螺纹表面加工

在机械制造工业中，带螺纹的零件应用很广，也是零件上常用的表面之一。按用途可将螺纹分为紧固螺纹和传动螺纹。传动螺纹用于传递动力、运动或位移，这类螺纹的牙型多为梯形或锯齿形，如丝杆和测位螺纹；紧固螺纹主要用于零件间的可拆卸连接，常用的有普通螺纹和管螺纹，螺纹牙型多为三角形。

7.2.5.1 螺纹表面技术要求

对普通螺纹的主要要求是可旋入性和连接可靠性；对管螺纹的主要要求是密封性和连接的可靠性；对于传动螺纹的主要要求是传动准确、可靠，牙型接触良好及耐磨。对于紧固螺纹和无传动精度要求的传动螺纹，一般只要求中径、外螺纹大径、内螺纹小径的精度；对于精密传动的螺纹，除要求中径和大径的精度外，还要求螺距和牙型角的精度。为了保证传动精度及耐磨性，对螺纹表面的粗糙度和硬度等也有较高的要求。

7.2.5.2 螺纹加工方法分析

螺纹加工方法很多，既可以在车床、钻床、螺纹铣床、螺纹磨床等机床上利用不同的工具进行加工，也可以钳工手工完成。选择螺纹的加工方法时，主要依据工件形状、螺纹牙型、螺纹的尺寸和精度、工件材料和热处理以及生产类型等。

(1) 车螺纹。车螺纹属于成型面加工，刀具形状应和螺纹牙型槽相同，车刀刀尖必须与工件中心等高，车刀刀尖角的等分线必须垂直于工件回转中心线。此外还应保证工件每转一转，刀具应准确而均匀地进给一个导程。

车螺纹的生产率较低，加工质量取决于工人的技术水平以及机床、刀具本身的精度，主要用于单件、小批量生产。当生产批量较大时，为了提高生产率，常用螺纹梳刀进行车削。螺纹梳刀实质上是一种多齿形的螺纹车刀，只要走刀一次就能切出螺纹，所以生产率高。但是一般螺纹梳刀加工精度不高，不能加工精密螺纹。此外，螺纹附近有轴肩的工件，也不能用螺纹梳刀加工。图 7-36 所示为几种常见的螺纹梳刀。

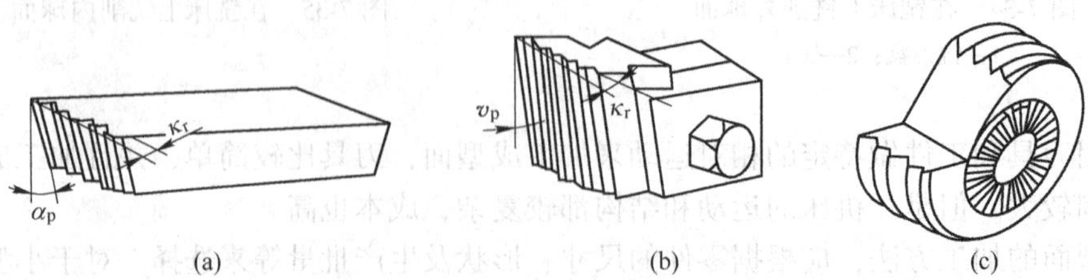

图 7-36 螺纹梳刀

(a) 平体螺纹铣刀；(b) 棱体螺纹梳刀；(c) 圆体螺纹梳刀

(2) 攻螺纹和套螺纹。攻螺纹与套螺纹是应用较广泛的螺纹加工方法。用丝锥在工件内孔表面上加工出内螺纹的工序称为攻螺纹，对于小尺寸的内螺纹，攻螺纹几乎是唯一有效的加工方法，如图 7-37（a）所示。单件小批量生产中，可以用手用丝锥手工攻螺纹；当批量较大时，则应在车床、钻床或攻丝机上使用机用丝锥加工。

用板牙（图 7-37（b））在圆柱表面上切出外螺纹的工序称为套螺纹。套螺纹时，受板牙结构尺寸的限制，螺纹直径一般不超过 52mm。套螺纹分手工和机动两种，手工套螺纹可在机床或钳工工作台上完成，而机动套螺纹需在车床或钻床上完成。在攻螺纹和套螺纹时，每转过 1~1.5 转后，均应适当反转倒退，以免切屑挤塞，造成工件螺纹的破坏。由于攻螺纹和套螺纹的加工精度较低，主要用于加工精度要求不高的普通螺纹。

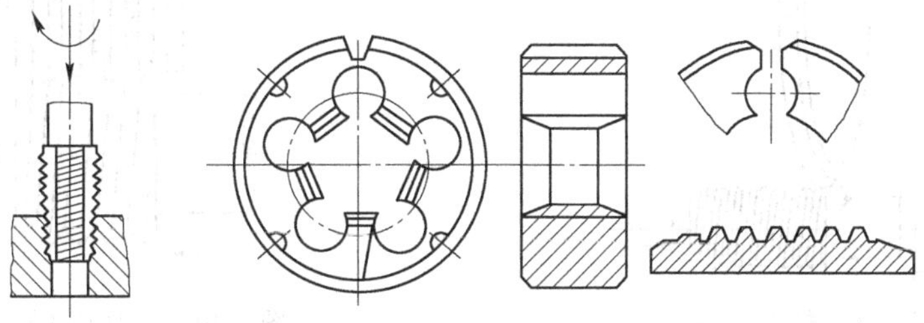
(a) (b)

图 7-37 螺纹加工
（a）攻螺纹；（b）圆板牙

(3) 铣螺纹。在铣床上铣削螺纹与车螺纹原理基本相同。铣螺纹可以用单排螺纹铣刀或多排螺纹铣刀（又称梳形螺纹铣刀）进行。单排螺纹铣刀如图 7-38（a）所示，铣刀上有一排环形刀齿，铣刀倾斜安装，倾斜角大小等于螺旋角。首先，在工件不动的情况下，铣刀向工件作径向进给至螺纹全深；然后，工件慢速回转，铣刀作纵向运动，直至切完螺纹长度。既可以一次铣至螺纹深度，也可以分粗铣和精铣。此法多用于大导程或多线螺纹加工。梳形螺纹铣刀有几排环形刀齿，是在专用的螺纹铣床上进行的，如图 7-38（b）所示。刀齿垂直于轴线，梳刀宽度稍大于螺纹长度，并与工件轴线平行。在工件不转动时，铣刀向工件进给到螺纹全深，然后工件缓慢转动 1.25 圈，同时回转的梳刀也纵向移动 1.25 个导程。这种加工方法生产效率高，可加工靠近轴肩或盲孔底部螺纹，且不需要退刀槽，但加工精度较低。

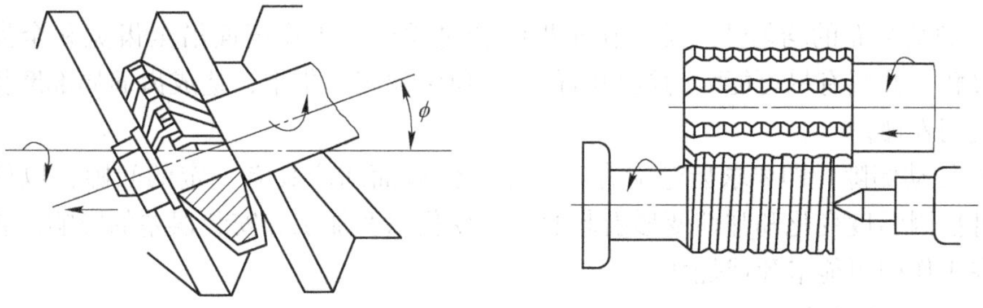

(a) (b)

图 7-38 螺纹铣刀
（a）单排螺纹铣刀；（b）梳形螺纹铣刀

(4) 磨螺纹。高精度的螺纹及淬硬螺纹通常用磨削加工，螺纹磨削一般在专门螺纹磨床上进行。螺纹在磨削之前，可以用车、铣等方法进行预加工，而对于小尺寸的精密螺纹，可以不用预加工直接磨出。一般采用以下方法磨削螺纹：

1) 用成型砂轮轴向进给磨削。此法相当于车螺纹，只是用成型砂轮代替了螺纹车刀，如图 7-39 所示。

2) 用梳刀形砂轮径向进给磨削。此法与梳状螺纹铣刀铣螺纹相似，如图 7-40 所示。

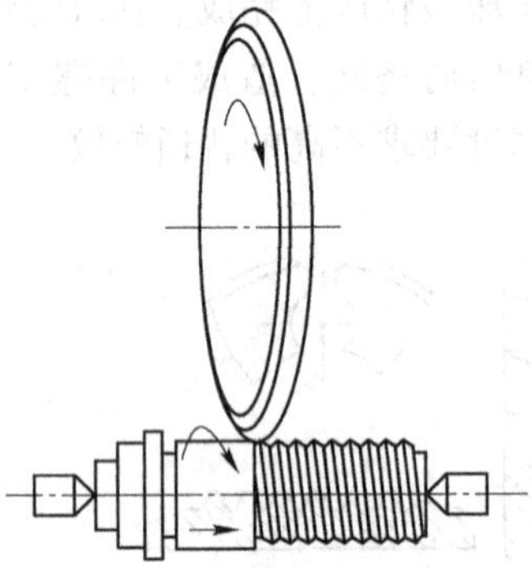

图 7-39　螺纹磨削

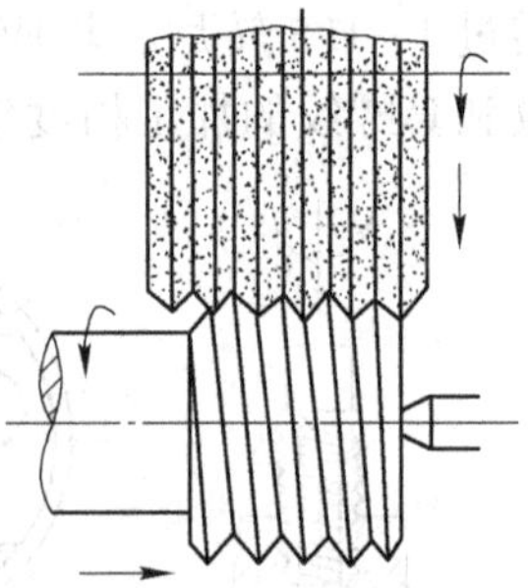

图 7-40　梳刀形砂轮磨螺纹

7.2.6　齿轮齿型加工

齿轮在各种机械和仪表中广泛应用，它是传递运动和动力的重要零件，机械产品中的工作性能、承载能力、使用寿命及工作精度等，都与齿轮本身的质量有着密切的关系。常用的齿轮有圆柱齿轮、圆锥齿轮及蜗轮等，而以圆柱齿轮应用最广。

7.2.6.1　齿轮的技术要求

由于齿轮传动的类型很多，对齿轮传动的使用要求也是多方面的。一般情况下，齿轮传动有以下几个方面的特殊要求：

(1) 传递运动的准确性。即要求齿轮在一转范围内，最大转角误差限制在一定的范围内。

(2) 传动的平稳性。是指齿轮在转过一个齿距角的范围内传动比的变动量，要求齿轮传动瞬时传动比的变化不能过大，以免引起冲击，产生振动和噪声，甚至导致整个齿轮破坏。

(3) 载荷分布的均匀性。是指在轮齿啮合过程中，工作齿面沿全齿宽和全齿长上保持均匀接触，并具有尽可能大的接触面积，以免引起应力集中，造成齿面局部磨损，影响齿轮的使用寿命。

(4) 传动侧隙。即要求齿轮啮合时，非工作齿面间应具有一定的间隙，以便储存润滑油，补偿因温度变化和弹性变形引起的尺寸变化以及加工和安装误差的影响。否则，齿轮传动在工作中可能卡死或烧伤。

7.2.6.2　齿轮表面加工方法

按照加工原理不同，齿轮表面加工可分为成型法和展成法两种。

(1) 成型法。采用刀刃形状与被加工齿轮齿槽截面形状相同的成型刀具加工齿轮，常用成型铣刀进行铣齿。成型铣刀有盘状模数铣刀和指状模数铣刀两种，其中指状模数铣刀适用于加工模数较大的齿轮，如图 7-41（a）所示。当齿轮模数较小时，用盘状模数铣刀在卧式铣床上加工，如图 7-41（b）所示。

铣削时，将工件安装在铣床的分度头上，模数铣刀作旋转主运动，工作台作直线进给运动。当加工完一个齿槽后，退出刀具，按齿数 z 进行分度，再铣下一个齿槽。这样，逐齿进行铣削，直至铣完全部齿槽。

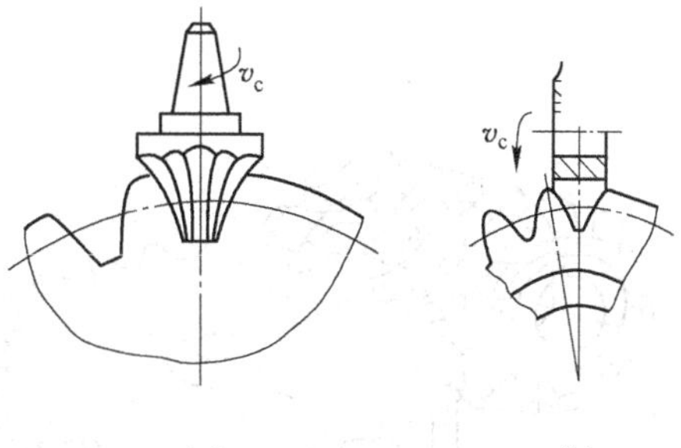

图 7-41 成型法铣削齿轮
（a）指状齿轮铣刀；（b）盘状齿轮铣刀

模数相同而齿数不同的齿轮，其齿轮渐开线的形状是不同的。从理论上讲，同一模数每种齿数的齿轮，都应该用专门的铣刀加工，但这在生产中既不经济，也不便于管理。为减少同一模数铣刀的数量，在实际生产中，把同一模数的齿轮按齿数划分若干组，每组采用同一刀号的铣刀进行加工。各号铣刀的齿形是按该组内最小齿数齿轮的齿形设计和制造的。加工其他齿数的齿轮时，只能获得近似齿形，产生齿形误差。

铣齿加工具有如下特点：

1）生产成本低。在普通铣床上即可完成齿形加工。齿轮铣刀结构简单、制造容易，对于缺乏专用齿轮加工设备的工厂较为方便。

2）加工精度低。铣齿时，由于一把铣刀要加工几种不同齿数的齿轮，因此有齿形误差；而且加工时有分度误差，故其加工精度较低。

3）生产率低。铣齿时，由于每铣一个齿槽都要重复进行切入、切出、退出和分度的工作，辅助时间和基本工艺时间增加，生产率低。因此，成形法铣齿常用于单件小批生产和修配精度要求不高的齿轮加工。

（2）展成法。展成法加工齿面是根据一对齿轮啮合传动原理实现的，即将其中一个齿轮制成具有切削功能的刀具，另一个则为被加工齿轮，通过专用机床使二者在啮合过程中由各刀齿的切削痕迹逐渐包络出零件齿面。展成法加工齿轮的优点是用同一把刀具可以加工模数相同而齿数不同的齿轮，加工精度和生产率较高。展成法加工齿面最常见的有滚齿、插齿，用来加工内外啮合的圆柱齿轮和蜗轮等。

1）滚齿。滚齿是用齿轮滚刀在滚齿机上加工齿轮和蜗轮齿面的方法，如图 7-42 所示。滚齿精度可达IT8～IT7 级。因为滚齿属连续切削，故生产率比铣齿、插齿都高。

滚齿不仅可用于加工直齿轮和斜齿轮，还可加工蜗轮和花键轴等。棘轮、链轮、摆线齿轮及圆弧点啮合齿轮等都可以用专用滚刀进行加工。它既可用于大批量生产，也是单件小批生产中加工圆柱齿轮的基本方法。

2）插齿。插齿主要用于加工圆柱齿轮的轮齿，尤其是加工内齿轮、多联齿轮，还可以加工斜齿轮、人字齿轮、齿条、齿扇及特殊齿形的轮齿。

插齿是按展成法的原理来加工齿轮的，如图 7-43 所示。插齿精度高于铣齿，可达IT8～IT7 级，但生产率较低。当插斜齿轮时，除了采用斜齿插齿刀外，还要在机床主轴滑枕中装配有螺旋导轨副，以实现插齿刀的附加转动。

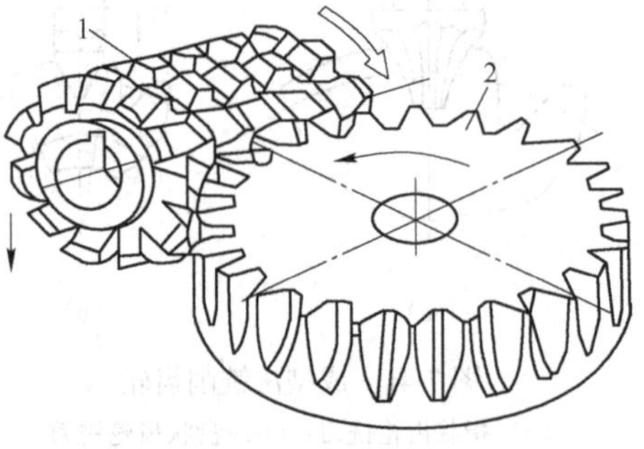

图 7-42　滚齿加工
1—滚刀；2—工件

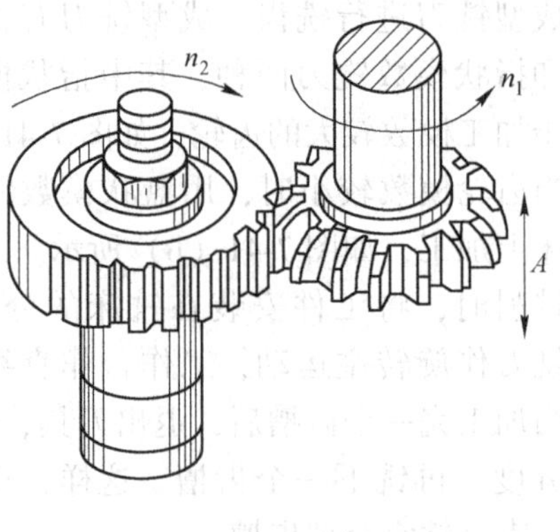

图 7-43　插齿

（3）齿面精加工。铣齿、插齿和滚齿只能获得一般精度的齿面，精度超过 IT7 级或需淬硬的齿面，在铣、插、滚等预加工或热处理后还需进行精加工。常用齿面精加工方法如下：

1）剃齿。剃齿是用剃齿刀对齿轮或蜗轮未淬硬齿面进行精加工的基本方法，是一种利用剃齿刀与被切齿轮做自由啮合进行展成加工的方法。

剃齿刀的形状类似螺旋齿轮（图 7-44），齿形做得非常准确，在齿面上制作出许多小沟槽，以形成切削刃。当剃齿刀与被加工齿轮啮合运转时，剃齿刀齿面上的众多切削刃将从工件齿面上剃下细丝状的切屑，使齿形精度和齿面粗糙度得以提高。剃齿加工精度主要取决于刀具，只要剃齿刀本身的精度高、刃磨好，就能够剃出表面粗糙度 Ra 为 0.8～0.4μm、精度为 IT8～IT6 级的齿轮。剃齿精度还受剃前齿轮精度的影响，剃齿一般只能使轮齿精度提高一级。从保证加工精度考虑，剃前工艺采用滚齿比采用插齿好，因为滚齿的运动精度比插齿好，滚齿后的齿形误差虽然比插齿大，但这在剃齿工序中是不难纠正的。

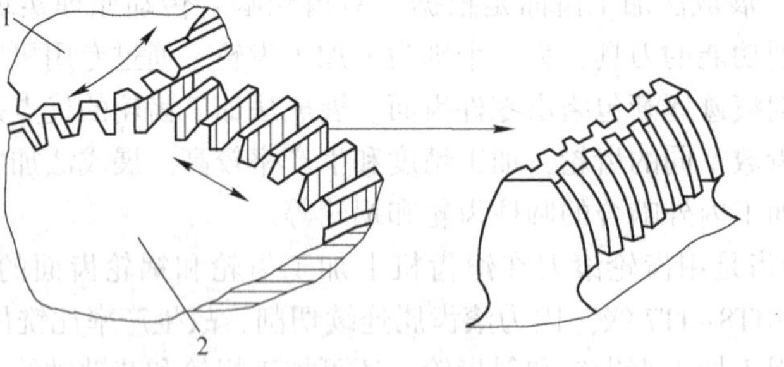

图 7-44　剃齿刀
1—工件；2—剃齿刀

2）珩齿。珩齿与剃齿的原理完全相同，只是不用剃齿刀，而用珩磨轮。珩磨轮是用磨料与黏结剂压实成型烧结而成，具有很高齿形精度及硬度，能除去剃齿刀刮不动的淬火齿面氧化皮。珩磨具有磨、剐、抛光等几种精加工的综合作用。珩齿对齿形精度改善不大，主要是减小热处理后齿面的粗糙度。珩齿在珩齿机上进行，珩齿机与剃齿机的区别不大，但转速高得多。

3）磨齿。磨齿用来精加工齿面已淬硬的齿轮，按加工原理的不同，也可以分为成型法磨齿和展成法磨齿两种。

①成型法磨齿。该方法需将砂轮断面形状修整成与被磨齿轮齿槽一致，加工方法与用齿轮铣刀铣齿相似，如图 7-45 所示。虽然成形法磨齿的生产率比展成法磨齿高，但因砂轮修整较复杂，磨齿时砂轮磨损不均匀会降低齿形精度，加上机床分度精度的影响，它的加工精度较低，所以在实际生产中应用较少，展成法磨齿应用较多。

②展成法磨齿。按展成法磨齿时，将砂轮的工作面修磨成锥面，以构成假想齿条的齿面。加工时砂轮以高速旋转为主运动，同时沿零件轴向作往复进给运动。砂轮与零件间通过机床传动链保持着一对齿轮啮合运动关系，磨好一齿后由机床自动分度再磨下一个齿，直至磨完全部齿面。假想齿条的齿面既可由两个蝶形砂轮工作面构成，如图 7-46 所示；也可由一个锥形砂轮的两侧工作面构成，如图 7-47 所示。为了提高磨齿的生产效率，可以采用蜗杆形砂轮磨齿（图 7-48），其加工原理与滚齿类似。由于连续分度以及很高的砂轮转速，所以生产率很高，但是蜗杆形砂轮修整较困难。

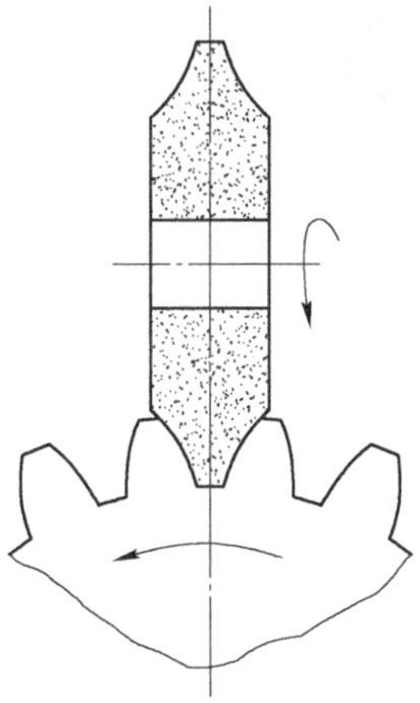

图 7-45 成型法磨齿

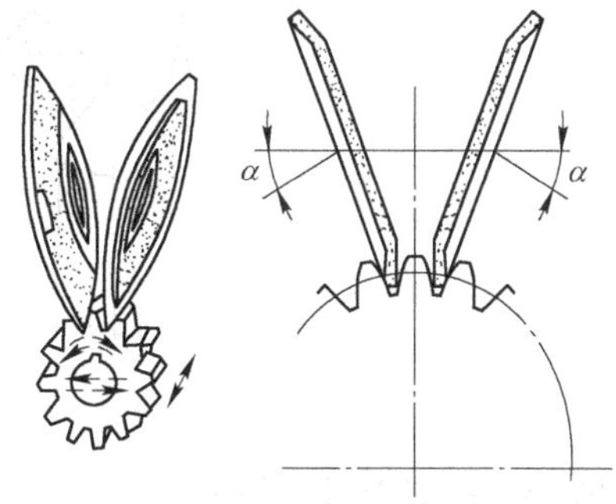

图 7-46 两个蝶形砂轮磨齿

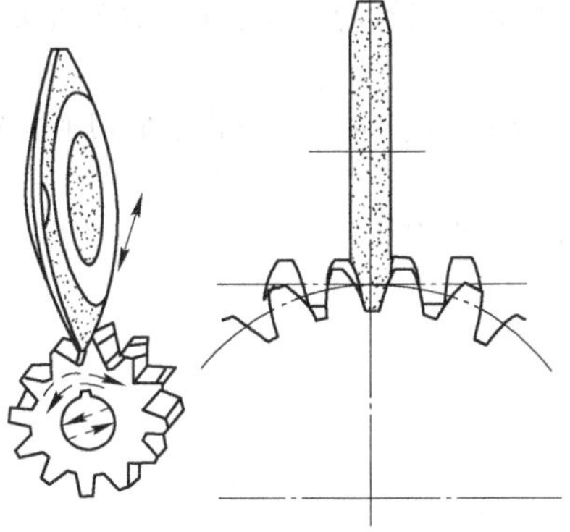

图 7-47 锥形砂轮磨齿

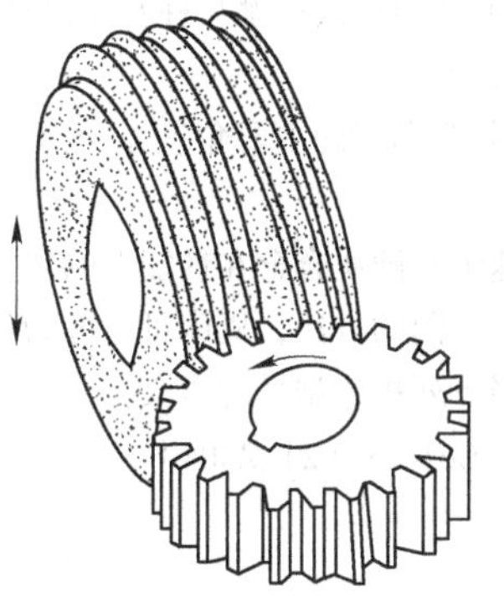

图 7-48 蜗杆形砂轮磨齿

磨齿加工修正误差的能力强，在一般条件下加工精度能达到IT8~IT6级精度，表面粗糙度 Ra 可达0.8~0.16μm。但生产率低，与剃齿形成了明显的对比，但磨齿可加工淬硬齿面，剃齿则不能。

磨齿是齿轮加工中加工精度最高、生产率最低的精加工方法，一般只在齿轮精度要求特别高（IT5级以上），尤其淬火之后齿轮变形较大，需修整时用磨齿法加工。

复习思考题

7-1 试说明下列加工方法的主运动和进给运动：

（1）车端面；（2）在钻床上钻孔；（3）在铣床上铣平面；（4）在牛头刨床上刨平面；（5）在平面磨床上磨平面。

7-2 弯头车刀刀头的几何形状如图7-49所示。试分别说明车外圆、车端面（由外向中心进给）时的主切削刃、刀尖、前角、主后角、主偏角和副偏角。

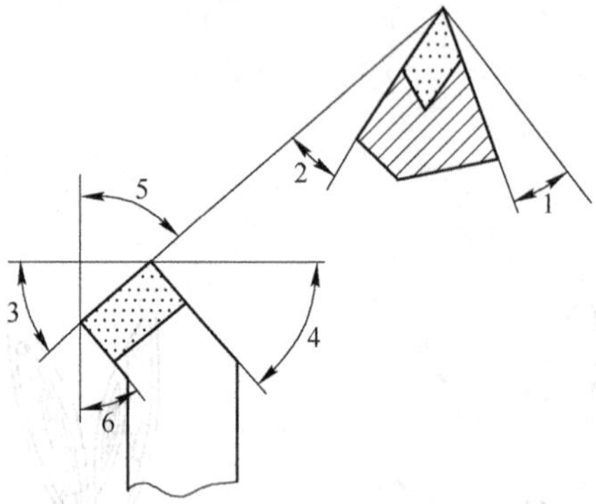

图7-49 弯头车刀刀头的几何形状

7-3 机夹可转位式车刀有哪些优点？

7-4 刀具切削部分材料应具备哪些基本性能？常用的刀具材料有哪些？

7-5 切屑是如何形成的？常见的有哪几种？

7-6 积屑瘤是如何形成的？它对切削加工有哪些影响？生产中最有效控制积屑瘤的手段是什么？

7-7 切削液的主要作用是什么？常根据哪些主要因素选用切削液？

7-8 刀具的磨损形式有哪几种？在刀具磨损过程中一般分为几个磨损阶段？刀具使用寿命的含义和作用是什么？

7-9 已知外圆车刀的主要角度 $\gamma_o=10°$、$\alpha_o=8°$、$\kappa_r=60$、$\kappa_r'=10$、$\lambda_s=4°$，试画出它们切削部分的示意图。

7-10 高速钢和硬质合金在性能上的主要区别是什么？各适合做哪些刀具？

7-11 按照不同的方法，机床可以分为哪些种类？

7-12 解释下列机床型号的含义：

（1）C6140；（2）Z3040。

8 先进制造技术

扫描二维码获取
本章数字资源

先进制造技术是在传统制造技术基础上，不断吸收机械、电子、信息、材料、能源和现代管理等方面的成果，并将其综合应用于产品设计、制造、检测、管理、销售、使用、服务的全过程，以实现优质、高效、低耗、清洁、灵活的生产，提高对动态多变市场的适应能力和竞争能力的制造技术的总称，也是取得理想技术经济效果的制造技术的总称。

先进制造技术范畴包括：(1) 先进设计技术。包括计算机辅助设计（CAD）、反求工程、基于并行工程（CE）的产品设计、稳健设计技术、全寿命周期产品设计、绿色产品设计等。(2) 先进制造工艺技术。包括计算机辅助制造（CAM）、高速切削与磨削、精密与超精密加工、纳米技术、特种加工工艺、少无切削制造技术、近净形毛坯制造、生长型加工和快速原型制造（RPM）、虚拟制造技术等。(3) 综合自动化技术。包括计算机数控技术（CNC）、分布式数控技术（DNC）、工业机器人技术、柔性制造技术（FMT）、集成制造技术（CLMT）、智能制造技术（IMT）等。(4) 现代系统管理技术。包括制造资源计划（MRPII）、准时制（JIT）和精益生产（LP）、敏捷制造（AM）、全球化制造（GM）和信息管理系统（IMS）、各种先进企业生产模式等。

本章主要介绍超高速加工技术、超精密加工技术、特种加工技术、非金属材料成型技术，以及先进制造技术的发展趋势。

8.1 超高速加工技术

随着科学技术发展，加工技术向着高效率和高精度方向发展，制造技术从提高生产效率和加工精度两方面同时迅速发展起来。前者是在保证生产效率的条件下，达到一定的加工精度并降低成本；后者是在保证达到所要求的加工精度前提下，实现自动化和高效率。

超高速加工技术是指采用超硬刀具和磨具，利用能可靠实现高速运动的高精度、高自动化和高柔性的制造设备，提高切削速度，达到提高材料去除率、加工精度和加工质量的先进加工技术。

超高速加工是制造科学的前沿。超高速切削时，工件材料将处于超常应变速率状态，在瞬间发生剧变，完全突破了传统切削理论和现有高速加工的概念。超高速切削的机理有待揭示，超高速切削能达到的极限、切削的优化工艺、刀具材料的选择有待正确的理论指导。

8.1.1 超高速切削加工技术

8.1.1.1 超高速切削加工技术特点及应用

超高速切削概念起源于德国切削物理学家 Carl. J. Salomon 博士。1929 年他进行了超高速切削模拟试验，并于 1931 年 4 月发表了著名的超高速切削理论，提出了超高速切削的设想。Salomon 指出，在常规的切削范围内，切削温度随着切削速度的增大而提高，如图 8-1 所示的区域 A。但是，当切削速度增大到某一数值 v_{cr}后，切削速度再增大，切削温度反而下降，并指出 v_{cr}值与工件材料的种类有关。对于每一种工件材料，存在一个速度范围，如图 8-1 所示的区域 B。由于切削温度太高，高于刀具材料允许的最高温度，任何刀具都无法承受，切削加工不可能进行，这个范围被称之为“死谷”（dead valley）。但是当切削速度进一步提高，超过这个速度范围后，切削温度反而降低，同时切削力也会大幅度降低。他认为对于一些工件材料应该有一个临界的切削速度，在该切削速度下切削温度最高。在高速切削区进行切削，有可能用现有的刀具进行，从而大大减少切削工时，成倍提高机床的生产率。几乎每一种金属材料都有临界切削速度，不同材料的速度值不同。

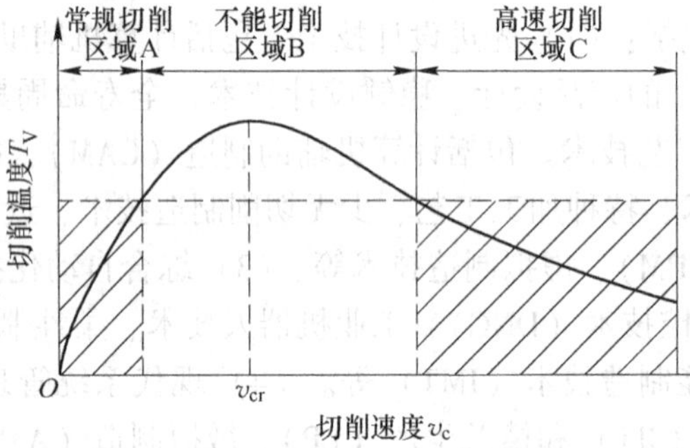

图 8-1　切削速度与切削温度之间的关系

超高速切削是一个相对的概念，由于不同的加工方式，不同工件有不同的高速切削范围，所以很难就高速切削的速度范围给出确切的定义。1992 年在 CIRP（国际生产工程研究院）会议上发表了不同材料大致可行和发展的切削速度范围，如图 8-2 所示。可以说，目前各国的切削速度仅在高速阶段，尚未达到 CIRP 界定的超高速切削阶段。

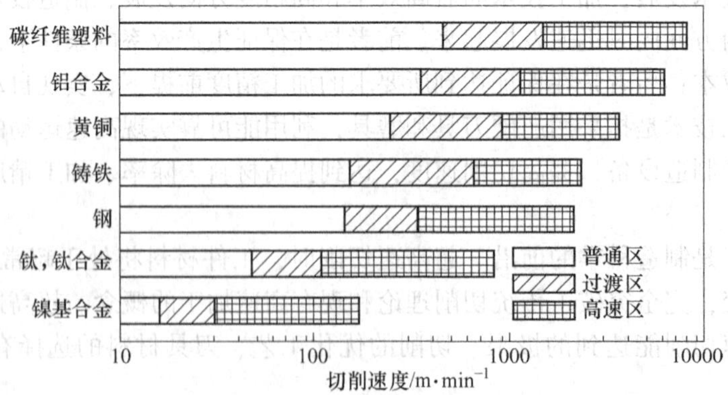

图 8-2　不同工件材料的切削速度范围

与传统的切削加工方法相比，超高速切削具有无可比拟的优越性，主要表现在：

（1）切削力低。由于切削速度高，导致剪切变形区狭窄、剪切角增大、变形系数减小和切屑流出速度快，从而使切削变形减小、切削力降低。

（2）热变形小。在高速切削时，90%~95%以上的切削热来不及传给工件就被高速流出的切屑带走，工件累积热量极少，工件基本上保持冷态，因而不会由于温升导致热变形，特别适合加工易热变形的零件。

（3）材料去除率高。高速切削加工比常规切削加工的切削速度高5~10倍，进给速度随切削速度的提高也可相应提高5~10倍，这样单位时间材料去除率可提高3~6倍，因而零件加工时间通常可缩减到原来的1/3，从而提高了加工效率和设备利用率，缩短生产周期。

（4）加工精度高。由于高切削速度和高进给率，使机床的激振频率远高于“机床-工件-刀具”系统的固有频率，工件处于平稳振动切削状态，这就使零件加工能够获得较高的表面加工质量。

（5）降低加工成本。许多零件在常规加工时，需要粗、半精、精加工工序，有时加工后还需进行手工研磨，而使用高速切削可使工件加工集中在一道工序中完成。这样可以使加工成本大大降低，加工周期大大缩短。

（6）超高速切削可以加工难加工的材料。高速切削可实现陶瓷、半导体硅等硬脆材料的塑性去除加工，以及镍基合金、钛合金、高温合金等韧性材料的高表面完整性加工，不但可以大幅度提高生产率，而且可以有效地减少刀具磨损，提高零件加工的表面质量。

超高速切削技术已在航空航天、汽车、高速机车和模具等行业广泛应用，成为切削加工的主流。目前，国际上生产中的超高速加工技术最新情况是粗精加工铝合金的切削速度为1000~4000m/min，最高为5000~7500m/min；加工镁合金为4500m/min，最高可达7500m/min；铸铁件精加工为500~1500m/min，最高达2200m/min；钢件精加工可达300~800m/min；淬硬钢件（45~65HRC）的精加工可到100~500m/min；模数为1.5的钢齿轮滚齿速度可达300~600m/min，可锻铸铁螺纹（M14×1.5）的攻螺纹速度可达61m/min左右。

8.1.1.2 超高速切削的关键技术

超高速切削是以主轴高速化为核心的多项先进技术的综合应用，它是一项复杂的技术综合。

（1）超高速主轴单元。超高速加工机床主轴系统在结构上几乎都是采用交流变频调速电动机直接驱动的集成结构形式。集成化主轴有两种形式：一种是通过联轴器把电动机与主轴直接联接；另一种是把电动机转子和主轴做成一体。

目前，多数超高速机床主轴采用内装式电动机主轴（build-in motor spindle，简称“电主轴”）。电主轴采用无外壳电动机，将带有冷却套的电动机定子装配在主轴单元的壳体内，转子和机床主轴的旋转部件做成一体，主轴的变速完全通过交流变频控制实现，将变频电动机和机床主轴合二为一。由于它取消了从主电动机到机床主轴之间的一切中间传动环节，把主传动链的长度缩短为零，故称这种新型的驱动与传动方式为“零传动”。电主轴系统主要包括高速主轴轴承、无外壳主轴电动机及其控制模块、润滑冷却系统、主轴刀柄接口等。

电主轴具有如下主要特点：

1）电主轴系统取消了高精密齿轮等传动件，消除了传动误差。

2）减小了主轴的振动和噪声，提高了主轴的回转精度。电动机内置于主轴两支承之间，可以较大地提高主轴系统的刚度，也就提高了系统的固有频率，从而提高了其临界转速。电主轴可以确保正常运行转速低于临界转速，保证高速回转时的安全。

3）电主轴采用交流变频调速和矢量控制，具有输出功率大、调速范围宽和功率-转矩特性好的特点。

4）电主轴机械结构简单、转动惯量小、快速响应性好，能实现很高的速度和加速度以及定角度的快速准停。超高速加工的最终目的是为了提高生产率，因此，要求主轴在最短的时间内实现高转速的速度变化，也就是要求主轴回转时具有极大的角加速度，达到这个要求最经济的方法就是采用电主轴。

电主轴的主要参数包括主轴最高转速和恒定功率范围、主轴的额定功率和最大转矩、主轴轴承直径和前后轴承跨距。

在超高速主轴单元中，由于机床既要完成粗加工，又要完成精加工，因此，对主轴单元提出了较高的静刚度和工作精度要求。超高速机床主轴单元的动态性能在很大程度上决定了机床的加工质量和切削能力。

国外电主轴的研究开发较早，现已逐渐应用到机械制造业中。美国福特公司和Ingersoll公司联合推出的HVM800卧式加工中心的大功率电主轴最高转速达15000r/min，由静止升至最高转速仅需15s；瑞士DIXI公司生产的WAHLIW50型卧式加工中心采用电主轴结构，主轴转速为30000r/min；日本三井精机公司生产的HT3A卧式加工中心，采用陶瓷轴承支承的电主轴，主轴转速达40000r/min。目前，一些主轴电动机厂商已提供专门电主轴用的电动机定子和转子，由机床厂装配到主轴配件上以实现高速主轴单元。

我国电主轴的研制和开发始于20世纪60年代，主要种类是内表面磨削电主轴。这种电主轴功率小、刚度低，由于采用无内圈式向心推力球轴承，限制了高速电主轴生产的社会化和商品化。20世纪70年代后期至80年代，在高速主轴轴承成功开发的基础上，研制了高刚度、高速电主轴，被应用于各种内圆磨床和各个机械制造领域。

（2）高速进给系统。超高速切削在提高主轴速度的同时必须提高进给速度，并且要求进给运动能在瞬时达到高速和瞬时准停等，否则不但无法发挥超高速切削的优势，而且会使刀具处于恶劣的工作条件，还会因为进给系统的跟踪误差影响加工精度。超高速切削机床的进给系统不仅能达到很高的进给速度，还要求进给系统具有大的加速度以及高的定位精度。为了实现高速进给，除了可以继续采用经过改进的滚珠丝杠副外，最近几年又出现了采用直线电动机驱动和基于并联机构的新型高速进给方式，从结构、性能到总体布局来看，3种方式都有很大的差别，形成了3种截然不同的高速进给系统。

1）滚珠丝杠副进给系统。从1958年美国K&T公司生产出世界上第一台加工中心以来，“旋转电动机+滚珠丝杠”至今仍然是加工中心和其他数控机床进给系统采用的主要形式。滚珠丝杠副传动系统采用交流伺服电动机驱动，进给加速度可以达到1g，进给速度可以达到40~60m/min，定位精度可以达到20~25μm。相对于采用直线电动机驱动的进给系统，采用旋转电动机带动滚珠丝杠的进给方案，由于受工作台的惯性以及滚珠丝杠副结构限制，能够实现的进给速度和加速度比较小。

2）直线电动机进给驱动系统。直线电动机驱动实现了无接触直接驱动，避免了滚珠丝杠、齿轮和齿条传动中的反向间隙、惯性、摩擦力和刚度不足等缺点，可获得高精度的高速移动，并具有极好的稳定性。

直线电动机的实质是把旋转电动机径向剖切开，然后拉直演变而成。直线电动机的转子和工作台固连，定子安装在机床床身上，实现直接驱动。

从 1845 年 Charles Wheastone 发明世界上第一台直线电动机以来，直线电动机在运输机械、仪器仪表、计算机外部设备以及磁悬浮列车等各行各业获得了广泛应用。国外第一个采用直线电动机的数控机床是 1993 年德国 Ex-cell-0 公司在汉诺威机床博览会上展出的 HSC240 高速加工中心。该加工中心采用了德国 IndRamat 公司开发成功的感应式直线驱动电动机，最高的进给速度可以达到 60m/min，进给加速度可以达到 1*g*。美国 Ingersoll 公司在其生产的 HVM8 加工中心的 3 个移动坐标轴的驱动上使用了永磁式直线电动机，进给最高速度达 76.2m/min，进给加速度达（1～1.5）*g*。意大利 Vigolzone 公司生产的高速卧式加工中心，三轴采用直线电动机，三轴的进给速度均达到 70m/min，加速度达到 1*g*。德国西门子公司曾作了 120m/min 直线电动机高速进给表演，该公司直线电动机最大的进给速度可达 200m/min，最大推力可达 6600N，最大位移距离为 504mm。目前直线电动机加速度可达 2.5*g* 以上，进给速度轻而易举地就可以达到 160m/min 以上，定位精度高达 0.5～0.05μm。

3）基于并联机构的高速进给系统。传统机床的结构一般都是由床身、工作台、立柱、导轨、主轴箱等部件串联而成的非对称布局，因此机床结构不但要承受拉压载荷，而且还要承受弯扭载荷。为了保证机床的整体刚度，只有采用结构比较笨重的支承部件和运动部件，这不但要消耗大量的材料和能源，也制约了机床进给速度和加速度的进一步提高。刀具和工件之间的相对运动误差由各坐标轴运动误差线性叠加而成，机床结构的非对称性导致受力和受热的不均匀，这些都会影响机床的加工精度。

为了克服传统机床布局上固有的缺陷，满足高速加工的要求，近年来出现了一种全新概念的机床进给机构——并联虚拟轴结构。它的基本工作原理是建立在 1964 年由英国人 Stewart 设计并获得专利的六杆结构的基础上，一般称为 Stewart 平台。具有这种进给机构的机床也被称为并联运动机床。1994 年在芝加哥国际机床博览会上，首次展出了由这种机构实现的多坐标进给运动的数控机床和加工中心，引起国际机床界的轰动，被认为是机床结构的重大革命。并联机床是实现高速进给的一种崭新的运动机构，有非常好的应用前景。但是由于并联机床结构上的限制，其在应用过程中也存在一定的问题。例如，有效的工作空间比较小，六轴完全并联的机床运动范围很小，很难同时实现立卧加工。并联机床另一个比较严重的问题是加工精度不高，其主要原因有杆件热变形，以及较关键制造精度的提高十分困难。研究开发结构尺寸小、承载能力强、精度高的复合滚动关节部件是发展并联机床的关键基础技术问题。

国外新型并联机床的进给速度一般在 30～100m/min 之间，最高加速度一般在 4.5～20m/s^2之间，一些试验机型可达（3.5～5）*g*，定位精度一般在 10μm 左右，高的可达 4μm，重复定位精度一般在 5μm 左右，高的可达 1μm。

2005 年北京机床展览会 CIMT2005 以高效率、高精度为主旋律，展出的国外展品基本都是高速数控机床。机床最高主轴转速普遍从 1999 年的 8000～12000r/min 提高到 18000～24000r/min。目前，加工中心主轴转速一般为 20000～32000r/min，快进给速度为 30～120m/min，换刀时间为 3～5s。齿轮机床的主轴转速也已提高到 9000～12000r/min。目前已有主轴最高转速为 150000r/min，快速进给达 120m/min，换刀时间为 0.7～1.5s 的坐标磨削加工中心。国外高速机床的主轴转速为20000~150000r/min，主轴功率为10~40kW。高速磨床的砂轮圆周速度达到120m/s，进给工作台加速度达25~50m/s^2，进给速度高达30~120m/min。超高速切削代表了机床高效、高精度、高柔性的发展方向，将越来越成为切削技术和机床的发展主流。

（3）超高速切削刀具材料和刀具系统。超高速切削加工要求刀具材料与被加工材料的化学亲和力要小，并且具有优异的力学性能、热稳定性、抗冲击性和耐磨性。目前适合于超高速切削的刀具材料主要有涂层刀具、金属陶瓷刀具、陶瓷刀具、立方氮化硼、聚晶金刚石（PCD）刀具等。特别是聚晶金刚石刀具和聚晶立方氮化硼刀具（PCBN）的发展推动了超高速切削走向更广泛的应用领域。

涂层粉末冶金高速钢切削速度可达150~200m/min。细晶粒和亚微细晶粒硬质合金，TiC、TiN和TiCN基硬质合金，稀土硬质合金等适于在200~400m/min的高速下切削一般钢和合金钢，也可用于铸铁的精加工。涂层硬质合金刀具可用200~500m/min的速度加工钢、合金钢、不锈钢、铸铁和合金铸铁等。陶瓷刀具是高速切削最重要的刀具材料之一，选择合适的陶瓷刀具，可以用500~1000m/min的高速切削铸铁，用300~800m/min的速度切削钢件，100~200m/min的速度切削高硬材料（50~65HRC），用100~300m/min的速度切削耐热合金。金刚石刀具是目前高速切削（2500~5000m/min）铝合金的理想刀具材料。聚晶立方氮化硼（PCBN）刀具可以在500~1500m/min高速下加工铸铁，在100~400m/min下加工45~65HRC的淬硬钢，在100~200m/min下加工耐热合金。

对于高速旋转类刀具来说，刀具结构的安全性和动平衡精度是至关重要的。当主轴转速超过10000r/min时，由于离心力的作用，可能损坏刀具和主轴，使操作人员的安全受到威胁。所以，超高速切削需正确设计刀体和刀片的夹紧结构，正确选择刀柄与主轴的连接结构，且主轴系统应采用自动平衡装置。

8.1.2 超高速磨削加工技术

8.1.2.1 超高速磨削加工技术特点及应用

砂轮圆周速度超过45m/s为高速磨削（high speed grinding），砂轮圆周速度超过150m/s称为超高速磨削（super-high speed grinding）。超高速磨削具有如下突出的特点和优越性：（1）由于磨削速度高，单位时间作用磨粒数多，特别是采用大进给量和大的背吃刀量时，其材料磨除率非常高。（2）单位面积的磨削力和磨削能小，工件受力变形和机床磨削功率消耗小。（3）单颗磨粒受力小，磨损少，使砂轮磨损很小，大幅度延长砂轮的使用寿命。（4）磨削表面粗糙度值会随砂轮速度提高而降低，加之工件表面温度低，受力受热变质层很薄，所以其表面加工质量有很大提高。（5）可以高效率对硬脆材料实现延性域磨削，对高塑性和难磨材料也有良好磨削表现。

正是上述这些突出的特点，使超高速磨削既可获得高效率，又能达到高精度，并能对各种材料和形状的零件进行加工。因此，使用超硬磨料磨具的超高速磨削技术是磨削加工的发展方向。

目前，超高速磨削技术在工业中的具体应用主要表现在以下几个方面：高效深切磨削、超高速外圆磨削、快速点磨削、硬脆材料及难加工材料超高速磨削等。

（1）高效深切磨削技术。高效深切磨削（high efficiency deep grinding，HEDG）技术

是最新发展起来的一种集砂轮高速度（100~250m/s）、高进给速度（0.5~10m/min）和大切深（0.1~30mm）为一体的高效率 CBN 磨削技术。与普通磨削不同的是高效深磨可以通过一个磨削行程，完成过去由车、铣、磨等多个工序组成的粗精加工过程，获得远高于普通磨削加工的金属去除率（材料去除率比普通磨削高 100-1000 倍），表面质量也可达到普通磨削水平。

高效深切磨削工艺开始是使用树脂结合剂氧化铝砂轮，以 80~100m/s 的高速来进行钻头螺旋沟槽的深磨。由于它使用比缓进给磨削快得多的进给速度，生产效率大幅度提高。后期又进一步在 CBN 砂轮基础上开发出 200~300m/s 的超高速深磨磨床。HEDG 主要用于刀具、转子、齿条等零件的沟槽加工。在 FD613 超高速平面磨床上磨削宽为 1~10mm、深为 30mm 的转子槽时，进给速度可达 3000mm/min。在 NU534 型沟槽磨床上一次快进给可磨出 ϕ20mm 钻头沟槽，材料去除率可达到 $500mm^3/(mm \cdot s)$。目前欧洲企业在高效深磨技术应用方面居世界领先地位。

（2）快速点磨削工艺。快速点磨削（quick-point grinding）是由德国 Junker 公司的 Erwin Junker 先生于 1994 年开发并取得专利的一种先进的超高速磨削技术。它集成了超高速磨削、CBN 超硬磨料及 CNC 柔性加工三大先进技术，具有优良的加工性能，是超高速磨削技术在高效率、高柔性和大批量生产高质量稳定性方面的又一新发展。该工艺主要用于轴、盘类零件加工。其 CBN 或人造金刚石超硬磨料砂轮轴线在水平和垂直方向与工件轴线形成一定倾角，使用薄砂轮与工件形成小面积点接触，故命名为点磨削，如图 8-3 所示。点磨削工艺综合利用连续轨迹数控技术，以超高速度磨削，可以合并车磨工序。它既有数控车削的通用性和高柔性，又有更高的效率和精度，砂轮使用寿命长，质量非常稳定，是新一代数控车削和超高速磨削的极佳结合，成为超高速磨削的主要技术形式之一。

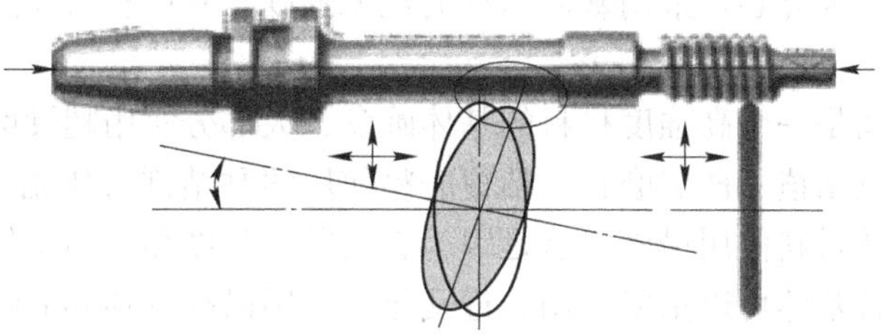

图 8-3　快速点磨削原理图

快速点磨削工艺使用薄砂轮，不单是为降低砂轮造价和使主轴系统受力降低，更可以使裹附在高速旋转的砂轮周边的空气层压力大为降低，减少高速砂轮的旋转阻力和空气层对冷却液进入磨削区的阻力，使冷却和润滑作用更有效。另外，在加工时不存在磨削封闭区，有利于冷却液的注入。砂轮宽度降低损失的磨削效率能被提高的磨削速度抵偿，而超硬磨料砂轮的优点得以充分发挥。所以快速点磨削工艺相当于一个高去除率的数控车削，但工具不是一把固定的车刀，而是一个半永久型的高速旋转砂轮。

快速点磨削工艺适于回转体零件的高效率磨削。典型的应用有回转工具类（铣刀、钻头等）、法兰盘类、轴类（细长轴、齿轮轴、凸轮轴等）等零件的加工。它能同时磨削出零件的外圆、锥面、台肩、凸轮表面和螺纹等，在一次装夹中几乎可以完成全部工作，使零件加工工序大大减少。

（3）硬脆材料及难加工材料超高速磨削。随着现代高科学技术及产业化发展，工程陶瓷、功能陶瓷、单晶硅、红蓝宝石和光学玻璃等硬脆材料获得日益广泛的应用。用超硬磨料在超高速条件下对硬脆材料进行磨削加工已成为几乎唯一的加工手段。在普通磨削条件下，磨粒浸入工件较深，磨屑主要以脆性断裂形式完成。超高速磨削单位时间内参加磨削的磨粒数大大增加，单个磨粒的切削厚度极薄，容易使陶瓷、玻璃等硬脆材料以塑性变形形式产生磨屑，大大提高磨削表面质量和效率。因此，超高速磨削能实现对硬脆材料的延性域磨削。镍基耐热合金、钛合金、高温合金、高强度合金钢等难磨材料，在普通磨削条件下的磨削加工性极差。磨削时，砂轮钝化迅速、磨削温度高、表面质量差；而在超高速磨削条件下，磨屑变形速度接近静态塑性变形应力波传播速度，材料变形应变率极高，塑性变形滞后，相当于材料塑性减小，降低了加工硬化倾向、表面粗糙度数值和残余应力，从而可实现延性材料的“脆性”加工。

在采用金刚石砂轮以160m/s的磨削速度磨削氮化硅陶瓷时，其磨削效率比80m/s提高1倍，砂轮使用寿命为80m/s和30m/s时的1.56倍和7倍，并且可获得良好的表面质量；用200m/s磨削纯铝时，工件表层硬度HV为50，表面粗糙度 Ra 为2.2μm；磨削速度为280m/s时，工件表层硬度HV为45，Ra 为1.8μm。可见，当磨削速度大于200m/s（纯铝静态应力波的传播速度约为200m/s）时，加工硬化及表面粗糙度数值下降，表面质量提高。

8.1.2.2 超高速磨削的关键技术

（1）超高速磨削砂轮技术。超高速磨削的砂轮应具有好的耐磨性，高的动平衡精度、强的抗裂性，良好的阻尼特性，高的刚度和良好的导热性，而且其机械强度必须能承受高速超高速磨削时的切削力等。超高速磨削时，砂轮主轴高速回转产生的巨大离心力会导致普通砂轮迅速破碎，因此必须采用基体本身的机械强度、基体和磨粒之间的黏结强度均极高的砂轮。

超高速砂轮中间是一个高强度材料的基体圆盘，大部分实用超硬磨料砂轮基体为铝或钢。在基体周围仅仅粘覆一薄层磨料。粘覆磨料使用的黏结剂有树脂、金属和电镀材料3种，其中以单层电镀材料使用最多。这是因为它的黏结强度高，易于做出复杂的形状，使用中不需修整，而且基体可以重复使用。近几年，美国诺顿（Norton）公司还使用铜焊接法替代电镀，研制的砂轮的磨粒突出比已达到70%～80%，黏结剂抗拉强度超过了1533MPa，可获得更大的黏结剂强度和容屑空间。

日本Noritake公司推出一种被称为CFRP（carbon fiber reinforced plastic）的碳纤维复合树脂基体材料，其比刚度是钢的2.1倍，密度和热胀系数分别是钢的1/5和1/12。使用这种材料基体所做的超高速砂轮的磨料层厚5mm，使用树脂黏结剂，它与基体之间使用一层氧化铝陶瓷过渡。这种砂轮已较多地应用于日本生产的超高速磨床，使用效果也很好。

高速超高速砂轮可以使用刚玉、碳化硅、CBN、金刚石磨料，黏结剂可以用陶瓷、树脂或金属黏结剂等。树脂黏结剂的刚玉、碳化硅、立方氮化硼磨料的砂轮，使用速度可达125m/s。单层电镀CBN砂轮的使用速度可达250m/s，试验中已达340m/s。陶瓷黏结剂砂轮磨削速度可达200m/s。同其他类型的砂轮相比，陶瓷黏结剂砂轮易于修整。与高密度的树脂和金属黏结剂砂轮相比，陶瓷黏结剂砂轮可以通过变化生产工艺获得大范围的气孔率，特殊结构拥有40%的气孔率，陶瓷黏结剂砂轮结构特点是使得修整后容屑空间大，修锐简单，甚至在许多应用情况中可以不修锐。美国Norton公司研究出一种借助化学黏结剂把持磨粒的方法，可使磨粒突出80%的高度而不脱落，其黏结剂抗拉强度超过1553MPa，电镀镍基黏结剂为345～449MPa。我国南京航空航天大学已成功研制出高温钎焊单层超硬磨料砂轮，可以减少磨削热，增加磨削比，取得了较好的效果。阿亨工业大学在其砂轮的铝基盘上使用熔射技术实现了磨料层与基体的可靠黏接。

（2）超高速磨床主轴及其轴承技术。超高速磨床主轴单元的性能在很大程度上决定了超高速磨床所能达到的最高磨削速度极限。因此，为实现超高速磨削，砂轮驱动和轴承转速往往要求很高。主轴的高速化要求足够的刚度，回转精度高、热稳定性好、可靠、功耗低、使用寿命长等。要满足这些要求，主轴的制造及动平衡、主轴的支撑（轴承）、主轴系统的润滑和冷却、系统的刚度等是很重要的。为减少由于磨削速度的提高而增加的动态力，要求砂轮主轴及主轴电动机系统运行极其精确，且振动极小。

超高速磨削的砂轮主轴转速一般在10000r/min以上，传递的磨削功率通常为几十千瓦。因此，要求主轴轴承的转速特征值非常高，还必须具有很高的回转精度和刚度，以保证砂轮圆周上的磨粒能均匀地参加切削，并能抵御超高速回转时不平衡质量造成的振动。

主轴轴承可采用陶瓷滚动轴承、磁浮轴承、空气静压轴承或液体动静压轴承等。陶瓷球轴承具有重量轻、热胀系数小、硬度高、耐高温、高温时尺寸稳定、耐腐蚀、使用寿命长、弹性模量高等优点；其缺点是制造难度大、成本高，对拉伸应力和缺口应力较敏感。磁浮轴承的最高表面速度可达200m/s，可能成为未来超高速主轴轴承的一种选择。目前磁浮轴承存在的主要问题是刚度与负荷容量低，所用磁铁与回转体的尺寸相比过大，价格昂贵。空气静压轴承具有回转精度高、没有振动、摩擦阻力小、经久耐用、可以高速回转等特点，主要用于高速、轻载和超精密的场合。液体动静压轴承无负载时动力损失太大，主要用于低速重载主轴。

高速超高速磨削的另一个特点是，其主轴的无功功率损失随转速的增大呈非线性增长。例如，将磨削速度由80m/s增大至180m/s时，主轴的无功功率会由不足20%升高至90%以上。高速范围内电动机以恒功率方式工作，主轴转速增大时其输出转矩减小，无功功率的升高将导致磨削转矩减小。因此，在增大主轴转速时需考虑降低无功功率损失，以保证主轴有足够的转矩用于磨削。

（3）高速超高速磨床。对于高速超高速磨床，主要研究对象是大功率高速超高速主轴系统和机床的高抗振性。高速超高速加工不但要求机床有很高的主轴转速和功率，而且同时要求机床工作台有很高的进给速度和运动加速度，还需尽可能组合多种磨削功能，实现在一台磨床上能完成所有的磨削工序，以及高动态精度、高阻尼、高抗振性和热稳定性，高度自动化和可靠的磨削过程。

磨床支承构件是砂轮架、头架、尾架、工作台等部件的支撑基础件，要求它有良好的静刚度、动刚度及热刚度。对于高速超高速磨床，国内外都有床身和立柱采用聚合物混凝土（人造花岗岩）制造的，也有将立柱和底座采用铸铁整体铸造而成，还有采用钢板焊接件，并将阻尼材料填充其内腔以提高其抗振性，这些都收到了很好的效果。

进给系统是评价高速超高速磨床性能的重要指标之一，而随着高速超高速加工的发展，国内外都普遍采用了直线伺服电动机直接驱动技术，高动态性能的直线电动机结合数字控制技术。

(4) 磨削液及其供给技术。磨削表面质量、工件精度和砂轮磨损在很大程度上受磨削热的影响。尽管人们开发了液氮冷却、喷气冷却、微量润滑和干切削等，但磨削液仍然是不可能完全被取代的冷却润滑介质。磨削液分为两大类：油基磨削液和水基磨削液(包括乳化液)。油基磨削液润滑性优于水基磨削液，但水基磨削液冷却效果好。

高速磨削时，气流屏障阻碍了磨削液有效地进入磨削区，还可能存在薄膜沸腾的影响。因此，采用恰当的注入方法，增加磨削液进入磨削区的有效部分，提高冷却和润滑效果，对于改善工件质量、减少砂轮磨损极其重要。常用的磨削液注入方法有手工供液法和浇注法、高压喷射法、空气挡板辅助截断气流法、砂轮内冷却法、开槽砂轮法等。在超高速条件下，为了实现对磨削区的冷却，冲走切屑，磨削液的喷注必须有足够大的动量，以冲破砂轮周围的高速气流，使磨削液抵达磨削区。故与普通磨削相比，磨削液的流量、压力均成倍增加。此外，为了保证超高速磨削的表面质量，提高磨削液的利用率，减少磨削液中残留杂质对加工质量及机床系统的不良影响，必须采用一套高效高过滤精度的磨削液过滤系统。从喷嘴喷注在砂轮上的磨削液，会在强大离心力作用下形成严重的油雾，所以超高速磨床还要把磨削区封闭起来，并及时抽出油雾，然后利用离心和静电方法进行油气分离。

具有极高磨削效率的超高速磨床，1min 会产生几千克的磨屑，因此及时干净地把这些大量磨屑从磨削液中过滤出来也是一个很重要的问题。目前，多用离心机或硅藻土过滤系统对磨削液进行集中处理。

(5) 砂轮、工件安装定位及安全防护技术。超高速磨削砂轮动能很大，必须设置高强度半封闭或封闭的砂轮防护罩，罩内最好敷设缓冲材料，以吸收或减少砂轮碎块的二次弹射。

(6) 磨削状态检测及数控技术。超高速磨削加工中，砂轮由于超高速引起的破碎现象时常发生，砂轮破碎及磨损状态的监测是关系到磨削工作能否顺利进行，同时也是保证加工质量和零件表面完整性的关键。在超高速加工中，砂轮与工件的对刀精度，砂轮与修整轮的对刀精度将直接影响工件的尺寸精度和砂轮的修整质量。因此，在超高速磨削加工中，在线智能监测系统是保证磨削加工质量和提高加工生产率的重要因素。此外，工件尺寸精度、形状精度、位置精度和加工表面质量的在线监控技术，高精度、高可靠性、实用性强的测试技术与仪器都是高速超高速磨削必不可少的关键技术。

目前，声发射技术已成功用于超高速磨削的无损检测，利用磨削过程中产生的各种声发射源，如砂轮与工件弹性接触、砂轮黏结剂破裂、砂轮磨粒与工件摩擦、工件表面裂纹和烧伤、砂轮与修整轮的接触等均可发射弹性波。这些因素和工件材料、磨削条件、砂轮表面的状态等因素都有着密切的关系。这些因素的改变必然会引起声发射信号的幅值、频谱等方面发生变化，可以通过检测声发射信号的变化来对磨削状态进行判别。

8.2 超精密加工技术

超精密加工技术是适应现代技术发展的一种机械加工新工艺，它综合应用了微电子技术、计算机技术、自动控制技术、激光技术，使加工技术产生了飞跃发展。这主要体现在两个方面：一是超精密加工精度越来越高，由微米级、亚微米级、纳米级，正在向原子级加工极限逼近；二是超精密加工已进入国民经济和生活的各个领域，批量生产达到的精度也在不断提高。

8.2.1 超精密加工技术内涵及特点

8.2.1.1 超精密加工定义

精密和超精密是相对而言的，在不同的时期有不同的界定。从目前的发展水平来看，加工精度在0.1~1μm，加工表面粗糙度在 *Ra* 在 0.02~0.1m 之间的加工方法称为精密加工；加工精度高于0.1μm，加工表面粗糙度 *Ra* 小于0.01μm 的加工方法称为超精密加工。

8.2.1.2 超精密加工特点

(1) 超精密加工时，背吃刀量极其微小，属于微量切削，因此对刀具的刃磨、砂轮修整和机床调整均有很高要求。

(2) 超精密加工是一门综合性高技术，凡是影响加工精度和表面质量的因素都要考虑。

(3) 超精密加工一般采用计算机控制、在线控制、自适应控制、误差检测和补偿等自动化技术来保证加工精度和表面质量。

(4) 超精密加工不仅有传统的切削和磨削加工，而且有特种加工和复合加工方法，只有综合应用各种加工方法，取长补短，才能得到很高的加工精度和表面质量。

8.2.1.3 超精密加工应用

超精密加工是尖端技术产品发展不可缺少的关键加工手段，不管是军事工业还是民用工业，都需要这种先进的加工技术。

现代飞机、潜艇、影响导弹性能和命中率的惯导仪表的精密陀螺框架、激光核聚变用的反射镜、大型天文望远镜的透镜、大规模集成电路的各种基片、计算机磁盘基底及复印机磁鼓、各种高精度的光学元器件、各种硬盘及记忆体的衬底等都需要超精密加工技术的支持。超精密加工技术促进了机械、液压、电子、光学、传感器、计量、半导体及材料科学的发展。超精密加工担负着最新科学技术进步的重要使命，同时也是衡量一个国家制造技术水平的重要标志。

8.2.1.4 超精密加工的分类

(1) 超精密切削。超精密切削是借助锋利的金刚石刀具对工件进行车削或铣削。主要用于加工要求低表面粗糙度和高形状精度的非铁金属或非金属零件。超精密车削可达到表面粗糙度 *Ra* 为0.005μm 和 *Ra* 为0.1μm 的非球面形状精度。

(2) 超精密磨削。超精密磨削是利用磨具上尺度均匀性好、近似等高的磨粒对被加工零件表面进行滑擦、耕犁及切削的过程。超精密磨削可达到 *Ra* 为0.002μm 的表面粗糙度和0.01μm 的圆度。

(3) 超精密研磨和抛光。超精密研磨和抛光加工方法是一种具有均匀复杂轨迹的光整加工方法，其运动原理是：磨具在含有自由磨粒的研抛液中，紧压工件表面上，作高速旋转；工件固定安装在工作台上，工作台作旋摆运动。磨具的高速旋转运动与旋摆运动的合成，形成了极其复杂、均匀而又细密的运动轨迹。

8.2.2 超精密加工关键技术

超精密加工的关键技术包括超精密加工机理、超精密加工工具技术、超精密加工机床制造技术、在线检测与误差补偿技术等。

8.2.2.1 超精密加工工具技术

超精密加工工具除必须具备超微量切削特征外，还必须具有如下性能：(1) 参与切削过程的刀尖附近的极小局部区域能承受比普通切削强烈得多的高温高压作用。刀具材料必须有极高的硬度、耐磨性和弹性模量，能承受很大的比压，以及具有很长的使用寿命和很高的尺寸耐用度。(2) 刀具材料必须保证刃口能磨得极其锋锐，刀刃钝圆半径能达到几十纳米或以下，能实现超薄切削。(3) 刀刃必须非常平直、无缺陷，能得到超光滑表面。(4) 工件材料的抗黏结性好、化学亲和力小、摩擦因数低，能得到极好的表面质量。

超精密切削加工都是使用金刚石刀具完成的，但金刚石很脆，怕振动，要求切削稳定；另外，金刚石与铁原子的亲和力大，不适于切削黑色金属。

在超精密磨削领域，主要加工刀具是砂轮。目前主要选用金刚石、立方氮化硼(CBN) 微粉砂轮，要求砂轮锐利、耐磨、颗粒大小均匀、分布密度均匀。超精密磨削砂轮常用的黏结剂有树脂黏结剂、陶瓷黏结剂和金属黏结剂。用于超精密镜面磨削的树脂黏结剂砂轮的金刚石磨粒平均粒径可小至 4μm。用 8000 号粒度铸铁黏结剂金刚石砂轮精磨 SiC 非球镜面，Ra 可达 2~5nm，形状精度很高。对极细粒度超硬磨料磨具来讲，容屑空间和砂轮锋锐性很难保持。金属基微细超硬磨料砂轮在线电解修整技术可很好地解决这一问题。

8.2.2.2 超精密加工机床

超精密加工机床是实现超精密加工的首要条件，目前超精密加工机床一般采用高精度空气静压轴承支撑主轴系统，空气静压导轨支撑进给系统的结构模式。实现超微量切削，必须配有微量移动工作台的微进给驱动装置和满足刀具角度微调的微量进给机构，并能实现数字控制。

8.2.2.3 在线检测与误差补偿

超精密加工对测量精度的要求很高，一般应高于加工精度一个数量级。对于高精度的尺寸、几何形状及位置尺寸等，可采用分辨率为 0.01~0.001μm 的电感测微仪以及激光干涉仪等来检测；主轴回转精度可用电容测微仪来测量；导轨直线度可用自准直仪、激光干涉仪来测量；表面形貌及表面粗糙度可用表面轮廓仪、隧道显微镜来测量。表面层的应力、变质层、微裂纹等缺陷可用 X 射线衍射法、激光干涉法等来测量。

误差预防、误差补偿、误差预报是超精密加工中提高加工精度的重要举措。误差预防是通过提高工艺系统精度、保证工作环境的条件等减少误差源；误差补偿是通过修正措施来抵消或消除误差；而误差预报是根据误差出现的发展趋势，测出预测值，采取相应的补救措施，真正做到无滞后的实时补偿。

8.2.2.4 超精密加工的工作环境

超精密加工必须在超稳定环境下进行，超稳定环境主要是指恒温、超净和防振三个方面。

8.3 特种加工技术

特种加工技术是先进制造技术的重要组成部分。由于其加工机理的特殊性，在国民经济的众多制造领域中发挥着极其重要的不可替代的作用。在航空、航天、军工、高新技术战略武器、能源、汽车、模具、电子、冶金、化纤、交通等应用领域中解决了大量传统机械加工难以解决的关键的、特殊的加工难题，其发展状况影响着我国综合国力及国防实力的提高。

8.3.1 特种加工概述

特种加工是一种非传统加工方法，主要是利用光、电、声、热、化学、磁以及原子能进行加工的方法。它与传统加工（切削、磨削）有明显区别。

（1）不是主要依靠机械能，而是利用其他形式的能量去除材料。

（2）工具的硬度可以低于被加工材料的硬度。

（3）加工过程中不存在显著机械力的作用，适合于低刚度零件精密加工。

（4）加工形状复杂，特别是工件型腔、大型和微细零件加工，热变形小。

由于具有上述特点，特种加工技术可以加工任何硬度、强度、韧性、脆性的金属、非金属材料或复合材料，而且特别适合于加工复杂微细表面和低刚度的零件，同时有些方法还可以用于进行超精密加工、镜面加工、光整加工以及纳米级（原子级）的加工。

8.3.2 电火花加工

8.3.2.1 电火花加工的机理

电火花加工基于电火花腐蚀原理，是在工具电极与工件电极相互靠近时，极间形成脉冲性火花放电，在电火花通道中产生瞬时高温，使金属局部熔化，甚至汽化，从而将金属腐蚀去除。

图 8-4 所示为电火花加工原理示意图。正极性接法是将工件接阳极，工具接阴极；负极性接法是将工件接阴极，工具接阳极。工件电极和工具电极均浸泡在工作介质当中，工具电极在自动进给调节装置的驱动下，与工件电极间保持一定的放电间隙。电极的表面（微观）是凹凸不平的，当脉冲电压加到两极上时，某一相对间隙最小处或绝缘强度最低处的工作液将最先被电离为负电子和正离子而被击穿，形成放电通道，电流随即剧增，在该局部产生火花放电，瞬时高温将工件和工具表面都蚀掉一小部分金属。单个脉冲经过上述过程，完成了一次脉冲放电，而在工件表面留下一个带有凸边的小凹坑，如图 8-5 所示。这样以很高频率连续不断地重复放电，工具电极不断地向工件进给，就将工具的形状复制在工件上，加工出所需的零件。

8.3.2.2 电火花加工的特点

适用的材料范围广，可以加工任何硬、软、韧、脆、高熔点的导电材料；适于加工特殊及复杂形状的零件；脉冲参数可以在较大范围内调节，可以在同一台机床连续进行粗、半精及精加工；直接利用电能进行加工，便于实现自动化。

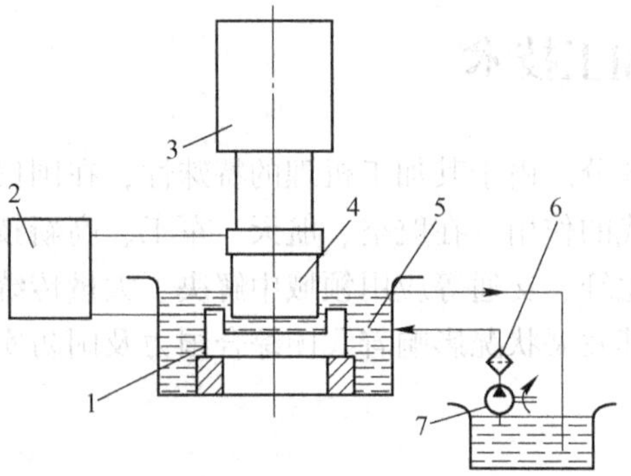

图 8-4　电火花加工原理示意图

1—工件；2—脉冲电源；
3—自动进给调节系统；4—工具；
5—工作液；6—过滤器；7—工作液泵

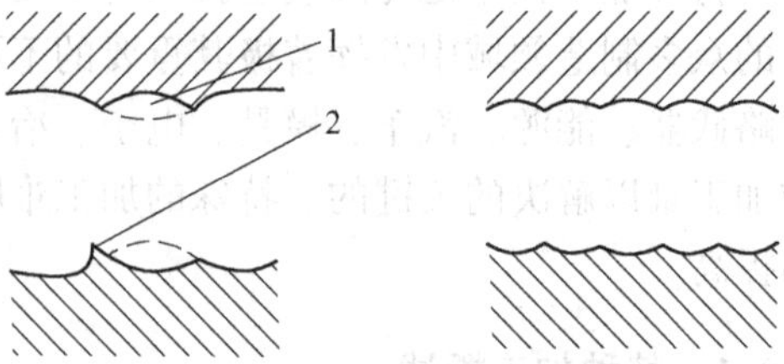

图 8-5　电火花加工表面局部放大

1—凹边；2—凸边

8.3.2.3　火花加工应用

电火花加工的应用范围很广，既可用来加工各种型腔及孔（图 8-6），也可进行切断和切割（电火花线切割加工）以及电火花磨削和镗磨、电火花合成加工（同步共轭回转加工）、电火花表面强化与刻字等。以电火花穿孔成型加工和电火花线切割应用最为广泛。

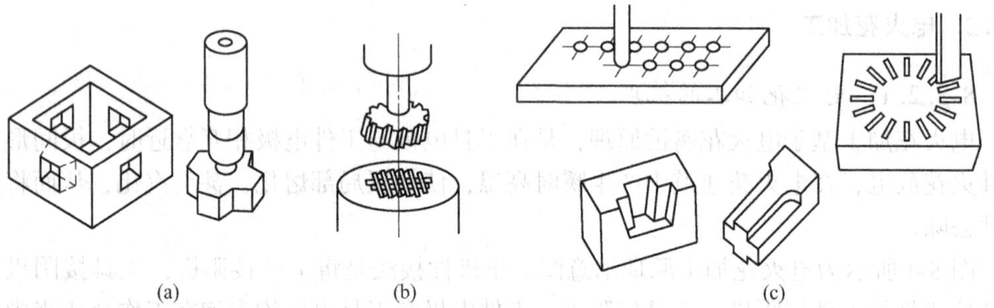

图 8-6　电火花加工实例

（a）加工型腔；（b）成型零件加工；（c）加工孔

8.3.3　电火花线切割加工

8.3.3.1　电火花线切割加工的机理

电火花线切割加工与电火花成型加工的基本原理一样，都是基于电极间脉冲放电时的电火花腐蚀原理，实现零部件的加工。但电火花线切割加工不需要制造复杂的成型电极，而是利用移动的细金属丝（钼丝或铜丝）作为工具电极，工件按照预定的轨迹运动，“切割”出所需的各种尺寸和形状。图 8-7 所示为电火花线切割加工示意图。被切割的工件作为工件电极，电极丝作为工具电极，当来一个电脉冲时，在电极丝和工件之间就可能产生一次火花放电，在放电通道中瞬时可达 5000℃以上高温使工件局部金属熔化，甚至有少量汽化，高温也使电极和工件之间的工作液部分产生汽化，这些汽化后的工作液和金属蒸汽瞬间迅速膨胀，并具有爆炸特性。靠这种热膨胀和局部微爆炸，抛出熔化和汽化了的金属材料而实现对工件材料进行电蚀切割加工。

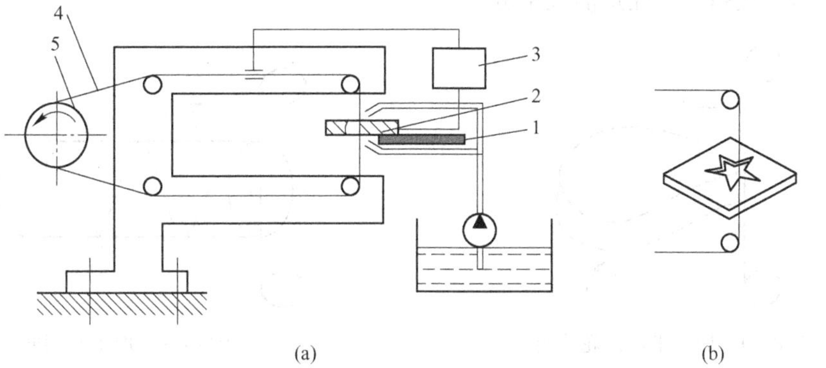

图 8-7　电火花线切割加工原理图

（a）加工装置；（b）电极丝与工件相对运动加工异形孔

1—绝缘底板；2—工件；3—脉冲电源；4—电极丝；5—储丝轮

8.3.3.2　电火花线切割加工特点

（1）不需制造成型电极，用简单的电极丝即可对工件进行加工。可切割各种高硬度、高强度、高韧性和高脆性的导电材料，如淬火钢、硬质合金等。

（2）由于电极丝比较细，可以加工微细异形孔、窄缝和复杂形状的工件。

（3）能加工各种冲模、凸轮、样板等外形复杂的精密零件，尺寸精度可达 0.02～0.01mm，表面粗糙度 Ra 值可达 1.6μm；还可切割带斜度的模具或工件。

（4）由于切缝很窄，切割时只对工件进行“套料”加工，故余料还可以利用。

（5）自动化程度高，操作方便，劳动强度低。

（6）加工周期短，成本低。

8.3.3.3　电火花切割的应用

（1）电火花切割最广泛的应用是加工各类模具，如冲模、铝型材挤压模、塑料模具及粉末冶金模具等，如图 8-8 和图 8-9 所示。

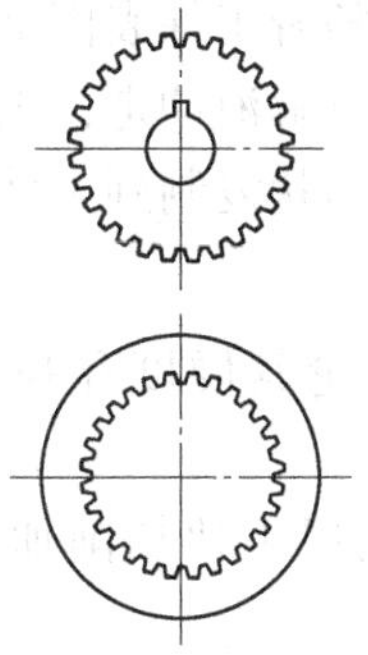

图 8-8　齿轮模具

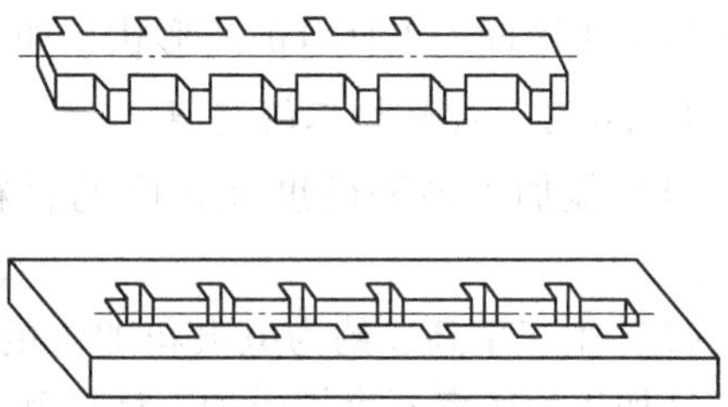

图 8-9　窄长冲模

（2）加工二维直纹曲面的零件（需配有数控回转工作台），如图 8-10 所示。

（3）加工三维直纹曲面零件（需配有数控回转工作台），如图 8-11～图 8-13 所示。

（4）各种导电材料和半导体材料以及稀有、贵重金属的切断。

（5）加工微细槽、任意曲线窄缝。

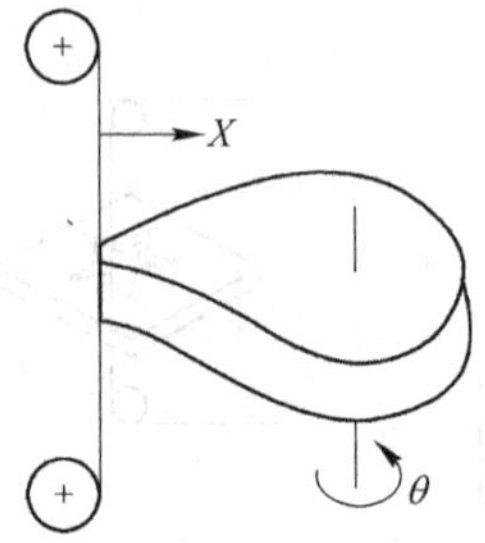

图 8-10 加工平面凸轮零件

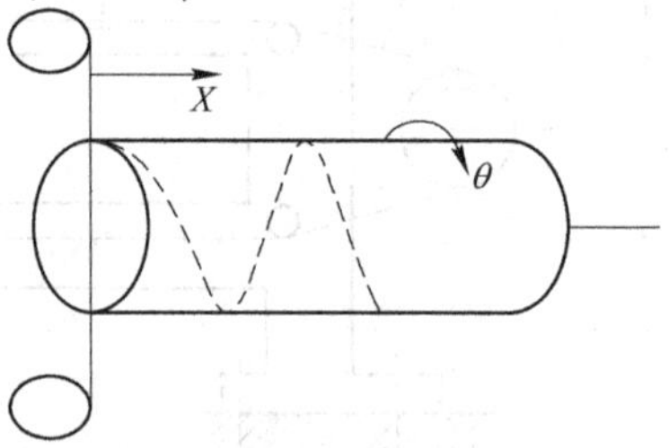

图 8-11 加工螺旋面

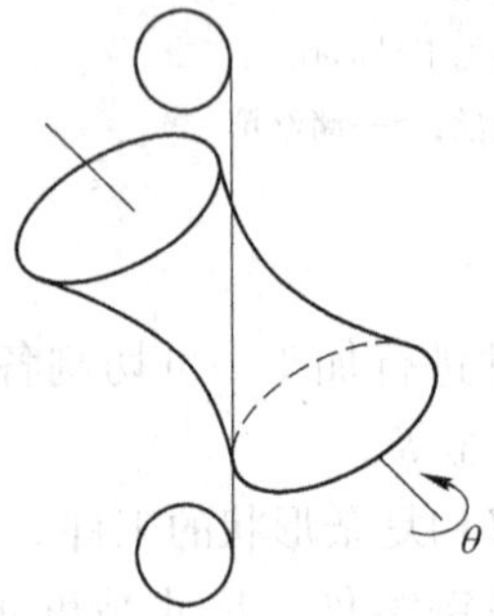

图 8-12 加工双曲面

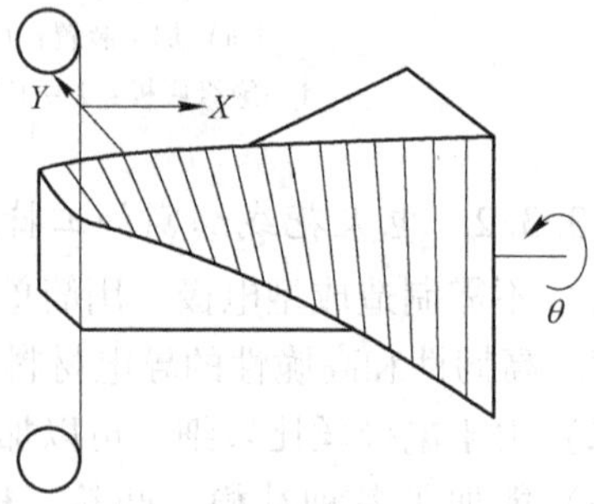

图 8-13 加工扭转锥台

8.3.4 电解加工

8.3.4.1 工作原理

电解加工原理如图 8-14 所示。在工件（阳极）与工具（阴极）之间接上直流电源，使工具阴极与工件阳极间保持较小的加工间隙（0.1～0.8mm），间隙中通过高速流动的电解液，这时工件阳极开始溶解。开始时两极之间的间隙大小不等，间隙小处电流密度大，阳极金属去除速度快；间隙大处电流密度小，去除速度慢。随着工件表面金属材料不断溶解，工具阴极不断地向工件进给，溶解的电解产物不断地被电解液冲走，工件表面也就逐渐被加工成接近于工具电极的形状，如此下去直至将工具的形状复制到工件上。

8.3.4.2 电解加工的特点

（1）能加工各种硬度和强度的材料，只要是金属，无论其硬度和强度多大，都可加工。

（2）生产率高，约为电火花加工的 5～10 倍，在某些情况下比切削加工的生产率还高，且加工生产率不直接受加工精度和表面粗糙度的限制。

（3）表面质量好，电解加工不产生残余应力和变质层，又没有飞边、刀痕和毛刺。

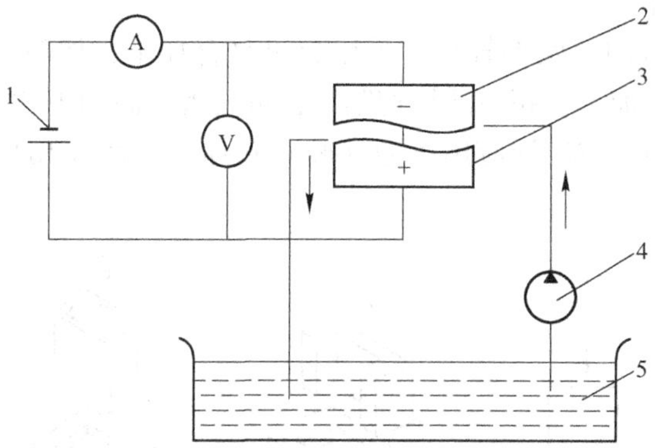

图 8-14 电解加工原理图
1—直流电源；2—工具阴极；3—工件阳极；4—电解液泵；5—电解液

在正常情况下，表面粗糙度 Ra 值可达 0.2~1.25μm。

（4）阴极工具在理论上不损耗，基本上可长期使用。

电解加工当前存在的主要问题是加工精度难以严格控制，尺寸精度一般只能达到 0.15~0.30mm。此外，电解液对设备有腐蚀作用，电解液的处理也较困难。

8.3.4.3 电解加工工艺应用

目前，电解加工主要应用在深孔加工、叶片（型面）加工、锻模（型腔）加工、管件内孔抛光、各种型孔的倒圆和去毛刺、整体叶轮的加工等方面。

8.3.5 超声波加工

8.3.5.1 工作原理

图 8-15 所示为超声波加工原理图。超声波发生器将工频交流电能转变为有一定功率输出的超声电振荡，通过换能器将超声电振荡转变为超声机械振动。此时振幅一般较小，再通过振幅扩大棒（变幅杆），使固定在变幅杆端部的工具振幅增大到0.01~0.15mm。利用工具端面的超声（16~25kHz）振动，使工作液中的悬浮磨粒（碳化硅、氧化铝等）对工件表面产生撞击抛磨，实现加工。

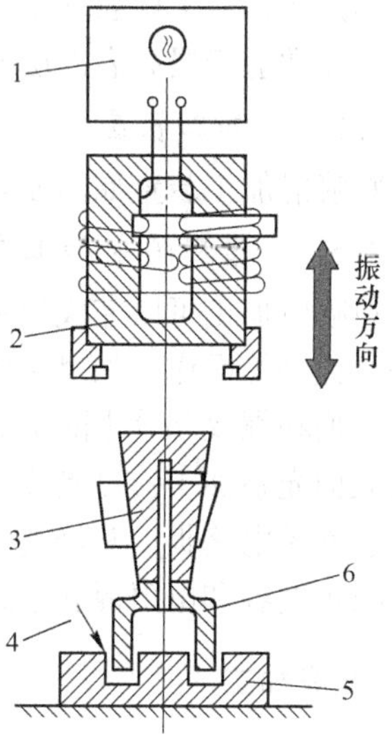

图 8-15 超声波加工原理图
1—超声波发生器；2—换能器；3—变幅杆；4—磨料悬浮液注入；5—工件；6—工具

8.3.5.2 超声波加工的特点及应用

（1）适用于加工各种脆性金属材料和非金属材料，如玻璃、陶瓷、半导体、宝石、金刚石等。

（2）可加工各种复杂形状的型孔、型腔、型面。

（3）被加工表面无残余应力，无破坏层，加工精度较高，尺寸精度可达 0.01~0.05mm。

（4）加工过程受力小，热影响小，可加工薄壁、薄片等易变形零件。

(5) 单纯的超声波加工效率较低，采用超声复合加工，如超声波辅助车削、超声波辅助磨削、超声波电解加工、超声波线切割等，可显著提高加工效率。

在实际生产中，超声波广泛应用于型（腔）孔加工（图 8-16）、切割加工（图 8-17）等方面。

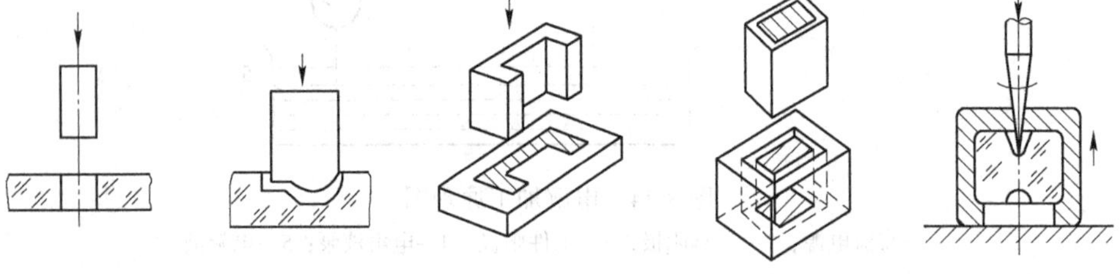

(a)　(b)　(c)　(d)　(e)

图 8-16　超声波加工的型孔、腔孔类型

（a）加工圆孔；（b）加工型腔；（c）加工异形孔；（d）套料加工；（e）加工微细部分

8.3.6　磨料喷射加工

8.3.6.1　工作原理

磨料喷射加工是一种使用游离磨料以运动方式进行的磨料加工。其工作机理是用高速射流（气体、液体或气体与液体的混合物）喷射磨粒，磨粒以很高的速度冲击或抛磨工件表面，从而去除工件表面材料。磨料喷射加工是一种冷切削方式，对工件表面不产生热作用，并且无加工应力产生，非常适于提高表面层质量。

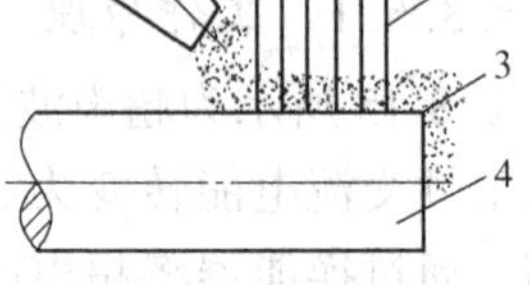

图 8-17　超声波切割单晶硅示意图

1—变幅杆；2—工具（薄钢片）；3—磨料液；4—单晶硅

8.3.6.2　加工装置

磨料喷射加工装置如图 8-18 所示。

8.3.6.3　磨料喷射加工应用

磨料喷射加工可以完成切割、去毛刺、清理、表面消光以及在玻璃、陶瓷或坚硬的金属上进行蚀刻等操作。如对液压阀、精密偶件、医疗器械等精密小零件中不允许有毛刺的交叉孔、槽和螺纹部分去除毛刺和表面修整；对尼龙、聚四氟乙烯和酚醛塑料等非金属零件进行表面光整加工；可剥除导线绝缘层和清理导线而不影响导电性；可用来进行玻璃表面消光、修整电路板以及修整硅和镓等；可进行珠宝表面抛光和清除古代文物上的污迹；可用来清理电容和电阻混和电路等。

8.3.7　激光加工

8.3.7.1　激光加工的原理

激光是一种因受激辐射而得到的强度高、方向性好、单色性好的相干光。由于激光的发散角小和单色性好，理论上可以聚焦到尺寸与光的波长相近的小斑点上，加上它本身强

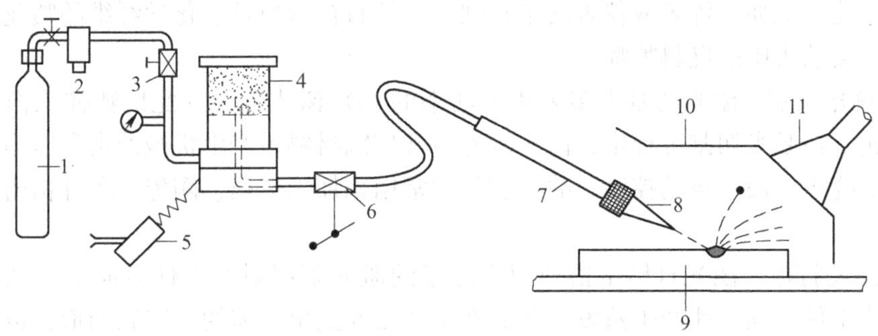

图 8-18 磨粒喷射加工装置

1—压缩气瓶；2—过滤器；3—压力调节器；4—电源与混料室；5—振动器；
6—脚踏阀门；7—把手；8—喷嘴；9—工件；10—防尘罩；11—吸尘器

度高，故可以使其焦点处的功率密度达到 $10^5 \sim 10^{13}$ W/cm^2，温度可达 10000℃以上。在这样的高温下，任何材料都将瞬时急剧熔化和汽化，并爆炸性地高速喷射出来，同时产生方向性很强的冲击。因此，激光加工（图 8-19）是工件在光热效应下产生高温熔融和受冲击波抛出的综合过程。

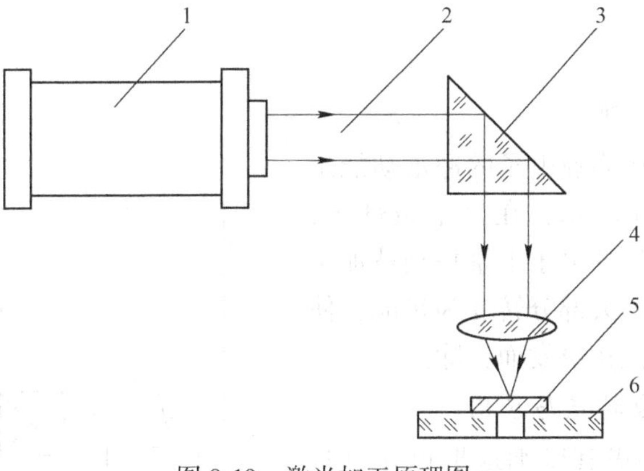

图 8-19 激光加工原理图

1—激光器；2—激光束；3—反射镜；4—聚焦镜；5—工件；6—工作台

8.3.7.2 激光加工的特点

（1）几乎对所有的金属和非金属材料都可以进行激光加工。

（2）激光能聚焦成极小的光斑，可进行微细和精密加工，如微细窄缝和微型孔的加工。

（3）可用反射镜将激光束送往远离激光器的隔离室或其他地点进行加工。

（4）加工时不需用刀具，属于非接触加工，无机械加工变形。

（5）无需加工工具和特殊环境，便于自动控制连续加工，加工效率高，加工变形和热变形小。

8.3.7.3 激光加工的应用

（1）激光打孔。激光可以在任何材料的不同位置，打出浅至几微米，深至二十几毫米以上的小孔。例如，钟表或仪表的宝石轴承、钻石拉丝模具、化学纤维的喷丝头，以及火箭或柴油发动机中的燃料喷嘴等。

（2）激光切割。激光切割大多采用大功率的 CO_2 激光器，并配以数控工作台切割金属和非金属。在激光切割过程中，由于激光对被切割材料不产生机械冲击和压力，再加上激光切割切缝小，便于自动控制，故在实际中常用来加工玻璃、陶瓷、各种精密细小的零部件。

（3）激光打标。激光打标是指利用高能量的激光束照射在工件表面上，光能瞬时变成热能，使工件表面迅速产生蒸发，从而在工件表面刻出所需的文字和图形，以作为永久防伪标志。激光打标广泛应用于电子元器件、汽（摩托）车配件、医疗器械、通信器材、计算机外围设备、钟表等产品和烟酒食品防伪等行业。

（4）激光焊接。激光焊接一般无需焊料和焊剂，只需将工件的加工区域“热熔”在一起即可。激光焊接速度快、热影响区小、焊接质量高，既可焊接同种材料，也可焊接异种材料，还可透过玻璃进行焊接。

（5）激光表面处理。可对铸铁、中碳钢，甚至低碳钢等材料进行激光表面淬火。淬火层深度一般为0.71～1.1mm，淬火层硬度比常规淬火约高20%。激光淬火变形小，还能解决低碳钢的表面淬火强化问题。

8.3.8 电子束加工

8.3.8.1 工作原理

电子束加工是利用高速电子的冲击动能来加工工件。如图8-20所示，在真空条件下，将具有很高速度和能量的电子束聚焦到被加工材料上，电子的动能绝大部分转变为热能，使材料局部瞬时熔融、汽化蒸发而去除。

8.3.8.2 电子束特点与应用

（1）电子束能够极其微细地聚焦（可达1～0.1μm），故可进行微细加工。

（2）加工材料的范围广。由于电子束能量密度高，可使任何材料瞬时熔化、汽化，且机械力的作用极小，不易产生变形和应力，故能加工各种力学性能的导体、半导体和非导体材料。

（3）加工在真空中进行，污染少，加工表面不易被氧化。

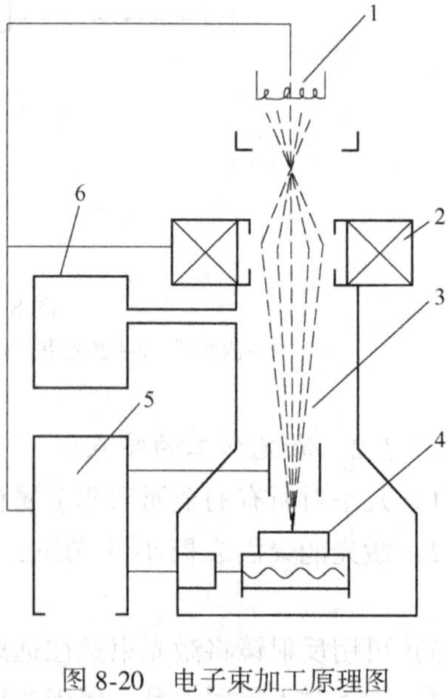

图8-20 电子束加工原理图
1—电子枪系统；2—聚焦系统；3—电子束；4—工件；5—电源及控制系统；6—抽真空系统

（4）电子束加工需要整套的专用设备和真空系统，价格较贵，故在生产中受到一定程度的限制。电子束加工常应用于加工微细小孔、异形孔（图8-21）及特殊曲面（图8-22）。

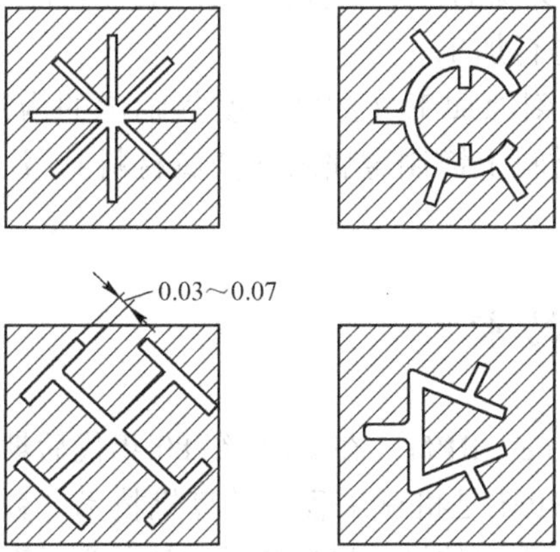

图 8-21 电子束加工的喷丝头异形孔

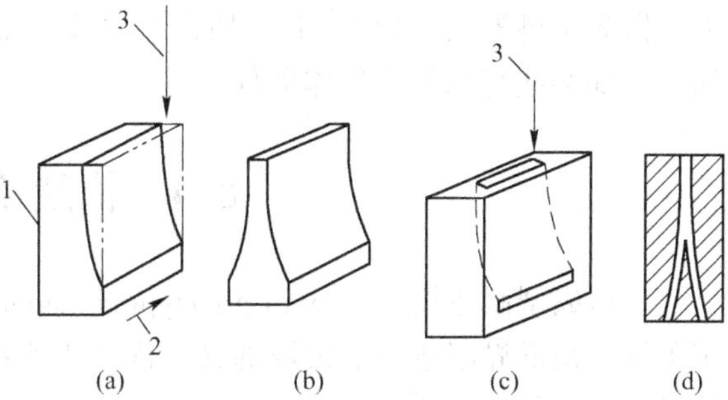

图 8-22 电子束加工曲面、穿孔

（a）电子束加工曲面；（b）加工曲面形成的零件；
（c）电子束加工曲面盲孔；（d）加工异形通孔
1—工件；2—工件运动方向；3—电子束

8.3.9 离子束加工

8.3.9.1 工作原理

离子束加工是在真空条件下，将离子源产生的离子束经过加速、聚焦后投射到工件表面的加工部位以实现加工。所不同的是离子带正电荷，其质量比电子大数千倍乃至数万倍，故在电场中加速较慢。但一旦加至较高速度，就比电子束具有更大的撞击动能。离子束加工是靠微观机械撞击能量转化为热能进行的。

离子束加工的物理基础是离子束射到材料表面时发生撞击效应、溅射效应和注入效应。离子束加工可分为4类。

（1）离子束刻蚀加工。离子轰击工件，将工件表面的原子逐个剥离，又称离子铣削，其实质是一种原子尺度的切削加工。

（2）离子溅射沉积。离子轰击靶材，将靶材原子击出，沉积在靶材附近的工件上，使工件表面镀上一层薄膜。

（3）离子镀。又称离子溅射辅助沉积。离子同时轰击靶材和工件表面，目的是为了增强膜材与工件基材之间的结合力。

（4）离子注入。离子束直接轰击被加工材料，由于离子能量相当大，离子钻入被加工材料的表层。工件表面层含有注入离子后，改变化学成分，从而改变工件表面层的机械物理性能。

8.3.9.2 离子束加工特点及应用

（1）离子束加工是目前特种加工中最精密、最微细的加工。离子刻蚀可达纳米级精度，离子镀膜可控制在亚微米级精度，离子注入的深度和浓度也可精确地控制。

（2）离子束加工在高真空中进行，污染少，特别适宜于对易氧化的金属、合金和半导体材料进行加工。

（3）离子束加工是靠离子轰击材料表面的原子实现的，是一种微观作用，所以加工应力和变形极小，适宜于对各种材料和低刚度零件进行加工。

在目前的工业生产中，离子束加工主要应用于刻蚀加工（如加工空气轴承的沟槽，加工极薄材料等）、镀膜加工（如在金属或非金属材料上镀制金属或非金属材料）、注入加工（如某些特殊的半导体器件）等。

8.4 快速成型技术

快速成型制造技术（rapid prototyping manufacturing，RPM）在20世纪80年代后期源于美国，是世界制造技术领域的又一次重大突破。RPM是机械工程、计算机技术、数控技术及材料科学等技术的集成。它能将已具数学几何模型的设计迅速自动地物化为具有一定结构和功能的原型或零件。

8.4.1 快速成型技术的原理

RPM技术获得零件的途径不同于传统的材料去除或材料变形方法，而是在计算机控制下，基于离散/堆积原理，采用不同方法堆积材料以最终完成零件的成型与制造技术。从成型角度看，零件可视为由点、线或面叠加而成，即从CAD模型中离散得到点、面的几何信息，再与成型工艺参数信息结合，控制材料有规律、精确地由点到面，由面到体地堆积零件。从制造角度看，它根据CAD造型生成零件三维几何信息，转化成相应的指令传输给数控系统，通过激光束或其他方法使材料逐层堆积而形成原型或零件，无需经过模具设计制造环节，极大地提高了生产效率，大大降低生产成本，特别是极大地缩短生产周期，被誉为制造业中的一次革命。

不同快速成型技术在制造工艺方面不尽相同，但其基本思想都是利用计算机将复杂的三维物体转化为二维层，然后由点/线构成面（层），逐层成型得到最终的三维零件模型。其成型步骤为：

（1）离散。把三维CAD模型转化为快速成型系统能够接受的数据格式，如STL文件，运用离散软件将模型切成一系列指定厚度的薄片，如图8-23所示。

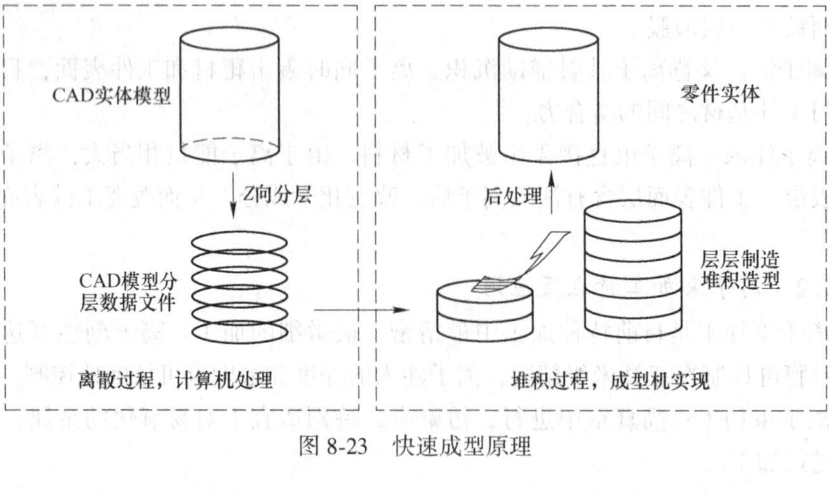

图8-23 快速成型原理

（2）扫描。通过数控装置控制激光或其他作业装置，在当前工作层上扫描出切片的截面形状。在成型过程中，最基本的操作是扫描固化零件的截面，分层得到的截面信息是轮廓数据，要进行内部充填，必须由轮廓数据生成填充路径。

（3）进给。为了进行下一层的成型，需把成形材料覆盖在当前层上，大多数是移动放着半成品的工作台，即把工作台沿着 Z 轴方向下降一定距离，下降距离取决于每次成型的厚度。重复上一步骤和本步骤，直到零件完全成型。

（4）后处理。根据不同应用场合的需要，分别对零件进行后固化、上漆、烧结、渗铜等处理。

8.4.2 快速成型技术的典型工艺方法

8.4.2.1 光固化成型

光固化成型（stereo lithography apparatus，SLA）方法是在树脂液槽中盛满液态光敏树脂，使其在激光束的照射下快速固化。成型过程开始时，可升降的工作台处于液面下一个截面层厚的高度，聚焦后的激光束在计算机的控制下，按照截面轮廓的要求，沿液面进行扫描，使被扫描区域的树脂固化，从而得到该截面轮廓的塑料薄片；然后，工作台下降一层薄片的高度，已固化的塑料薄片就被一层新的液态树脂覆盖，以便进行第二层激光扫描固化，新固化的一层牢固地黏接在前一层上。如此重复不已，直到整个产品成型完毕。最后升降台升出液体树脂表面，即可取出工件，进行清洗和表面光洁处理。整个成型过程的原理如图 8-24 所示。

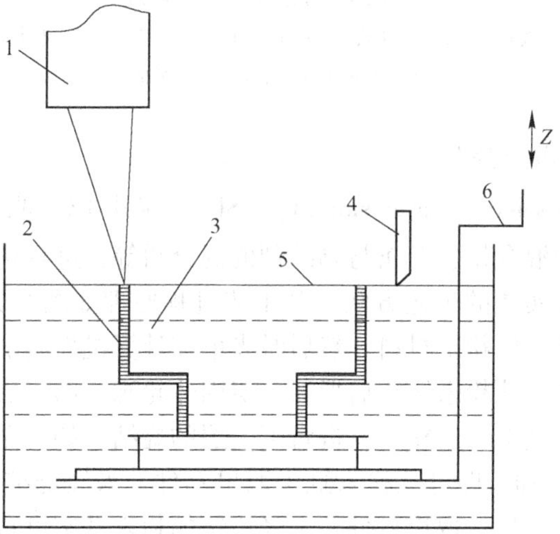

图 8-24 光固化成型工艺原理

1—紫外激光；2—成型零件；3—光敏树脂；4—刮平器；5—液面；6—升降台

8.4.2.2 分层实体制造

分层实体制造（laminated object manufacturing，LOM）快速成型是一种薄片材料叠加工艺。分层实体制造是根据三维 CAD 模型每个截面的轮廓线，在计算机控制下，发出控制激光切割系统的指令，使切割头作 X 和 Y 方向移动，工作原理如图 8-25 所示。供料机构将底面涂有热熔胶的箔材，如涂覆纸、涂覆陶瓷箔、金属箔、塑料箔材等，一段段地送至工作台的上方。激光切割系统按照计算机提取的横截面轮廓，用 CO_2 激光束将工作台上的纸割出轮廓线，同时将纸的无轮廓区切割成小碎片。然后，由热压机构将一层层纸压紧并黏接在一起，可用升降工作台支撑正在成型的工件，并在每层成型之后，降低一个纸厚，以便送进、黏接和切割新的一层纸。最后形成由许多小废料块包围的三维原型零件。待取出后，将多余的废料小块剔除，就可以获得三维产品。

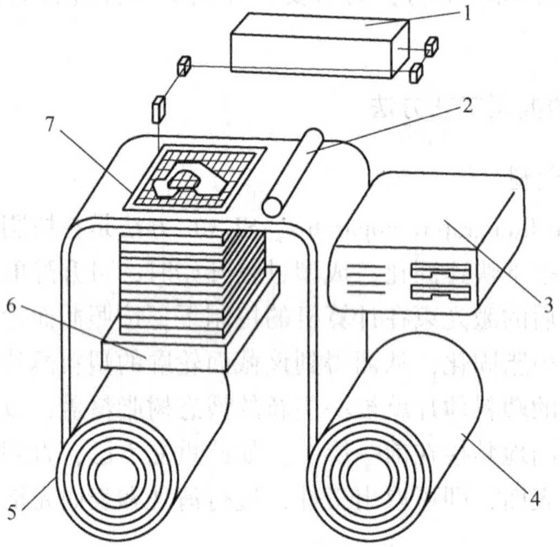

图 8-25　分层实体制造原理

1—激光器；2—热压辊；3—计算机；4—供料筒；5—收料筒；
6—升降工作台；7—加工平面

8.4.2.3　选择性激光烧结

选择性激光烧结（selective laser sintering，SLS）采用 CO_2 激光器对粉末材料，如塑料粉、陶瓷与黏结剂的混合粉、金属与黏结剂的混合粉等，进行选择性烧结，是一种由离散点一层层堆积成三维实体的工艺方法。其工艺过程原理如图 8-26 所示，在开始加工之前，先在工作平台上铺一层粉末材料，然后激光束在计算机控制下按照截面轮廓对实心部分所在的粉末进行烧结，使粉末熔化后形成一层固体轮廓。第一层烧结完成后，工作台下降一截面层的高度，再铺上一层粉末，进行下一层的烧结，如此循环，形成三维的原型零件。最后经过 5~10h 冷却，即可从粉末缸中取出零件。未经烧结的粉末能承托正在烧结的工件，当烧结工序完成后，取出零件，未经烧结的粉末基本可自动脱掉，并重复利用。

8.4.2.4　熔积堆积成型

熔积堆积成型（fused deposition modeling，FDM）工艺是一种不依靠激光作为成型能源，而将各种丝材加热熔化的成型方法。熔积堆积成型的原理是，加热喷头在计算机的控制下，根据产品零件的截面轮廓信息，作平面运动。热塑性料丝由供丝机构送至喷头，并在喷头中加热和熔化成半液态，然后被挤压出来，有选择性地涂覆在工作台上，快速冷却后形成一层薄片轮廓。一层截面成型完成后，工作台下降一定高度，再进行下一层的熔覆，如此循环，最终形成三维产品零件。其工艺过程原理如图 8-27 所示。

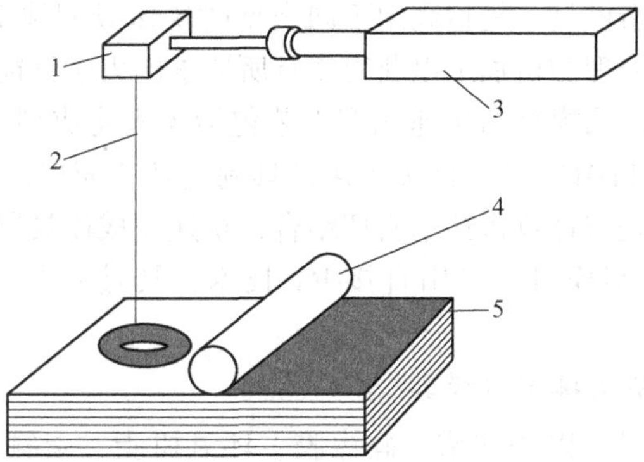

图 8-26 选择性激光烧结成型原理

1—扫描镜；2—激光束；3—激光器；4—平整辊；5—粉末材料

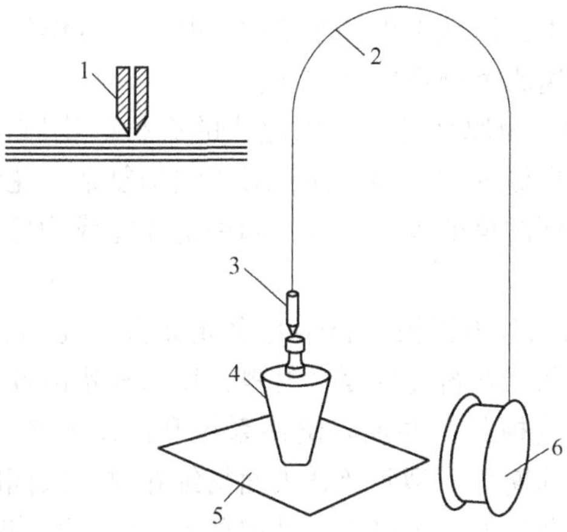

图 8-27 熔积成型原理

1—喷头；2—料丝；3—喷头；4—成型工件；5—工作台；6—供丝机构

8.4.3 快速成型技术在模具制造中应用

在快速成型技术领域中，目前发展最迅速、产值增长最明显的应属快速模具（rapid tooling，RT）技术。传统模具制造的方法很多，如数控铣削加工、成型磨削、电火花加工、线切割加工、铸造模具、电解加工、电铸加工、压力加工和照相腐蚀等。由于这些工艺复杂、加工周期长、费用高，因而影响了新产品对于市场的响应速度。传统的快速模具，如中低熔点合金模具、电铸模、喷涂模具等，因其工艺粗糙、精度低、使用寿命短，很难完全满足用户的要求；而应用快速成型技术制造快速模具，可在最终生产模具开模之前进行新产品试制与小批量生产，大大提高产品开发的一次成功率，有效缩短开发时间和节约开发费用，使快速模具技术具有很好的发展前景。利用快速成型技术制造快速模具可以分为直接制造模具与间接制造模具两大类。

8.4.3.1 快速成型直接制造模具

用快速成型直接制造模具，是指利用不同类型的快速成型技术直接制造出模具本身，然后进行一些必要的后处理和机加工以获得模具所要求的力学性能、尺寸精度和表面粗糙度。目前能够直接制造金属模具的快速成型工艺包括光固化成型（SLA）、选择性激光烧结（SLS）、熔积成型（FDM）等。直接快速模具制造环节简单，能够较充分地发挥快速成型技术的优势，特别是与计算机技术密切结合，快速完成模具制造，对于那些需要复杂形状的内流道冷却的注塑模具，采用直接 RT 技术，其具有其他方法不能替代的独特优势。

8.4.3.2 快速成型间接制造模具

用快速成型制造母模，以浇注蜡、硅橡胶、环氧树脂、聚氨酯等软材料，构成软模具。例如，金属与环氧树脂的混合材料在室温下呈胶体状，能在室温下浇注和固化，因此特别适合用来复制模具。

用快速成型制造母模或软模具，再与熔模铸造、陶瓷型精密铸造、电铸、冷喷等传统工艺结合，制成硬模具，以便批量生产塑料件或金属件。硬模具通常具有较好的机械加工性能，可进行局部切削加工，以获得更高的精度，并可嵌入镶块、冷却部件和浇道等。

下面介绍两种典型快速成型制造模具方法：

（1）硅胶模具。以原型为原样件，采用硫化的有机硅橡胶浇注，直接制造硅橡胶模具。并且由于硅橡胶具有良好的柔性和弹性，对于结构复杂、花纹精细、无拔模斜度或具有倒拔模斜度，以及具有深凹槽的零件来说，制件浇注完成均可直接取出，这是其相对于其他模具的独特之处。

（2）金属喷涂模。以原型为样模，将熔化金属充分雾化后，以一定的速度喷射到样模表面，形成模具型腔表面，背衬充填复合材料，用填充铝的环氧树脂或硅橡胶支撑，将壳与原型分离，得到精密的模具，并加入浇注系统和冷却系统等，连同模架构成注射模具。其特点是工艺简单、周期短；型腔及其表面精细花纹一次同时形成；省去了传统模具加工中的制图、数控加工和热处理等昂贵、费时的步骤，不需机加工；模具尺寸精度高，可缩短周期，节约成本。

8.5 非金属材料成型技术

非金属材料是对除金属材料之外的所有材料的总称，包括有机高分子材料、无机非金属材料和复合材料三大类。目前在工程领域应用最多的非金属材料主要是塑料、橡胶、陶瓷及各种复合材料。

8.5.1 塑料成型

塑料是一类以天然或合成树脂为主要成分，在一定温度、压力条件下经塑制成型，并在常温下能保持形状不变的高分子工程材料。

塑料成型是指将粉状、粒状、纤维状和碎屑状固体塑料、树脂溶液或糊状等各种形态的塑料原料制成所需形状和尺寸的制品或半制品的技术。目前生产上广泛采用注射、挤出、压制、吹塑等方法成型。

8.5.1.1 注射成型

将塑料原料放在注射成型机的料筒内，加热至熔融状态，在柱塞或螺杆的压力作用下，以较高的速度和压力注入封闭的模具内腔，冷却凝固后，打开模具即可得到所需的制品（图 8-28）。注射成型是热塑性塑料的一种主要成型方法，可以成型几何形状复杂、尺寸精确及带各种嵌件的塑料制品，如电视机外壳、日常生活用品等。

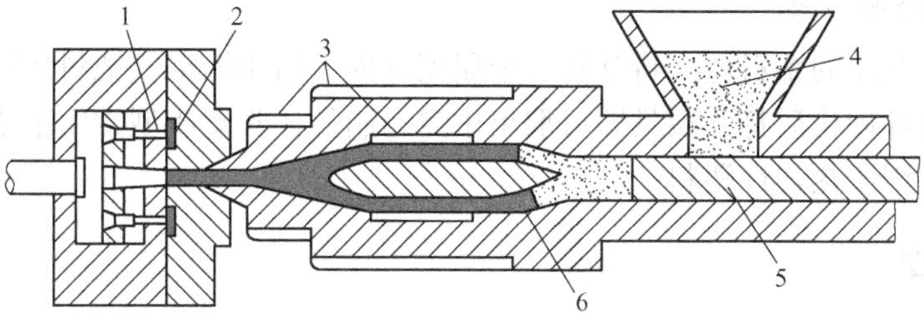

图 8-28 注射成型示意图

1—顶出杆；2—模具内腔；3—加热器；4—颗粒塑料；5—柱塞；6—分流梳

8.5.1.2 挤出成型

将塑料原料放在挤出机的料筒里，经加热器加热至熔融，再靠螺旋推杆将熔融的塑料连续不断地由模嘴中挤出而成为塑料型材（图 8-29）。更换不同的模嘴可以生产不同截面的型材。挤出成型适合于热塑性塑料的管材、棒材、板材等塑料型材的生产。它的优点是可以自动连续生产，效率高；缺点是制品尺寸精度较差，不能用于热固性塑料制品的生产。

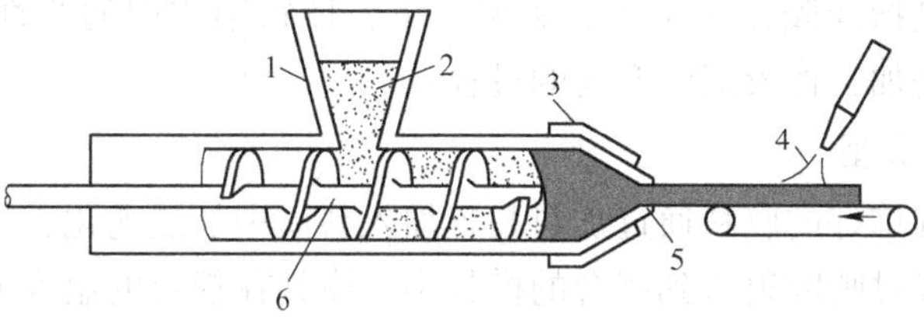

图 8-29 挤出成型示意图

1—料筒；2—原料；3—加热器；4—冷却介质；5—模嘴；6—螺旋推杆

8.5.1.3 压制成型

压制成型又叫模压成型，将塑料原料放入金属模具内，加热加压，使其在模具内成型、硬化。这是热固性塑料通常采用的成型方法。所用设备为液压机、旋压机等。

8.5.1.4 浇注成型

浇注成型与金属的铸造十分相似。有些树脂常温下就是液态（如环氧树脂等），有些树脂加热后可以变成液态。在这些树脂中加入固化剂等添加剂，将配制好的混合液体浇入模具内，在室温或加热的条件下，通过化学变化在模具内固化成型。它适用于热固性塑料的成型，也适用于某些热塑性塑料制品的生产。其优点是可以生产体积较大的制品，对模具强度要求不高，所用设备较简单；缺点是成型周期较长，制品的尺寸精度较低。

8.5.1.5 真空成型

将热塑性塑料片放在模具中，周边压紧，用加热器把塑料片加热至软化状态，然后将模具内腔抽成真空，使软化的塑料片在大气压力作用下与模具内表面贴合，冷却硬化后得到所需的塑料制品。真空成型主要用于制作杯、盘、罩、壳体等敞口塑料制品；有机玻璃、ABS塑料等都可以采用真空成型。

8.5.1.6 吹塑成型

先制成熔融状态的塑料坯，将其置入金属模具内，用压缩空气把料坯吹胀，并与模具内表面贴合，冷却硬化后打开模具即可取出中空的制品。吹塑成型常用于瓶、罐、筒类件的生产，并且仅限于热塑性塑料。

8.5.2 橡胶成型

常用的橡胶有天然橡胶和合成橡胶。天然橡胶是由天然胶乳经过凝固、干燥、加压等工序制成的片状生胶；合成橡胶主要有丁苯橡胶、顺丁橡胶、聚氨酯橡胶、氯丁橡胶、丁腈橡胶、硅橡胶、氟橡胶等。橡胶制品是以生胶为基础加入适量配合剂，如硫化剂、防老剂、填充剂、软化剂、发泡剂、补强剂、着色剂等，然后再经过硫化成型获得。橡胶制品的成型方法与塑料成型方法相似，主要有压制成型、注射成型等。

8.5.2.1 压制成型

压制成型是将经过塑炼和混炼预先压延好的橡胶坯料，按一定规格和形状下料后，加入到压制模中，合模后在液压机上按规定的工艺条件进行压制，使胶料在受热受压下以塑性流动充满型腔，经过一定时间完成硫化，再进行脱模、清理毛边，最后检验，得到所需制品的方法。硫化是指橡胶在一定压力和温度下，坯料结构中的线性分子链之间形成交联，随着交联度的增加，橡胶变硬变韧的过程。

8.5.2.2 注射成型

注射成型是将混炼好的胶料通过加料装置加入料筒中加热塑化，塑化后的胶料在柱塞或螺杆的推动下，经过喷嘴射入到闭合的模具中，模具在规定的温度下加热，使胶料硫化成型。在注射成型过程中，由于胶料在充型前一直处于运动状态受热，因此各部分的温度较压制成型时均匀，且橡胶制品在高温模具中短时即能完成硫化，制品的表面和内部的温差小，硫化质量较均匀。注射成型的橡胶制品具有质量较好、精度较高，而且生产效率较高的工艺特点。

8.5.3 陶瓷成型

现代陶瓷从性能上可分为结构陶瓷和功能陶瓷两大类。结构陶瓷是指具有力学性能及部分热学和化学功能的现代陶瓷；功能陶瓷是指具有电、磁、声、光、热等特别功能的现代陶瓷。

现代陶瓷的生产工艺过程与粉末冶金基本相同，分为原料粉末制取、成型和烧结3个阶段。许多成型方法也是一样的，如模压成型、注浆成型、挤压成型、注射成型、冷等静压成型等。在制取粉末方面有化学气相沉积法、气相冷凝法、气相化合物热分解法、液相化学沉积法等；在成型烧结工艺方面有热压法、热等静压法、爆炸法等。

8.5.4 复合材料成型

复合材料由两种或两种以上的不同材料组成：一种是基体材料；另一种是增强材料。基体材料的主要作用是黏接、保护增强材料，并传递载荷应力到增强材料上。基体材料可以是金属、树脂、陶瓷等。增强材料的主要作用是承受载荷，提高复合材料的强度（或韧性）。增强材料有细颗粒、短纤维、连续纤维等形态。复合的目的是为了得到最佳的性能组合。因此，复合材料具有一系列的性能特点，即比强度、比刚度高，耐疲劳性能高，抗断裂性能高，减振性能好，抗蠕变能力强等。

复合材料成型的工艺方法取决于基体和增强材料的类型。以颗粒、晶须或短纤维为增强材料的复合材料，一般都可以用其基体材料的成型工艺方法进行成型加工；以连续纤维为增强材料的复合材料的成型方法则不相同。复合材料成型工艺和其他材料的成型工艺相比，有一个突出的特点，即材料的形成与制品的成型是同时完成的，即复合材料制品的生产过程也是复合材料本身的生产过程。因此，复合材料的成型工艺水平直接影响材料或制品的性能。

8.5.4.1 树脂基复合材料的成型

（1）手糊成型法。手糊成型是用纤维作为增强材料，树脂作为基体材料（先将树脂配制成胶液）在模具上手工铺敷成型，树脂固化后脱模，从而获得复合材料制品。其成型示意图如图 8-30 所示。

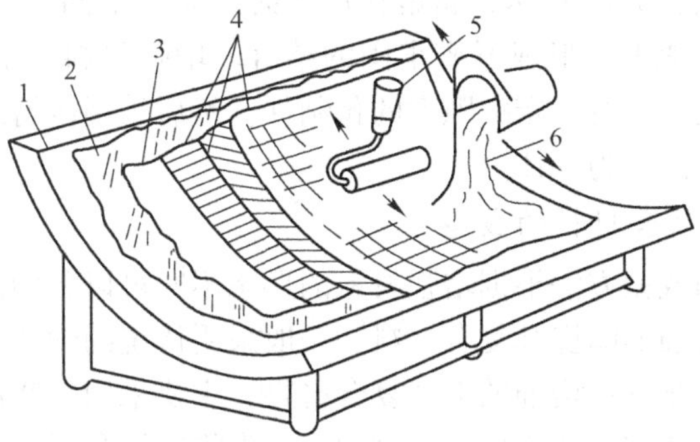

图 8-30 手糊成型示意图

1—模具；2—脱模剂；3—脱衣层；4—玻璃纤维增加材料；5—手动压辊；6—树脂

（2）喷射成型法。将不饱和树脂胶液与短的玻璃纤维在喷射过程中混合，经喷射沉积在模具上，然后再用手辊滚压，使纤维浸透树脂，沉积的物料被压实并除去气泡，最后固化成复合材料制品（图 8-31）。

（3）模压成型法。复合材料的模压成形与前面介绍的高分子材料的模压成型工艺原理相同，区别只是模压材料中含有增强材料。

8.5.4.2 金属基复合材料的成型

金属基复合材料主要以颗粒、晶须、短纤维和连续纤维作为增强材料。金属基复合材料的成型过程也是基体与增强材料复合的过程，其工艺方法按基体的状态大致可以分为固

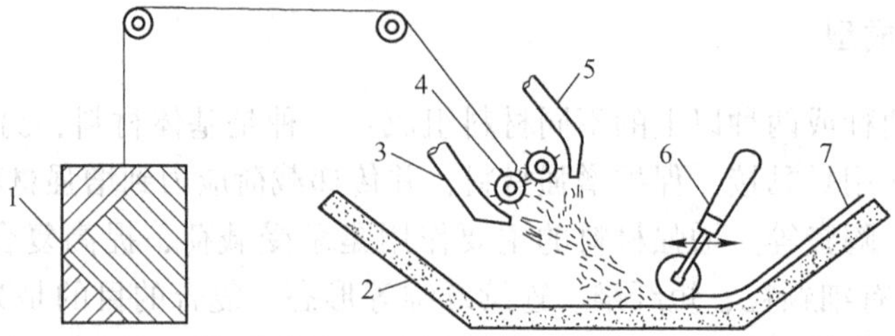

图 8-31 喷射成型示意图

1—玻璃纤维；2—模具；3—树脂+引发剂；4—切割器；5—树脂+促进剂；6—压辐；7—制品

态法和液态法两大类。

(1) 固态法。固态法主要包括扩散结合法、粉末冶金法等。

1) 扩散结合法。将预制成型的金属基复合材料的条带按照制品的形状、纤维体积密度和增强方向进行铺设、层叠、裁剪，在低于基体金属熔点 70~200℃的温度下施加静压力，使它们通过原子扩散进行结合，从而获得金属基复合材料制品。碳纤维、硼纤维增强铝合金（或镁合金等）复合材料的制造就是应用扩散结合法。这些复合材料已在航天航空等高科技领域得到成功的应用。

2) 粉末冶金法。将晶须或颗粒增强材料与金属粉末均匀混合，在模具内加压烧结成型。粉末冶金法制造的金属基复合材料已成功地用于飞机构件、涡轮发动机叶片、火箭发动机壳体、活塞、连杆等。

(2) 液态法。液态法是将基体金属熔化成液态，通过不同的方式使其进入到增强材料的缝隙中，经过凝固成形，形成紧密牢固的结合。增强材料是晶须、短纤维或长纤维时，往往需将它们先制成具有一定空隙度的预制件，然后采用压铸或抽真空的办法将金属液压入或吸入进去，凝固成为一体。

8.5.4.3 陶瓷基复合材料的成型

陶瓷基复合材料的成型方法根据增强材料的形态不同可以分为两类：一类是对于用短纤维、晶须或颗粒等增强的陶瓷基复合材料，一般采用传统的陶瓷成型工艺，主要是热压烧结；另一类是对于连续纤维增强的陶瓷复合材料，主要采用料浆浸渍热压法和化学气相渗透法。料浆浸渍热压烧结法的主要工艺过程为：先将纤维黏附一层配置好的陶瓷粉体浆料，然后将附有浆料的纤维排布成一定结构的坯体，再经过干燥，除去有机黏结剂，最后热压烧结成为陶瓷复合材料制品。这种方法不损伤增强纤维，能制造大型制品，工艺较简单。化学气相渗透法是先将纤维做成所需形状的型体，然后在预制成型体的空隙中通入适当的气体，该气体能够发生热分解或化学反应，并且反应的产物是所需要的陶瓷，反应生成的陶瓷沉积在纤维表面，直至将空隙填满。采用化学气相渗透法可以制取高致密度、高强度、高韧性的复合材料制品。

8.6 先进制造技术发展趋势

先进制造技术是传统制造业不断吸收机械、信息、材料及现代管理技术等方面最新的成果，并将其综合应用于产品开发与设计、制造、检测、管理及售后服务的制造全过程，实现优质、高效、低耗、清洁、敏捷制造，并取得理想技术经济效果的前沿制造技术的总称。从本质上可以说，先进制造技术是传统制造技术、信息技术、自动化技术和现代管理技术等的有机融合。

8.6.1 先进制造技术特点

(1) 先进制造技术贯穿了从产品设计、加工制造到产品销售及使用维修等全过程，成为包含“市场—产品设计—制造—市场”的大系统。而传统制造工程一般单指加工过程。

(2) 先进制造技术充分应用计算机技术、传感技术、自动化技术、新材料技术、管理技术等的最新成果，各专业、学科间不断交叉、融合，其界限逐渐淡化甚至消失。

(3) 先进制造技术是技术、组织与管理的有机集成，特别重视制造过程组织和管理体制的简化及合理化。

(4) 先进制造技术并不追求高度自动化或计算机化，而是通过强调以人为中心，实现自主和自律的统一，最大限度地发挥人的积极性、创造性和相互协调性。

(5) 先进制造技术是一个高度开放、具有高度自组织能力的系统，通过大力协作，充分、合理地利用全球资源，不断生产出最具竞争力的产品。

(6) 先进制造技术的目的在于能够以最低的成本、最快的速度提供用户希望的产品，实现优质、高效、低耗、清洁、灵活生产，并取得理想的技术经济效果。

8.6.2 先进制造技术的发展趋势

8.6.2.1 先进制造技术发展趋势

先进制造技术总的发展趋势为精密化、柔性化、网络化、虚拟化、智能化、清洁化、集成化和全球化。具体包含以下几方面发展趋势：

(1) 集合多学科成果形成一个完整的制造体系。集传统制造技术、信息技术、计算机技术、自动化技术、先进管理科学的交叉融合与最新成果。下一代航天、航空产品的制造将与材料科学、空间物理学等紧密结合；制造科学与生命科学、生物学交叉的生物制造、仿生制造将得到较大的发展；精微制造的机理和控制技术将得益于与量子力学、材料科学、微电子科学等的深度融合；数字制造、智能制造的发展将更加依赖于与现代数学、系统科学、管理科学的综合。可以说，未来 10~15 年将是制造科学与技术同其他相关学科交叉融合大发展的时期，尤其是制造基础科学可望取得一些新的突破。

(2) 先进制造技术是动态发展过程，不断地吸收各种高新技术发展而成，不同时期、不同区域有各自的重点和内容。

(3) 信息技术对先进制造技术的发展越来越重要，计算机集成制造系统（CIMS）、并行工程（CE）、智能制造（IM）贯穿于先进制造技术全过程。

1) 计算机集成制造系统（computer integrated manufacturing systems，CIMS），又称计算机综合制造系统，在这个系统中，集成化的全局效应更为明显。在产品生命周期中，各项作业都已有了其相应的计算机辅助系统，如计算机辅助设计（CAD）、计算机辅助制造（CAM）、计算机辅助工艺规划（CAPP）、计算机辅助测试（CAT）、计算机辅助质量控制（CAQ）等。这些单项技术“CAX”原来都是生产作业上的“自动化孤岛”，单纯地追求每一单项技术上的最优化，不一定能够达到企业的总目标——缩短产品设计时间，降低产品成本和价格，改善产品质量和服务质量以提高产品在市场的竞争力。计算机集成制造系统就是将技术上的各个单项信息处理和制造企业管理信息系统集成在一起，将产品生命周期中所有有关的功能，包括设计、制造、管理、市场等的信息处理全部予以集成。其关键是建立统一的全局产品数据模型和数据管理及共享的机制，以保证正确的信息在正确的时刻以正确的方式传到所需的区域。计算机集成制造系统的进一步发展方向是支持“并行工程”，即力图使那些为产品生命周期各阶段服务的专家尽早地并行工作，从而使全局优化并缩短产品开发周期。

2）并行工程。并行工程产生之前，产品功能设计、生产工艺设计、生产准备等步骤以串行生产方式进行。这种生产方式的缺陷在于，后面的工序是在前一道工序结束后才参与到生产链中来，它对前一道工序的反馈信息具有滞后性。一旦发现前面的工作中含有较大的失误，就需对设计进行重新修改，对半成品进行重新加工，于是会延长产品的生产周期，增加产品的生产成本，造成不必要的浪费，产品的质量也不可避免地受到影响。1986年，美国国防工程系统首次提出了“并行工程”的概念，初衷是为了改进国防武器和军用产品的生产，缩短生产周期，降低成本。由于该方法的有效性，各国的企业界和学术界都纷纷研究它，并行工程方法也从军用品生产领域扩展到民用品生产领域。关于并行工程有很多定义，至今得到公认的是1986年美国国防分析研究所在其R-338研究报告中提出的定义，即并行工程是对产品及其相关过程（包括制造过程和支持过程）进行并行一体化设计的一种系统化工作模式。这种工作模式力图使开发者们从一开始就考虑到产品全生命周期（从概念形成到产品报废）中的所有因素，包括质量、成本、进度和用户需求。简单来讲，并行工程（concurrent engineering，CE）是集成地、并行地设计产品及其零部件和相关各种过程（包括制造过程和相关过程）的一种系统方法。换句话说，就是融合公司的一切资源，在设计新产品时，就前瞻性地考虑和设计与产品的全生命周期有关的过程。在设计阶段就预见到产品的制造、装配、质量检测、可靠性、成本等各种因素。

3）智能制造。智能制造（IM）是美国学者首先提出的。它的特征是：①将人工智能融进制造过程的各个环节，即产品整个生命周期的所有环节，通过模拟专家的智能活动，对制造问题进行分析、判断、推理、构思、决策，旨在取代或延伸制造环境中人的部分脑力劳动。②对人类专家的制造智能进行收集、存储、完善、共享、继承和发展。③在制造过程中，系统能自动监测其运行状态，在受外界或内部激励时能自动调整其参数，以期达到最佳状态，具有自组织能力。

（4）向超精细微领域扩展。微型机械、纳米测量、微米/纳米加工制造将得到更进一步的发展。加工精度的“精密化”、加工尺度“细微化”、加工要求和条件的“极限化”，都是当今制造科学与技术发展研究的焦点。

（5）制造过程集成化。产品的设计、加工、检测、物流、装配过程一体化。集成化将使制造技术和管理更加深入和广泛地融合，其本质是知识与信息的集成。

（6）制造科学与制造技术、生产管理的融合。制造科学是制造系统和制造过程知识的系统描述。制造技术包含在制造科学之中，制造科学体现在制造技术里，技术和管理由生产模式结合在一起，现代制造正从技艺、技术走向科学。

（7）绿色制造。包括绿色产品设计技术、绿色制造技术、产品的回收和循环再制造等。人类社会必将与自然界和谐发展，制造必须充分保护自然环境，保护社会环境、生产环境和生产者的身心健康。制造必然要走“绿色”之路，这是实现国民经济可持续发展的重要条件。

（8）虚拟现实技术。包括虚拟制造技术、网络化制造、虚拟企业。虚拟现实技术通过向制造企业的设计、生产、管理与营销等提供跨地域的运行环境，使制造业走向全球化、整体化和有序化；虚拟现实技术将在产品制造、制造系统运行全过程中广泛应用，是预测和评价生产过程科学化的重要手段。

（9）制造全球化。这是指制造企业在世界范围内重组与集成。制造全球化可以使企业的知识、资本、技术和经验所获得的效益达到最大化；在全球化中整合资源，实现全球资源的优化配置，表现在全球化采购、全球化销售、全球化生产、全球化研发方面。企业将采购、生产、销售与研发的范围扩大到全球。

8.6.2.2 先进制造技术近期的发展

在未来10~15年间，先进制造技术将在以下10个方面得到优先发展：

（1）机电产品的创新设计和系统优化设计理论与方法。包括全生命周期的产品数字化建模、仿真评估理论及设计规范，产品快速创新开发的设计、优化、规划和管理技术，复杂机电系统创新设计、整体优化设计的理论、技术与方法。

（2）网络协同制造策略理论和关键技术。主要包括制造系统的信息模型和约束描述，支持并行及网络协同制造的理论和技术，制造系统优化运行理论、策略与控制。

（3）新型成型制造原理和技术。包括基于新材料、新工艺的成型原理及技术，近净成型制造原理和技术，高能束精密成型制造原理及技术。

（4）数字制造理论和数字制造装备技术。包括产品制造过程的数字化模型及多领域物理作用规律；高速高效数字制造理论与技术，基于新原理、新工艺的新型数字化装备；数字制造中多智能体协调和实时自律控制技术。

（5）工业制造中的精密测量理论和技术。主要包括在多尺度空间上精密测量问题，机械表面微观计量理论与技术，超精密测量、新型传感器技术等。

（6）纳米制造科学与技术。包括纳米材料制备及其性能测量，纳米尺度加工、制造、测量和装配原理与技术。

（7）生物制造与仿生机械的科学与技术。包括结构、功能、能源及运动机械仿生及仿生制造；生物自生长成型制造；生物工程制造原理及技术，新一代生物芯片制造原理与技术。

模仿生物的组织结构和运行模式的制造系统与制造过程称为“仿生制造”（bionic manufacturing）。它通过模拟生物器官的自组织、自增长与自进化等功能，建立新的制造模式和研究新的仿生加工方法，开发新型智能仿生机械和结构，在军事、生物医学工程和人工康复等方面有重要的应用前景。

（8）微系统与新一代电子制造科学与关键技术。主要包括微机械、微传感、微光器件的制造机理与技术，纳米级光学光刻与非光学光刻、浅沟槽刻蚀、铜互连等机理及技术，集成电路新型封装工艺原理与技术。

（9）绿色制造的科学与技术。包括产品与人类和自然的协调理论，产品绿色制造工艺，产品的再制造与维修科学，产品绿色使用以及废旧产品资源再利用的理论与方法。

(10) 面向国家安全和国家重大工程的制造科学与技术。主要包括针对未来国家将实施的重大工程，如宇宙探索、航天、航空、海洋、能源、交通和国防装备等的制造技术与科学问题，保证国家重大工程和国家安全。

复习思考题

8-1　简述超高速加工关键技术与工业应用。

8-2　超精密加工主要方法及关键技术有哪些？

8-3　简述电火花加工的原理及适用范围。

8-4　简述电火花线切割加工的原理与适用范围。

8-5　电火花线切割加工有何特点？

8-6　简述电解加工的原理与适用范围。

8-7　电解加工有何特点？

8-8　试比较电解加工与传统机械加工、电火花加工有何异同点。

8-9　简述激光加工的基本原理。

8-10　简述电子束加工的基本原理及特点。

8-11　电子束加工有哪些应用？

8-12　快速成型技术主要成型方法及成型原理是什么？

8-13　简述快速成型技术在模具制造中的应用。

8-14　高分子材料、工业陶瓷、复合材料成型方法有哪些？

8-15　先进制造技术有哪些特点？先进制造技术发展的趋势是什么？

参考文献

[1] 于永泗，齐民．机械工程材料［M］．7版．大连：大连理工大学出版社，2017：54~76.
[2] 齐乐华．工程材料与成形工艺基础［M］．西安：西北工业大学出版社，2002：23~32.
[3] 张学政，李家枢．金属工艺学实习教材［M］．3版．北京：高等教育出版社，2013：76~85.
[4] 邓文英，郭晓鹏．金属工艺学（上册）［M］．4版．北京：高等教育出版社，2010：4~32.
[5] 邓文英，郭晓鹏．金属工艺学（下册）［M］．4版．北京：高等教育出版社，2008：87~95.
[6] 王允禧．金属工艺学（上册）［M］．北京：高等教育出版社，1985：78~86.
[7] 钱增新，陈全明．金属工艺学［M］．北京：高等教育出版社，1987：112~132.
[8] 陈寿祖，郭晓鹏．金属工艺学［M］．北京：高等教育出版社，1987：145~167.
[9] 刘会霞．金属工艺学［M］．北京：机械工业出版社，2017：43~56.
[10] 林江．机械制造基础［M］．北京：机械工业出版社，2016：25~62.
[11] 王孝达．金属工艺学［M］．北京：高等教育出版社，1997：35~65.
[12] 邢忠文，张学仁．金属工艺学［M］．哈尔滨：哈尔滨工业大学出版社，2012：23~45.
[13] 马树奇．机械加工工艺基础［M］．北京：北京理工大学出版社，2015：132~154.
[14] 杨方．机械加工工艺基础［M］．西安：西北工业大学出版社，2002：87~108.
[15] 周增文．机械加工工艺基础［M］．长沙：中南大学出版社，2013：165~178.
[16] 韩广利，曹文杰．机械加工工艺基础［M］．天津：天津大学出版社，2005：52~65.
[17] 卢秉恒．机械制造技术基础［M］．2版．北京：机械工业出版社，2016：46~53.
[18] 杨坤怡．制造技术［M］．2版．北京：国防工业出版社，2007：98~108.
[19] 吉卫喜．机械制造技术［M］．北京：机械工业出版社，2011：89~109.
[20] 谢家瀛．机械制造技术概论［M］．北京：机械工业出版社，2001：56~73.
[21] 李森林．机械制造基础［M］．北京：化学工业出版社，2014：145~156.
[22] 孟少农．机械加工工艺手册［M］．北京：机械工业出版社，1992：235~332.
[23] 袁根福，祝锡晶．精密与特种加工技术［M］．北京：北京大学出版社，2017：8~25.
[24] 李长河．机械制造技术基础［M］．北京：机械工业出版社，2019：58~78.
[25] 马树奇．机械制造技术［M］．北京：机械工业出版社，2005：119~125.
[26] 卢秉恒，于骏一，张福润．机械制造技术基础［M］．北京：机械工业出版社，2003：32~45.
[27] 邓朝晖．先进制造技术［M］．北京：机械工业出版社，2008：54~78.
[28] 鞠鲁粤．工程材料与成形技术基础［M］．北京：高等教育出版社，2007：12~35.
[29] 修世超，蔡光起．超高速磨削技术特征与应用［J］．精密制造与自动化，2017，3：39~43.
[30] 曲宝章，黄光烽．机械加工工艺基础［M］．哈尔滨：哈尔滨工业大学出版社，2002：12~25.

冶金工业出版社部分图书推荐

书　　名	作　者	定价(元)
稀土冶金学	廖春发	35.00
计算机在现代化工中的应用	李立清　等	29.00
化工原理简明教程	张廷安	68.00
传递现象相似原理及其应用	冯权莉　等	49.00
化工原理实验	辛志玲　等	33.00
化工原理课程设计（上册）	朱　晟　等	45.00
化工设计课程设计	郭文瑶　等	39.00
化工原理课程设计（下册）	朱　晟　等	45.00
水处理系统运行与控制综合训练指导	赵晓丹　等	35.00
化工安全与实践	李立清　等	36.00
现代表面镀覆科学与技术基础	孟　昭　等	60.00
耐火材料学（第2版）	李　楠　等	65.00
耐火材料与燃料燃烧（第2版）	陈　敏　等	49.00
生物技术制药实验指南	董　彬	28.00
涂装车间课程设计教程	曹献龙	49.00
湿法冶金——浸出技术（高职高专）	刘洪萍　等	18.00
冶金概论	宫　娜	59.00
烧结生产与操作	刘燕霞　等	48.00
钢铁厂实用安全技术	吕国成　等	43.00
金属材料生产技术	刘玉英　等	33.00
炉外精炼技术	张志超	56.00
炉外精炼技术（第2版）	张士宪　等	56.00
湿法冶金设备	黄　卉　等	31.00
炼钢设备维护（第2版）	时彦林	39.00
镍及镍铁冶炼	张凤霞　等	38.00
炼钢生产技术	韩立浩　等	42.00
炼钢生产技术	李秀娟	49.00
电弧炉炼钢技术	杨桂生　等	39.00
矿热炉控制与操作（第2版）	石　富　等	39.00
有色冶金技术专业技能考核标准与题库	贾菁华	20.00
富钛料制备及加工	李永佳　等	29.00
钛生产及成型工艺	黄　卉　等	38.00
制药工艺学	王　菲　等	39.00